普通高等教育公共基础课系列教材·计算机类

计算思维与大学计算机基础教程

（第二版）

主　编　吕英华　刘　莹

副主编　王　蕾　陈　刚　王茹娟
　　　　隋　新　许春玲

科学出版社

北　京

内 容 简 介

本书根据教育部《大学计算机基础课程教学基本要求》的精神，以提高学生的计算思维和应用能力为重点而编写。

本书内容主要包括：计算思维与计算机、中文操作系统 Windows 7、字处理软件 Word 2016、电子表格处理软件 Excel 2016、演示文稿制作软件 PowerPoint 2016、计算机网络及其应用。本书突出案例教学，强化操作技能，注重实践，紧靠全国计算机等级考试二级 MS Office 高级应用与设计考试大纲（2021 年版），是一本集知识性与应用性于一体的教材。

本书适合作为普通高等学校非计算机专业的计算机基础教材，也可供从事办公自动化工作的各类人员学习和参考。

图书在版编目(CIP)数据

计算思维与大学计算机基础教程/吕英华，刘莹主编. —2 版. —北京：科学出版社，2021.8

（普通高等教育公共基础课系列教材•计算机类）

ISBN 978-7-03-069471-3

Ⅰ. ①计… Ⅱ. ①吕…②刘… Ⅲ. ①计算方法-思维方法-高等学校-教材②电子计算机-高等学校-教材 Ⅳ. ①O241②TP3

中国版本图书馆 CIP 数据核字（2021）第 150936 号

责任编辑：戴 薇 吴超莉 / 责任校对：王万红
责任印制：吕春珉 / 封面设计：东方人华平面设计部

科学出版社 出版
北京东黄城根北街 16 号
邮政编码：100717
http://www.sciencep.com
新科印刷有限公司 印刷
科学出版社发行 各地新华书店经销
*
2018 年 8 月第 一 版 开本：787×1092 1/16
2021 年 8 月第 二 版 印张：24
2021 年 8 月第五次印刷 字数：565 000

定价：67.00 元

（如有印装质量问题，我社负责调换〈新科〉）
销售部电话 010-62136230 编辑部电话 010-62135763-2038

版权所有，侵权必究

第二版前言

教育部《大学计算机基础课程教学基本要求》[①]指出大学生通过学习应能够理解计算学科的基础知识和方法，掌握基本的计算机应用方法，同时具备一定的计算思维能力和信息素养。这是大学计算机基础教学的总体目标。我们秉承这一指导思想，结合多年教学经验，注重培养学生的实际操作能力，以满足社会和专业本身对大学生在计算机知识、技能与素质方面的要求为目的，结合全国计算机等级考试二级 MS Office 高级应用与设计考试大纲（2021 年版）来编写本书。

为适应全国计算机等级考试对“二级 MS Office 高级应用”内容的调整，我们对应用软件进行了全面升级。全书由 6 个章节组成：第 1 章，计算思维与计算机；第 2 章，中文操作系统 Windows 7；第 3 章，字处理软件 Word 2016；第 4 章，电子表格处理软件 Excel 2016；第 5 章，演示文稿制作软件 PowerPoint 2016；第 6 章，计算机网络及其应用。

本书提供微课视频、案例教学，具有实用性强、强化技能、靠近等考、由浅入深等特点，使学生由浅入深地了解二级考试的难易程度和知识点分布，轻松应对等级考试。

本书由教育部高等学校计算机课程教学指导委员会委员和文科计算机基础教学指导分委会副主任委员、博士生导师吕英华教授和长春人文学院公共计算机教研部刘莹教授担任主编。其中，第 1 章和第 2 章由隋新编写，第 3 章由陈刚编写，第 4 章由王蕾编写，第 5 章由王茹娟编写，第 6 章由许春玲编写。全书由刘莹提出整体框架并统稿，最后由吕英华审定。

由于编者的能力和水平有限，书中难免存在不妥之处，敬请广大读者批评指正。

编　者

2021 年 4 月

---

① 教育部高等学校大学计算机课程教学指导委员会，2016．大学计算机基础课程教学基本要求[M]．北京：高等教育出版社．

第一版前言

近年来，随着大数据、云计算、物联网等新概念和新技术的出现，在社会经济、人文科学和自然科学等许多领域引发了一系列的突破与变革，极大地改变了人们对计算和计算机的认识。无处不在的计算思维也成为人们认识和解决问题的基本能力之一，所以对当代大学生计算思维能力的培养显得尤为重要。将计算思维融入计算机基础教学，培养学生像拥有阅读、写作和算术这些基本技能一样拥有计算思维能力，并可以将其应用于日常的学习、研究与未来的工作中。

教育部《大学计算机基础课程教学基本要求》①指出大学生通过学习应能够理解计算学科的基本知识和方法，掌握基本的计算机应用能力，同时具备一定的计算思维能力和信息素养。这是大学计算机基础教学的总体目标。我们秉承这一指导思想，结合多年教学经验，注重培养学生的实际操作能力，并结合最新的全国计算机等级考试“二级 MS Office 高级应用”的考试大纲来编写本书。

全书由 6 个章节组成：第 1 章，计算思维与计算机；第 2 章，中文操作系统 Windows 7；第 3 章，字处理软件 Word 2010；第 4 章，电子表格处理软件 Excel 2010；第 5 章，演示文稿制作软件 PowerPoint 2010；第 6 章，计算机网络及其应用。

本书具有以下几个方面的特点。

1．案例教学，注重实践

本书以提高学生实际操作能力为目标，即学会如何操作计算机，使用各种应用软件来解决现实生活中遇到的问题。

2．微课视频，轻松学习

书中例题以微课视频的形式再现课堂，学生只需扫一扫书中的二维码，即可随时随地轻松学习。

3．强化技能，重在应用

全书以“边学边练”的理念设计框架结构，将理论知识与实际操作交叉融合，注重现实应用，提高操作技能。

---

① 教育部高等学校大学计算机课程教学指导委员会，2016．大学计算机基础课程教学基本要求[M]．北京：高等教育出版社．

4．靠近等考，由浅入深

本书结合最新的全国计算机等级考试“二级 MS Office 高级应用”的考试大纲，精心编写例题和书后习题，使学生由浅入深地了解二级考试的难易程度和知识点的分布情况。

总之，这是一本集知识性和应用性于一体的实用教材。本书适合作为普通高等学校非计算机专业的计算机基础教材，也可供从事办公自动化工作的各类人员学习和参考。

本书由教育部高等学校计算机课程教学指导委员会委员和文科计算机基础教学指导分委会副主任委员、博士生导师吕英华教授担任主编。其中，第 1 章和第 2 章由隋新编写，第 3 章由陈刚编写，第 4 章由王蕾编写，第 5 章由王茹娟编写，第 6 章由许春玲编写。全书由刘莹负责统稿，最后由吕英华审定。

由于编者的能力和水平有限，书中难免存在不当之处，敬请读者批评指正。

编　者

2018 年 4 月

目　　录

第 1 章 计算思维与计算机

计算机是 20 世纪伟大的科学成就之一。如今，计算机已经广泛应用于国防、工业、农业、企业管理、办公自动化及日常生活的各个领域。以计算机、通信技术为核心的信息科学迅猛发展，使人类社会的经济活动和生活方式产生了巨大的变化。使用计算思维方式，利用计算机获取、表示、存储、传输、处理、控制和应用信息解决实际问题的能力，已经成为衡量一个人文化素质高低的重要标志之一。

1.1 计算思维与算法

计算是人类文明的成就之一。从远古的手指计算、结绳计算，到中国古代的算筹计算、算盘计算，再到近代西方的纳皮尔筹计算及帕斯卡计算器计算，最后到现代的电子计算机计算，计算方法及计算工具的无限发展与巨大作用使计算创新在人类历史上占有非常重要的地位。

1.1.1 计算思维的演变

春秋时期，中国古人已普遍利用算筹作为计算工具，其最早出现的时间尚待考证。算筹在计算时摆成纵式和横式两种形式，按照纵横相间的原则表示自然数，可以进行加、减、乘、除、开方及其他代数运算。为方便负数计算，算筹演进为红、黑两种，红筹表示正数，黑筹表示负数。算筹对中国古代社会的发展起到了举足轻重的作用，中国古代数学家祖冲之借助算筹计算出圆周率的值。随着算筹的发明，十进制计数制应运而生，这也是中国古代在计算理论方面的重要发明之一。

我国传统数学在从问题出发、以解决实际问题为主旨的发展过程中，形成了以构造性与机械化为特色的算法体系，这与西方以欧几里得《几何原本》为代表的公理化演绎体系正好相反。

我国传统数学以解决实际问题为最终目标，更具实用性。这种数学实用思想与中国传统数学机械化和数值化的计算思维有着直接的联系。算筹、算盘等计算工具和数学机械化算法口诀的广泛使用和不断发展，形成了数值化的思想。我国古人习惯于将问题数值化，先将一些复杂的理论问题或应用问题转化成可以计算的问题，再通过具体的数值计算来加以解决。例如，珠算依赖于算法口诀，将多种计算程序概括成口诀，类似现代电子计算机利用预先编好的程序进行运算的过程。因此，我国著名数学家吴文俊先生称算筹、算盘为“没有存储设备的简易计算机”。中国古代的计算思维不仅使我国古代数学取得了具有世界历史意义的光辉成就，还提出了一种用计算方法来解决问题的思想。

在漫长的历史长河中，不止我国运用具有计算思维的思想解决问题，国外也有许多人对计算思维的演变和发展有着不可磨灭的贡献。

1936 年，英国数学家阿兰·麦席森·图灵（以下简称图灵）提出了一种抽象计算模型，即将人们使用纸笔进行数学运算的过程进行抽象，由一个虚拟的机器替代人们进行数学运算。这就是大名鼎鼎的图灵机，如图 1-1 所示。

图灵机其实是一个抽象的机器，它有一条无限长的纸带，纸带分成了一个个小方格，每个方格具有不同的颜色。另外，有一个机器读写头在纸带上移动。读写头内不仅有一组内部状态，还有一些固定的程序。在每个时刻，读写头都要从当前纸带上读入一个方格信息，并结合自己的内部状态查找程序表，根据程序输出信息到纸带方格上，并转换自己的内部状态，进行移动。图灵机的构成如图 1-2 所示。

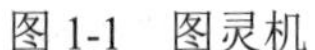

图 1-1　图灵机

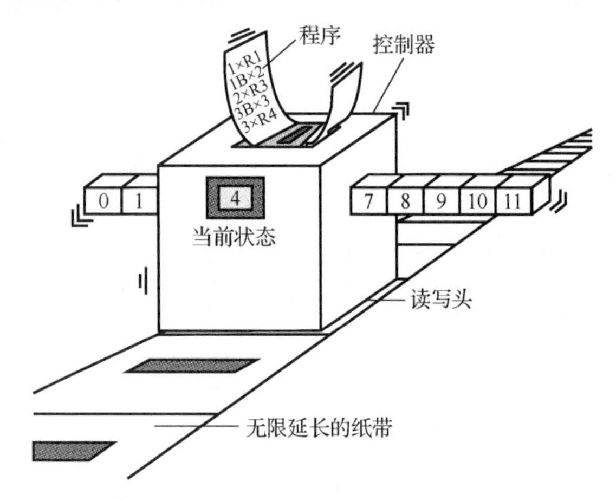

图 1-2　图灵机的构成

图灵机既实现了机器模拟人类用纸笔进行数学运算的过程，也实现了由手工计算向自动机械化计算的跨越。中国古代的筹算和珠算，是将算法储存于人的大脑中，并以口诀形式表现出来的，整个运算过程在大脑内完成。图灵机是先将算法程序装入控制器内存中，然后由控制器控制程序的执行，完成整个计算过程。两者虽然计算过程形式不同，却有相同的计算能力，即凡是可计算的问题，都可以通过筹算/珠算或图灵机计算出来。两者的共同特征是解决复杂的应用问题时，必须先将问题数值化，转化成可计算问题，然后寻找求解问题的算法和程序，通过算法和程序来控制计算过程，最后得出结果。

20 世纪 80 年代，钱学森在总结前人成果的基础之上，将思维科学列为 11 种科学技术门类之一，与自然科学、社会科学、数学科学、系统科学、人体科学、行为科学、军事科学、地理科学、建筑科学、文学艺术并列。实践证明，在钱学森思维科学的倡导和影响下，各种学科思维逐步开始形成和发展，如数学思维、物理思维等。

自钱学森提出思维科学以来，各种学科在思维科学的指导下逐渐发展起来，计算学科也不例外。1992 年，黄崇福给出了计算思维的定义：计算思维就是思维过程或功能的计算模拟方法论，其研究的目的是提供适当的方法，使人们能借助现代和将来的计算机，逐步达到人工智能的较高目标。2002 年，董荣胜提出并构建了计算机科学与技术方法论（methodology of computer science and technology），并在计算思维和计算机方法论的研究中指出，计算思维与计算机方法论虽然有各自的研究内容与特色，但它们的互补性很强，可以相互促进。计算机方法论可以对计算思维研究方面取得的成果进行再研究和吸收，可以丰富计算机方法论的内容；计算思维能力可以通过计算机方法论的学习得到提高。两者之间的关系与现代数学思维和数学方法论之间的关系非常相似。

1.1.2　计算思维及主要内容

1. 计算思维的概念

尽管计算思维很早之前已被提出，但它并没有引起国内外计算机学者的广泛关注。直到 2006 年 3 月，美国卡内基梅隆大学的周以真教授在美国计算机权威杂志 *Communications of the ACM* 上发表并定义了计算思维（computational thinking）。

周以真教授认为：计算思维是运用计算机科学的基础概念进行问题求解、系统设计及人类行为理解等涵盖计算机科学广度的一系列思维活动，其本质是对问题进行建模并模拟。计算思维代表一种普遍的态度和一类普适的能力，每一个人都应学习和运用。周以真教授强调计算思维是一种技能，与算术、阅读和写作这些基本技能同等重要，并强调学生应该具备这种能力。计算思维是运用约简、嵌入、仿真的方法将复杂的问题变得清晰、可解。它不仅涉及计算机领域，还涉及未来的众多领域，犹如计算机改变我们的生活一样，计算思维将改变我们的未来。

为了让人们理解计算思维，周以真教授又进一步定义如下：计算思维是通过约简、嵌入、转化和仿真等方法，把一个看起来困难的问题重新阐释成一个简单问题的方法；是一种递归思维，一种并行处理，一种把代码译成数据又能把数据译成代码的方法，一种多维分析推广的类型检查方法；是一种采用抽象和分解来控制庞杂的任务或进行巨大复杂系统设计的方法，是基于关注点分离（separation of concerns，SoC）的方法；是一种选择合适的方式去陈述一个问题，或对一个问题的相关方面建模使其易于处理的思维方法；是按照预防、保护，通过冗余、容错、纠错的方式，从最坏情况进行系统恢复的一种思维方法；是利用启发式推理寻求解答，即在不确定情况下的规划、学习和调度的思维方法；是利用海量数据加快计算，在时间和空间之间、在处理能力和存储容量之间进行折中的思维方法。

计算思维吸收了解决问题所采用的一般数学思维方法、现实世界中巨大复杂系统设计与评估的一般工程思维方法，以及复杂性、智能、心理、人类行为理解等一般科学思维方法。计算思维最根本的内容，即其本质是抽象（abstraction）和自动化（automation）。抽象是忽略一个主题中与当前问题（或目标）无关的方面，以便更充分地注意与当前问题（或目标）有关的方面。在计算机科学中，抽象是一种被广泛使用的思维方法。计算思维中的抽象完全超越物理的时空观，且完全用符号来表示，数学抽象只是其中的一类特例。

数学抽象的重要特点是抛开现实事物具体的物理、化学、生物等特性，仅保留其量的关系和空间的形式。与数学和物理科学相比，计算思维中的抽象显得更为丰富，也更为复杂。堆栈（stack）是计算学科中常见的一种抽象数据类型，这种数据类型不能像数学中的整数那样进行简单的相加。算法也是一种抽象，不能将两个算法放在一起来实现一个并行算法。同样，程序也是一种抽象，这种抽象也不能随意组合。另外，计算思维中的抽象还与其在现实世界中的最终实施有关。因此，人们必须考虑问题处理的边界，以及可能产生的错误。例如，程序在运行中出现磁盘存储空间不足、服务没有响应、类型检验错误，甚至危及人的生命的情况时，人们要知道如何进行处理。

抽象层次是计算思维中的一个重要概念，它使人们可以根据不同的层次有选择地忽略某些细节，最终控制系统的复杂性；在分析问题时，计算思维要求人们将注意力集中在感兴趣的抽象层次或其上下层。

计算思维中抽象的最终目的是能够利用机器一步步自动执行。为了确保机器的自动化，就需要在抽象过程中进行精确而严格的符号标记和建模，同时也要求计算机系统或软件系统生产厂家能够提供各种不同抽象层次之间的翻译工具。

2. 计算思维的特征

目前，人们认为计算思维具有以下特征。

1）计算思维是概念化的抽象思维，而不是程序设计。计算机科学不仅仅指计算机编程，像计算机科学家那样去思维意味着不仅能利用计算机进行编程，还要求能够在抽象的多个层次上思维。

2）计算思维是最基本的，而不是刻板的技能。基本技能是每一个人为了在现代社会中发挥自我能力所必须掌握的，刻板的技能意味着机械地重复。

3）计算思维是人的思维方式，而不是计算机的思维方式。计算思维是人类求解问题的一条途径，但并不是要使人类像计算机那样思考。计算机枯燥且沉闷，人类聪颖且富有想象力。人类设计了计算设备，就能用自己的智慧解决那些在计算机时代之前不敢尝试的问题，达到“只有想不到，没有做不到”的境界。

4）计算思维是数学和工程思维的互补与融合。计算机科学在本质上源自数学思维，因此像所有的科学一样，其形式化基础建筑于数学之上。另外，计算机科学又从本质上源自工程思维，因为人类建造的是能够与实际世界互动的系统，基本计算设备的限制迫使计算机科学家必须计算性地思考，而不能只是数学性地思考。构建虚拟世界的自由使人类能够设计超越物理世界的各种系统。

5）计算思维是思想，而不是人造物。计算思维不只是将人们生产的软件、硬件等人造物以物理形式到处呈现，并时时刻刻触及人们的生活，更重要的是，其还将有人类用以接近和求解问题、管理日常生活、与他人交流和互动的计算概念。

6）计算思维面向所有人、所有地方。在现实生活中计算思维是一种求解问题的有效工具，应该很好地融入人们的日常生活，得到广泛应用，体现它的价值。当计算思维真正融入人类活动的整体，不再表现为一种显式哲学的时候，它就将成为一种现实。

3. 计算思维的原理

一般认为，计算思维的原理包括可计算性原理、形理算一体原理和机算设计原理。

1）可计算性原理，即计算的可行性原理。图灵提出了计算思维领域的计算可行性问题，即怎样判断一类数学问题是否机械可解，或者说一些函数是否可计算。

2）形理算一体原理，即针对具体问题应用相关理论进行计算、发现规律的原理。在计算思维领域，形理算一体原理就是从物理图像和物理模型出发，寻找相应的数学工具与计算方法进行问题求解。

3）机算设计原理，即使用物理器件和运行规则（算法）相结合来完成某个任务的原理。在计算思维领域，最显著的成果就是电子计算机的创造（计算机的设计原理）。例如，电子计算机由 5 个部件（运算器、控制器、存储器、输入设备、输出设备）构成，并运用二进制和存储程序的概念来达到解决问题的目的。

4. 计算思维的作用与意义

计算思维以抽象和自动化为手段，着眼于问题求解和系统实现，是人类改造世界的基本的思维模式。计算机的出现强化了计算思维的意义和作用，使理论与实践的过程变成了实际可以操作实现的过程，以及从想法到产品整个过程的自动化、精确化和可控化，实现了自然现象与人类社会行为的模拟，以及海量信息的处理分析、复杂装置与系统的设计、大型工程组织等，大大拓展了人类认知世界和求解问题的能力和范围。

1.1.3 算法

1. 算法的基本概念

就像按照菜谱的步骤可以做出一道菜一样，人们将算法理解为遵循这些步骤，就能解决问题。古希腊数学家欧几里得提出了寻求两个正整数最大公约数的辗转相除算法，该算法被人们认为是历史上的第一个算法。

算法是指解题方案准确而完整的描述，是一系列解决问题的清晰指令。它由有限个步骤组成，对于问题中的每个给定的具体问题，机械地执行这些步骤就可以得到问题的解。算法可以理解为由基本运算及规定的运算顺序构成的、完整的解题步骤，或看作按照要求设计好的有限的、确切的计算序列，并且这样的步骤和序列可以解决一类问题。需要注意的是，算法不等于程序，也不等于计算机方法，程序的编制不可能优于算法的设计。

2. 算法的基本特征

算法通常具有以下 5 个特征。

1）有穷性（finiteness）：算法中描述的操作都可以通过已经实现的基本运算执行有限次来实现。

2）确定性（definiteness）：算法的每一个步骤必须有确定的定义，不允许有模棱两可的解释，不允许有多义性。

3）输入项（input）：一个算法有 0 个或多个输入，以刻画运算对象的初始情况。0 个输入是指算法本身给出了初始条件。

4）输出项（output）：一个算法有一个或多个输出，以反映对输入数据加工后的结果。没有输出的算法是毫无意义的。

5）可行性（effectiveness）：又称有效性，算法中执行的任何计算步骤都可以被分解为基本的、可执行的操作步骤，即每个计算步骤都可以在有限时间内完成。

3. 算法的基本要素

一个算法由两个基本要素组成：一是对数据对象的运算和操作，二是算法的控制结构。

（1）对数据对象的运算和操作

在计算机系统中，基本的运算和操作有以下 4 类。

1）算术运算：主要包括加、减、乘、除等运算。

2）逻辑运算：主要包括与、或、非等运算。

3）关系运算：主要包括大于、小于、等于、不等于等运算。

4）数据传输：主要包括赋值、输出、输入等操作。

（2）算法的控制结构

一个算法的功能不仅取决于所选用的操作，还与各操作之间的执行顺序有关。算法中各操作之间的执行顺序称为算法的控制结构。一个算法一般可以由顺序、选择、循环 3 种基本控制结构组合而成。描述算法的工具有自然语言、传统流程图、问题分析图、N-S 图和伪代码等。

1）顺序结构：算法的各个动作步骤严格按它们书写的先后顺序自上而下、依次执行。前一个动作步骤执行完毕后，顺序执行紧跟在后面的动作步骤。

2）选择结构：用于判断给定的条件，根据判断的结果，分别执行不同的操作。

3）循环结构：在一定条件下重复执行某操作的结构，循环结构的三要素为循环变量、循环体和循环终止条件。

1.2 计算机概述

计算机是一种电子设备，由电子元器件构成。计算机具有运算速度快、记忆能力强、可进行逻辑判断和可自动执行程序等特点。随着计算机技术飞速发展，计算机已经应用到人类社会的各个领域。多媒体技术、网络技术和人工智能技术的相互渗透，彻底改变了人们的工作、学习和生活方式，推动了人类社会的发展。

1.2.1 计算机的发展历程

1946 年 2 月，美国宾夕法尼亚大学成功研制出世界上第一台通用电子数字积分计算机 ENIAC（electronic numerical integrator and computer），如图 1-3 所示。ENIAC 使用了大约 18000 个电子管、1500 个继电器及其他器件，占地 170m^2，重达 30 多吨，相比今天的微型计算机简直是一个庞然大物。ENIAC 每秒可以进行 5000 次加减法运算或 400 次乘法运算，它的性能无法与今天的计算机相提并论，但在当时，其运算的速度和精度都是史无前例的。以圆周率（π）的计算为例，我国杰出的数学家祖冲之经过长期的艰苦研究，进行了大量复杂的计算，才计算到小数点后 7 位。使用 ENIAC 进行计算，仅用 40s 就达到了这个精度。ENIAC 开创了人类科技领域的先河，标志着信息处理技术进入了一个崭新的时代。

图 1-3　ENIAC

ENIAC 奠定了计算机产业的基础，在计算机的发展史上具有划时代的意义。纵观计算机技术的发展历程，计算机的发展主要以硬件的进步为标志，每隔一段时间就会出现重大的变革。按照计算机硬件使用的主要逻辑元器件，人们将计算机发展历程划分为 4 代。

1. 第一代（1946～1957 年）

第一代计算机的逻辑元器件采用电子管。其内存储器（以下简称内存）采用汞延迟线，容量仅为几千字节，外存储器（以下简称外存）采用磁鼓；运算速度为每秒几千次；用机器语言或汇编语言编写程序；主要应用于科学计算。1946 年 6 月，冯·诺依曼提出了“存储程序”理论，奠定了现代计算机的理论基础。

2. 第二代（1958～1964 年）

第二代计算机的逻辑元器件采用晶体管。与第一代计算机相比，第二代计算机体积小、运算速度快，性能更加稳定。其内存采用磁芯存储器，容量为几兆字节；外存采用磁带和磁盘；运算速度为每秒几十万次；在软件方面出现了高级语言和文件管理程序。第二代计算机除应用于科学计算外，还应用于数据处理。

3. 第三代（1965～1970 年）

第三代计算机的逻辑元器件主要采用中、小规模集成电路，可以在几平方毫米的单晶硅片上集成由十几个甚至上百个电子元器件组成逻辑电路。其内存采用半导体芯片；外存体积越来越小，容量越来越大；运算速度为每秒上千万次；在软件方面出现了操作系统。第三代计算机的应用范围更加广泛，主要用于数据处理、工业自动控制等领域。

4. 第四代（1971 年至今）

第四代计算机的逻辑元器件主要采用大规模、超大规模集成电路，可以在几平方毫米的硅片上集成上万个甚至上百万个晶体管。其内存采用半导体存储器；外存的容量大大增加，并开始使用光盘；计算机的体积、重量、成本大幅度降低，运算速度达到每秒上千万次甚至上万亿次；软件方面，面向对象、可视化的程序设计出现并实用化，各种实用软件层出不穷，数据库管理系统、网络软件等应用广泛；多媒体技术崛起，计算机技术与通信技术相结合，进入以计算机网络为主的互联网时代。

我国计算机研制起步较晚。1958 年 8 月，第一台通用数字电子计算机诞生，运算速度为每秒 1500 次。20 世纪 90 年代以来，我国计算机产业有了长足的进步和发展。值得一提的是，“银河”系列计算机与“曙光”系列计算机跻身世界巨型计算机先进行列。2010 年 10 月，“天河一号”超级计算机以每秒 1206 万亿次的双精度浮点数运算速度在 Top 500 榜单[①]中夺魁。从 2013 年开始，我国的“天河二号”及“神威·太湖之光”超级计算机连续 5 年夺得世界超级计算机桂冠。在 2021 年 6 月公布的新一期全球超级计算机 500 强榜单中，我国共有 186 台超级计算机上榜，上榜数量排名第一。

1.2.2 计算机的特点

计算机的应用非常广泛，它已经渗透到科学、生产、生活、工作和学习等各个方面。它具有以下 4 个鲜明的特点。

① 国际超级计算大会（international supercomputing conference，ISC）每年都会发布两次世界上运算速度最快的计算机名单，称为 Top 500 榜单。

1. 运算速度快、计算精度高

计算机能以极快的速度进行计算。目前，现有的超级计算机运算速度大多可以达到每秒 1 万亿次以上，这是传统计算工具无法比拟的。例如，天气预报只有使用计算机才能及时对大量的气象数据和资料进行计算与分析，靠手工计算是不可能实现的。

计算机的计算精度取决于机器的字长，字长越长，精度越高。这对于计算量大、时间性强和要求精度极高的领域尤为重要，如火箭的发射及卫星的定位等。

2. 存储容量大、记忆能力强

计算机的存储器具有很大的存储容量和超强的记忆能力。存储器容量的大小决定计算机记忆能力的强弱。目前，计算机内存可达到几吉字节到十几吉字节，外存的容量可达到几太字节。随着存储器容量的不断增大，计算机能存储和记忆的信息量越来越大，存储和读取数据的速度也越来越快。

3. 具有逻辑判断能力

计算机不但具有运算能力，而且具有逻辑判断能力。利用计算机的逻辑判断进行逻辑推理，使其能够代替人类更多的脑力劳动，并逐步实现计算机的智能化。

4. 自动执行

计算机是按照人们事先编制的程序自动执行的，并能在程序控制下准确而快速地运行，这是计算机最突出的特点。

1.2.3 计算机的分类

随着计算机技术的进步，计算机的性能也在不断提高。根据计算机的规模和处理能力，通常将计算机分为巨型机、大型机、小型机、工作站、服务器和微型机。

1. 巨型机

巨型机又称超级计算机。巨型机的功能强大，运算速度快，价格也较为昂贵。巨型机主要用于天气预报、国防、航天等方面。目前，世界上只有少数国家能生产巨型机，这体现了一个国家的科技实力和综合经济能力。例如，我国研制的“天河”系列计算机均属于巨型机。

2. 大型机

大型机也有很高的运算速度、很大的存储容量，但是在量级上不及巨型机。大型机一般用于大型企业、科研机构、高等院校或大型数据库管理机构，也可用作计算机网络的服务器。

3. 小型机

与大型机相比，小型机规模较小，结构简单，成本较低，操作、维护比较容易，价格相对比较便宜。小型机一般用于工业生产的自动控制和数据的采集、分析等。

4. 工作站

工作站是指为了某种特殊用途而将高性能的计算机与专用软件结合在一起的系统。它的运算速度快，内存容量大，一般配有高分辨率的显示器，主要用于图形、图像的处理和计算机辅助设计（computer aided design，CAD）等。

5. 服务器

服务器是在网络环境中为多个用户提供服务的共享设备，一般分为文件服务器、数据库服务器和邮件服务器等。

6. 微型机

微型机又称个人计算机，它的主要特点是小巧、灵活、软件丰富、功能齐全、价格便宜、使用方便。微型机是当前应用广泛的计算机，人们日常办公、学习和家庭生活都离不开它。

1.2.4 计算机的应用

计算机已经应用到人类生产和生活的各个领域，改变了人们工作、学习和生活的方式。在现代生活中，从教师授课到学生学习与考核，从信息的收集、整理到检索，从商品销售到网上购物等都离不开计算机。计算机的应用归纳起来主要有以下 7 个方面。

1. 科学计算

科学计算是计算机重要的应用途径之一，主要应用于科学研究、石油勘探、航空航天、天气预报和灾情预测等领域。其特点是数据量大、计算复杂、要求精度高。例如，格斯里提出的四色定理：任何一张地图最多只用 4 种颜色，就能使相邻国家的颜色相异。1976 年 6 月，美国伊利诺伊大学的哈肯与阿佩尔在计算机的辅助下，用了 1200h，做了 100 亿次判断，完成了四色定理的证明。对于这样巨大的工作量，采用人工方法是无法完成的。

2. 数据处理

数据处理是指对大量的数据进行加工、处理，主要涉及数据的收集、存储、分类、整理、加工、使用等一系列操作。在计算机应用领域，数据处理所占的比例最大，如应用于图书管理、财务管理、教学管理、人口普查等。

3. 计算机辅助工程

计算机辅助工程是指利用计算机帮助人们完成各种工程设计、制造及管理等工作，可以缩短工作周期，提高工作效率。计算机辅助工程主要包括计算机辅助设计、计算机辅助制造（computer-aided manufacturing，CAM）和计算机辅助教学（computer-aided instruction，CAI）等。

4. 自动控制

自动控制又称实时控制，是指由计算机自动采集数据，并及时分析数据，按最佳的效果迅速对控制对象进行调节。自动控制主要应用于航天、军事领域及工业生产系统，如“阿波罗”载人登月、无人驾驶技术、核电站的运行及炼钢过程等，都采用计算机作为控制中心，进行实时控制，实现自动化。

5. 人工智能

人工智能（artificial intelligence，AI）是用计算机模拟人的感觉和思维活动，如判断、学习、图像识别、理解问题和问题求解等，使计算机像人一样具有识别文字、声音、语言的能力，能够进行推理、学习等活动。智能计算机可以代替人类从事某些方面的脑力劳动。在人工智能中，具有代表性的两个领域是专家系统和机器人。

例如，阿尔法狗（AlphaGo）是第一个击败人类职业围棋选手、第一个战胜围棋世界冠军的人工智能程序，由谷歌（Google）旗下 DeepMind 公司戴密斯·哈萨比斯的团队开发。2016 年 3 月，阿尔法狗与围棋世界冠军、职业九段棋手李世石进行围棋人机大战，以 4∶1 的总比分获胜。2017 年 5 月，在中国乌镇围棋峰会上，它与世界围棋冠军柯洁对战，以 3∶0 的总比分获胜。

又如，搜狗汪仔机器人是搜狗公司联合搜狗搜索语音机器人团队 30 多人，汇聚清华大学天工智能研究院及国际顶尖机器人实验室力量，历时 9 个月耗资 4000 万打造的智能答题机器人，具有听、看、说和思考（答题、聊天）的能力。

6. 计算机网络

计算机网络是计算机技术与通信技术相结合以实现资源共享和相互通信的系统。计算机已广泛应用于因特网（Internet），人们可以方便、快捷地进行全球信息查询、邮件收发、电子商务等事务，使全球信息更快地传输、更广泛地共享。

7. 办公自动化

办公自动化（office automation，OA）是将现代办公和计算机网络功能结合起来的一种新型办公方式，也是当前应用面较广的领域。传统办公离不开笔和纸，随着计算机技术的发展与推广，一个由计算机、打印机和传真机等构成的现代办公环境已经形成。随着 OA 设备的完善，OA 在邮件系统、远程会议系统、多媒体综合处理等方面都有许多新的进展。

总之，计算机是人们科研、生产、工作和生活的工具。随着社会发展的需要，计算机的应用领域正向更广、更深的方向延伸。

1.2.5 计算机的发展趋势

计算机的发展趋势表现为两个方面：一是巨型化、微型化、智能化、多媒体化和网络化；二是向非冯·诺依曼计算机体系结构发展。

1. 向巨型化和微型化的两极化方向发展

巨型化是指要研制运算速度极高、存储容量极大、整体功能极强，以及外部设备（以下简称外设）完备的计算机系统，主要应用于尖端的科学技术及军事国防系统。微型化是指要研制体积小、轻便、功能强、价格低的通用计算机，现在的笔记本式计算机、平板电脑就是微型化发展的典型例子。

2. 网络化是计算机应用的主流

计算机网络技术是在计算机技术和通信技术相结合的基础上发展起来的一种新型技术。目前，计算机网络正在向方便、快捷、高速的方向发展，光纤和宽带入户已经成为主流，网络无处不在，“秀才不出门，全知天下事”已成为现实。

3. 多媒体计算机是研究和开发的热点

多媒体技术是集文字、图形、图像和声音等媒体及计算机于一体的综合技术。多媒体技术已经取得很大的发展，但是高质量的多媒体设备及其相关技术需要进一步开发研制，主要包括视频数据的压缩和解压缩技术、多媒体数据的通信技术，以及各种接口的实现方案等。

4. 智能化是未来计算机发展的总趋势

智能化就是要求计算机能够模拟人的感官和逻辑思维能力，如感觉、推理、判断等，能够自动识别文本、图形、图像和声音等多媒体信息。智能化的机器人能够代替人的脑力劳动，如能听懂人类的语言，能够自主学习、对知识进行处理，能代替人类完成部分工作。

总之，计算机的发展可概括为“巨（型机）者越来越巨，微（型机）者越来越微，网（络）者伸向四面八方，智（能化）者更上一层楼”。

5. 研制非冯·诺依曼体系结构的计算机

冯·诺依曼体系结构计算机的工作原理是存储程序和程序控制，整个计算机的工作都是在程序控制下自动完成的。因此，要真正实现计算机的智能化，必须打破这种体系结构，开发研制非冯·诺依曼体系结构的计算机。

计算机发展趋势的显著特点是体积缩小、质量减轻、速度提高、软件丰富和应用领域不断扩大。展望未来，除电子计算机之外，还会有光计算机、生物计算机、量子计算机和神经网络计算机等。

1.3 计算机系统结构

计算机系统是由硬件系统和软件系统两大部分组成的。其中，硬件系统是计算机的物质基础，软件系统相当于计算机的灵魂，两者相辅相成，协调工作，共同构成了一个完整的计算机系统，如图 1-4 所示。

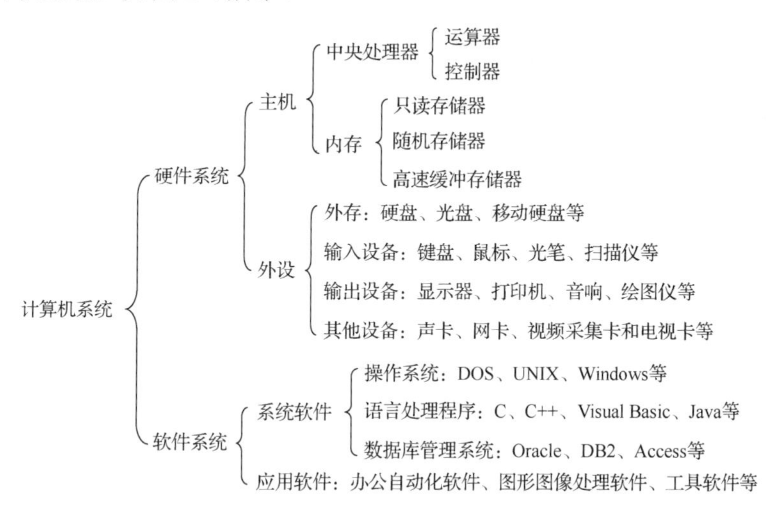

图 1-4　计算机系统结构

1.3.1　硬件系统

计算机硬件系统是组成计算机的各种设备的总称。硬件设备是看得见、摸得着的物理实体。

1946 年 6 月，美籍匈牙利数学家冯·诺依曼提出了计算机的硬件结构，如图 1-5 所示。从第一台计算机诞生到今天，计算机的工作原理均建立在冯·诺依曼提出的存储程序和程序控制理论基础上。

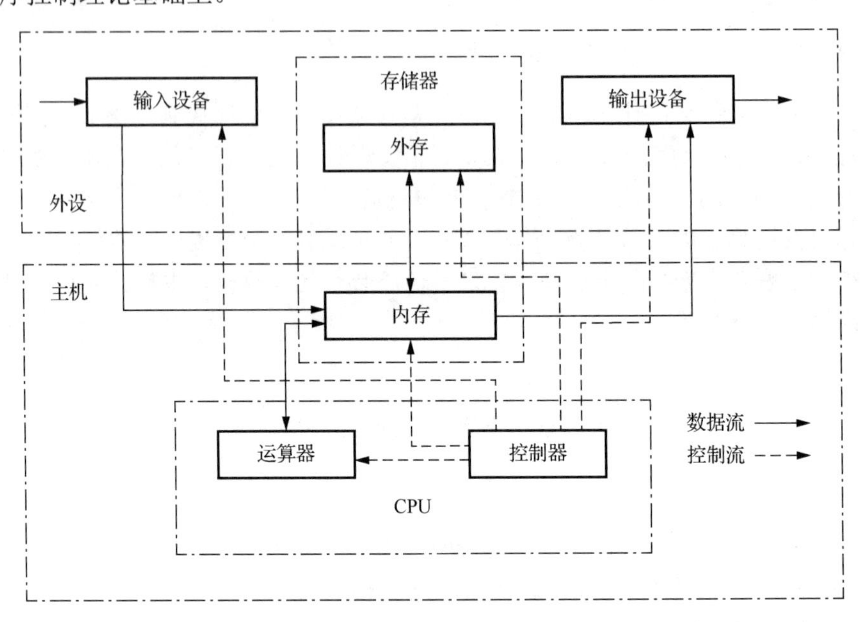

图 1-5　计算机硬件结构

1. 冯·诺依曼理论的核心内容

1）计算机由运算器、控制器、存储器、输入设备和输出设备五大基本部件组成。

2）计算机内部用二进制表示数据和存储指令。

3）各基本部件的工作原理：通过输入设备将编写好的程序和原始数据输入计算机，存储在内存中。控制器从内存中取出程序指令，对指令进行分析。由运算器进行算术运算和逻辑运算，将结果存入内存。之后，通过输出设备将结果转换成人们所能接受的形式。

2. 各部件的基本功能

（1）输入设备

计算机通过输入设备接收外界的信息，并将数据、程序和其他信息转化成计算机能识别的电信号。常用的输入设备有键盘、鼠标、扫描仪、手写笔、阅卡机、条形码读入器和触摸屏等。

（2）运算器和控制器

运算器是用来进行算术运算和逻辑运算的部件。算术运算是指加、减、乘、除等各种数值运算，逻辑运算是进行逻辑判断和逻辑比较的非数值运算。控制器是计算机的指挥控制中心，向其他各部件发出控制信号，控制数据的传输和加工。同时，控制器也接收其他部件送来的信号，协调计算机各部件步调一致地工作。

运算器和控制器通常集成在一块芯片上，构成中央处理器（central processing unit，CPU），它是整个计算机的核心。决定 CPU 性能的重要指标是字长与主频。

1）字长：CPU 能同时处理二进制数据的位数，它决定了计算机的计算精度。例如，64 位 CPU 是指 CPU 的字长是 64 位，同时能处理 64 位的二进制数据。

2）主频：CPU 的工作频率，单位是兆赫兹（MHz）或吉赫兹（GHz）。主频越高，CPU 运算速度越快，计算机的工作速度也越快。例如，“Intel 酷睿 i7 980X 3.33GHz”是指 Intel 公司生产的主频为 3.33GHz 的芯片。

随着微处理技术的发展，IBM 公司、Intel 公司和 AMD 公司先后推出了采用双核心技术的 CPU。双核心技术简单地理解就是将两个 CPU 整合到一个内核空间。对操作系统来说，利用双核心 CPU 可以同时执行多项任务。随着 CPU 技术的发展，四核心和六核心的 CPU 已经成为主流。

（3）存储器

存储器是存储各种信息的设备，分为内存和外存两种。内存又称为主存，可以与 CPU 直接进行信息交换，其容量较小，但读取数据速度快。外存中的数据不能直接被 CPU 处理，要先读入内存。外存容量较大，但读取数据速度较慢。

内存根据读/写功能的不同分为只读存储器（read only memory，ROM）和随机存储器（random access memory，RAM）。存储器有读和写两种操作，取出存储器中的数据称为读；向存储器中存入数据称为写。

只读存储器由厂家用特殊方式写入了一些固定的程序，如引导程序、监控程序等。计算机在运行过程中不能对其中的内容进行修改，只能从中读取信息。断电后，只读存储器中的内容不会丢失。

随机存储器用于存放计算机运行时需要的系统程序、应用程序、等待处理的数据等。计算机在运行过程中可以对随机存储器进行读、写操作，一旦断电，所有信息都会丢失。

常用的外存有磁盘（即固定硬盘）、光盘与移动硬盘等。磁盘在使用前要进行分区，即划分成多个逻辑区域，并依次用字母 C、D 等标记。其中，C 为主分区，用来安装操作系统，以启动计算机。

（4）输出设备

输出设备是将计算机的处理结果以人们或其他机器所能识别的形式输出，如文字、图形、图像、声音和视频等。常用的输出设备有显示器、打印机、投影仪、绘图仪和音响等。

1.3.2　软件系统

只有硬件系统，而没有软件系统的计算机称为裸机。软件是为了方便使用计算机、提高使用效率而组织的程序和文档的集合，其核心是程序。

人们在日常生活、学习与工作中经常使用程序这个词语，它是指完成某件事情的操作步骤的集合。例如，国家奖学金申报程序如下：①学生本人申请；②辅导员推荐；③学生资助中心审核；④校领导审定后公示；⑤上报省教育厅、财政厅备案。这个程序是用自然语言（如汉语言）来描述的。

计算机程序是指用计算机语言（如C语言）来表示的解题步骤。例如，求两个实数平均值的程序如下：

```
#include <stdio.h>
void main()
{  float  x,y,aver;                    /*定义3个变量,代表3个存储单元*/
   scanf("%f%f",&x,&y);                /*从键盘输入两个实数存入变量x和y中*/
   aver=(x+y)/2;                       /*求平均值,将结果存入变量aver中*/
   printf("平均值:%f\n",aver);         /*输出变量aver的值*/
}
```

与自然语言程序不同的是，计算机程序的特点是符号化：存储单元用符号表示，如变量*x*、*y*、aver表示不同的存储单元；操作也用符号表示，如“=”表示赋值操作，“+”表示加法运算，“/”表示除法运算。花括号内以分号结尾的符号序列称为语句，类似于中文的句子。可见，计算机程序是符号化语句序列，编制程序的过程称为程序设计。

文档是指用自然语言编写的文字资料和图表，用来描述程序的内容、设计、功能规格及使用方法，如程序使用说明书、用户手册等。软件就是在计算机硬件上运行的各种程序和文档资料的总和，即软件=程序+文档。

计算机软件可分为系统软件和应用软件两大类。

1. 系统软件

系统软件是用来控制计算机运行、管理计算机的各种硬件和软件资源，并为应用软件提供支持和服务的一类软件。系统软件主要包括操作系统、语言处理程序、数据库管理系统（database management system，DBMS）等。

（1）操作系统

操作系统管理计算机中所有的硬件及软件资源，是用户和计算机之间联系的桥梁。用户通过操作系统操纵计算机，应用软件在操作系统提供的平台上运行。目前，常用的操作系统有Windows、UNIX和Linux等。

（2）语言处理程序

计算机只能执行用机器语言编写的程序，不能直接识别和执行用高级语言编写的程序。语言处理程序的作用就是将高级语言编写的源程序翻译成计算机可以执行的机器语言程序。语言处理程序包括汇编程序、解释程序和编译程序。

（3）数据库管理系统

数据库是数据的集合。数据库管理系统是为数据库的建立、使用和维护而配置的软件。Oracle、DB2、Microsoft SQL Server 和 Access 等都是典型的数据库管理系统。

2. 应用软件

应用软件是为了解决各类实际问题而编写的程序，应用软件拓宽了计算机系统的应用领域。其种类很多，涉及各个方面，主要有办公自动化软件（如 Word、Excel 等）、图形及图像处理软件（如 CorelDRAW、Photoshop）、工具软件（如杀毒软件、解压缩软件和下载工具等）及休闲娱乐软件（如媒体播放器）等。

总之，硬件是计算机工作的物质基础，有了硬件的支持，软件才能发挥作用。硬件和软件的有机结合构成了完整的计算机系统。

1.4 键盘和中文输入法

1.4.1 键盘的结构

键盘是最基本的输入设备，用来向计算机输入数据、文字和程序等。标准键盘通常分为 4 个区域：功能键区、主键盘区、小键盘区和编辑键区。

1. 功能键区

功能键区位于键盘的最上面，由【F1】～【F12】这 12 个功能键和【Esc】键组成。

1）【F1】～【F12】键在不同的应用程序中有不同的作用，其中【F1】键常用来获得帮助。

2）【Esc】键主要用来取消命令的执行或取消操作。

2. 主键盘区

主键盘区位于功能键区的下面，用来完成数字、字母、汉字和标点等的输入。下面介绍其中的几个按键。

1）【Enter】键（回车键）：确认输入的命令或数据，在文本编辑时起换行的作用。

2）【Space】键（空格键）：用来输入空格。

3）【Shift】键（换挡键）：一些键上标有两个不同的字符，称为双符号键。按住【Shift】键再按双符号键，输入该键的上挡字符。

4）【Caps Lock】键（大写锁定键）：按下该键，键盘上的 Caps Lock 指示灯亮，表示处于大写状态。再次按下此键，Caps Lock 指示灯灭，表示处于小写状态。

5）【Backspace】键（退格键）：删除光标前面的字符，且光标左移。

6）【Ctrl】键（控制键）、【Alt】键（切换键）：这两个键不能单独使用，需要与其他键组合使用。

3. 小键盘区

小键盘区位于键盘的右侧，主要用来输入数字和运算符。

【Num Lock】键（数字锁定键）：按下此键，键盘右上角 Num Lock 指示灯亮，从小键盘输入的是数字。再次按下此键，Num Lock 指示灯灭，小键盘的编辑功能失效。

4. 编辑键区

编辑键区位于主键盘区和小键盘区之间，主要完成一些基本的编辑操作。

1）【Insert】键：用来切换插入和改写状态。

2）【Delete】键（删除键）：在 Windows 环境中，按【Delete】键会删除当前光标后面的字符，光标不动。在 DOS 环境中，按【Delete】键删除光标上的字符。

3）【Page Up】键和【Page Down】键：用来向前翻页和向后翻页。

4）【↑】、【↓】、【←】、【→】（光标移动键）：4 个方向控制键用来控制光标上、下、左、右移动。

1.4.2 打字指法

打字的时候坐姿要端正，腰部挺直，两臂自然下垂，身体可以略微前倾，距离键盘 20～30cm。打字的指法要正确，在打字时为了高效、合理地使用键盘，规定主键盘区第三排键的 A、S、D、F、J、K、L 和；这 8 个按键为基本键位，如图 1-6 所示，两个大拇指应自然放在【Space】键上。

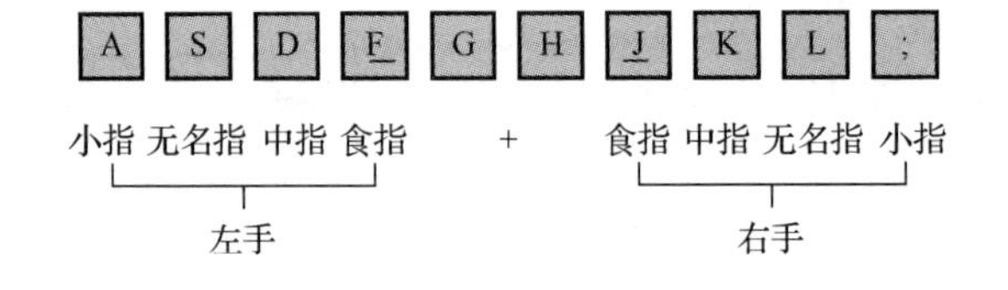

图 1-6 基本键位

在打字时，对应的手指放在基本键位上。敲击其他键的时候，都是从基本键位出发，向左上方或右下方移动，击完键后手指应回到基本键位，即通过基本键位去寻找其他键。

在基本键位的基础上，将主键盘区划分成几个区域，每个手指负责专门的区域。各个手指的分工如图 1-7 所示。

图 1-7　各个手指的分工

打字是一种技术，记住键盘上的键位和基本指法，逐渐实现盲打才能提高打字的速度。击键时，应使用相应的手指敲键而不是压键。击键的速度要均匀，用力适度，有节奏感。

1.4.3　常用的中文输入法

随着计算机技术的发展，汉字的输入法越来越多，常用的汉字输入法有搜狗拼音输入法、智能 ABC 输入法、五笔字型输入法和万能输入法等。搜狗拼音输入法状态栏如图 1-8 所示。

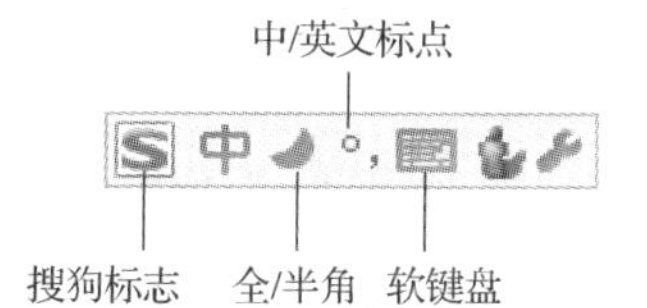

图 1-8　搜狗拼音输入法状态栏

1. 输入法的切换

（1）输入法的选择

1）单击任务栏中的“输入法指示器”按钮，在弹出的菜单中选择要使用的输入法。

2）使用【Ctrl+Space】组合键，切换中、英文输入法。

3）使用【Ctrl+Shift】组合键，依次切换英文及各种中文输入法。

（2）中文输入切换不同的状态

1）使用【Ctrl+.】组合键，切换中文和英文标点。

2）使用【Shift+Space】组合键，在全角和半角之间进行切换。

一般的汉字输入法支持全拼和简拼。全拼时需要输入汉字的全部拼音，简拼时只需输入汉字拼音的声母部分，合理有效地利用简拼可以提高汉字的输入效率。大多数输入法默认的翻页键是逗号【,】键与句点【.】键，或减号【-】键与等号【=】键。输入拼音后，按【.】或【=】键向后翻页选字。

2. 搜狗拼音输入法

搜狗拼音输入法支持全拼和简拼。

（1）输入英文

1）在搜狗拼音输入法状态下，按【Shift】键可在中文、英文之间进行切换。

2）输入英文，按【Enter】键完成英文的输入。

（2）利用拼音和笔画输入

在输入汉字时，可以配合笔画快速定位要输入的汉字。在输入完某字的拼音后，按【Tab】键，然后用 h（横）、s（竖）、p（撇）、n（捺）、z（折）依次输入第一个字的笔画，可以快速查找到该字。例如，输入“葛”字，可以输入“ge”，按【Tab】键，再输入“hss”，在搜狗拼音输入法中草字头的笔顺是横、竖、竖。

（3）笔画输入

当不知道某字的读音时，可以用笔画输入。先输入“u”，然后输入该字的笔画，可以找到该字。需要注意的是，竖心旁的笔顺是点、点、竖（nns），如输入“忆”字，可以输入“unnsz”。

（4）数字输入

先输入“v”再输入数字，可以选择输入各种数字格式。

3. 智能 ABC 输入法

智能 ABC 输入法是中文版 Windows 操作系统自带的一种汉字输入法，简单易学、快速灵活。智能 ABC 输入法支持全拼和简拼。例如，输入“计算机”时，只需输入“jsj”，按【Space】键即可。

（1）英文的输入

输入英文时，可以使用【Ctrl+Space】组合键切换到英文状态。在中文状态下，也可以直接输入英文，即先输入“v”，再输入相应的英文。例如，要输入“computer”，可直接输入“vcomputer”，按【Space】键确认。

（2）用词选字

有时输入单字的拼音后，要翻页才能找到所输入的字，浪费时间。此时，可以用词来选中这个字，如想输入“试”，通过输入“kaoshi]”（“]”表示取这个词的后一个字），即可得到“试”。在输入拼音后再输入“[”，则取这个词的前一个字。

智能 ABC 输入法不是一种单纯的拼音输入法，而是一种拼音和字形结合的输入法。在输入拼音之后，再加上该字第一笔字形的编码，就可以快速查找到这个字。笔画的笔形码如下：横 1、竖 2、撇 3、捺 4、横折 5、竖折 6、十字交叉 7、方框 8，即用 1～8 这 8 个数字来代表不同的笔画。例如，输入“葛”字，可以输入“ge7”。这是因为“葛”字的笔形，第一笔看成“十字交叉”用数字“7”表示，这样输入可以减少翻页的次数，提高输入速度。又如，输入“式”，可以输入“shi1”，以快速查找到该字。

4. 软键盘的使用

在中文输入法状态下，单击“软键盘”按钮，屏幕上会显示一个模拟键盘。右击“软键盘”按钮，在弹出的快捷菜单中可以选择不同类型的软键盘。除标准的 PC 键盘外，Windows 操作系统还提供了 12 种不同的软键盘。选择其中一种软键盘，相应的内容会显示在屏幕上。利用软键盘可方便地输入标点符号、数字序号和单位符号等特殊字符。

1.5 计算机中数据的表示

通过输入设备可以将数据输入计算机的存储器。数据可以是各种形式的，如数值、字符、文字、图形、声音和视频等，这些数据在计算机中都是以二进制表示和存储的。二进制只有 0 和 1 两个数字，用来表示电子元器件的两种不同物理状态，如电路的导通和截止、电容器的充电和放电等。二进制运算规则简单，易于实现。

1.5.1 数制

众所周知，人们使用的计数方法是十进制，即“逢十进一”；时间计数是六十进制，即“逢六十进一”。由此可知，二进制是“逢二进一”。

1. 数制的基数和位权

一种计数制允许使用的基本符号的个数称为数制的基数。在基数为 R 的进制中，进位规则是“逢 R 进一”。例如，十进制由 0～9 这 10 个数字组成，十进制的基数为 10。位权（简称权）是用来表示数位上数值大小的一个固定常数，如 666 的百位是 6，表示的数值是 6×10^2，即 600；十位的 6 表示的数值是 6×10^1，即 60；个位的 6 表示的数值是 6×10^0。可知，百位的权是 100，十位的权是 10，个位的权是 1。同一个数码在不同的位置，所表示的数值不同，每个数码所表示的数值等于数码乘以该位的权。对于 R 进制，整数部分第 i 位（小数点向左数起）的权为 R^{i-1}，小数部分第 j 位（从小数点向右数起）的权为 R^{-j}。

【例 1-1】将十进制数 2017.58 按权展开。

$$2017.58 = 2\times10^3 + 0\times10^2 + 1\times10^1 + 7\times10^0 + 5\times10^{-1} + 8\times10^{-2}$$

表 1-1 给出了二进制、八进制、十进制和十六进制的进位规则、基数、数码和权。

表 1-1　二进制、八进制、十进制和十六进制的进位规则、基数、数码和权

进制	二进制	八进制	十进制	十六进制
进位规则	逢二进一	逢八进一	逢十进一	逢十六进一
基数	2	8	10	16
数码	0，1	0～7	0～9	0～9，A～F
权	2 的乘幂	8 的乘幂	10 的乘幂	16 的乘幂

2. 数制的表示方法

数制的表示方法有以下两种。

1）在数的后面加相应的大写英文字母作为各种进制数的标志。十进制数用字母 D 表示或省略，二进制数用字母 B 表示，八进制数用字母 O 表示，十六进制数用字母 H 表示。

2）在括号外面加上数字角标。

【例 1-2】表示十进制数 2018，二进制数 101101，八进制数 765，十六进制数 901A。

十进制数 2018，可表示为 2018D、$(2018)_{10}$ 或 2018。

二进制数 101101，可表示为 101101B 或 $(101101)_2$。

八进制数 765，可表示为 765O 或 $(765)_8$。

十六进制数 901A，可表示为 901AH 或 $(901A)_{16}$。

0～15 在十进制、二进制、八进制和十六进制之间的对应关系如表 1-2 所示。

表 1-2　0～15 在十进制、二进制、八进制和十六进制之间的对应关系

十进制数	二进制数	八进制数	十六进制数	十进制数	二进制数	八进制数	十六进制数
0	0	0	0	8	1000	10	8
1	1	1	1	9	1001	11	9
2	10	2	2	10	1010	12	A
3	11	3	3	11	1011	13	B
4	100	4	4	12	1100	14	C
5	101	5	5	13	1101	15	D
6	110	6	6	14	1110	16	E
7	111	7	7	15	1111	17	F

1.5.2　数制之间的转换

1. 非十进制数（二进制数、八进制数和十六进制数）转换为十进制数

非十进制数转换为十进制数的方法为按权展开，即将二进制数、八进制数、十六进制数按权展开，再求和，计算结果就是对应的十进制数。

【例 1-3】 将$(10010.101)_2$转换为十进制数。

$$\begin{aligned}(10010.101)_2 &= 1\times2^4+0\times2^3+0\times2^2+1\times2^1+0\times2^0+1\times2^{-1}+0\times2^{-2}+1\times2^{-3}\\ &=16+0+0+2+0+0.5+0+0.125\\ &=(18.625)_{10}\end{aligned}$$

【例 1-4】 将$(2017.4)_8$转换为十进制数。

$$\begin{aligned}(2017.4)_8 &= 2\times8^3+0\times8^2+1\times8^1+7\times8^0+4\times8^{-1}\\ &=1024+0+8+7+0.5\\ &=(1039.5)_{10}\end{aligned}$$

【例 1-5】 将$(901A.6)_{16}$转换为十进制数。

$$\begin{aligned}(901A.6)_{16} &= 9\times16^3+0\times16^2+1\times16^1+A\times16^0+6\times16^{-1}\\ &=36864+0+16+10+0.375\\ &=(36890.375)_{10}\end{aligned}$$

2. 十进制数转换为非十进制数（二进制数、八进制数和十六进制数）

任意一个十进制数转换为 R 进制数，整数部分和小数部分分别按照不同的规则转换。

1）整数部分转换的规则是除以 R 取余数。整数部分连续除以 R，取余数，直到商是 0 为止，最后将余数按由后向前排序，产生 R 进制数整数部分的各个数位。

2）小数部分转换的规则是乘以 R 取整数。小数部分连续乘以 R 取整数，直到小数部分为 0 或达到有效精度为止，最后将整数按由前向后排序，产生 R 进制小数的各个数位。

【例 1-6】 将十进制数 99.85 转换为二进制数。

整数部分依次除以 2 取余数，过程如下：

除数	商		余数
2	99		
2	49	………………	1
2	24	………………	1
2	12	………………	0
2	6	………………	0
2	3	………………	0
2	1	………………	1
	0	………………	1

（余数由下向上读取 ↑）

可得，$(99)_{10}=(1100011)_2$。

小数部分依次乘以 2 取整数，保留 3 位小数，过程如下：

```
 0.85        整数
×   2
------
 1.70 ········ 1
 0.7
×  2
------
 1.4  ········ 1
 0.4
×  2
------
 0.8  ········ 0
```

可得，$(0.85)_{10}$≈$(0.110)_2$，所以$(99.85)_{10}$≈$(1100011.110)_2$。

【例 1-7】将十进制整数 567 转换为八进制数。

除以 8 取余，过程如下：

```
8|567                  余数
 8| 70 ··············· 7
  8|  8 ·············· 6
   8| 1 ·············· 0
      0 ·············· 1
```

所以，$(567)_{10}$=$(1067)_8$。

【例 1-8】将十进制整数 2018 转换为十六进制数。

除以 16 取余，过程如下：

```
16|2018                余数
 16|126 ·············· 2
   16| 7 ············· E
       0 ············· 7
```

所以，$(2018)_{10}$=$(7E2)_{16}$。

3．二进制数转换为八进制数或十六进制数

当二进制数要转换为八进制数或十六进制数时，可先把二进制数转换为对应的十进制数，再把十进制数转换为八进制数或十六进制数，但这种方法较麻烦。因为八进制、十六进制的基数分别为 8（2^3）和 16（2^4），所以 3 位二进制数对应 1 位八进制数，4 位二进制数对应 1 位十六进制数。将二进制整数部分从小数点向左按 3 位或 4 位分组，不足的补 0；小数部分从小数点向右按 3 位或 4 位分组，不足 3 位或 4 位时补 0。之后每组分别用 1 位八进制数或 1 位十六进制数表示，即可得到二进制数对应的八进制数或十六进制数。

【例 1-9】将二进制数$(1001101100.11011)_2$转换为八进制数。

$$(\underline{001}\ \underline{001}\ \underline{101}\ \underline{100}.\underline{110}\ \underline{110})_2$$

$$1\quad 1\quad 5\quad 4\ .\ 6\quad 6$$

所以，$(1001101100.11011)_2$=$(1154.66)_8$。

【例 1-10】将二进制数$(10000011010.11011)_2$转换为十六进制数。

$$(\underline{0100}\ \underline{0001}\ \underline{1010}.\underline{1101}\ \underline{1000})_2$$

$$4\quad 1\quad A\ .\ D\quad 8$$

所以，$(10000011010.11011)_2=(41A.D8)_{16}$。

4. 八进制数或十六进制数转换为二进制数

八进制数或十六进制数转换为二进制数的方法与二进制数转换为八进制数或十六进制数的方法相反，将每 1 位八进制数或十六进制数分别用 3 位二进制数或 4 位二进制数表示，不足 3 位或 4 位的在前面加 0 补齐。整数部分最高位的 0 和小数部分末位的 0 可省略不写。

【例 1-11】 将八进制数$(765.76)_8$转换为二进制数。

$$
\begin{array}{cccccc}
(7 & 6 & 5 & . & 7 & 6)_8 \\
111 & 110 & 101. & & 111 & 110
\end{array}
$$

所以，$(765.76)_8=(111110101.11111)_2$。

【例 1-12】 将十六进制数$(30A.8B)_{16}$转换为二进制数。

$$
\begin{array}{cccccc}
(3 & 0 & A & . & 8 & B)_{16} \\
0011 & 0000 & 1010 & . & 1000 & 1011
\end{array}
$$

所以，$(30A.8B)_{16}=(1100001010.10001011)_2$。

1.5.3　数据的存储单位

数据在计算机内部用二进制表示并存储，最小的数据单位是位（bit，比特）。8 位组成 1 字节（byte，B），一个字符占用 1 字节的存储空间，一个汉字占用 2 字节的存储空间。比字节大的存储单位有千字节 KB、兆字节 MB、吉字节 GB、太字节 TB、拍字节 PB、艾字节 EB、泽字节 ZB 和尧字节 YB 等。它们之间的换算关系如下：

$$
\begin{aligned}
&1B=8bit \\
&1KB=1024B=2^{10}B \\
&1MB=1024KB=1024\times2^{10}B=2^{20}B \\
&1GB=1024MB=1024\times2^{20}B=2^{30}B \\
&1TB=1024GB=1024\times2^{30}B=2^{40}B \\
&1PB=1024TB=1024\times2^{40}B=2^{50}B \\
&1EB=1024PB=1024\times2^{50}B=2^{60}B \\
&1ZB=1024EB=1024\times2^{60}B=2^{70}B \\
&1YB=1024ZB=1024\times2^{70}B=2^{80}B
\end{aligned}
$$

计算机在处理数据时，一次存取、运算和传送的数据称为字（word）。一个字通常由 1 字节或多字节组成。字长是指每个字包含的位数。字长是衡量计算机性能的一个重要指标，字长越长，运算精度越高，处理速度越快。早期计算机的字长通常为 8 位，之后发展到 16 位和 32 位，现在 64 位字长的高性能计算机已广泛应用。

1.5.4 字符的编码

计算机不仅能处理数值型数据，还能处理字符、汉字、图形、图像、声音和视频等其他数据。由于计算机是以二进制的形式存储和处理数据的，处理这些非数值型数据时，首先要对数据进行编码，将其转换成计算机能识别的二进制代码。计算机中信息常用的编码方法有字符编码（如 ASCII 码）和汉字编码。

1. 西文字符的编码

ASCII（American Standard Code for Information Interchange，美国信息交换标准代码），是国际标准化组织规定的国际标准码。ASCII 中包含字母、数字、标点、符号与控制字符等。国际通用的 ASCII 用 7 位二进制数表示一个字符的编码，共有 $2^7=128$ 个不同的编码值，相应可以表示 128 个不同的字符。例如，大写字母 A 的 ASCII 的值是 1000001，即十进制的 65（见附录 A），其存储字节是 01000001。

2. 汉字的编码

ASCII 只对英文字母、数字和标点符号等字符进行了编码。为了使计算机能够处理汉字，同样也需要对汉字进行编码。由于汉字数量庞大，字形复杂，存在大量一音多字和一字多音的现象，其编码要比西文字符困难得多。

我国于 1980 年颁布了国家汉字编码标准 GB 2312—1980，全称为《信息交换用汉字编码字符集 基本集》，简称国标码。其中包括常用的汉字 6763 个（一级汉字 3755 个，二级汉字 3008 个），以及英文、数字、序号、拉丁字母、日文假名、希腊字母、俄文字母等。每个汉字用 4 个十进制数字编码，前两个数字表示区码，后两个数字表示位码。例如，“啊”字的区码为 16，位码为 01，区位码是 1601。

其他常用汉字编码有 GBK 编码（汉字扩展规范）、Big5 码（繁体字编码）、Unicode 编码（即万国码）等。

3. 汉字的处理过程

每个汉字需用 2 字节存储，即区码占第一个字节，位码占第二个字节，都必须转换为机内码。机内码用于汉字的存储、处理与信息交换，是将区码与位码分别加上$(A0)_{16}$得到的。机内码的特点是每字节的最高位一定是 1，这就可以与西文字符的编码进行区分。例如，汉字“计算机”的编码如表 1-3 所示。

表 1-3 汉字“计算机”的编码

汉字	计	算	机
区位码	2838	4367	2790
十六进制	1C26	2B43	1B5A
机内码	BCC6	CBE3	BBFA

汉字的处理过程如图 1-9 所示。首先，将简单的输入码（如拼音、五笔字型等）转换为机内码。然后，为了输出（显示或打印）的需要，要将机内码转换为字形码。字形码就是汉字字形的点阵编码。例如，16×16 的点阵就是在一个 16×16 的网格中用点描出一个汉字，每个小格用 1 位二进制数表示。这样，点阵的一行要占用 2 字节，一个汉字就要占 2 字节×16=32 字节。

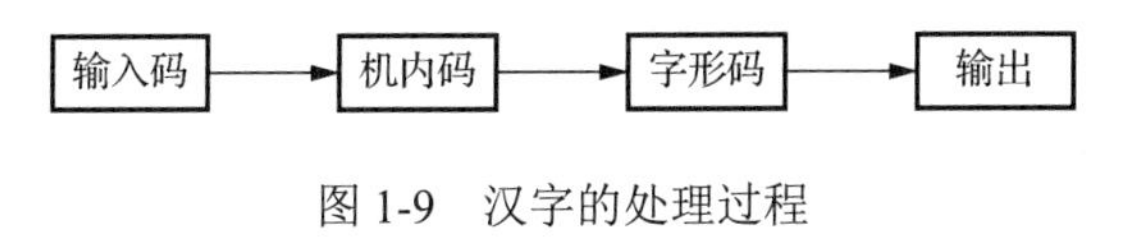

图 1-9　汉字的处理过程

1.6　多媒体技术简介

随着电子技术和大规模集成电路技术的发展，计算机技术、通信技术和广播电视技术得到了极大的发展，信息之间相互渗透、融合，进而形成了一门崭新的技术，即多媒体技术。

1.6.1　基本概念

1. 媒体

媒体是信息表示和传输的载体。媒体在计算机领域有两种含义：一种是存储信息的实体，如磁盘、光盘和半导体存储器等；另一种是传递信息的载体，如文字、图形、图像、声音、视频等。

2. 多媒体

多媒体（multimedia）是指把多种媒体信息综合集成在一起。其中，不仅包含文本、图形、图像等多种信息，还包括计算机处理信息的多元化技术和手段。

3. 多媒体技术

多媒体技术是一门跨学科的综合技术，即利用计算机综合处理文字、声音、图像、视频等多种媒体，并将这些媒体有机结合的技术，具体包括数据存储技术、数据压缩技术、多媒体数据库技术、多媒体通信技术等。多媒体技术的显著特征是集成性、多样性、交互性和实时性。

1.6.2　媒体的数字化

多媒体信息可以从计算机输出界面向人们展示丰富多彩的文、声、图、像等信息。

在计算机内，这些信息必须转换为数字0和1后才能进行处理，并以不同类型的文件进行存储。

1. 声音

（1）声音的数字化

声音的主要物理特征包括振幅和频率。声音的振幅就是人们所说的声音的大小，即音量。声音的频率是指声音每秒振动的次数。

要想在计算机中对声音信号进行存储、传输、播放、处理，就必须将其转换成离散的数字信号。数字化的基本技术是脉冲编码调制（pulse code modulation，PCM），主要包括采样、量化、编码3个基本过程。

为了记录声音信号，需要每隔一定的时间间隔，获取声音信号的幅度值，并记录下来，这个过程称为采样。获取幅度值的时间间隔越短，记录的信息越精确，就需要更多的存储空间。因此，需要确定一个合适的时间间隔，既能记录足够恢复原始声音信号的信息，又不浪费过多的存储空间。

量化是指将采集的样本用二进制数表示。表示幅度值的二进制位数称为量化位数，一般是8位、16位。量化位数越多，采集的样本精度越高，声音的质量越好，需要的存储空间也就越大。

经过采样和量化后的声音信号已经是数字形式了，但是需要进行编码，即将量化后的数值转换成二进制码组。一般为了节省存储空间，还要对数据进行压缩。

（2）声音的文件格式

存储声音信息的文件格式有很多种，常用的有WAV、MP3、VOC文件等。

WAV是Microsoft公司采用的波形声音文件存储格式，是最早的数字音频格式。

MP3文件因为具有压缩比高、音质接近CD、制作简单、便于交换等优点，非常适合在网上传播，是目前使用最广的音频格式文件，其音质稍差于WAV文件。

VOC格式是声霸卡使用的音频文件格式。

2. 图像

图像一般是指自然界中的客观事物通过某种系统的映射，使人们产生的视觉感受。在自然界中，事物有两种形态，即动和静。活动的图像称为动态图像，静止的图像称为静态图像。

（1）动态图像

动态图像是由多帧（即幅）连续的静态画面不断变化所形成的动态视觉感受。如果每帧画面是实时获取的自然景物或人物图像，则称为视频；如果每帧画面是计算机产生的图形，则称为动画。

一幅图像消失后，该图像还将在视网膜上滞留几毫秒，动态图像正是根据这个原理制作的。动态图像是将静态图像以每秒 n 幅的速度播放，当 $n \geqslant 25$ 时，显示在人眼中的就是连续的画面。

（2）点阵图和矢量图

表达或生成图像通常有两种方法：点阵图法和矢量图法。点阵图法就是将一幅图像分成很多个小像素，每个像素用若干二进制位表示像素的颜色、属性等信息。矢量图法就是用一些指令来表示一幅画，如画一条 50 像素长的蓝色直线、画一个半径为 30 像素的圆等。

（3）图像文件格式

1）BMP 文件：Windows 操作系统中的标准图像文件格式。

2）GIF 文件：供联机交换使用的一种图像文件格式，在网络通信中广泛使用。

3）TIFF 文件：二进制文件格式，广泛应用于桌面出版系统、图形系统和广告制作系统。

4）PNG 文件：该图像文件格式的开发目的是替代 GIF 文件和 TIFF 文件格式。

5）PSD 文件：该格式是唯一可以存取所有 Photoshop 的文件信息及所有彩色模式的格式。

（4）视频文件格式

1）AVI 文件：Windows 操作系统中视频文件的标准格式。

2）MOV 文件：是 Apple 公司开发的一种音频、视频文件格式。该文件格式具有跨平台、存储空间小等特点，已经成为数字媒体技术领域的工业标准。

3）ASF 格式：高级流格式，可直接使用 Windows 自带的 Windows Media Player 进行播放。

1.6.3　多媒体数据压缩

多媒体信息经过数字化后的数据量是非常庞大的。为了方便存储和传输多媒体信息，可将原始数据进行压缩后存放在磁盘上，或是以压缩形式来传输，当需要使用这些数据时，再将数据解压缩，即还原，以满足实际需要。

数据压缩处理一般由编码和解码两个过程组成。数据编码就是依照某种数据压缩算法对原始数据进行压缩处理，形成压缩编码数据。解码是将压缩的数据还原成可以使用的数据。因此，解码是编码的逆过程。

常用的数据压缩方法分为无损压缩和有损压缩两种。无损压缩是去掉或减少数据中的冗余，这些冗余部分在解码时可以重新插入数据中。所以，无损压缩不会产生失真，在多媒体技术中广泛用于文本数据、程序及重要图形和图像的压缩，它能保证原始数据百分之百地恢复。有损压缩会减少信息量，而损失的信息是不能再恢复的，所以这种压缩是不可逆的。有损压缩以损失某些信息为代价换取较高的压缩比，其损失的信息多是对视觉和听觉感知不重要的信息。

比较流行的压缩工具软件有 WinZip 和 WinRAR。WinZip 突出的优点是操作简单，压缩速度快。WinRAR 是在 Windows 环境下对 RAR 格式的文件进行管理和操作的一款压缩软件。

习题 1

1．（　　），美国宾夕法尼亚大学成功研制出世界上第一台通用电子数字积分计算机 ENIAC。

A．1946 年 2 月　　B．1946 年 6 月

C．1949 年 9 月　　D．1949 年 10 月

2．电子计算机的发展经历了 4 个阶段，其划分依据是（　　）。

A．计算机体积　　B．计算机速度

C．计算机使用的逻辑元器件　　D．内存容量

3．目前，制造计算机所用的逻辑元器件是（　　）。

A．晶体管　　B．电子管

C．小规模集成电路 D．大规模和超大规模集成电路

4．下列对计算机发展趋势的叙述中不正确的是（　　）。

A．内存容量越来越小　　B．精度越来越高

C．体积越来越小　　D．运算速度越来越快

5．计算机正向着巨型化、微型化、智能化、网络化方向发展。其中，巨型化是指（　　）。

A．体积大　　B．功能更强，存储容量更大

C．质量大　　D．外设更多

6．以下不属于计算机特点的是（　　）。

A．运算速度快　　B．计算精度高

C．体积庞大　　D．具有逻辑判断能力

7．冯·诺依曼体系结构的计算机引入两个重要的概念，它们是（　　）。

A．CPU 和内存　　B．二进制和存储程序

C．机器语言和十六进制　　D．ASCII 码编码和指令系统

8．用计算机进行资料检索是属于计算机应用中的（　　）。

A．数据处理　　B．科学计算　　C．实时控制　　D．人工智能

9．英文缩写 CAD 的中文意思是（　　）。

A．计算机辅助设计　　B．计算机辅助制造

C．计算机辅助教学　　D．计算机辅助管理

10. 办公自动化是计算机的一项应用，按计算机的应用分类，它属于（　　）。
    A. 科学计算　　B. 辅助设计　　C. 实施控制　　D. 数据处理
11. 计算机的硬件主要包括运算器、（　　）、存储器、输入设备和输出设备。
    A. 控制器　　B. 显示器　　C. 磁盘存储器　　D. 鼠标
12. 按照冯·诺依曼思想设计的计算机硬件系统包括（　　）。
    A. 主机、输入设备、输出设备
    B. 控制器、运算器、存储器、输入设备、输出设备
    C. 主机、存储器、显示器
    D. 键盘、显示器、打印机、运算器
13. 微型计算机硬件系统最核心的部件是（　　）。
    A. 主板　　B. CPU
    C. 内存　　D. I/O（输入/输出）设备
14. 下列关于ROM和RAM说法中正确的是（　　）。
    A. ROM只能读出，RAM只能写入
    B. ROM能读能写，RAM只能读出
    C. ROM只能写入，RAM能读能写
    D. ROM只能读出，RAM能读能写
15. 下列选项中，属于RAM特点的是（　　）。
    A. 可随机读写数据，断电后数据不会丢失
    B. 可随机读写数据，断电后数据将全部丢失
    C. 只能顺序读写数据，断电后数据将部分丢失
    D. 只能顺序读写数据，断电后数据将全部丢失
16. 下列存储器中，读写速度最快的是（　　）。
    A. 内存　　B. 硬盘　　C. 光盘　　D. U盘
17. 与内存相比，外存（　　）。
    A. 存储容量大，存取速度快　　B. 存储容量小，存取速度快
    C. 存储容量大，存取速度慢　　D. 存储容量小，存取速度慢
18. CPU主要由（　　）组成。
    A. 运算器和控制器　　B. CPU和主存储器
    C. 运算器和外设　　D. 运算器和存储器
19. CPU不能直接访问的存储器是（　　）。
    A. ROM　　B. RAM　　C. Cache　　D. 硬盘
20. 计算机一旦断电后，（　　）设备中的信息会丢失。
    A. RAM　　B. ROM　　C. 硬盘　　D. 光盘

21．某台微型计算机安装的是 64 位操作系统，“64 位”指的是（　　）。
A．CPU 的字长，即 CPU 能同时处理 64 位二进制数据
B．CPU 运算速度，即 CPU 每秒能计算 64 位二进制数据
C．CPU 的时钟主频
D．CPU 的型号

22．下列设备中，既可以作为输入设备又可作为输出设备的是（　　）。
A．鼠标　　B．键盘　　C．磁盘　　D．打印机

23．操作系统是一种（　　）。
A．系统软件　　B．应用软件　　C．源程序　　D．操作规范

24．计算机能直接识别的语言是（　　）。
A．高级程序语言　　B．汇编语言
C．机器语言　　D．SQL

25．将高级语言源程序翻译成目标程序，完成这种翻译的程序是（　　）。
A．编译程序　　B．编辑程序　　C．解释程序　　D．汇编程序

26．计算机中所有信息的存储都采用（　　）。
A．十进制　　B．十六进制　　C．ASCII 码　　D．二进制

27．计算机存储容量的最小单位是（　　）。
A．字　　B．页　　C．字节　　D．二进制位

28．国际通用的 ASCII 字符编码的长度是（　　）位。
A．7　　B．8　　C．12　　D．16

29．大写字母 B 的 ASCII 的值是十进制（　　）。
A．65　　B．66　　C．99　　D．67

30．已知英文字母 m 的 ASCII 的值是 109，那么英文字母 j 的 ASCII 的值是（　　）。
A．106　　B．115　　C．103　　D．126

第 2 章

中文操作系统 Windows 7

操作系统是现代计算机系统不可缺少的重要组成部分，它用来管理计算机的系统资源，使计算机有条不紊地工作。操作系统使计算机的操作变得十分简便、高效。Microsoft 公司开发的 Windows 操作系统是微型计算机使用的主流操作系统。

2.1 操作系统简介

早期计算机的工作方式是独占的，即一段时间内只能有一个用户使用计算机，包括输入数据与程序、运行、改错运行直到输出结果。由于 CPU 速度很快，而外设的输入/输出（input\output，I/O）速度却很慢，在这种独占方式下，CPU 大部分时间是空闲的。为了解决这个矛盾，彻底改变计算机利用率低的不合理状态，出现了操作系统。

操作系统是最基本的系统软件，它由庞大的程序组成，其目的是最大限度地发挥计算机各个组成部分的作用。计算机的系统资源分为 4 类：处理机、存储器、输入/输出设备和文件（程序和数据）。操作系统的作用是高效地使用这些硬件和软件资源，解决用户之间、任务之间因争夺资源而发生的矛盾，以提高计算机系统的使用效率，并为用户提供方便的操作环境。计算机只有安装了操作系统，才能使用其他应用软件。所以，操作系统既是用户和计算机的接口，也是硬件和其他应用软件的接口。操作系统在计算机系统中的地位如图 2-1 所示。

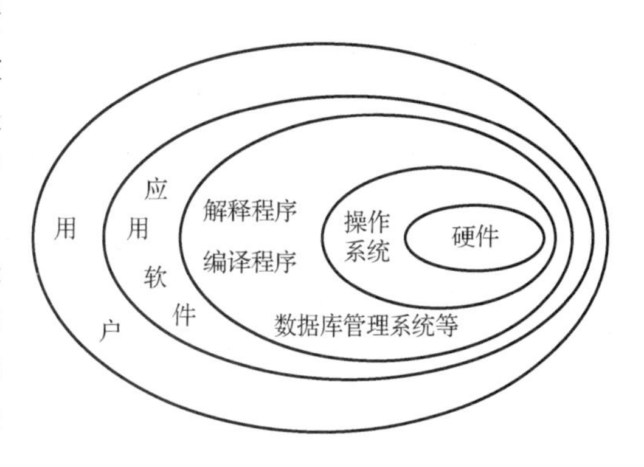

图 2-1　操作系统在计算机系统中的地位

早期的微型计算机普遍使用磁盘操作系统（disk operating system，DOS），它是单用户、单任务的操作系统，需要在命令提示符下输入 DOS 命令才能操作计算机。随着计算机技术的发展，硬件设备的性能越来越好，开始出现图形化界面的操作系统。典型的图形化操作系统是 Windows。1985 年，Microsoft 公司发布了 Windows 1.0。之后，Windows 经历多次重大升级，依次是 Windows 3.1、Windows 95、Windows 98、Windows 2000、Windows XP 与 Windows Vista 等。2009 年 10 月，Microsoft 公司正式发布了 Windows 7，这是具有革命性变化的操作系统，又称第 7 代操作系统。2015 年 7 月 29 日，Microsoft 公司正式发布了 Windows 10。Windows XP 之后的操作系统为用户提供更为美观、友好的操作界面，与其他硬件设备和应用软件的兼容性更好，具有强大的多媒体功能和网络功能，系统的性能更加安全、稳定。

2.2 Windows 7 的基本操作

Windows 7 共有 6 个版本，分别为 Windows 7 Starter（初级版）、Windows 7 Home Basic（家庭普通版）、Windows 7 Home Premium（家庭高级版）、Windows 7 Professional（专业版）、Windows 7 Enterprise（企业版）和 Windows 7 Ultimate（旗舰版）。本书以旗舰版为例介绍 Windows 7 的操作和使用。与以往其他版本的 Windows 操作系统相比，Windows 7 具有更快的响应速度、更简单的操作方式，以及更高的可靠性、兼容性、安全性和稳定性。

2.2.1 Windows 7 的安装、启动和退出

1. Windows 7 的安装

安装 Windows 7 的硬件要求是 CPU 1GHz 或更高，内存 1GB 以上，硬盘空间至少 20GB，显卡内存 64MB 以上，支持 WDDM 1.0 或更高版本的 DirectX 9。

Windows 7 有两种安装方式：升级安装和全新安装。需要注意的是，只有 Windows XP 和 Windows Vista 可以升级到 Windows 7。全新安装是指将 Windows 7 操作系统安装在独立的分区，与原有操作系统不在同一个分区（或安装在同一个分区的不同文件夹下），两个操作系统共同存在；或只安装 Windows 7 操作系统。

当计算机无法启动时，需要重新安装操作系统，其安装步骤可到网上查询。值得注意的是，当计算机需要重新安装操作系统时，系统文件一般安装在 C 盘（系统盘）。因此，在使用计算机时，应及时对所做的操作进行保存，各类文件尽量不要存放在 C 盘，以免重装系统时丢失文件。

2. Windows 7 的启动和退出

（1）Windows 7 的启动

打开显示器与计算机电源，启动 Windows 7。系统首先对计算机硬件进行检测，并自动加载一些设置；随后自动进入 Windows 7 登录界面，之后进入“欢迎”界面；最终显示 Windows 7 操作系统的桌面。

（2）Windows 7 的退出

单击“开始”按钮，在弹出的“开始”菜单中单击“关机”按钮，计算机会自动关

闭并断电。在关闭计算机之前，应退出当前运行的应用程序。如果在关机时系统中运行着程序，则 Windows 会询问用户是强制关闭计算机，还是取消关机。

将鼠标指针指向或单击“关机”按钮右侧的三角形按钮，弹出如图 2-2 所示的菜单。各命令介绍如下。

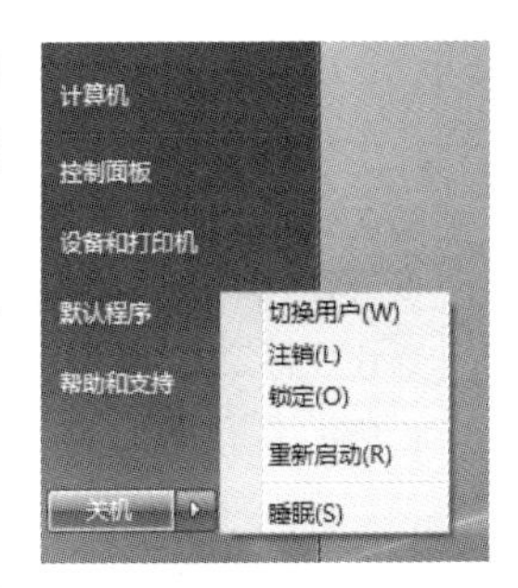

图 2-2　“关机”菜单

1）切换用户：系统保持当前用户打开的所有程序、文档等，切换到“欢迎”界面，可以选择其他账户登录计算机。

2）注销：系统关闭当前用户打开的所有程序、文档等，切换到“欢迎”界面，可以选择其他账户登录计算机。

3）锁定：保持当前用户打开的所有程序、文档等，保持网络连接并锁定计算机，切换到“欢迎”界面。

4）重新启动：关闭 Windows 并重新启动计算机。

5）睡眠：保持当前用户打开的内容并转入一种特殊的节能状态，称为睡眠。这时，将关闭显示器，风扇也会停止。若要唤醒计算机，则可移到鼠标或按键盘上的任意键。

提示

注销和切换用户都可以快速返回用户登录界面。但是，注销要求结束当前操作，退出当前用户；而切换用户则允许当前用户的操作程序继续进行。

2.2.2　鼠标操作

Windows 具有图形化的操作界面，这是与早期 DOS 的最大差别。Windows 支持鼠标操作，最常使用的是两键带滚轮的光学鼠标。

1. 鼠标的操作

1）单击：按一下鼠标左键。

2）双击：连续快速按两下鼠标左键。

3）右击：按一下鼠标右键。

4）拖动：将鼠标指针指向操作的对象，按住鼠标左键的同时拖动鼠标，可将选取的对象移动到指定位置。

2. 鼠标指针的形状及功能

在 Windows 7（系统方案）中，系统处于不同的运行状态时，鼠标指针会呈现不同的形状，具体如下。

1）箭头指针：用来选择对象，如窗口、文件夹和文件等。

2）I 形指针 I：在编辑文本时，用于定位光标，进行文本的输入和选择。

3）旋转圆圈指针 ：表示系统正忙，需要等待。

4）双向箭头指针 ：用于水平、垂直缩放窗口，以调整窗口的大小。

5）斜向箭头指针 ：当鼠标指针位于窗口四角时，变成斜向箭头，可以同时改变窗口的高度和宽度。

6）移动指针 ：用于移动所选对象。

7）手形指针 ：鼠标指针指向包含链接的对象时，变成手形。

2.2.3 桌面的组成与操作

进入 Windows 7 后，整个屏幕称为桌面。桌面由桌面图标和任务栏组成，如图 2-3 所示。

图 2-3　Windows 7 桌面

1. 桌面图标

图标是指桌面上带有文字标志的小图片，每个图标代表一个对象，如应用程序、快捷方式、文件与文件夹等。其中，左下角带有弯曲箭头的图标是快捷方式图标。双击图标就可以运行程序或打开相应的对象。

文件是指存储在存储介质上的一组相关信息的集合，并且为这个集合赋予一个名称。例如，一篇文章、一幅图画、一首歌曲，以及程序和数据等都是以文件为单位存储在计算机的外存中的。一般来说，将性质相同的一些文件归并在一个文件夹（也称目录）中，如同计算机图书放在一个书架上，法律图书摆放在另一个书架上一样。

系统预置的图标主要有“计算机”、“网络”、“Administrator”（当前用户）、“回收站”和“Internet Explorer”等。“计算机”是系统文件夹，用来对计算机的硬件资源、文件夹及文件进行管理。“网络”提供网络管理功能，可以浏览网络资源。当前用户文件夹管理常用的文件夹和文件，是系统默认文档的保存位置。“回收站”用于存放临时删除的文件夹或文件等，当确认不再需要时，可以彻底地从计算机上删除。

2. 桌面图标的创建

右击桌面空白处，在弹出的快捷菜单中选择“新建”命令，利用其子菜单可以创建不同对象的图标，如文件夹、快捷方式及各种类型的文件等，如图 2-4 所示。

图 2-4　“新建”命令

【例 2-1】在桌面上创建“记事本”的快捷方式。

例 2-1 视频讲解

操作步骤如下。

1）右击桌面空白处，在弹出的快捷菜单中选择“新建”→“快捷方式”命令，打开“创建快捷方式”对话框。

2）单击“浏览”按钮，在打开的“浏览文件或文件夹”对话框中选择“记事本”程序，单击“确定”按钮，返回“创建快捷方式”对话框，如图 2-5 所示。

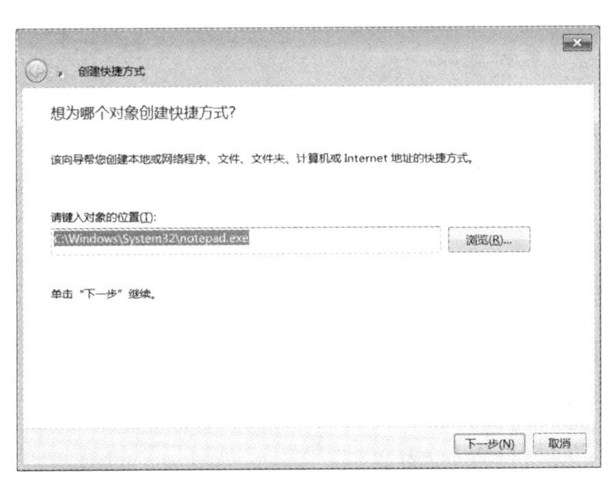

图 2-5　创建快捷方式

3）单击“下一步”按钮，在打开的“创建快捷方式”对话框的命名界面中保持默认位置，单击“完成”按钮，即在桌面上创建了“记事本”的快捷方式。

另外，右击应用程序、文件夹或文件图标，在弹出的快捷菜单中选择“发送到”→“桌面快捷方式”命令，也可以创建桌面快捷方式。

3. 桌面图标的排列和查看方式

用户可以按不同的方式对桌面图标进行排列，以便查找和使用。右击桌面空白处，在弹出的快捷菜单中选择“排序方式”命令，如图 2-6 所示。在其子菜单中可以选择按名称、大小、项目类型或修改日期排列图标。

右击桌面空白处，在弹出的快捷菜单中选择“查看”命令，其子菜单如图 2-7 所示。其中，前 3 个命令用来选择桌面图标的大小，默认尺寸为“中等图标”。当“显示桌面图标”命令左侧有“√”标志时，表示显示桌面图标。再次选择这个命令，“√”标志消失，桌面上的所有图标将被隐藏。

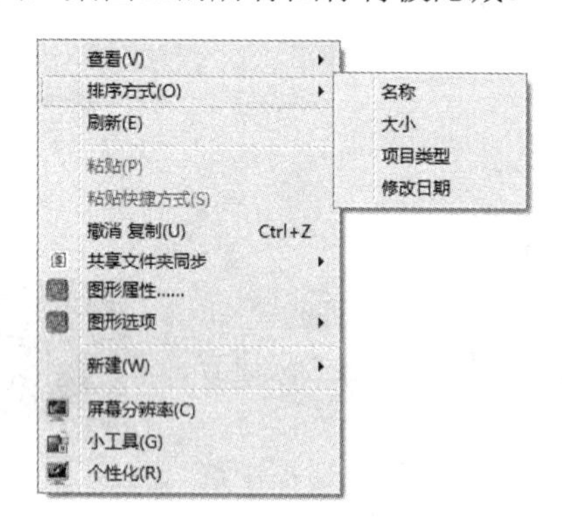

图 2-6　图标排序方式

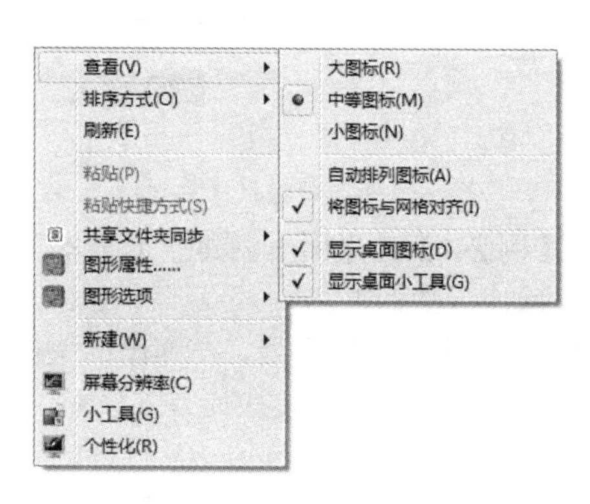

图 2-7　图标查看方式

4. 桌面图标的重命名和删除

（1）桌面图标的重命名

1）右击图标，在弹出的快捷菜单中选择“重命名”命令，输入新的名称，然后按【Enter】键即可。

2）单击图标（即选中），按【F2】键，输入新名称，按【Enter】键，也可以完成重命名操作。

3）选中图标，再次单击图标的名称处，文件名变为可修改状态，输入新的名称，然后按【Enter】键完成重命名操作。

以上 3 种方法都可以对图标进行重命名。

在 Windows 7 中，对文件进行重命名时，扩展名不会被选中，用户不要随意更改文件扩展名，否则将导致文件无法使用。

（2）桌面图标的删除

1）单击要删除的桌面图标，按【Delete】键。

2）直接将要删除的桌面图标拖动到回收站。

3）右击图标，在弹出的快捷菜单中选择“删除”命令。

当按【Delete】键或选择“删除”命令后，系统会弹出一个删除提示对话框，询问是否要把所选对象放入“回收站”中。单击“是”按钮，确认删除；单击“否”按钮或单击对话框的“关闭”按钮，则取消该操作。

硬盘上所有被删除的对象都暂时存放在“回收站”中，“回收站”实际上是计算机硬盘上的一部分存储空间。双击“回收站”图标，打开“回收站”窗口，选中对象并右击，在弹出的快捷菜单中选择“还原”命令，可以将其恢复到删除前的位置。当选择“清空回收站”命令时，将彻底从硬盘中删除所有对象。

如果想直接永久删除选中的对象，则可以按【Shift+Delete】组合键，在打开的“删除文件”对话框中单击“是”按钮。这时，删除的对象不放在“回收站”中，不能对其进行还原。

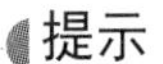
提示

先选中对象，后进行操作，先选择后操作是 Windows 一贯遵循的原则。

注意　删除快捷方式图标，对链接对象没有任何影响。

5. 任务栏

任务栏是 Windows 7 的一个组件，默认位于桌面的底部，包括“开始”按钮、快速启动栏、活动任务区、语言栏、通知区域、系统提示区和“显示桌面”按钮，如图 2-8 所示。

图 2-8　Windows 7 的任务栏

Windows 7 的任务栏新增两项功能：跳转列表与任务缩略图。在任务栏中右击某一图标后，系统会显示跳转列表，如图 2-9 所示。跳转列表显示该对象最近的访问记录，以及控制该对象的命令。任务缩略图是当鼠标指针指向活动任务区的某个对象时，显示的一个预览窗，如图 2-10 所示。

图 2-9　Internet Explorer 的跳转列表

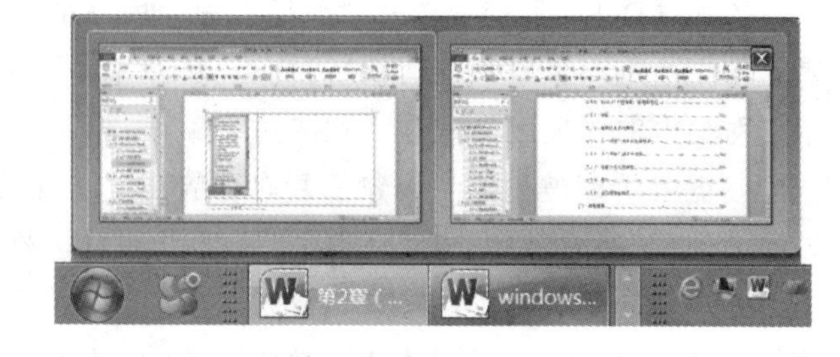

图 2-10　任务缩略图

（1）“开始”按钮

计算机的操作都可以从“开始”菜单开始，它为用户启动程序带来了极大的方便。打开“开始”菜单的方法如下。

1）单击“开始”按钮。

2）直接按 Windows 徽标键。

3）按【Ctrl+Esc】组合键。

图 2-11　Windows 7 的“开始”菜单

Windows 7 的“开始”菜单如图 2-11 所示。“开始”菜单左侧窗格显示的是常用程序和最近访问过的程序列表，左下角是搜索框。右侧窗格包含系统文件夹和一些常用的功能，如“控制面板”和“默认程序”等，右下角是“关机”按钮。需要注意的是，选择“所有程序”命令，即可列出安装在计算机上的所有程序。

（2）快速启动栏

快速启动栏中的图标相当于快捷方式图标，单击这些图标可以直接打开该图标所链接的对象。快速启动栏中通常有“计算机”和“Internet Explorer”等图标。

添加和删除快速启动栏中图标的方法如下。

1）添加的方法。选中要添加到快速启动栏中的图标，直接将其拖动到快速启动栏的合适位置。

2）删除的方法。右击要删除的图标，在弹出的快捷菜单中选择“删除”命令。

（3）活动任务区

活动任务区显示打开并最小化的对象图标。

（4）语言栏

语言栏可以用来选择各种语言和输入法，实现输入法的添加或删除。右击语言栏中的输入法指示器，在弹出的快捷菜单中选择“设置”命令，打开“文本服务和输入语言”对话框，在其中可以进行添加或删除某种输入法、设置语言栏的显示和隐藏及设置不同输入法切换的快捷键等操作。

（5）通知区域

通知区域用于显示在后台运行的程序或其他通知。默认情况下其中只显示几个系统图标，如操作中心、电源选项、网络连接及音量等，其他图标被隐藏，需要单击向上的箭头按钮才能显示出来。

（6）系统提示区

系统提示区显示当前系统的日期和时间。单击该区域，会显示日历和时钟，可以对日期和时间进行更改。

（7）“显示桌面”按钮

将鼠标指针指向该按钮，系统将所有打开的窗口隐藏，只显示窗口的边框。单击该按钮，所有打开的窗口都会最小化。再次单击该按钮，最小化的窗口恢复显示。

2.2.4　窗口的组成与操作

窗口是屏幕上的一个矩形区域。当打开一个对象时，在屏幕上就会显示一个窗口。窗口是 Windows 的基础，大多数操作是在窗口中完成的。下面以“计算机”窗口为例，介绍窗口的相关知识。

1. 窗口的组成

双击桌面上的“计算机”图标，打开如图 2-12 所示的窗口。

“计算机”窗口主要由标题栏、地址栏、搜索栏、菜单栏、工具栏、导航窗格、文件窗格、状态栏等组成。

1）标题栏：位于窗口的顶部，用于显示对象的名称（此处无标题）。标题栏的右端是“最小化”按钮、“最大化/还原”按钮和“关闭”按钮。

2）地址栏：用来显示窗口中所选对象的位置（即路径），如图 2-13 所示。单击地址栏各级对象右侧的箭头按钮，即可显示该对象的下一级文件夹，以便在文件夹之间进行切换。需要指出的是，路径是指文件的位置，它通常由盘符与逐级文件夹组成。例如，“计算器”的路径可表示为“C:\Windows\System32\calc.exe”。

地址栏左侧的两个圆形按钮用来调整当前路径：单击“后退”按钮，返回上一级文件夹；单击“前进”按钮，进入下一级文件夹。

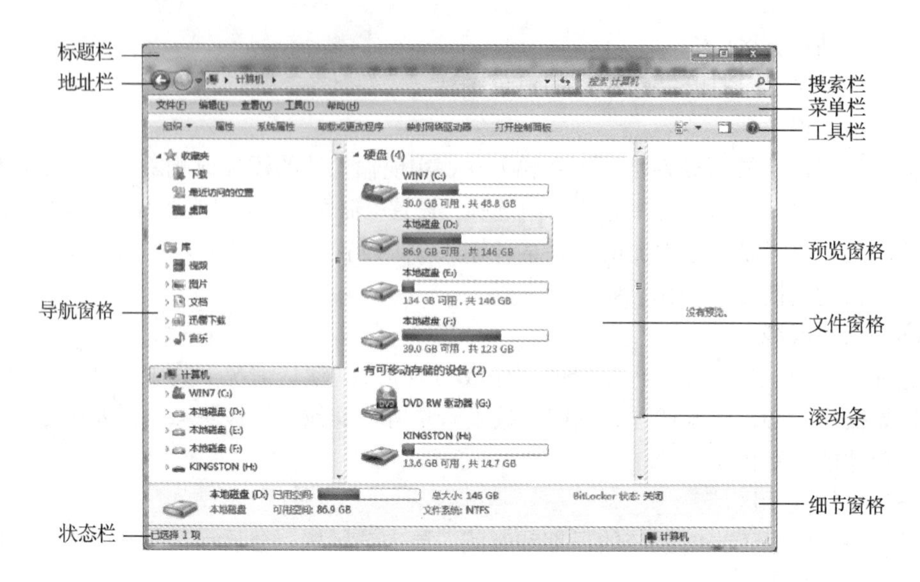

图 2-12　“计算机”窗口

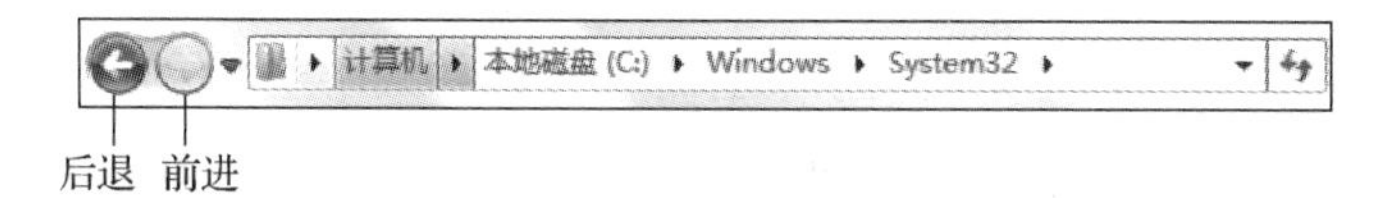

图 2-13　地址栏

3）搜索栏：在地址栏的右侧，其功能与“开始”菜单中搜索框的功能和用法相同。用户不仅可以根据对象名进行查找，还可以根据对象的内容进行查找。搜索是动态的，即在输入关键字时搜索就已经开始了。因此，用户不需要输入完整的关键字，就可以找到所需的内容。

【例 2-2】 在“计算机”中搜索 notepad.exe 文件，并将搜索结果保存。

操作步骤如下。

① 打开“计算机”窗口，在搜索栏中输入搜索的关键字“notepad”。在当前窗口的搜索框中输入关键字时，随着关键字的输入，符合条件的内容会动态显示出来，在搜索结果中关键字还会以黄色的底色突出显示，如图 2-14 所示。

② 右击搜索结果窗格空白处，在弹出的快捷菜单中选择“保存搜索”命令，可以保存搜索结果，以便日后更为便捷地调用搜索信息。在进行多次搜索之后，可以在“用户名\搜索”即“C:\Users\Administrator\Searches”文件夹中查看保存的搜索任务。

提示

在搜索时，用户还可以为搜索条件加上大小与日期，如图 2-15 所示，这样更容易搜索到需要的内容。

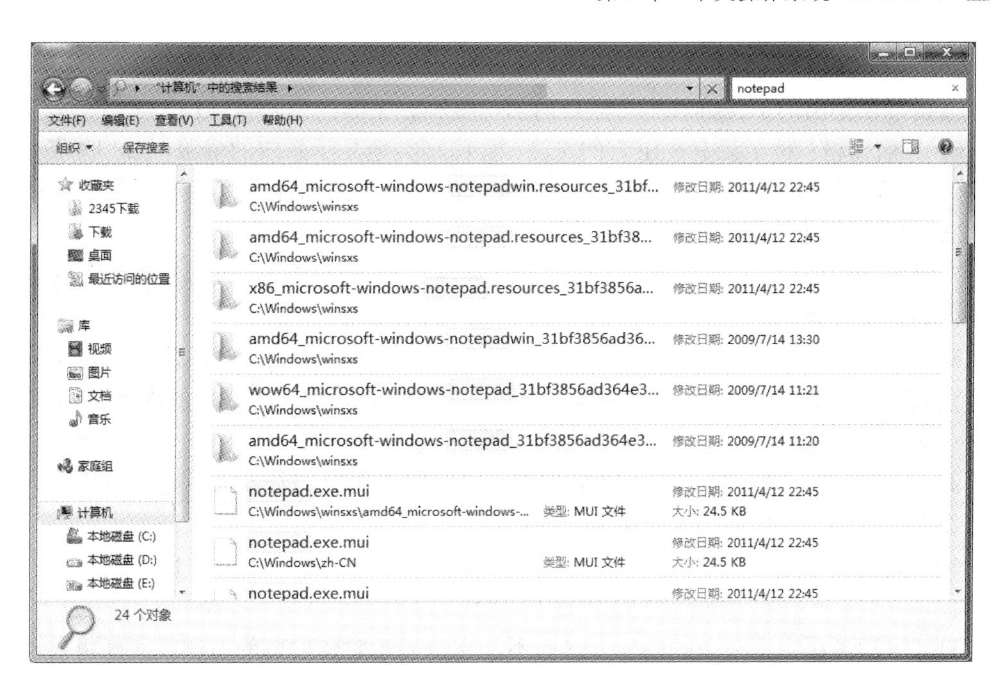

图 2-14　输入“notepad”的搜索结果

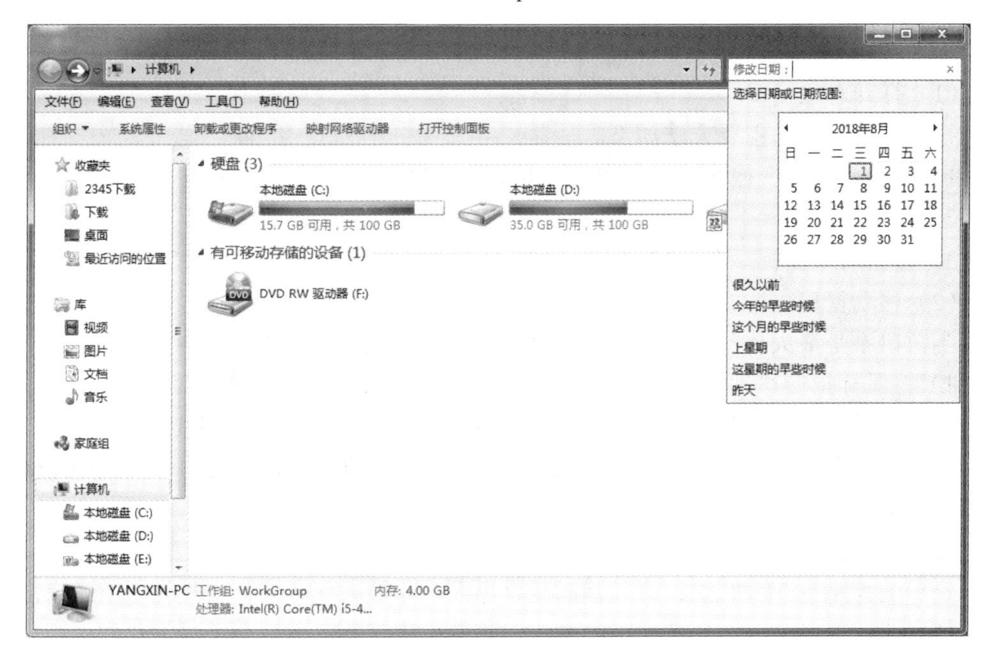

图 2-15　输入修改日期进行搜索

4）菜单栏：位于地址栏的下方，它由一系列命令组成，从中选择所需要的命令即可完成某一操作或实现某一功能。

5）工具栏：位于菜单栏的下方，包括一些常用的功能按钮。例如，单击“组织”下拉按钮，在弹出的下拉列表中可进行剪切、复制、粘贴、删除等操作。

6）导航窗格：位于工具栏下方的左侧，分门别类地显示系统的资源，如“收藏夹”、“库”、“计算机”和“网络”等对象。对象左侧的三角形图标称为“展开/折叠”按钮，单击它可以展开或折叠相应对象的下级对象。

7）文件窗格：单击导航窗格中的对象，将在文件窗格中显示该对象的所有内容，如文件夹、文件等。

8）预览窗格：如果在文件窗格选中了某个文件，则单击工具栏右侧的“显示预览窗格”按钮，将显示选中文件的内容；再次单击此按钮，将隐藏选中文件的内容。Windows 7 支持多种文件的预览，包括音乐、视频、图片、文档等。

9）细节窗格：位于窗口工作区的下方，显示所选对象的基本信息，如对象名、类型、作者、修改日期等。

10）状态栏：位于窗口的最下方，显示当前操作对象所包含的项目数或所选项目数等。

11）滚动条：当窗口中的内容太多而不能完全显示时，窗口的右侧或底部将自动出现滚动条，可通过拖动滚动条来查看窗口中的内容。

2. 窗口的基本操作

（1）打开对象窗口

打开对象窗口的主要方法如下。

1）单击“开始”按钮，在弹出的“开始”菜单中选择一个对象。

2）双击对象图标。

3）右击对象图标，在弹出的快捷菜单中选择“打开”命令，如图 2-16（a）所示。

（2）移动窗口

当窗口不是最大化状态时，可以用以下方法改变窗口的位置。

1）将鼠标指针移到标题栏，按住鼠标左键并拖动到指定位置即可。

2）右击标题栏，在弹出的快捷菜单中选择“移动”命令，如图 2-16（b）所示。当鼠标指针变为移动指针形状时，通过键盘上的方向键移动窗口到合适的位置，按【Enter】键或单击确认。

（3）改变窗口的大小

窗口的大小有 3 种状态：一是铺满整个桌面，即最大化状态；二是为了节省桌面空间，把打开的窗口缩小为任务栏中的图标，即最小化状态；三是介于最大化和最小化之间的状态。

改变窗口大小的操作方法如下。

1）最大化窗口：单击标题栏右侧的“最大化”按钮或双击标题栏。窗口最大化后，“最大化”按钮变为“还原”按钮。单击“还原”按钮，可还原为最大化之前的窗口大小。

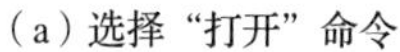
（a）选择“打开”命令

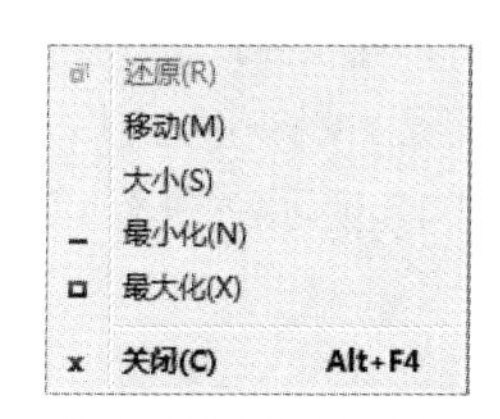

（b）选择“移动”命令

图 2-16　快捷菜单

2）最小化窗口：单击标题栏右侧的“最小化”按钮，或右击标题栏，在弹出的快捷菜单中选择“最小化”命令。另外，按【Windows+D】组合键，也能将所有的窗口最小化到任务栏，再次按【Windows+D】组合键，则恢复所有的窗口。

3）调整窗口的大小：将鼠标指针置于窗口的边框上，当指针变成双向箭头时拖动鼠标，可以调整窗口的宽度或高度；在窗口的任意一角进行拖动，可同时调整窗口的高度和宽度。

4）窗口的 Aero 行为：Aero 行为是指用户可将窗口拖动到屏幕的不同边界，从而改变它们的布局。例如，将窗口拖动到屏幕左侧边界，则窗口自动占用左侧的一半屏幕；同样，将窗口拖动到屏幕右侧边界，窗口会自动放大至右侧的一半屏幕；如果用户拖动窗口至屏幕顶部边界，则可将窗口最大化，当窗口最大化后，用户还可拖动该窗口使其恢复原始大小。

（4）切换窗口

Windows 是一个多任务的操作系统，用户可以打开多个窗口，但当前活动窗口只有一个。为了对当前窗口进行操作，需要在各个窗口之间进行切换。

窗口切换的操作方法主要有以下几种。

1）通过窗口的可见区域。当窗口不是最小化状态时，单击该窗口的任何可见部分即可。

2）通过任务栏。单击任务栏中的缩略图可将其切换为当前窗口。

3）使用组合键。

① 按【Alt+Tab】组合键，弹出窗口提示框，选择需要的窗口即可。

② 按【Alt+Esc】组合键，可以直接在当前已经打开的窗口之间进行切换。

（5）排列窗口

用户可以对打开的窗口进行排列，以快速选择当前窗口。右击任务栏的空白区域，在弹出的快捷菜单中选择排列方式即可，如图 2-17 所示。

1）层叠窗口：窗口按前后顺序依次排列在桌面上，当前活动窗口显示在最前方。

2）堆叠显示窗口：横向平铺桌面，将窗口一个叠一个地排列起来，使它们尽可能地布满桌面空间，不会出现层叠或覆盖的情况。

3）并排显示窗口：窗口纵向分割桌面，显示打开的各个窗口，不会出现层叠或覆盖的情况，即每个窗口都是可见的。

当选择了窗口的某种排列方式后，在任务栏的快捷菜单中会出现相应的撤销该排列方式的命令，如图 2-18 所示。执行该项撤销命令，窗口便可恢复原状。

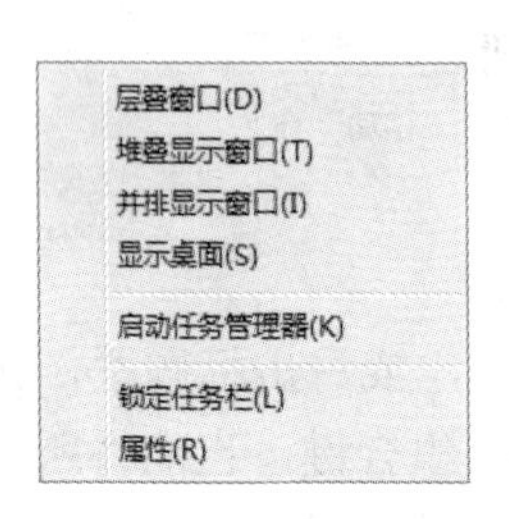

图 2-17　窗口排列方式

图 2-18　撤销层叠排列

（6）关闭窗口

关闭窗口的方法如下。

1）单击标题栏中的“关闭”按钮。

2）右击标题栏，在弹出的快捷菜单中选择“关闭”命令。

3）按【Alt+F4】组合键。

4）当窗口最小化时，直接单击任务栏缩略图上的“关闭”按钮；或右击图标，选择跳转列表中的“关闭窗口”命令。

在关闭应用程序窗口时，如果没有执行保存命令，系统会弹出一个提示对话框，询问是否对所做的修改进行保存。单击“是”按钮，保存操作，关闭窗口；单击“否”按钮，不保存，直接关闭窗口；单击“取消”按钮，则不关闭窗口。

3. 对话框

对话框是大小固定的窗口，通常用来接收用户的选择。Windows 提供了大量的对话框，每一个对话框都是针对特定的任务而设计的。下面以 Windows 7“设备和打印机”中默认打印机的属性对话框为例，说明对话框的组成与操作。选择“开始”→“设备和打印机”命令，在打开的“设备和打印机”窗口中选择“发送至 OneNote 2010”选项并右击，在弹出的快捷菜单中选择“属性”命令，打开“发送至 OneNote 2010 属性”对话框，选择“高级”选项卡，如图 2-19 所示。

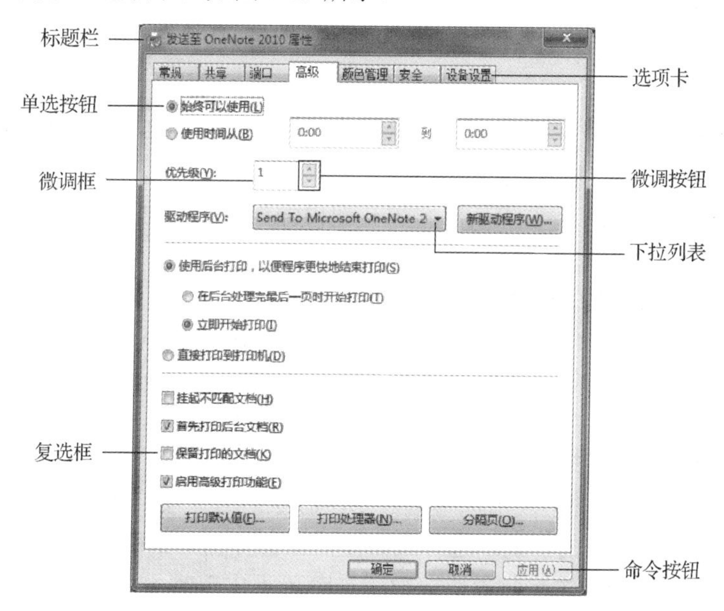

图 2-19 “发送至 OneNote 2010 属性”对话框

（1）对话框的组成

对话框一般包括标题栏、选项卡、微调框、下拉列表、命令按钮、单选按钮、复选框和微调按钮等，如图 2-19 所示。

1）标题栏：位于对话框的最上方，显示该对话框的名称。

2）选项卡：当对话框的内容比较多时，将其分类放在不同选项卡中，选择相应的选项卡可以切换到不同的设置界面。

3）微调框：用来输入数值信息。

4）下拉列表：列出可供选择的项目，可在下拉列表中选择需要的项目。

5）命令按钮：每个按钮代表一个可执行的命令。

6）单选按钮：每个选项前面都有一个圆圈，只能选择其中的一项。当该项被选中时，选项前的圆圈中间有个小圆点。

7）复选框：每个选项前面都有一个小方框，可以选择其中的一项、多项或不选。

当某项被选中时，小方框中出现“√”标志。

8）微调按钮：有的对话框中还有微调按钮（即），由上、下两个箭头按钮组成。单击上箭头按钮，数字增加；单击下箭头按钮，数字减少。

（2）对话框的操作

对话框的移动、关闭和切换等操作与窗口相同，这里不再赘述。用户可以使用鼠标或键盘在对话框的各个元素之间进行切换。按【Ctrl+Tab】组合键，可以从左到右切换各个选项卡；按【Ctrl+Shift+Tab】组合键，返回前一个选项卡。按【Tab】键，在同一个选项卡的各元素之间进行切换。

4. 菜单的基本操作

在 Windows 7 中，菜单是指可提供给用户的一系列操作和命令的列表。一般来说，可以将菜单分为下拉菜单和快捷菜单两类。例如，窗口菜单栏中的就是下拉菜单，可以选择其中的命令进行操作；右击所选对象，即可弹出一个快捷菜单。

（1）菜单中内容的含义

1）显示为灰色暗淡的命令，表示当前不可用。

2）命令后有实心三角符号的，表示该命令有子菜单。

3）命令前有“√”符号的，表示该命令正在起作用。单击取消“√”符号，该命令不起作用。

4）菜单分隔线，用来按功能划分命令组。

5）命令前有“·”的，表示选中该命令组命令中的一项，并且只能选中一项。

6）命令后有“…”的，表示选择该命令后，会弹出对话框。

7）命令后的组合键，是一种快捷键。当菜单不出现时，直接按此组合键可执行相应的命令。

（2）选择命令的方法

单击某菜单项，则显示该菜单中的所有内容。选择命令的方法如下。

1）在菜单中选择某命令。

2）直接按命令后圆括号中的字母键。

2.3 文件管理

2.3.1 资源管理器

资源管理器是用来管理计算机中所有资源的工具。Windows 7 的资源管理器与之前的版本相比有很大的变化，其布局清晰、科学、更人性化，有助于提高计算机的使用效率。利用 Windows 资源管理器，在一个窗口中即可浏览磁盘上的所有内容，方便、快捷地完成查看、移动和复制文件夹或文件等操作，而不必打开多个窗口。

1. 资源管理器的启动

启动资源管理器的常用方法如下。

1）选择“开始”→“所有程序”→“附件”→“Windows 资源管理器”命令。

2）右击“开始”按钮，在弹出的快捷菜单中选择“打开 Windows 资源管理器”命令。

2. 对象的显示方式

资源管理器窗口就是“计算机”窗口（图 2-12）。单击导航窗格中的一个对象，在右侧的文件窗格中显示该对象的所有资源。单击工具栏右侧的“更改您的视图”按钮，可以用不同的方式显示文件窗格中的对象，如图 2-20 所示。单击该按钮右侧的“更多选项”下拉按钮，在弹出的下拉列表中选择相应的命令。

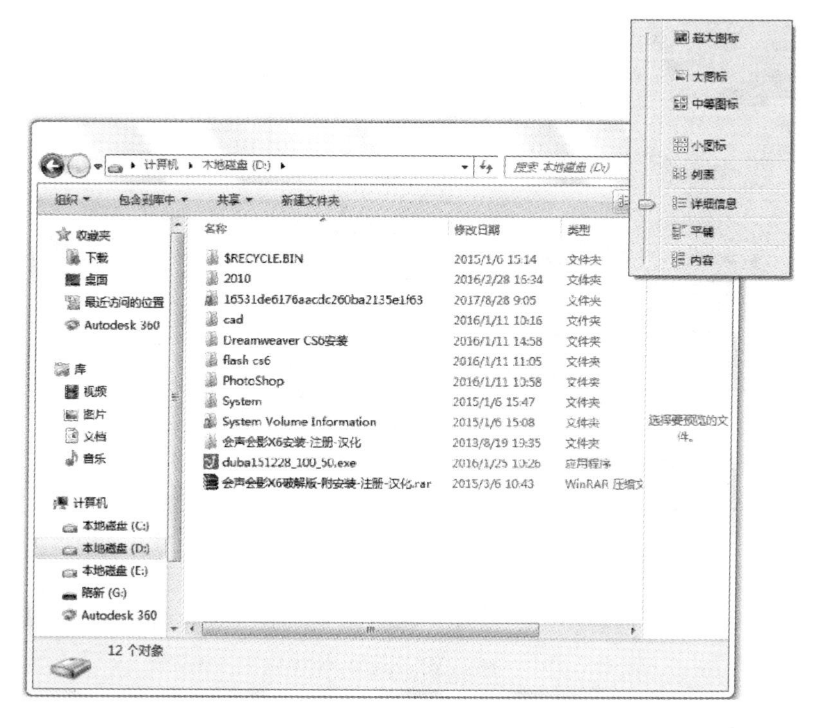

图 2-20　文件显示方式

1）图标：包括超大图标、大图标、中等图标和小图标 4 种显示方式，不包含对象的其他信息。

2）列表：以一列或几列方式显示文件窗格中的所有对象，以便快速查找某个对象。

3）详细信息：显示相关文件或文件夹的基本信息，包括名称、修改日期、类型和大小等。

4）平铺：以中等图标显示文件窗格中的所有对象，包含详细信息，如文件的名称、大小和类型。

5）内容：图标比中等图标稍小一些，并包含详细信息。

3. 对象的排序方式

选择“查看”→“排序方式”命令，可对文件窗格中的对象进行排序，如图 2-21 所示。当对象排序为“递增”时，文件夹在前，文件在其后。

1）名称：每组对象名按 ASCII 码字符顺序与汉字拼音顺序排列。

2）修改日期：每组对象名按修改时间的先后顺序排列。

3）类型：对象按类型（不是扩展名）顺序排列。

4）大小：对象按所占空间大小顺序排列。

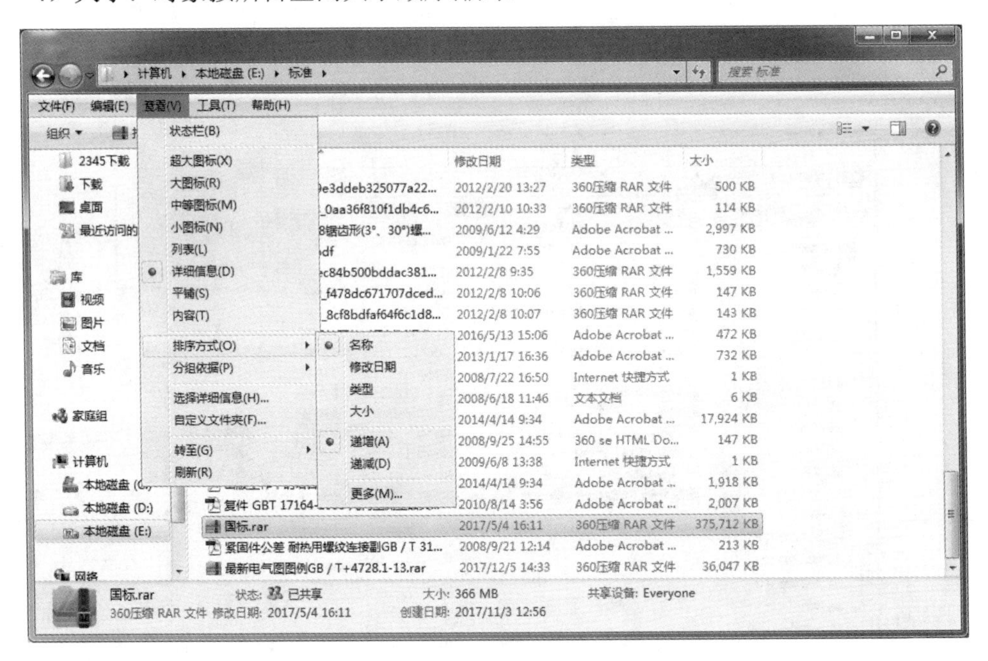

图 2-21　排序方式

2.3.2 文件和文件夹的基本操作

1. 文件和文件夹的命名

文件用图标和文件名来表示。应用程序不同，所创建的文件图标也不相同。文件名

由主文件名和扩展名组成，主文件名和扩展名之间用“.”来分隔，形如“主文件名.扩展名”。在定义主文件名时，应做到“见名知意”。文件名的长度不能超过 255 个字符，在主文件名中可以包含数字、字母（不区分大小写）、汉字、空格或一些特殊符号，但不允许出现\、/、:、*、?、”、<、>、|　等符号。扩展名用来表明文件所属的类别，通常由几个字符组成。例如，扩展名为.txt 表示用“记事本”程序创建的文本文件，扩展名为.accdb 表示用 Access 2010 程序创建的数据库文件。只要双击文件名，系统就会根据扩展名打开相应的应用程序。文件的扩展名及文件类型如表 2-1 所示。

表 2-1　文件的扩展名及文件类型

扩展名	文件类型	扩展名	文件类型
.txt	文本文件	.exe	可执行文件
.avi	视频文件	.docx	Word 2010 文档文件
.rar	压缩文件	.xlsx	Excel 2010 工作簿文件
.wav	声音文件	.pptx	PowerPoint 2010 演示文稿文件
.bmp	位图文件	.accdb	Access 2010 数据库文件

文件夹的图标是固定的，像一本半打开的书。文件夹的命名同文件的命名，但没有扩展名。

2. 选中文件或文件夹

在对文件或文件夹进行操作之前，首先要选中操作的对象。选中对象的方法如下。

1）选中一个文件或文件夹：单击要选择的对象。

2）选中多个连续的文件或文件夹：先单击第一个对象，按住【Shift】键，再单击最后一个对象。

3）选中多个不连续的文件或文件夹：先单击第一个对象，按住【Ctrl】键，再单击其他对象。

4）选中全部：选择“编辑”→“全选”命令，或按【Ctrl+A】组合键。

5）反向选中：先选中不需要的对象，然后选择“编辑”→“反向选择”命令。

注意 在资源管理器的导航窗格中，不能同时选中多个对象。

3. 创建文件或文件夹

（1）创建文件

创建文件的方法如下。

1）打开要创建文件的应用程序，选择“文件”→“新建”命令，即可创建所需文件，编辑结束后选择“文件”→“保存”命令，保存所做的修改。

2）找到要创建文件的位置，右击文件窗格空白处，在弹出的快捷菜单中选择“新建”命令，在子菜单中选择要创建的文件类型。一般要对主文件名进行更改，但扩展名不要改动。

（2）创建文件夹

创建文件夹的方法如下。

1）找到要创建文件夹的位置，右击窗口空白处，在弹出的快捷菜单中选择“新建”→“文件夹”命令；或选择“文件”→“新建”→“文件夹”命令。

2）输入文件夹名称，按【Enter】键确认。

4. 打开文件或文件夹

可以用以下3种方法之一打开文件或文件夹。

1）双击要打开的文件或文件夹。

2）右击要打开的对象，在弹出的快捷菜单中选择“打开”命令，或使用“打开方式”命令指定打开文件的应用程序。

3）启动应用程序后，选择“文件”→“打开”命令，找到文件并将其打开。

5. 复制文件或文件夹

在使用计算机的过程中，为了防止文件损坏，或因计算机病毒等原因造成文件丢失，对文件进行备份是十分重要的。复制是指在指定的目标位置建立源对象的副本，而不影响源对象的存放位置。可以用以下方法完成文件或文件夹的复制操作。

（1）使用菜单命令

1）选中要复制的文件或文件夹，选择“编辑”→“复制”命令；或右击，在弹出的快捷菜单中选择“复制”命令；或单击工具栏中的“组织”下拉按钮，在弹出的下拉列表中选择“复制”命令。

2）打开目标文件夹，选择“编辑”→“粘贴”命令；或右击窗口的空白处，在弹出的快捷菜单中选择“粘贴”命令；或单击工具栏中的“组织”下拉按钮，在弹出的下拉列表中选择“粘贴”命令。

（2）使用鼠标

选中要复制的对象，如果源对象与目标位置位于同一个驱动器下，按住【Ctrl】键的同时将选中的对象拖动到目标位置；如果源对象与目标位置不在同一个驱动器下，直接将选中的对象拖动到目标位置即可。拖动鼠标的过程中，图标的右下角有相应的操作提示。

（3）使用快捷键

1）选中要复制的对象，按【Ctrl+C】组合键复制。

2）打开目标文件夹，按【Ctrl+V】组合键粘贴。

例 2-3 视频讲解

【例 2-3】在 D 盘新建文件夹，将其命名为“my2018”，将“C:\Windows\System32”下的“notepad.exe”（记事本程序）复制到“D:\my2018”文件夹中。

操作步骤如下。

1）双击“计算机”图标，打开“计算机”窗口，双击“本地磁盘（D:）”图标，打开 D 盘。

2）选择“文件”→“新建”→“文件夹”命令，新建文件夹并将该文件夹命名为“my2018”。

3）通过文件窗格打开“C:\Windows\System32”文件夹，找到“notepad.exe”文件。右击该对象，在弹出的快捷菜单中选择“复制”命令。

4）通过文件窗格打开“D:\my2018”文件夹，右击窗口空白处，在弹出的快捷菜单中选择“粘贴”命令。

6. 移动文件或文件夹

移动操作是指改变文件或文件夹的存放位置，执行“剪切”命令和“粘贴”命令即可完成移动操作。“剪切”命令和“复制”命令一样，都是将源文件或文件夹复制到剪贴板中，但执行“剪切”命令和“粘贴”命令之后，源位置的文件或文件夹将不存在。移动文件和文件夹的方法如下。

（1）使用菜单命令

1）选中要移动的文件或文件夹，选择“编辑”→“剪切”命令；或右击，在弹出的快捷菜单中选择“剪切”命令；或单击工具栏中的“组织”下拉按钮，在弹出的下拉列表中选择“剪切”命令。

2）打开目标文件夹，选择“编辑”→“粘贴”命令；或右击窗口空白处，在弹出的快捷菜单中选择“粘贴”命令；或单击工具栏中的“组织”下拉按钮，在弹出的下拉列表中选择“粘贴”命令。

（2）使用鼠标

选中要移动的对象，如果源对象与目标位置位于同一个驱动器下，则利用鼠标直接将源对象拖动到目标文件夹；如果源对象与目标位置不在同一个驱动器下，则按住【Shift】键的同时拖动源对象到目标文件夹。

（3）使用快捷键

1）选中要移动的对象，按【Ctrl+X】组合键剪切。

2）打开目标文件夹，按【Ctrl+V】组合键粘贴。

7. 删除文件或文件夹

删除文件或文件夹的方法与删除图标的操作方法一致，即先选中要删除的文件或文件夹，然后将其删除即可；也可以在资源管理器选中要删除的对象，单击工具栏中的“组织”下拉按钮，在弹出的下拉列表中选择“删除”命令。

8. 文件和文件夹的属性

文件和文件夹的常规属性有只读与隐藏两种。

1）只读：如果将文件或文件夹设置为只读属性，则不能对此文件或文件夹进行修改。

2）隐藏：具有这种属性的文件或文件夹在常规显示中看不到。

设置文件或文件夹属性的方法如下。

1）选中要设置属性的文件或文件夹（如“D:\my2018”），选择“文件”→“属性”命令；或右击，在弹出的快捷菜单中选择“属性”命令，打开“my2018 属性”对话框，如图 2-22 所示。

2）选择“常规”选项卡，选中“只读”或“隐藏”复选框，将该对象设置为只读或隐藏属性。

3）单击“确定”按钮，完成设置。

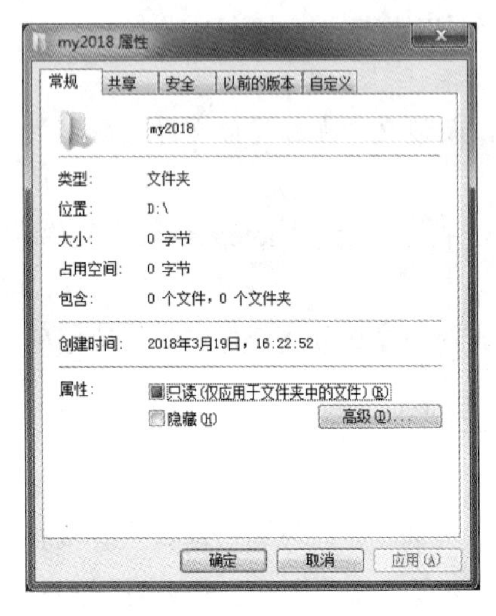

图 2-22 “my2018 属性”对话框

2.3.3 库及其操作

库是 Windows 7 中新一代文件管理系统，在以前版本的 Windows 中，文件管理意味着用户需要在不同的文件夹和子文件夹中组织这些文件。库能够快速地组织、查看、管理存在于多个位置的内容。无论文件或文件夹在计算机中的什么位置，使用库都可以将这些文件、文件夹联系起来，并且可以进行搜索、编辑、查看等操作。通过 Windows 7 中的库功能，用户可以创建跨越多个照片、文档存储位置的库，可以像在单个文件夹中那样组织和编辑文件。

Windows 7 操作系统包含 4 个默认的库，分别是文档库、图片库、音乐库和视频库，并且将个人文档中相应的文件放入库中。打开“计算机”窗口，单击导航窗格中的“库”图标，打开“库”窗口，如图 2-23 所示。

1. 库的含义

库收集不同位置的文件，将其显示为一个集合，无论其存储在什么位置，都无须从其存储位置移动这些文件。用户只需把常用的文件夹、文件加入库中，库就可以替用户记住对象的位置。在某些方面，库类似于文件夹。例如，打开库时将看到一个或多个文件。与文件夹不同的是，库可以收集存储在多个位置的文件。库实际上不存储对象，只是“监视”所包含项目的文件夹，并允许用户以不同的方式访问和排列这些项目。用户在使用资源管理器时，配合使用库功能，可以更好地管理图片、视频、文档等。

图 2-23　Windows 7 中的“库”窗口

2. 库中对象的添加

“库”窗口和一般的文件夹窗口非常相似。在默认情况下，文档库中会包含“我的文档”文件夹中的对象。下面以文档库为例，讲解向库中添加对象的方法。

1）打开文档库窗口，如图 2-24 所示。单击库名称下方“包括:”右侧的位置链接。

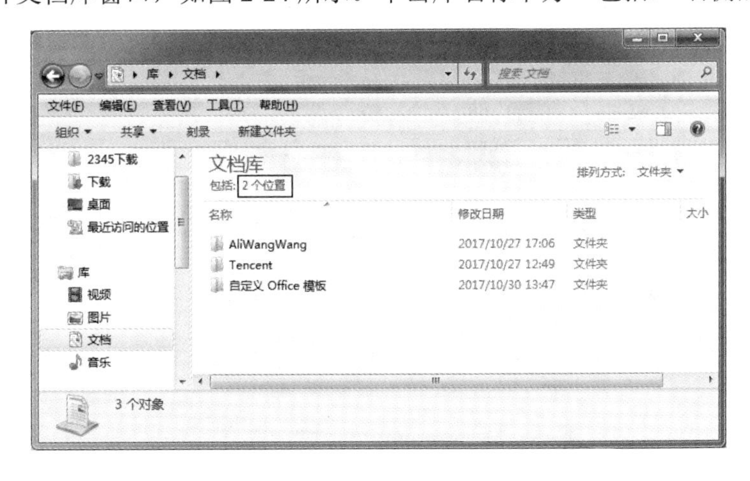

图 2-24　文档库窗口

2）打开“文档库位置”对话框，如图 2-25 所示。在该对话框中用户可以将文件夹包含到库中，并设置整个文件夹在库中的位置和默认保存位置。

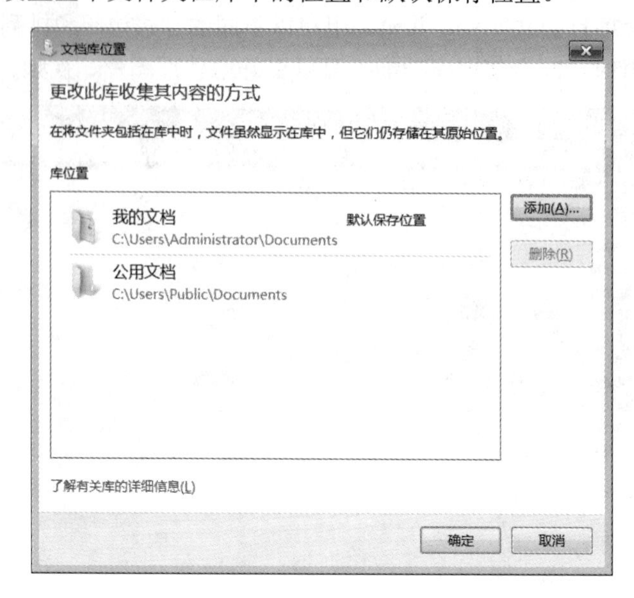

图 2-25　“文档库位置”对话框

3）单击“添加”按钮，打开“将文件夹包括在‘文档’中”对话框。选择要添加的文件夹，如选择“D:\my2018”文件夹，如图 2-26 所示，单击“包括文件夹”按钮，添加的文件夹会显示在“文档库位置”对话框中，如图 2-27 所示。这时，该文件夹已经设为文档库中包含的文件夹。

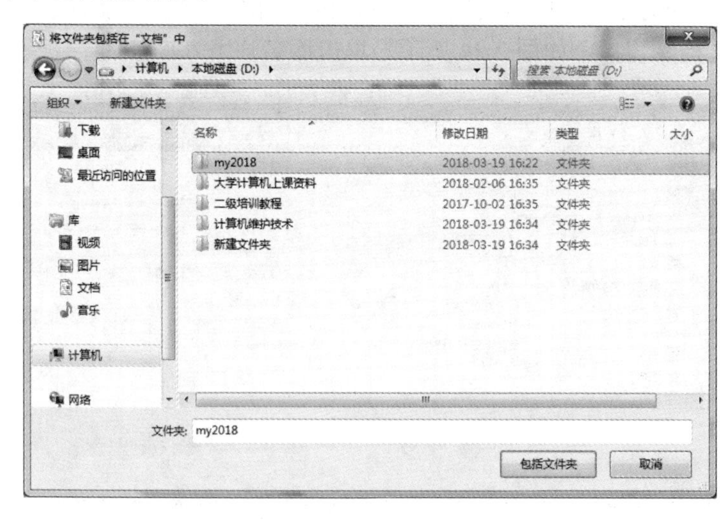

图 2-26　选择要添加到库中的文件夹

图 2-27　向文档库中添加文件夹效果

在图 2-27 所示对话框的“库位置”列表框中右击对象，利用弹出的快捷菜单中的命令可以调整文件夹在库中的次序和默认保存位置。设置完成后，单击该对话框中的“确定”按钮，返回文档库窗口。

3. 自定义库

用户可以根据不同的需要，建立自定义库。建立自定义库的方法如下。

1）打开“库”窗口，单击“库”窗口工具栏中的“新建库”按钮。

2）“库”窗口中会出现一个新的库，用户可以为其设置一个名称，如输入“我的资料”。建立完成后，双击新建库的图标可以进入库中，如图 2-28 所示。

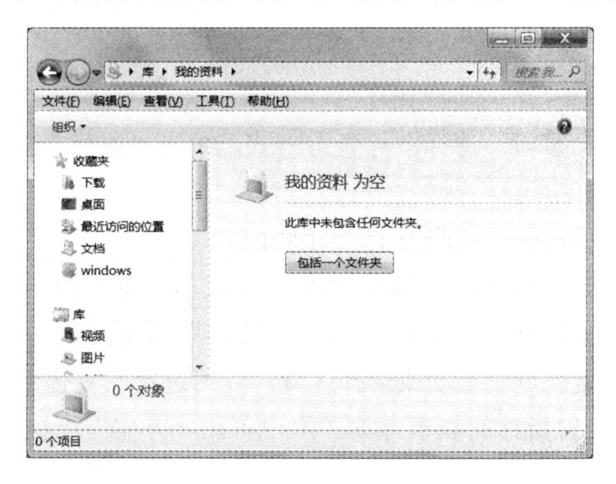

图 2-28　新建库

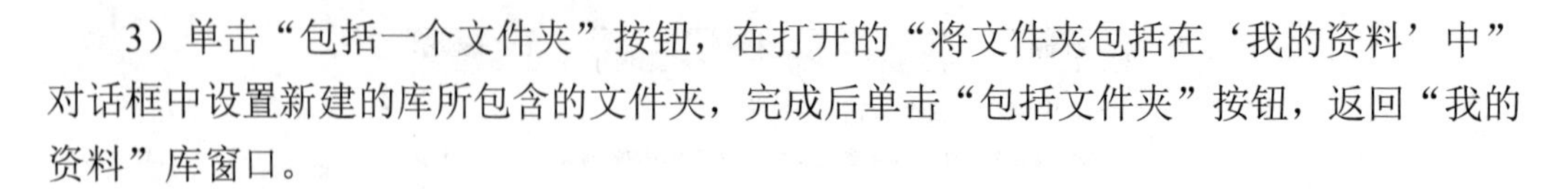

3）单击“包括一个文件夹”按钮，在打开的“将文件夹包括在‘我的资料’中”对话框中设置新建的库所包含的文件夹，完成后单击“包括文件夹”按钮，返回“我的资料”库窗口。

4. 删除库

删除库和删除对象的操作相同。打开“库”窗口，右击要删除的库，在弹出的快捷菜单中选择“删除”命令，在打开的“删除文件夹”对话框中单击“是”按钮，完成该库的删除。

2.4 控制面板

控制面板是 Windows 7 的重要组成部分，通过控制面板可以对计算机的硬件系统和软件系统进行个性化设置。控制面板如同 Windows 设置的目录，大多数设置能在控制面板中完成。

启动控制面板的方法如下：单击“开始”按钮，在弹出的“开始”菜单中选择“控制面板”命令，打开“控制面板”窗口。

在控制面板中可以设置查看方式为类别、大图标和小图标。其中，类别查看方式显示 8 个大类；图标查看方式（大图标或小图标）显示项目的完整列表。

打开“控制面板”窗口后，呈现的是类别查看方式，单击某个绿色标题可进入分类面板。分类面板的左侧是控制面板主页，显示 8 类标题，通过单击可在各个分类面板进行快速切换。分类面板的右侧是其子类，单击蓝色的标题可进行相关的设置。

2.4.1 鼠标的设置

打开“控制面板”窗口，选择图标查看方式。单击“鼠标”链接，打开“鼠标 属性”对话框，如图 2-29 所示。

“鼠标 属性”对话框中常用选项卡介绍如下。

1）鼠标键：用来配置鼠标。例如，将鼠标左键与右键互换，以满足特殊需要；拖动“速度”滑块设置鼠标的双击速度；若选中“启用单击锁定”复选框，则在单击之后不必一直按着鼠标按键就可以拖动或选择区域，取消选择此复选框将解除锁定。

2）指针：用来设置指针的显示方案。用户可在“方案”下拉列表中选择喜欢的指针方案，单击“确定”按钮，完成设置。单击“使用默认值”按钮还原默认设置。

3）指针选项：在“移动”选项组中，可以调节鼠标指针的移动速度，从而使鼠标指针移动更加流畅。若选中“自动将指针移动到对话框中的默认按钮”复选框，则在打开对话框、安装程序之类的窗口时，Windows 会自动将鼠标指针移到对话框的按钮，如“下一步”按钮、“确定”按钮等。若选中“显示指针轨迹”复选框，则显示鼠标指针轨迹，并可设置轨迹的长短。设置结束后要单击“确定”按钮，使设置生效，并关闭对话框。

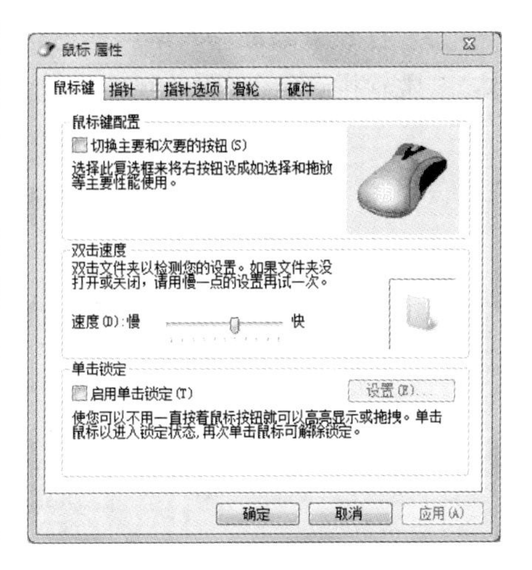

图 2-29　“鼠标 属性”对话框

2.4.2　输入法的设置

打开“控制面板”窗口，选择图标查看方式。单击“区域和语言”链接，打开“区域和语言”对话框，选择“键盘和语言”选项卡，单击“更改键盘”按钮，打开“文本服务和输入语言”对话框，如图 2-30 所示。右击任务栏中的“输入法指示器”按钮，在弹出的快捷菜单中选择“设置”命令，也可以打开“文本服务和输入语言”对话框。

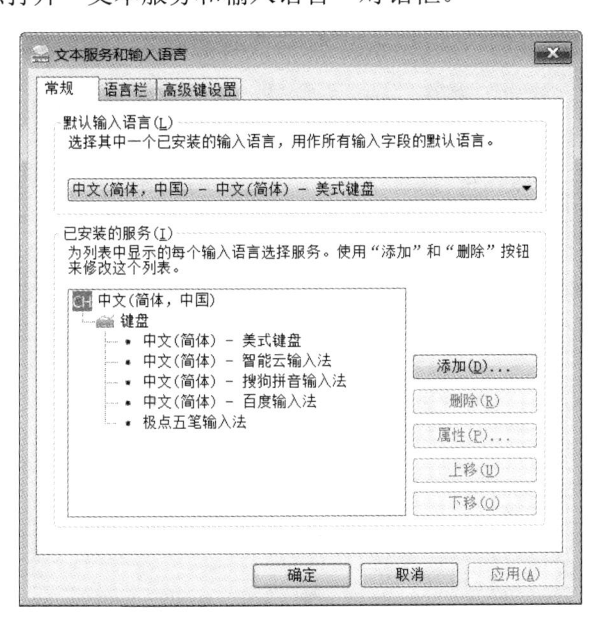

图 2-30　“文本服务和输入语言”对话框

添加输入法的方法如下。

1）在如图 2-30 所示的对话框中选择“常规”选项卡，单击“添加”按钮。

2）打开“添加输入语言”对话框，选中需要添加的输入法，这里选中“中文（简体）-微软拼音 ABC 输入风格”输入法，如图 2-31 所示，然后单击“确定”按钮。

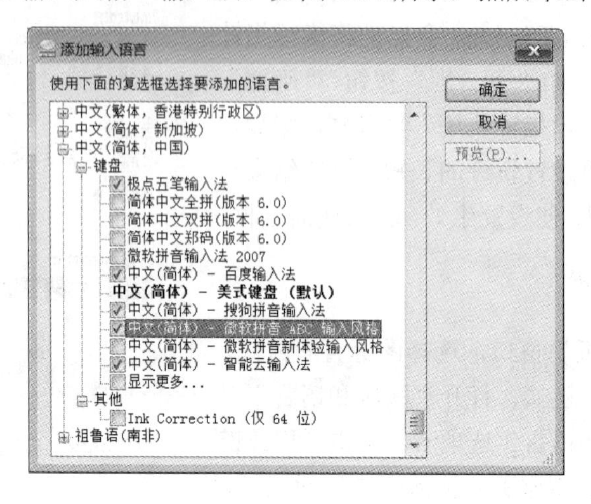

图 2-31　“添加输入语言”对话框

3）返回“文本服务和输入语言”对话框，可以看到“中文（简体）-微软拼音 ABC 输入风格”输入法已经添加到“已安装的服务”列表框中，如图 2-32 所示。

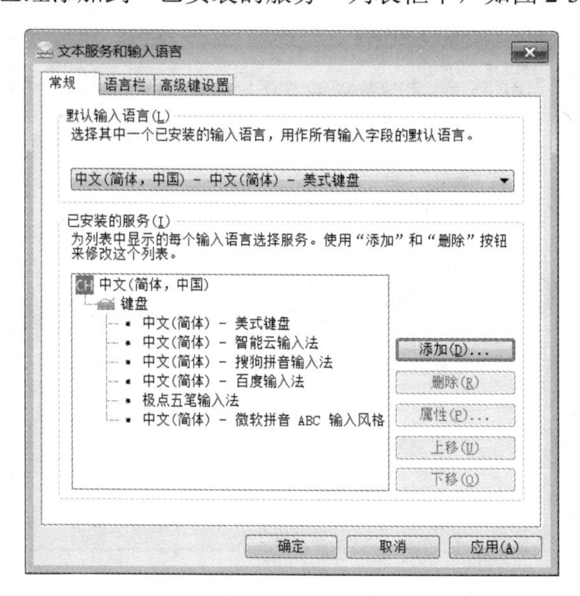

图 2-32　完成输入法的添加

4）依次单击“应用”和“确定”按钮即可将其添加到输入法列表中。

在“已安装的服务”列表框中选中已安装的输入法，单击“删除”按钮可将该输入法删除。

2.4.3　个性化的设置

长时间面对一成不变的桌面、窗口显示、屏幕保护图案等用户界面，用户可能会感觉非常单调、枯燥、乏味。Windows 7 允许多个用户分别为自己设置不同的桌面风格，包括主题、桌面背景、窗口颜色、声音与屏幕保护程序等，从而为用户提供焕然一新的用户界面。

1．更改桌面主题

Windows 7 中内置了许多漂亮、个性化的 Windows 主题，用户只需单击，便可快速在主题之间进行切换。打开“控制面板”窗口，选择图标查看方式，单击“个性化”链接，打开“个性化”窗口，如图 2-33 所示。也可右击桌面空白处，在弹出的快捷菜单中选择“个性化”命令，打开“个性化”窗口。

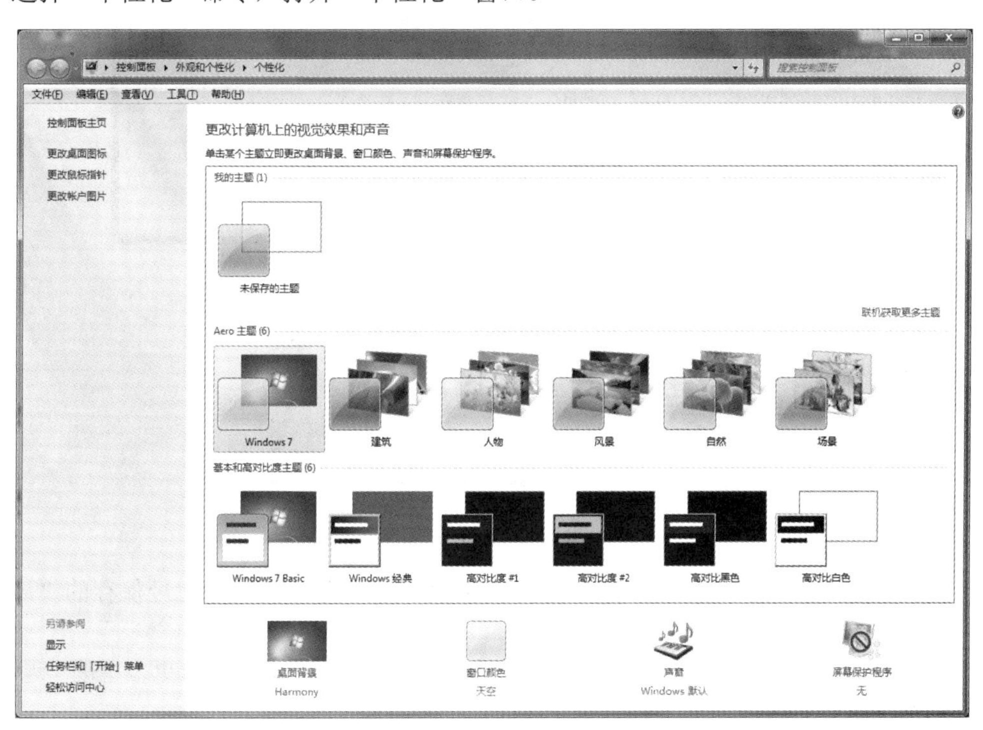

图 2-33　“个性化”窗口

在“个性化”窗口中，分为“我的主题”、“Aero 主题”和“基本和高对比度主题”3 个组。默认情况下，“我的主题”组中没有任何主题。用户单击某个主题图片，可以立即更改桌面背景、窗口颜色、声音效果和屏幕保护程序等。

【例 2-4】将“中国”设置为桌面主题，并保存到“我的主题”中。

操作步骤如下。

1）在“个性化”窗口中，单击“Aero 主题”组下的“中国”图标，如图 2-34 所示，即将该主题设置为桌面主题。

2）单击“保存主题”链接，打开“将主题另存为”对话框，在“主题名称”文本框中输入主题的名称，如图 2-35 所示，然后单击“保存”按钮。

图 2-34　选择“中国”主题

图 2-35　保存主题

3）返回“个性化”窗口，可以看到在“我的主题”组中增加了已经保存的“风景 2021”主题，如图 2-36 所示。

如果系统自带的主题不能满足用户的需要，则可以单击“联机获取更多主题”链接，从互联网上下载更多漂亮的主题来美化桌面。

2. 更改桌面背景

在“个性化”窗口中，单击“桌面背景”链接，打开“桌面背景”窗口，如图 2-37 所示。选择背景图片的方法是选中图片左上角的复选框。用户可选中多个图片，并设置更改图片的时间间隔，单击“保存修改”按钮，保存设置。之后，每隔设置的时间，系统会自动更改桌面背景。

图 2-36　保存主题后的效果

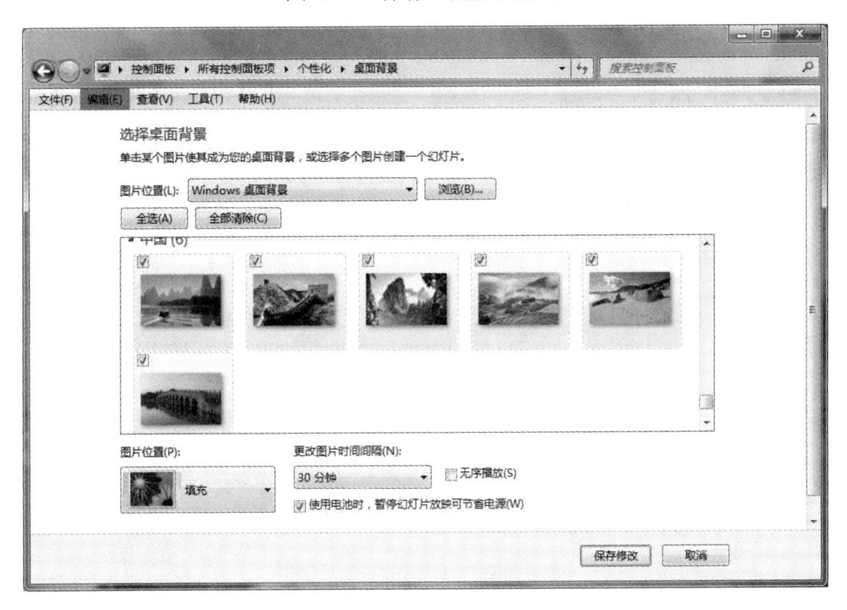

图 2-37　“桌面背景”窗口

用户可以将其他图片设置为桌面背景，方法为在“桌面背景”窗口中单击“浏览”按钮，打开“浏览文件夹”对话框，先选择存放桌面壁纸的文件夹，如图 2-38 所示，然后选择自己喜欢的图片，将其设置为桌面背景。

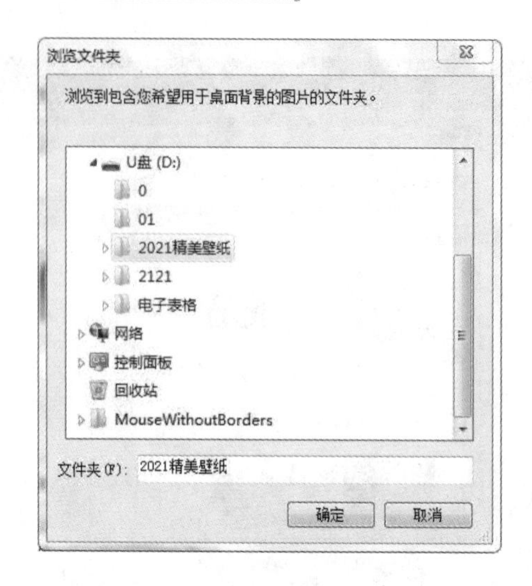

图 2-38 “浏览文件夹”对话框

用户也可以直接找到并选中要设置成桌面背景的图片并右击，在弹出的快捷菜单中选择“设置为桌面背景”命令，即可将该图片设置为桌面背景。

3. 设置窗口颜色和外观

在“个性化”窗口中，单击“窗口颜色”链接，打开“窗口颜色和外观”窗口，如图 2-39 所示。在该窗口中可以选择一种颜色，选中或取消选中“启用透明效果”复选框，在“颜色浓度”选项中，拖动滑块调整窗口边框的透明度。单击“显示颜色混合器”下拉按钮，弹出“颜色混合器”下拉列表，此时可进行边框颜色的设置。

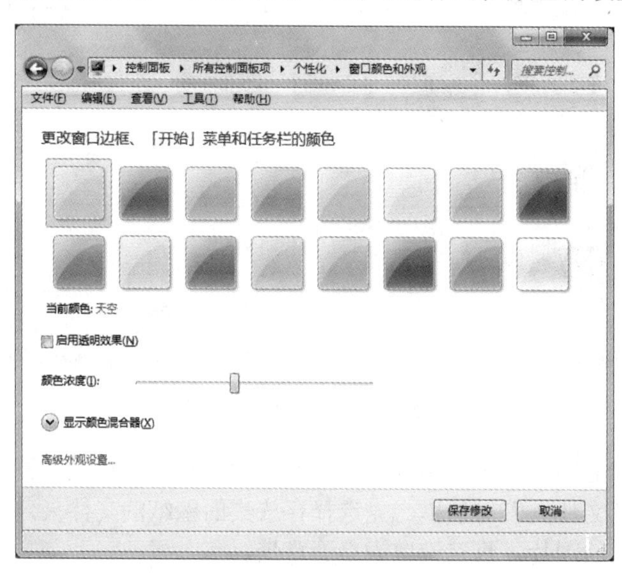

图 2-39 “窗口颜色和外观”窗口

在完成以上设置后，如果想对窗口外观进行更为详细的设置，可以单击“高级外观设置”链接，在打开的“窗口颜色和外观”对话框中，可以设置窗口标题栏和菜单的字体、字号、颜色、滚动条的大小等，如图 2-40 所示，设置完成后，单击“确定”按钮即可。

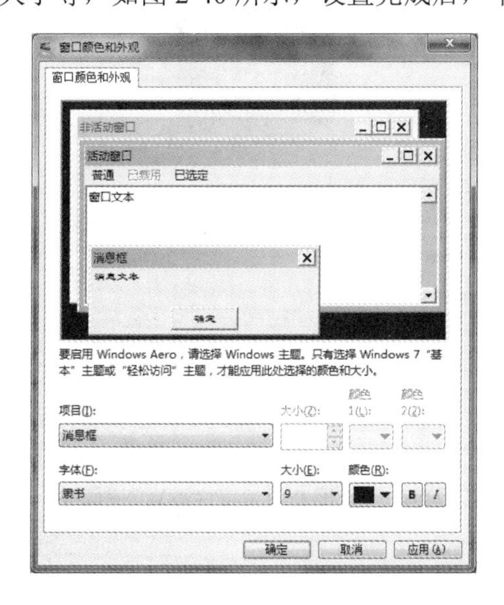

图 2-40　“窗口颜色和外观”对话框

4. 设置系统声音

声音是组成 Windows 7 主题的一部分，系统声音指系统操作过程中发出的声音，如启动系统发出的声音、关闭程序发出的声音和操作错误提示的声音等。在“个性化”窗口中，单击“声音”链接，打开“声音”对话框。选择“声音”选项卡，在“声音方案”下拉列表中选择合适的声音方案，按照需要为“程序事件”列表框中的事件设置自定义的声音文件，测试无误后，单击“确定”按钮，使设置生效。

5. 设置屏幕保护程序

计算机屏幕长时间显示一个画面容易使显示器老化，屏幕保护程序能使显示器处于节能状态，使屏幕上出现移动的文字或图片，这样可以有效地保护显示器。Windows 7 提供了变幻线、彩带、气泡和三维文字等几种屏幕保护程序，选择屏幕保护程序后，可以设置它的等待时间，在这段时间内如果没有应用程序运行或对计算机进行任何操作，显示器将进入屏幕保护状态。移动鼠标指针或按任意键，就可以退出屏幕保护程序。

设置屏幕保护程序的操作步骤如下。

1）打开“个性化”窗口，单击“屏幕保护程序”链接，打开“屏幕保护程序设置”对话框。在“屏幕保护程序”下拉列表中选择所需的选项，如“气泡”，如图 2-41 所示。

2）在“等待”微调框中输入开启屏幕保护程序的时间，如输入“6”。

3）单击“确定”按钮，使设置生效。

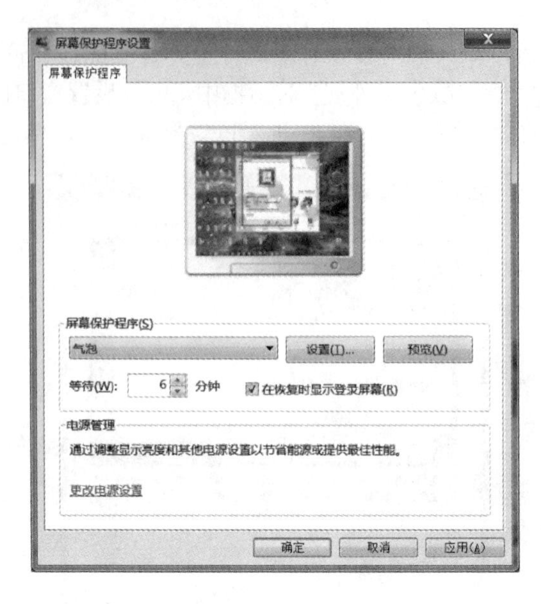

图 2-41　“屏幕保护程序设置”对话框

6. 设置电源使用方案

设置电源使用方案可以节省电能。打开“控制面板”窗口，选择图标查看方式。单击“电源选项”链接，打开“电源选项”窗口，如图 2-42 所示。选择“平衡”或“节能”单选按钮，单击其后的“更改计划设置”链接，打开“编辑计划设置”窗口，选择计算机使用的睡眠设置和显示设置，然后单击“保存修改”按钮，使设置生效。

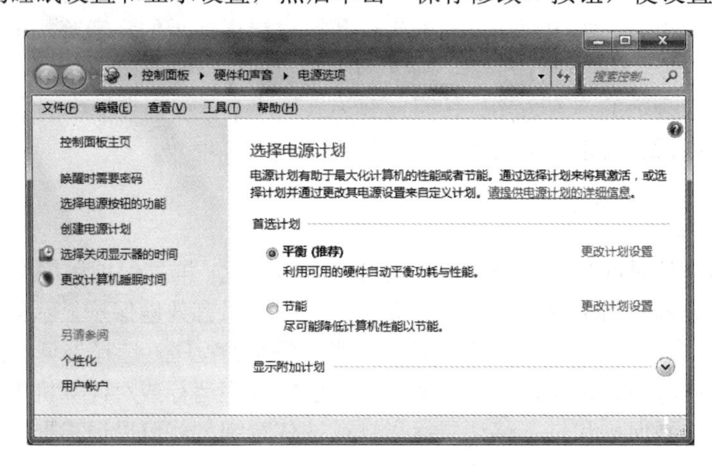

图 2-42　“电源选项”窗口

2.4.4　用户账户的管理

Windows 7 是一个多用户的操作系统，可以创建多个用户，即多人共用一台计算机。

不同的用户类型拥有不同的权限，他们之间相互独立，拥有各自的操作环境且互不影响。

用户账户分为管理员账户和标准账户。标准账户完全可以满足日常计算机的使用要求，可以运行大多数应用程序。相对于标准账户，管理员账户的权限要高得多，可以随时更改系统的关键配置。例如，更改硬件设备、系统的高级设置、系统保护、系统管理单元配置等，并且可以配置安装应用程序。总地来说，管理员账户拥有计算机完整的权限，所进行的安装、调整、设置都将影响当前计算机中的所有用户账户。

1. 创建用户账户

只有具有管理员权限的用户才能创建和删除用户账户，创建用户账户的操作步骤如下。

1）打开“控制面板”窗口，选择类别查看方式。在“用户账户和家庭安全”类别中单击“添加或删除用户账户”链接，打开“管理账户”窗口，如图 2-43 所示。

2）单击“创建一个新账户”链接，打开“创建新账户”窗口。

3）在文本框中输入新账户的名称（如“教师”），选择创建的账户类型，如图 2-44 所示，单击“创建账户”按钮。

图 2-43 “管理账户”窗口

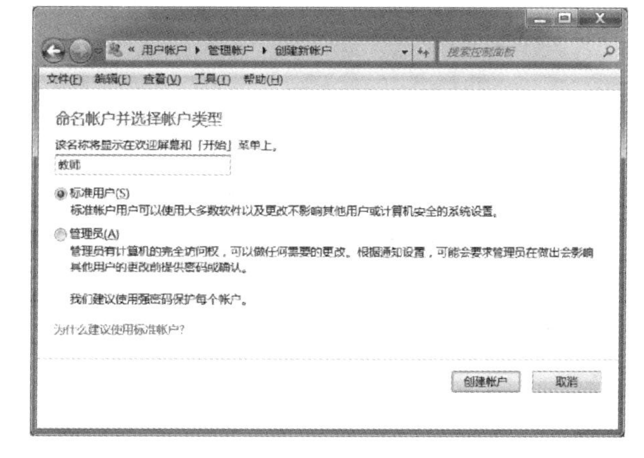

图 2-44 “创建新账户”窗口

2. 更改用户账户

更改用户账户的操作步骤如下。

1）打开“管理账户”窗口，选择需要更改的账户图标，打开“更改账户”窗口，如图 2-45 所示。

2）在当前窗口中，可以完成“更改账户名称”、“创建密码”、“更改图片”、“更改账户类型”和“删除账户”等操作。

【例 2-5】更改“教师”账户的图片。

在如图 2-45 所示的窗口中单击“更改图片”链接，打开“选择图片”窗口。从图片列表中选择自己喜欢的图片，单击“更改图片”按钮。也可以单击“浏览更多的图片”链接，打开“打开”对话框，如图 2-46 所示，可以浏览打开图片所在位置，从中选择自己喜欢的图片文件，然后单击“打开”按钮即可。

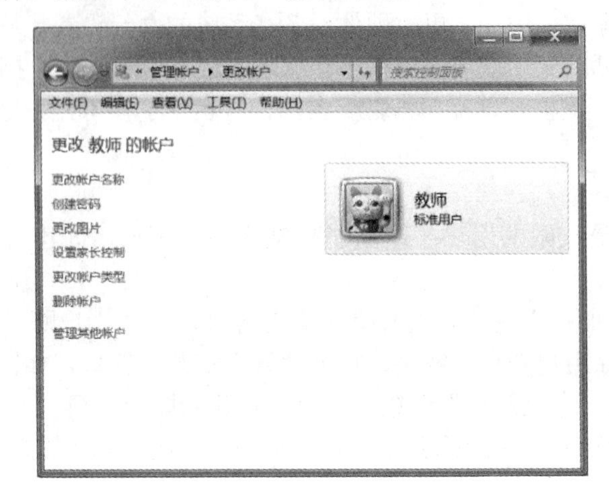

图 2-45 “更改账户”窗口

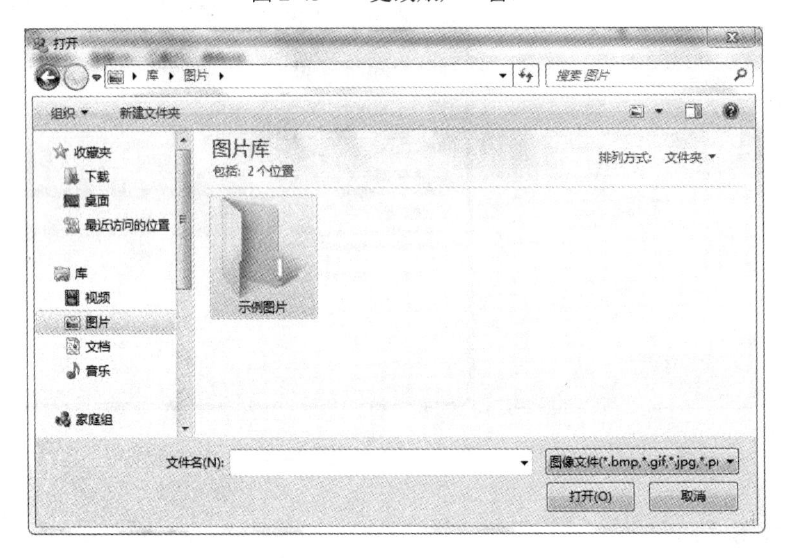

图 2-46 “打开”对话框

2.4.5 打印机的配置

打印机是重要的输出设备，在使用打印机之前要安装打印机及其驱动程序。安装的打印机可以是本地打印机，即连接在本台计算机上的打印机；也可以是网络打印机，即通过局域网共享的连接在其他计算机上的打印机。

网络打印机的安装步骤如下。

1）打开“控制面板”窗口，选择图标查看方式。单击“设备和打印机”链接，也可以在“开始”菜单中选择“设备和打印机”命令，打开“设备和打印机”窗口。单击“添加打印机”按钮，打开“添加打印机”对话框，如图 2-47 所示。

2）选择“添加网络、无线或 Bluetooth 打印机”命令，单击“下一步”按钮，打开“按名称或 TCP/IP 地址查找打印机”界面，选中“按名称选择共享打印机”单选按钮，直接输入打印机的名称，如“\\wrj-pc\Canon LBP2900”，如图 2-48 所示。单击“下一步”按钮，提示已成功添加打印机，或选中“浏览打印机”单选按钮，单击“下一步”按钮，查找局域网中共享的打印机，如图 2-49 所示，单击“选择”按钮。

3）单击“下一步”按钮，完成打印机的安装，如图 2-50 所示。

如果要在计算机中安装新的硬件设备，可单击“设备和打印机”窗口中的“添加设备”按钮。Windows 7 支持“即插即用”设备，系统会自动找到它。利用添加硬件向导，可以完成硬件设备及其驱动程序的安装。

图 2-47　“添加打印机”对话框

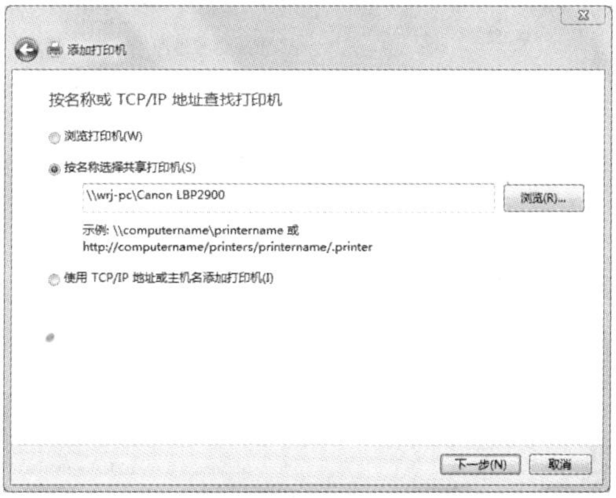

图 2-48　输入打印机的名称

图 2-49　浏览局域网中的打印机

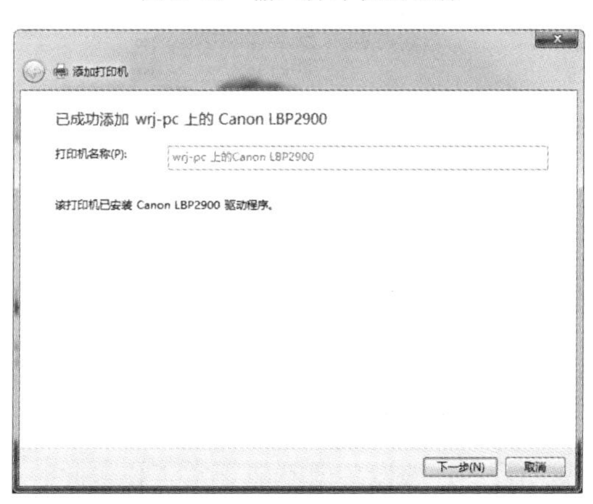

图 2-50　打印机安装完成

2.4.6 应用程序的删除

对于用户自己创建的文件或文件夹，不用时可直接将其删除。但是，要删除不再使用的应用程序时，彻底的删除方法是卸载。

卸载应用程序的具体操作步骤如下。

打开“控制面板”窗口，选择图标查看方式，单击“程序和功能”链接，打开“程序和功能”窗口，如图 2-51 所示。“卸载或更改程序”列表框中列出了本机上安装的所有应用程序。选中要删除的应用程序，单击“卸载/更改”按钮，根据向导提示一步步完成该应用程序的卸载。当然，也可以使用应用程序自带的卸载程序完成应用程序的删除操作。

图 2-51 “程序和功能”窗口

2.4.7 设备的管理

为了了解计算机安装的所有硬件设备及其相关信息，如驱动程序的路径及资源的分配和运转情况等，可以使用系统提供的设备管理功能。如果没有为硬件设备安装正确的驱动程序，该设备便不能正常工作，此时在设备名前有一个黄色的问号。在安装完操作系统后，应在“设备管理器”窗口中查看硬件设备的驱动情况，为没有安装驱动程序的设备安装驱动程序，以使其正常工作。

打开“控制面板”窗口，选择图标查看方式。单击“设备管理器”链接，打开“设备管理器”窗口，如图 2-52 所示。要查看某硬件的相关信息，可单击设备名前的“展开”按钮，右击某选项，在弹出的快捷菜单中选择“属性”命令，如图 2-53 所示。此时，可以了解设备的类型、制造商、设备状态，以及驱动程序等情况。

要查看硬件的相关信息，也可双击硬件设备图标，在弹出的相应对话框中即可查看。例如，查看本台计算机安装的网卡相关信息，如图 2-54 所示。

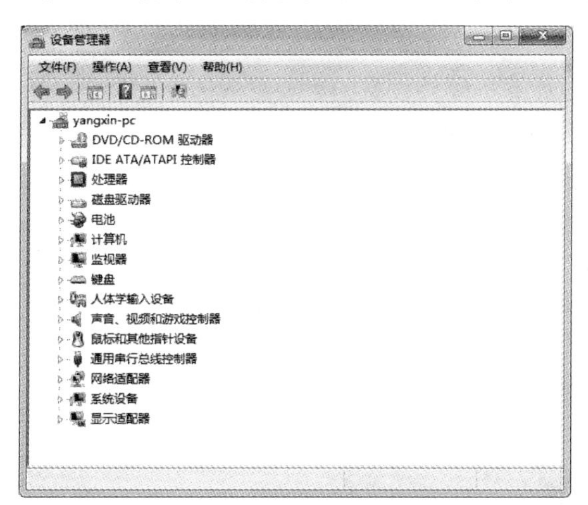

图 2-52　“设备管理器”窗口

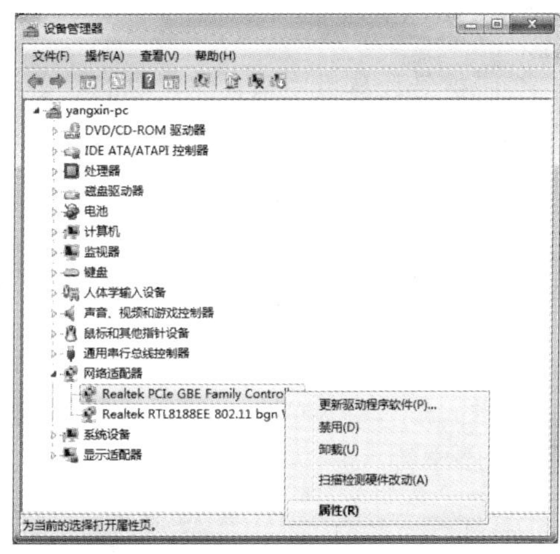

图 2-53　设备属性

图 2-54　网卡属性

2.5 系统的日常维护

系统维护包括磁盘管理、任务管理等。定期维护计算机是一种良好的习惯。

2.5.1 磁盘管理

磁盘是计算机用来存储信息的设备，是计算机硬件设备的重要组成部分。合理、高效地使用和管理磁盘是提高计算机使用效率的重要因素。

1. 查看磁盘属性

磁盘的属性包括磁盘类型、文件系统、磁盘大小和卷标等信息。打开“计算机”窗口，右击要查看的磁盘分区，在弹出的快捷菜单中选择“属性”命令，打开磁盘属性对话框，如图 2-55 所示。在“常规”选项卡中显示了磁盘的文件系统类型、已用空间、可用空间及容量等信息。在文本框中可以输入磁盘卷标，用来为磁盘命名，卷标最多包含 32 个字符。

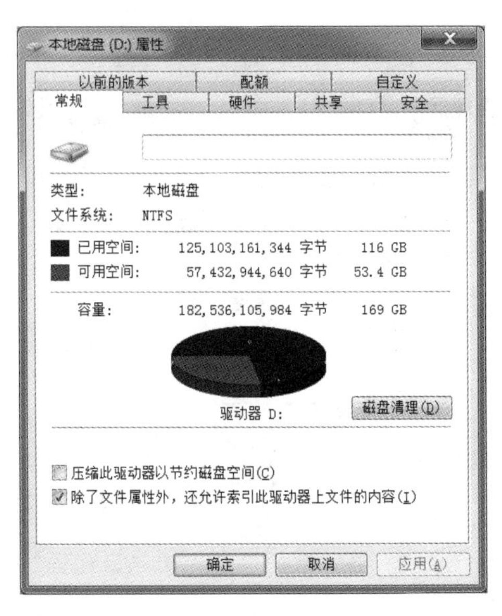

图 2-55 “本地磁盘（D:）属性”对话框

2. 格式化磁盘

新磁盘在使用之前，必须经过格式化，磁盘只有经过格式化处理才能进行读、写操作。当磁盘中毒或需要删除所有内容时，也可以进行格式化。

注意 格式化磁盘会永久地删除磁盘上的所有内容。

磁盘格式化的操作步骤如下。

1）打开“计算机”窗口，右击要格式化的磁盘图标。

2）选择“文件”→“格式化”命令；或右击磁盘图标，在弹出的快捷菜单中选择“格式化”命令，打开格式化对话框，如图 2-56 所示。

3）单击“开始”按钮，系统弹出提示对话框，如图 2-57 所示，单击“确定”按钮，开始进行格式化。格式化完毕后，系统弹出格式化完成提示对话框。

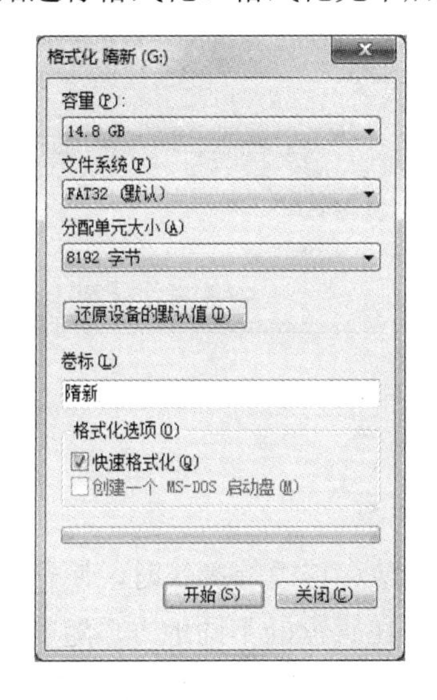

图 2-56　格式化对话框

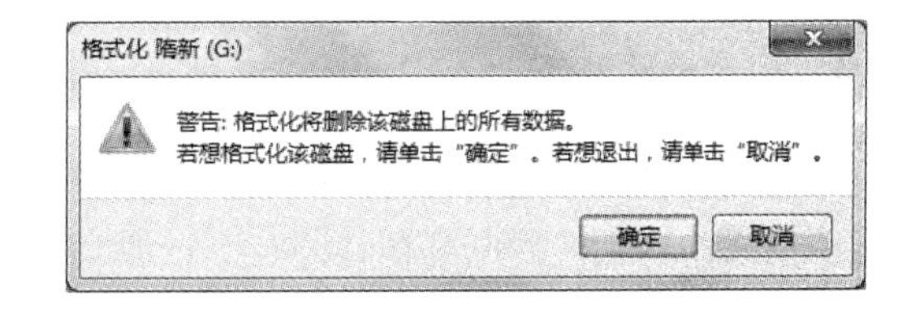

图 2-57　确认格式化

3. 磁盘清理

在使用计算机的过程中，经常会产生一些临时文件和垃圾文件，它们都将占用磁盘空间。通过磁盘清理，可以删除不使用的文件，释放更多磁盘空间，提高搜索效率。

磁盘清理的操作步骤如下。

1）选择“开始”→“所有程序”→“附件”→“系统工具”→“磁盘清理”命令，打开“磁盘清理：驱动器选择”对话框。

2）在“驱动器”下拉列表中选择要整理的磁盘驱动器，如选择“本地磁盘（C:）”命令，单击“确定”按钮，磁盘清理程序计算在该磁盘上可释放多少空间，打开“（C:）的磁盘清理”对话框，如图 2-58 所示。

3）选中要删除的文件，单击“确定”按钮，弹出提示对话框，如图 2-59 所示。

4）单击“删除文件”按钮，系统开始清理磁盘。

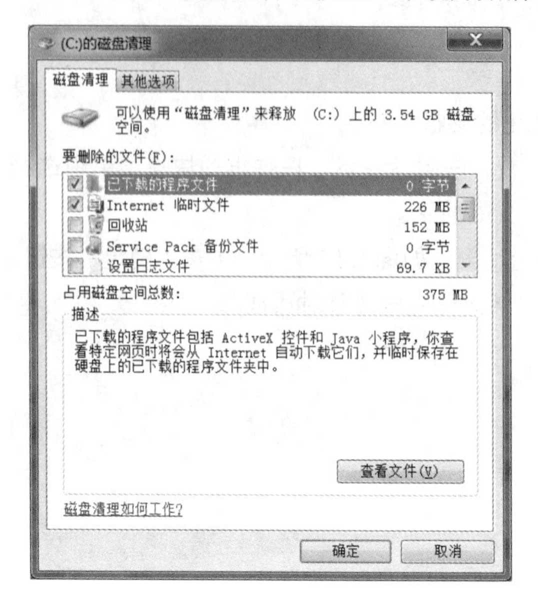

图 2-58　磁盘清理对话框

图 2-59　磁盘清理提示对话框

4. 磁盘碎片整理

磁盘上存放了大量的文件，用户对文件进行创建、删除和修改等操作时，使一些文件不是存储在物理上连续的磁盘空间，而是被分散地存放在磁盘的不同地方。随着“碎片”的增多，将会影响数据的读取速度，使计算机的工作效率下降。“磁盘碎片整理程序”可以将文件的碎片组合到一起，形成连续可用的磁盘空间，以提高系统性能。

磁盘碎片整理的操作步骤如下。

1）选择“开始”→“所有程序”→“附件”→“系统工具”→“磁盘碎片整理程序”命令，打开“磁盘碎片整理程序”窗口，如图 2-60 所示。

2）在该窗口中可以看到所有磁盘，以及上一次运行碎片整理程序的时间，系统会默认自动安排磁盘碎片整理时间。

3）选择需要进行碎片整理的磁盘，单击“分析磁盘”按钮，系统将分析该磁盘是否要进行碎片整理。若磁盘需要进行碎片整理，则单击“磁盘碎片整理”按钮。单击“配置计划”按钮，打开“磁盘碎片整理程序：修改计划”对话框，在其中更改磁盘碎片整理计划执行的频率、日期、时间及磁盘，如图 2-61 所示。

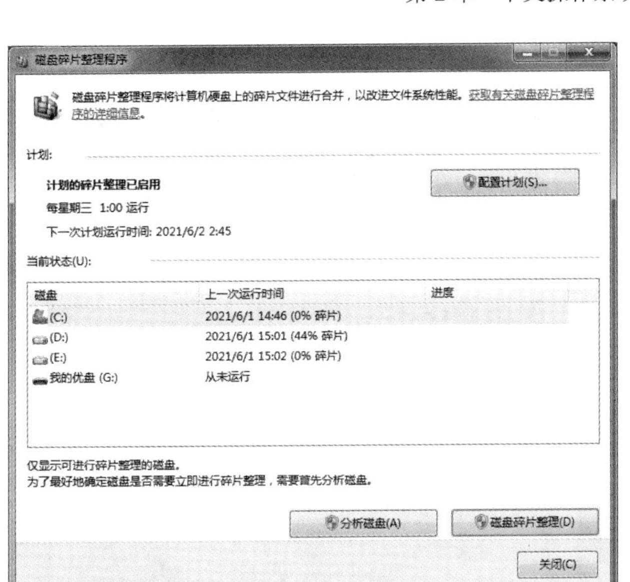

图 2-60　“磁盘碎片整理程序”窗口

磁盘碎片整理程序: 修改计划

磁盘碎片整理程序计划配置:

按计划运行(推荐)(R)

频率(F):　每周

日期(D):　星期一

时间(T):　10:00

磁盘(I):　选择磁盘(S)...

确定(O)　取消(C)

图 2-61　“磁盘碎片整理程序：修改计划”对话框

2.5.2　任务管理器

任务管理器是 Windows 7 中经常使用的系统工具，用来查看和管理计算机中运行的程序及 CPU 的使用情况。随着操作系统的不断发展，任务管理器也在不断地改进。Windows 7 中的任务管理器能够显示更详细的进程信息，这样可以帮助用户明确正在运行的进程是否安全。可以通过以下方法来启动 Windows 任务管理器。

1）右击任务栏的空白处，在弹出的快捷菜单中选择“启动任务管理器”命令，打开“Windows 任务管理器”窗口，如图 2-62 所示。

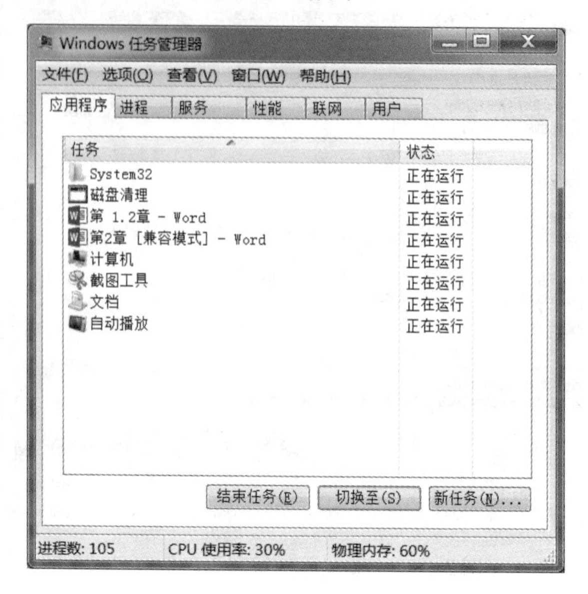

图 2-62 “Windows 任务管理器”窗口

2）按【Ctrl+Alt+Delete】组合键，在打开的界面中单击“启动任务管理器”按钮。

3）按【Ctrl+Shift+Esc】组合键。

下面重点介绍“Windows 任务管理器”窗口中几个常用的选项卡。

1）应用程序：查看当前正在运行的程序，这里大多数是当前打开的窗口。

2）进程：可以看到当前所运行的进程，包括用户进程和系统进程。

3）服务：可以看到详细的服务列表及服务描述信息，以及服务的运行状态。

4）性能：查看当前正在运行程序的资源占用情况，如 CPU 使用率及简单的使用记录、当前内存使用量及内存使用记录等。

任务管理器的常用操作有以下几种。

1. 切换应用程序

在“Windows 任务管理器”窗口中选择“应用程序”选项卡，在“任务”列表框中选择某任务，单击“切换至”按钮，即可把选择的任务切换成当前窗口。

2. 结束应用程序

在“Windows 任务管理器”窗口中选择“应用程序”选项卡，选择要结束的任务，单击“结束任务”按钮，即可退出该应用程序。当某应用程序不响应任何操作时，可以采用这种方法结束程序。

习题 2

1．操作系统是（　　）的接口。

A．硬件与系统软件　B．用户与计算机

C．主机与外设　D．高级语言与机器语言

2．Windows 7 是（　　）的操作系统。

A．单用户单任务　B．单用户多任务

C．多用户多任务　D．多用户单任务

3．当鼠标指针变成旋转圆圈形状时，通常情况是（　　）。

A．正在选择　B．系统正忙　C．后台运行　D．选定文字

4．在 Windows 7 中，“桌面”是指（　　）。

A．整个屏幕　B．某一个窗口　C．所有的窗口　D．当前打开的窗口

5．要重新排列桌面上的图标，首先应该右击（　　）。

A．窗口空白处　B．任务栏空白处

C．桌面空白处　D．“开始”按钮

6．在 Windows 7 窗口中，对文件和文件夹不可以按（　　）排序。

A．名称　B．内容　C．类型　D．大小

7．下列关于“回收站”的叙述中，错误的是（　　）。

A．“回收站”可以暂时存放硬盘上被删除的信息

B．放入“回收站”中的信息可以还原

C．“回收站”的大小是可以调整的

D．“回收站”可以存放 U 盘上被删除的信息

8．下列关于快捷方式的叙述中，错误的是（　　）。

A．快捷方式是打开其对应程序的捷径

B．快捷方式图标可以删除、复制或移动

C．可在桌面上创建打印机的快捷方式

D．删除快捷方式后，对应的应用程序也将被删除

9．若删除某个应用程序快捷方式图标，则（　　）。

A．该应用程序连同其图标一起被删除

B．只删除了该应用程序，对应的图标被隐藏

C．只删除了图标，对应的应用程序被保留

D．该应用程序连同其图标一起被隐藏

10．使用（　　）组合键等同于单击“开始”按钮。

A．【Alt+Esc】　B．【Ctrl+Esc】　C．【Tab+Esc】　D．【Shift+Esc】

11．在 Windows 7 中，U 盘上被删除的文件（　　）。

A．可以通过“回收站”还原　　B．不可以通过“回收站”还原

C．被保存在硬盘上　　D．被保存在内存中

12．在 Windows 7 中，应遵循的原则是（　　）。

A．先选择命令，再选中操作对象　　B．先选中操作对象，再选择命令

C．同时选择操作对象和命令　　D．允许用户任意选择

13．不能在任务栏中进行的操作是（　　）。

A．快速启动应用程序　　B．排列和切换窗口

C．排列桌面图标　　D．设置系统日期和时间

14．窗口的标题栏除起到标志窗口的作用外，用户还可以用它来（　　）。

A．调整窗口的大小　　B．改变窗口的位置

C．关闭窗口　　D．以上都可以

15．在对话框中切换各个选项卡，可以使用（　　）组合键。

A．【Ctrl+Tab】　B．【Ctrl+Shift】　C．【Alt+Shift】　D．【Ctrl+Alt】

16．不能打开资源管理器的操作是（　　）。

A．右击“开始”按钮

B．按【Windows+E】组合键

C．选择“开始”→“所有程序”→“附件”→“Windows 资源管理器”命令

D．右击“计算机”图标，在弹出的快捷菜单中选择“属性”命令

17．在资源管理器中，导航窗格显示（　　）。

A．所有未打开的文件夹

B．系统的逐层文件夹

C．打开文件夹下的子文件夹与文件

D．所有已打开的文件夹

18．在资源管理器中，单击文件夹左侧的“展开”按钮，将（　　）。

A．在导航窗格展开该文件夹

B．在导航窗格显示该文件夹中的子文件夹和文件

C．仅在文件窗格中显示该文件夹中的子文件夹

D．仅在文件窗格中显示该文件夹中的文件

19．在 Windows 7 中，文件名最多允许输入（　　）个字符。

A．8　B．16　C．255　D．任意多

20．下列关于文件夹和文件的叙述中，正确的是（　　）。

A．在一个文件夹中可以有同名文件

B．在一个文件夹中可以有同名文件夹

C．在一个文件夹中可以有同名的文件夹与文件

D．在不同文件夹中可以有同名文件

21．下列文件的扩展名中，（　　）表示纯文本文件。

A．.txt　　B．.exe　　C．.docx　　D．.bmp

22．在 Windows 7 中，选中多个不连续的对象，需要在单击对象的同时按住（　　）键。

A．【Alt】　　B．【Ctrl】　　C．【Tab】　　D．【Shift】

23．在 Windows 7 环境下，下列组合键中与剪贴板操作无关的是（　　）。

A．【Ctrl+P】　　B．【Ctrl+C】　　C．【Ctrl+X】　　D．【Ctrl+V】

24．在 Windows 7 中，剪贴板的作用是（　　）。

A．保存临时删除的文件或文件夹

B．保存进行剪贴或复制操作时对象的信息，供粘贴使用

C．保存经常使用的硬盘程序，提高系统运行速度

D．保存 Windows 附件中的应用程序

25．“编辑”菜单中的“剪切”和“复制”命令有时是灰色的，只有当（　　）后，这两个命令才可以使用。

A．双击　　B．选中对象　　C．右击　　D．单击

26．在 Windows 中，按住【Ctrl】键后，拖动鼠标可在同一驱动器下的文件夹之间实现的操作是（　　）。

A．剪切　　B．复制　　C．粘贴　　D．移动

27．拖动鼠标可在不同驱动器下的文件夹之间实现的操作是（　　）。

A．移动　　B．复制　　C．无任何操作　　D．删除

28．使用（　　）对话框，可以显示或隐藏文件的扩展名。

A．“自定义文件夹”　　B．“文件夹选项”

C．“查找”　　D．“运行”

29．屏幕保护程序的作用是（　　）。

A．保护眼睛　　B．减少屏幕辐射

C．保护硬盘　　D．保护显示器

30．使用（　　）命令可以将文件的碎片组合到一起，形成一个整体磁盘空间，以提高系统性能。

A．磁盘格式化　　B．磁盘碎片整理

C．磁盘查错　　D．磁盘清理

第3章 字处理软件 Word 2016

Office 2016 是一系列功能强大的办公软件的集合，集文档编辑、数据处理、表格制作等功能于一体，在日常办公中发挥着不可替代的作用。Office 2016 主要包括 Word 2016、Excel 2016 和 PowerPoint 2016 等办公软件。

3.1 Word 2016 简介

Word 2016 是 Office 2016 办公软件中非常重要的组件，是目前世界上用户最多、应用范围最广的文字编辑软件。它的主要功能有文档的排版、表格的制作、图形处理、页面设置和打印文档等。

3.1.1 启动与退出 Word 2016

1. 启动 Word 2016

启动 Word 2016 主要有以下两种方法。

1）选择“开始”→“所有程序”→“Word 2016”命令。

2）双击桌面上的 Word 2016 快捷方式图标。

2. 退出 Word 2016

退出 Word 2016 主要有以下两种方法。

1）单击 Word 窗口标题栏中的“关闭”按钮。

2）按【Alt+F4】组合键。

3.1.2 Word 2016 的工作界面

启动 Word 2016 并新建文档后，显示在用户面前的是它的工作界面，如图 3-1 所示。该界面主要由标题栏、快速访问工具栏、功能区、文档编辑区、状态栏与视图工具栏等组成。

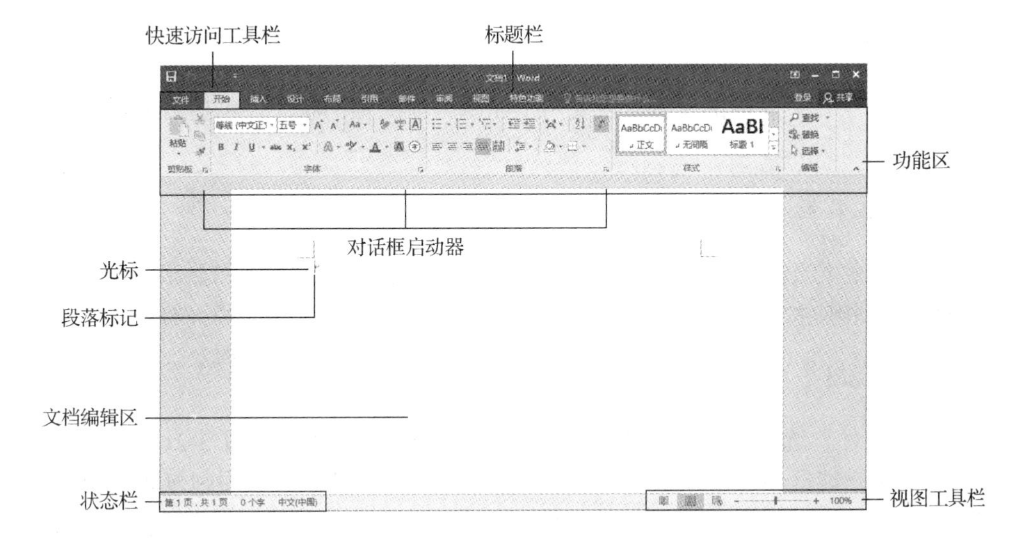

图 3-1　Word 2016 的工作界面

1. 标题栏

标题栏位于窗口的最上方，用于显示正在操作的文档和应用程序的名称信息。其右侧有“功能区显示选项”按钮（单击该按钮，可以在弹出的下拉列表中选择隐藏功能区或显示功能区选项卡命令）和 3 个窗口控制按钮：“最小化”按钮、“最大化/向下还原”按钮和“关闭”按钮，单击可以执行相应的操作。

2. 快速访问工具栏

快速访问工具栏位于标题栏的左侧，默认包括“保存”、“撤销”和“恢复”3 个按钮。单击“自定义快速访问工具栏”按钮，可以将经常使用的工具添加到快速访问工具栏中。

3. 功能区

功能区是 Word 2016 中所有选项卡的集合，选项卡按功能分成多个组，单击相应组中的命令按钮，即可完成所需的操作。有些选项组的右下角会有一个对话框启动器，单击它会弹出相应的对话框或任务窗格以便进行更详细的设置。

4. 文档编辑区

文档编辑区位于功能区下方的空白区域，用户可以在该区域内可以进行文本的输入、编辑和查阅文档等操作。该区域内闪烁的黑色竖线称为光标，它用来确定文档的编辑位置。

5. 状态栏

状态栏位于窗口底端的左侧，主要用于显示当前文档的状态，包括当前页码、字数及所使用的语言等信息。

6. 视图工具栏

视图工具栏位于状态栏的右侧，包括视图切换按钮、缩放级别和显示比例 3 部分。单击该区域的相应按钮，可以快速实现视图方式的切换和显示比例的调整。

7. 后台视图

选择“文件”选项卡，即可查看 Word 2016 的后台视图，如图 3-2 所示。如果说 Word 2016 的功能区包含了用于编排文档的命令集，那么其后台视图则包含了用于对文档或应用程序进行操作的命令集，包括新建文档、保存文档、打印文档、保护文档及设置 Word 选项等。

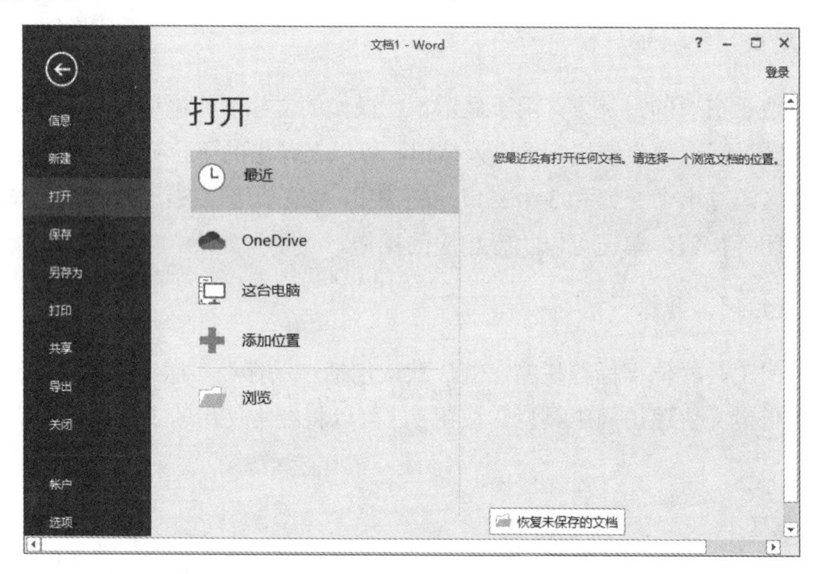

图 3-2　Word 2016 的后台视图

3.1.3　Word 2016 的视图模式

为了方便地查看或编辑 Word 文档，Word 2016 提供了多种视图方式供用户选择，包括页面视图、阅读视图、Web 版式视图、大纲视图和草稿视图。用户可以选择“视图”选项卡，在“视图”选项组中单击不同的视图按钮，或单击视图工具栏中的视图切换按钮来实现视图之间的切换。

1. 页面视图

页面视图是 Word 2016 的默认视图方式，可以显示文档的打印外观，主要包括页眉和页脚、图形对象、页边距等元素，文档的显示效果和实际打印的效果一致，所见即所得，如图 3-3 所示。

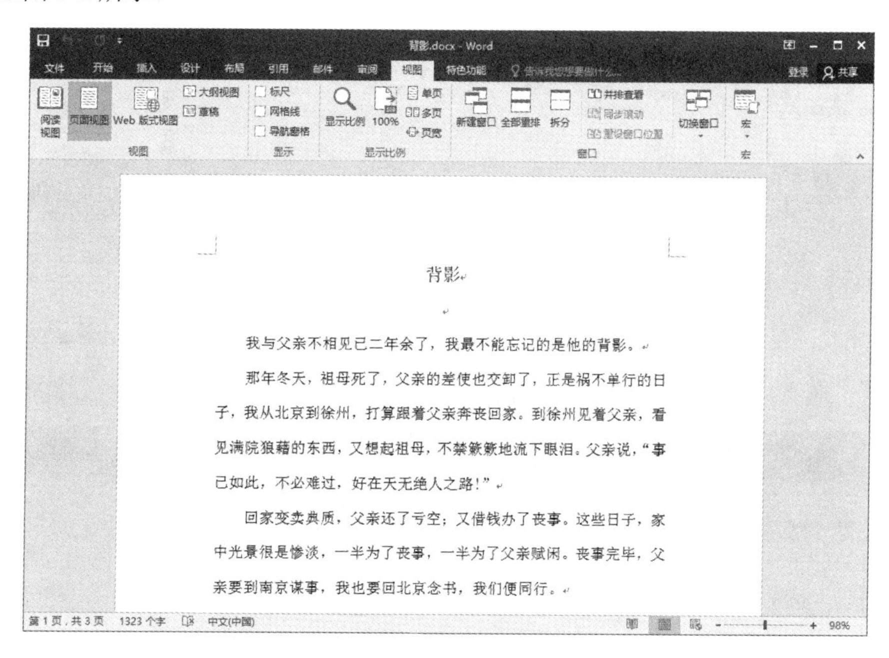

图 3-3　页面视图

2. 阅读视图

阅读视图是以图书的分栏样式显示 Word 2016 文档，选项卡等窗口元素被隐藏起来，如图 3-4 所示。

3. Web 版式视图

Web 版式视图以网页的形式显示 Word 2016 文档，适用于发送电子邮件和创建网页，如图 3-5 所示。

4. 大纲视图

大纲视图主要用于 Word 2016 文档结构的设置和浏览，使用该视图可以迅速了解文档的结构和内容梗概，并可以快速修改大纲级别，如图 3-6 所示。

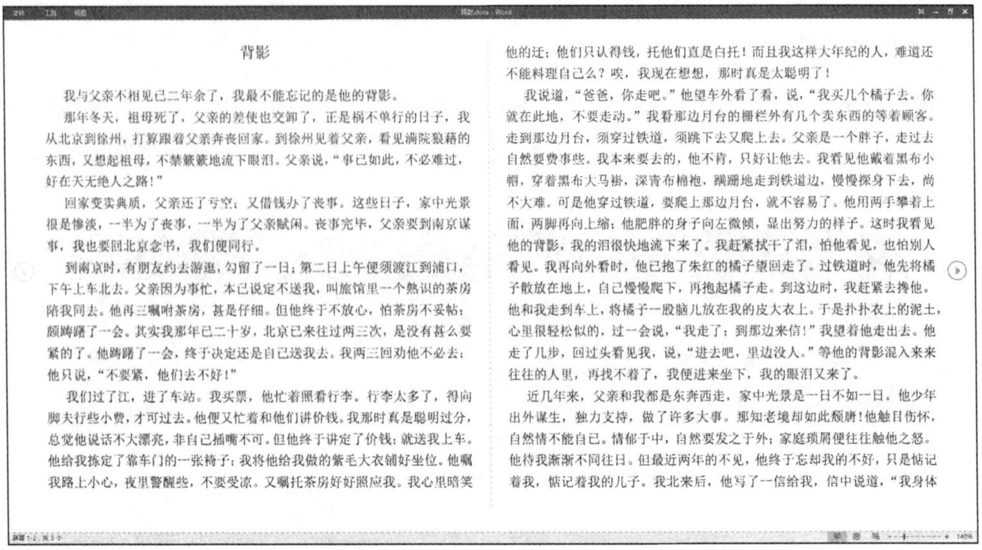

背影

我与父亲不相见已二年余了，我最不能忘记的是他的背影。

那年冬天，祖母死了，父亲的差使也交卸了，正是祸不单行的日子，我从北京到徐州，打算跟着父亲奔丧回家。到徐州见着父亲，看见满院狼藉的东西，又想起祖母，不禁簌簌地流下眼泪。父亲说，“事已如此，不必难过，好在天无绝人之路！”

回家变卖典质，父亲还了亏空；又借钱办了丧事。这些日子，家中光景很是惨淡，一半为了丧事，一半为了父亲赋闲。丧事完毕，父亲要到南京谋事，我也要回北京念书，我们便同行。

到南京时，有朋友约去游逛，勾留了一日；第二日上午便须渡江到浦口，下午上车北去。父亲因为事忙，本已说定不送我，叫旅馆里一个熟识的茶房陪我同去。他再三嘱咐茶房，甚是仔细。但他终于不放心，怕茶房不妥帖；颇踌躇了一会。其实我那年已二十岁，北京已来往过两三次，是没有甚么要紧的了。他踌躇了一会，终于决定还是自己送我去。我两三回劝他不必去；他只说，“不要紧，他们去不好！”

我们过了江，进了车站。我买票，他忙着照看行李。行李太多了，得向脚夫行些小费，才可过去。他便又忙着和他们讲价钱。我那时真是聪明过分，总觉他说话不大漂亮，非自己插嘴不可。但他终于讲定了价钱；就送我上车。他给我拣定了靠车门的一张椅子；我将他给我做的紫毛大衣铺好坐位。他嘱我路上小心，夜里警醒些，不要受凉。又嘱托茶房好好照应我。我心里暗笑他的迂；他们只认得钱，托他们直是白托！而且我这样大年纪的人，难道还不能料理自己么？唉，我现在想想，那时真是太聪明了！

我说道，“爸爸，你走吧。”他望车外看了看，说，“我买几个橘子去。你就在此地，不要走动。”我看那边月台的栅栏外有几个卖东西的等着顾客。走到那边月台，须穿过铁道，须跳下去又爬上去。父亲是一个胖子，走过去自然要费事些。我本来要去的，他不肯，只好让他去。我看见他戴着黑布小帽，穿着黑布大马褂，深青布棉袍，蹒跚地走到铁道边，慢慢探身下去，尚不大难。可是他穿过铁道，要爬上那边月台，就不容易了。他用两手攀着上面，两脚再向上缩；他肥胖的身子向左微倾，显出努力的样子。这时我看见他的背影，我的泪很快地流下来了。我赶紧拭干了泪，怕他看见，也怕别人看见。我再向外看时，他已抱了朱红的橘子望回走了。过铁道时，他先将橘子散放在地上，自己慢慢爬下，再抱起橘子走。到这边时，我赶紧去搀他。他和我走到车上，将橘子一股脑儿放在我的皮大衣上。于是扑扑衣上的泥土，心里很轻松似的，过一会说，“我走了；到那边来信！”我望着他走出去。他走了几步，回过头看见我，说，“进去吧，里边没人。”等他的背影混入来来往往的人里，再找不着了，我便进来坐下，我的眼泪又来了。

近几年来，父亲和我都是东奔西走，家中光景是一日不如一日。他少年出外谋生，独力支持，做了许多大事。那知老境却如此颓唐！他触目伤怀，自然情不能自已。情郁于中，自然要发之于外；家庭琐屑便往往触他之怒。他待我渐渐不同往日。但最近两年的不见，他终于忘却我的不好，只是惦记着我，惦记着我的儿子。我北来后，他写了一信给我，信中说道，“我身体

图 3-4　阅读视图

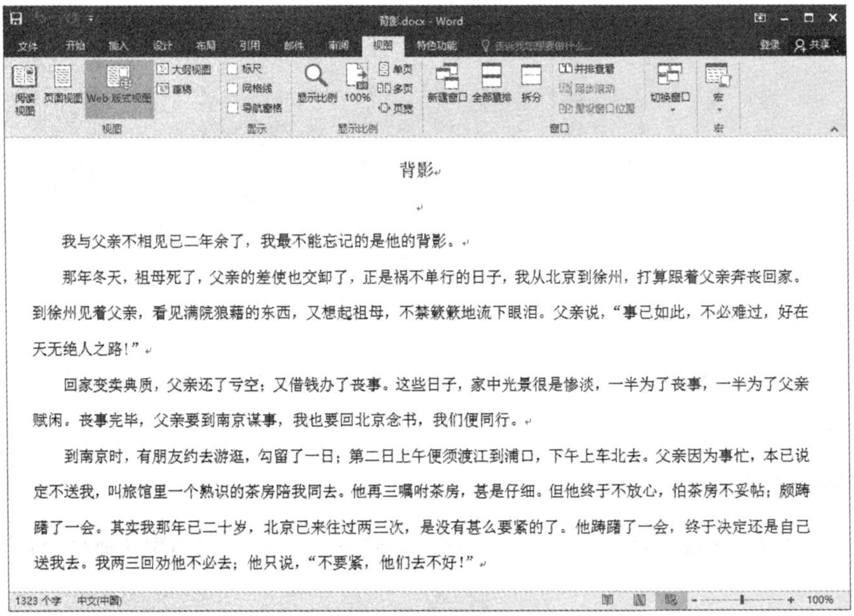

背影.docx - Word

文件　开始　插入　设计　布局　引用　邮件　审阅　视图　特色功能

阅读视图　页面视图　Web 版式视图　大纲视图　草稿　标尺　网格线　导航窗格　显示比例　100%　单页　多页　页宽　新建窗口　全部重排　拆分　并排查看　同步滚动　重设窗口位置　切换窗口　宏

背影

我与父亲不相见已二年余了，我最不能忘记的是他的背影。

那年冬天，祖母死了，父亲的差使也交卸了，正是祸不单行的日子，我从北京到徐州，打算跟着父亲奔丧回家。到徐州见着父亲，看见满院狼藉的东西，又想起祖母，不禁簌簌地流下眼泪。父亲说，“事已如此，不必难过，好在天无绝人之路！”

回家变卖典质，父亲还了亏空；又借钱办了丧事。这些日子，家中光景很是惨淡，一半为了丧事，一半为了父亲赋闲。丧事完毕，父亲要到南京谋事，我也要回北京念书，我们便同行。

到南京时，有朋友约去游逛，勾留了一日；第二日上午便须渡江到浦口，下午上车北去。父亲因为事忙，本已说定不送我，叫旅馆里一个熟识的茶房陪我同去。他再三嘱咐茶房，甚是仔细。但他终于不放心，怕茶房不妥帖；颇踌躇了一会。其实我那年已二十岁，北京已来往过两三次，是没有甚么要紧的了。他踌躇了一会，终于决定还是自己送我去。我两三回劝他不必去；他只说，“不要紧，他们去不好！”

1323 个字　中文(中国)　100%

图 3-5　Web 版式视图

5. 草稿视图

草稿视图取消了页边距、分栏、页眉页脚和图片等信息，仅显示标题和正文，是最节省计算机系统硬件资源的视图方式，如图 3-7 所示。

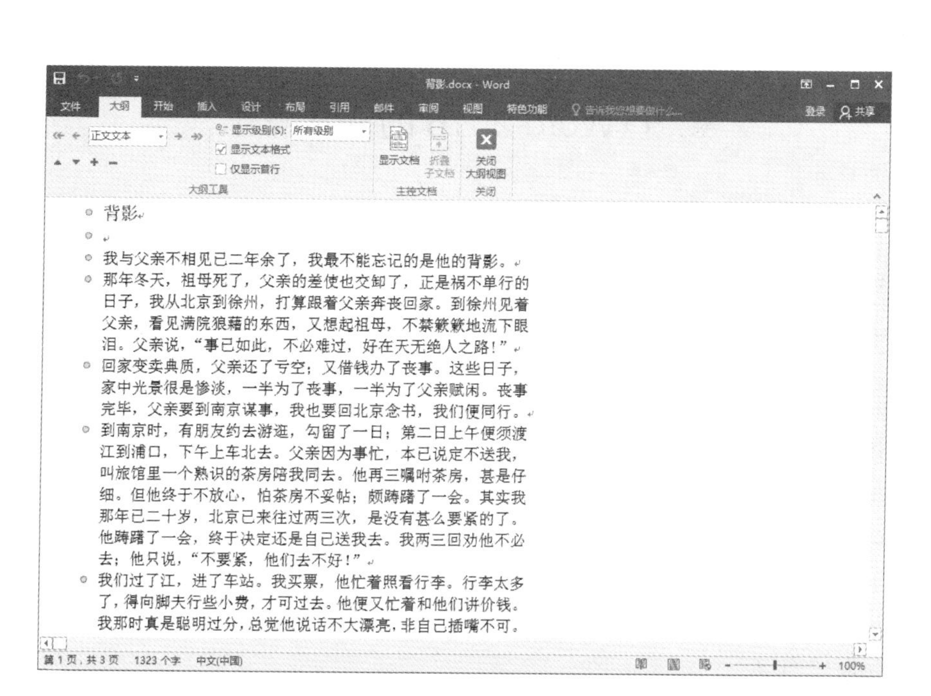

图 3-6　大纲视图

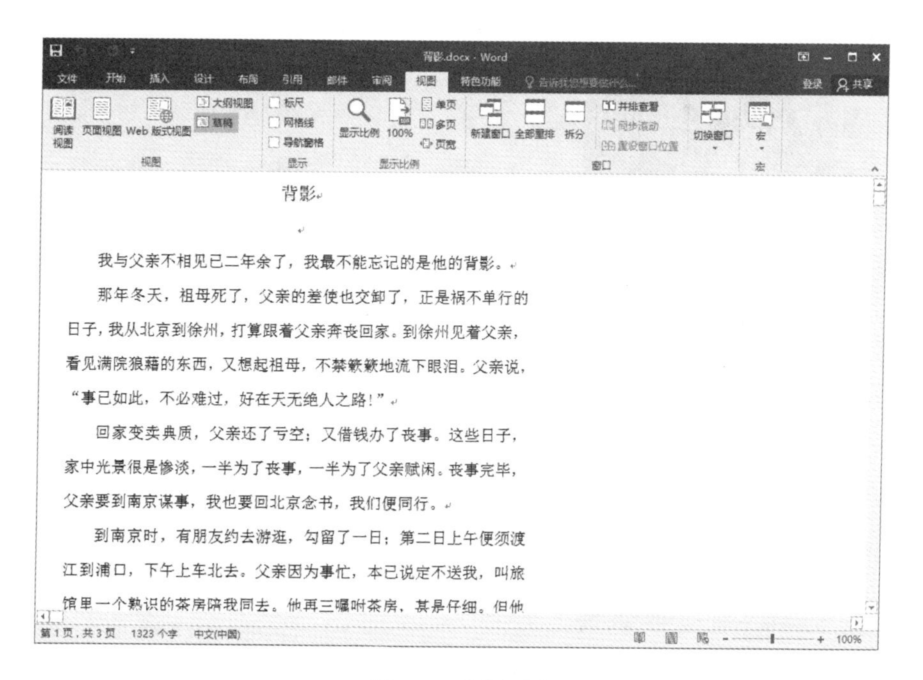

图 3-7　草稿视图

3.2 Word 2016 的基本操作

使用 Word 2016 可以方便地完成各种办公文档的制作、编辑及排版工作等。本节主要介绍 Word 2016 的基本操作。

3.2.1 文档的基本操作

这里所说的文档，是指使用字处理软件 Word 2016 撰写的报告、公文、稿件、论文、合同与书信等。Word 2016 文档的基本操作包括新建文档、保存文档、关闭文档、打开文档和保护文档等。

1. 新建文档

新建文档包括新建空白文档、新建基于模板的文档。

（1）新建空白文档

新建空白文档的方法主要有以下几种。

1）启动 Word 2016，系统默认打开 Word 2016 的开始界面，在右侧的模板列表中选择“空白文档”模版，如图 3-8 所示，即可创建一个空白文档。

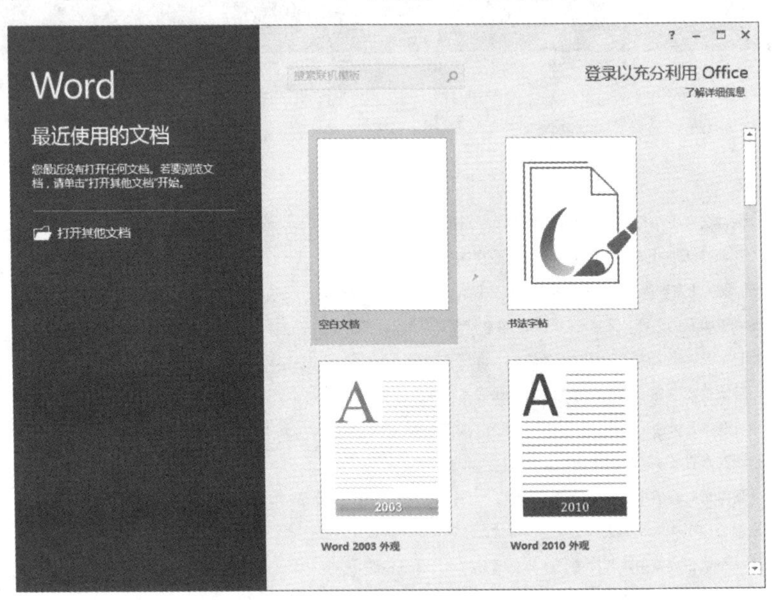

图 3-8　使用文档模板创建空白文档

2）选择“文件”→“新建”命令，打开“新建”界面，在模板列表中选择“空白文档”模版，如图 3-9 所示。

3）按【Ctrl+N】组合键。

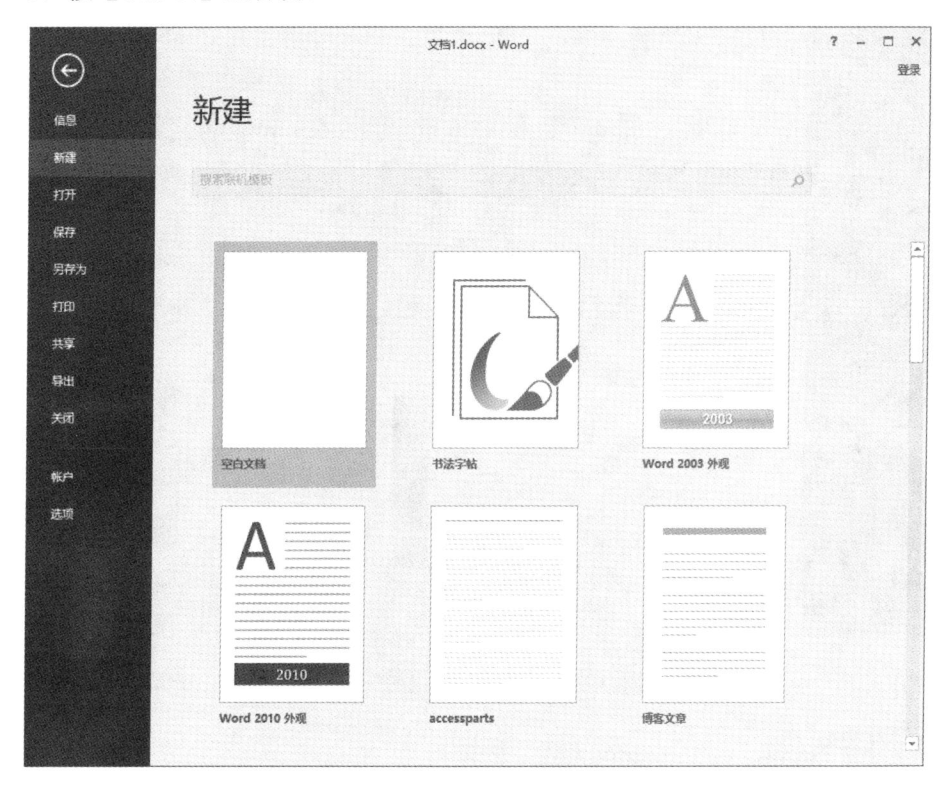

图 3-9　使用“新建”命令创建空白文档

（2）新建基于模板的文档

模板是 Word 2016 中预先设置好内容格式及样式的特殊文档，可以使用模板，如简历、报告和信函等创建具有统一规格、统一框架的文档。下面以新建简历为例，介绍基于模板的文档创建方法。

【例 3-1】使用文档模板新建一个简历。

操作步骤如下。

1）选择“文件”→“新建”命令，打开“新建”界面。

2）在模板列表中，选择“脱机工作”选项，在模板类型中选择“基本简历”模版，如图 3-10 所示。

例 3-1 视频讲解

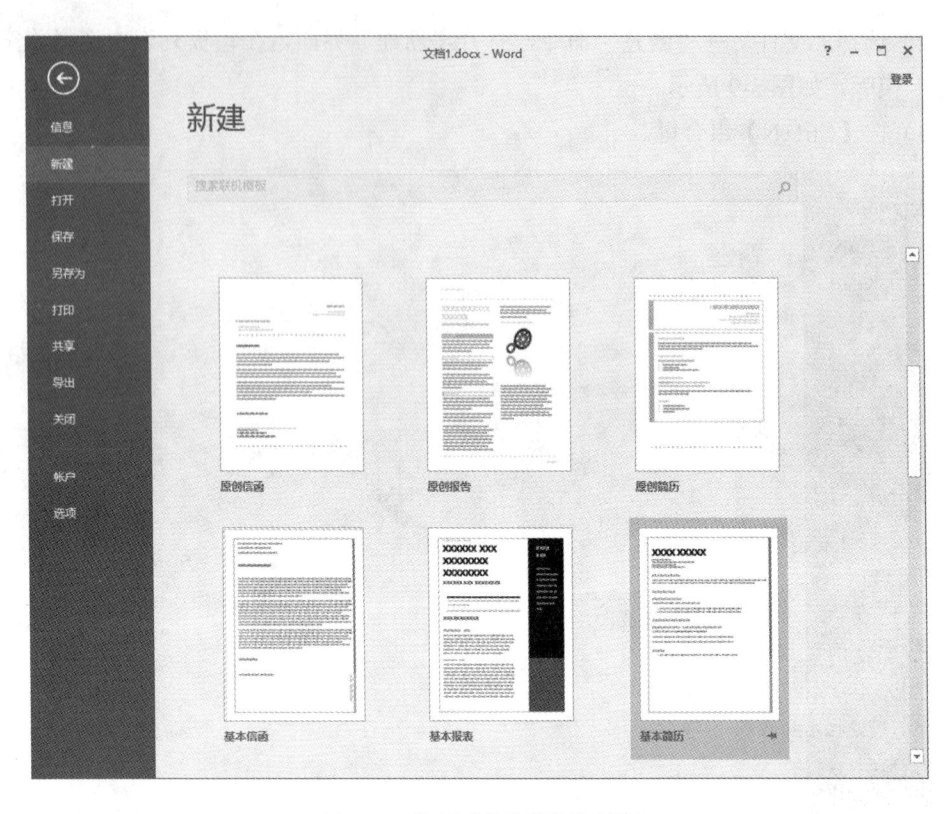

图 3-10　选择“基本简历”模版

2. 保存文档

在编辑文档的过程中，可能会出现断电、死机或系统自动重启等情况，为了避免不必要的损失，用户应该及时保存文档。

（1）保存新建文档

第一次保存文档时，用户需要指定文件的保存位置及文件名等信息。保存新建文档的方法有以下几种。

1）选择“文件”→“保存”命令，打开“另存为”界面，如图 3-11 所示。在该界面的中部默认显示保存文档的位置是“这台电脑”，界面右侧显示可用的文件夹，从中选择某文件夹即可将文档保存在其中，也可以选择“浏览”命令，在打开的“另存为”对话框中选择文档所要保存的位置，包括盘符和文件夹；在“文件名”文本框中输入文件名；在“保存类型”下拉列表中选择文档类型，默认的类型是“Word 文档”，如图 3-12 所示。设置完成后，单击“保存”按钮即可。

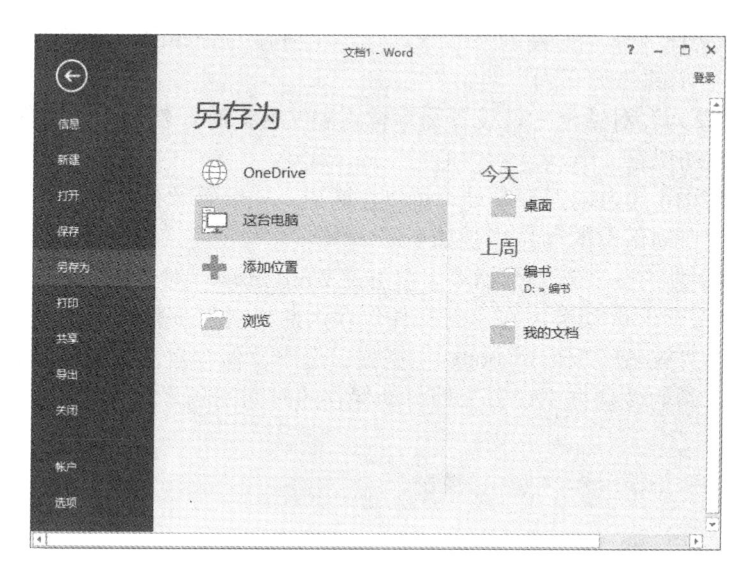

图 3-11　“另存为”界面

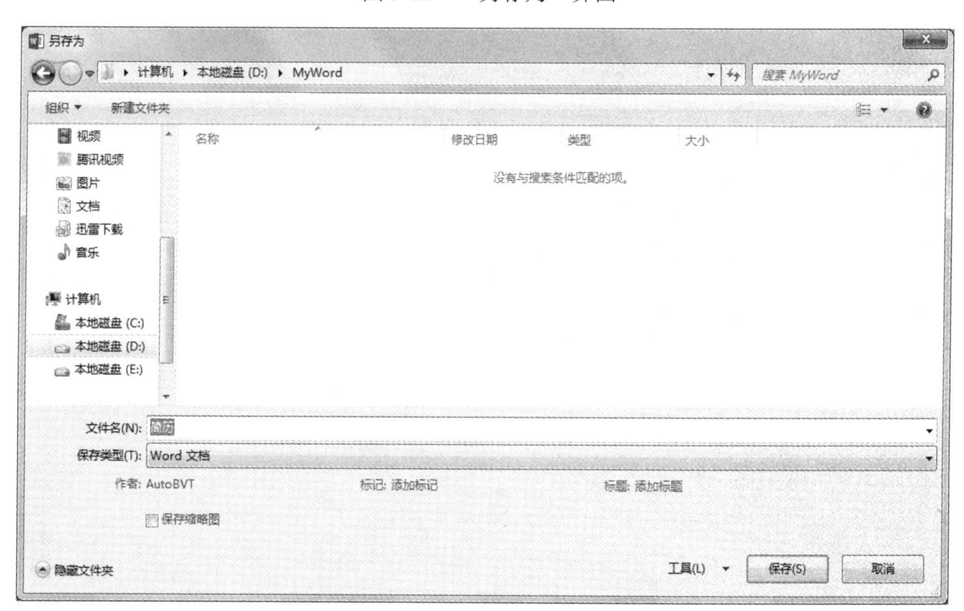

图 3-12　“另存为”对话框

2）单击快速访问工具栏中的“保存”按钮。

3）按【Ctrl+S】组合键。

（2）另存文档

用户对已有文档进行编辑后，可以将其保存为同类型文档或其他类型的文件。另存文档的操作步骤如下。

1）选择“文件”→“另存为”命令，打开“另存为”界面，选择“浏览”命令，打开如图 3-12 所示的“另存为”对话框。

2）在“另存为”对话框中，设置另存位置和文件名称，然后单击“保存”按钮。

（3）设置自动保存

使用 Word 2016 的自动保存功能，可以在断电、死机等意外情况下最大限度地减少损失。设置文档自动保存的操作步骤如下。

1）选择“文件”→“选项”命令，打开“Word 选项”对话框。

2）选择“保存”选项卡，在“将文件保存为此格式”下拉列表中选择文档的保存类型，此处选择“Word 文档（*.docx）”格式。选中“保存自动恢复信息时间间隔”复选框，并在其右侧的微调框中设置文档自动保存的时间间隔，默认情况下为 10 分钟，如图 3-13 所示。

图 3-13 “保存”选项卡

3）设置完成后，单击“确定”按钮。

3. 关闭文档

用户对文档进行处理后，需要保存并将该文档关闭，以保证文档的安全。关闭文档是指关闭当前打开的文档，并不是退出 Word 2016 程序。关闭文档的方法如下。

1）选择“文件”→“关闭”命令。

2）按【Ctrl+F4】组合键。

4. 打开文档

打开文档是指将 Word 2016 文件载入文档编辑区。当用户要修改已保存的文档时，首先要将其打开。打开文档的方法如下。

1）选择“文件”→“打开”命令，打开“打开”界面，如图 3-14 所示。在“打开”界面中默认显示“最近”选项，其右侧显示最近打开过的文档的名称。单击某个文档名称，即可打开相应的文档。若文档不在“最近”列表中，可在“打开”界面中选择“浏览”命令，打开“打开”对话框，选择要打开的文件，如“D:\MyWord\背影.docx”，单击“打开”按钮，如图 3-15 所示。

2）按【Ctrl+O】组合键。

3）双击要打开的 Word 文件，启动 Word 2016 并打开文档。

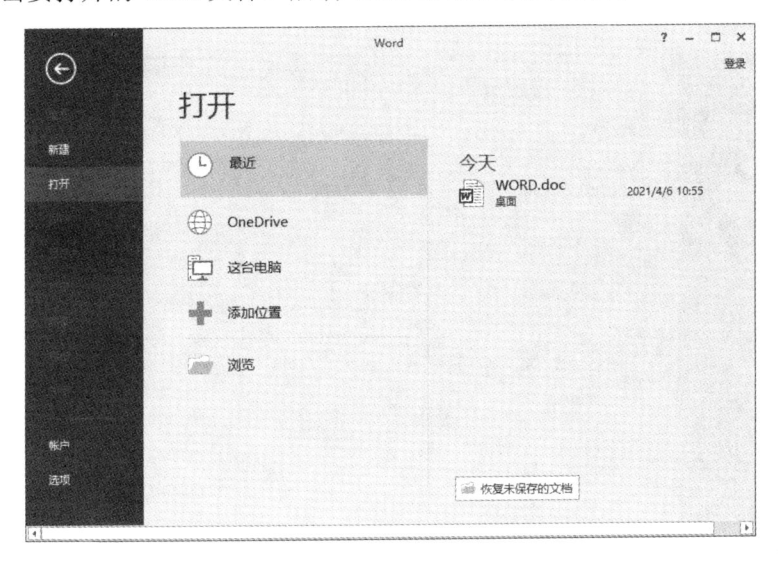

图 3-14　“打开”界面

5. 保护文档

为文档设置密码，可以限制其他人对文档的访问或防止他人未经授权查阅和修改文档。文档密码分为打开权限密码和修改权限密码两种。为文档设置密码的操作步骤如下：

1）选择“文件”→“信息”命令，打开“信息”界面，在“信息”界面中单击“保护文档”下拉按钮，在弹出的下拉列表中选择“用密码进行加密”命令，如图 3-16 所示。

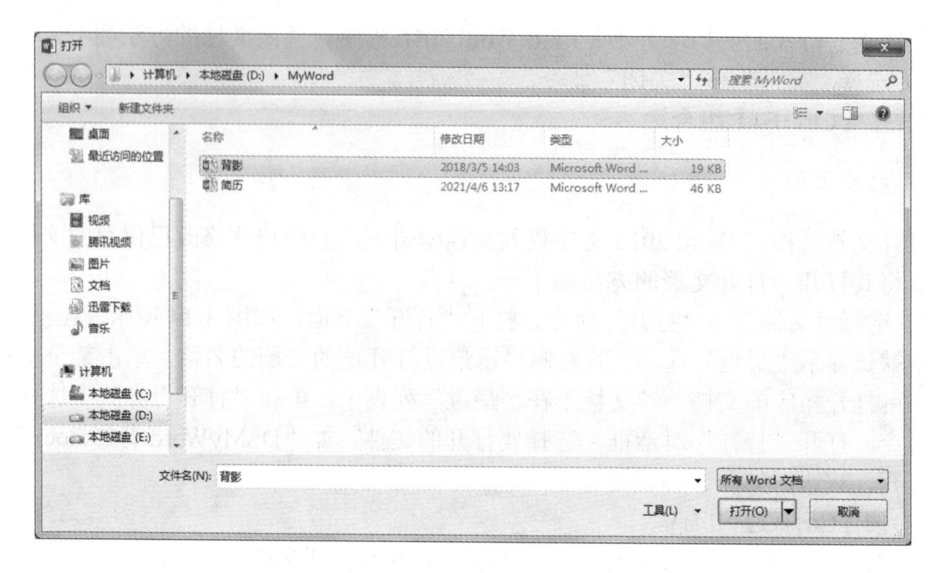

图 3-15 “打开”对话框

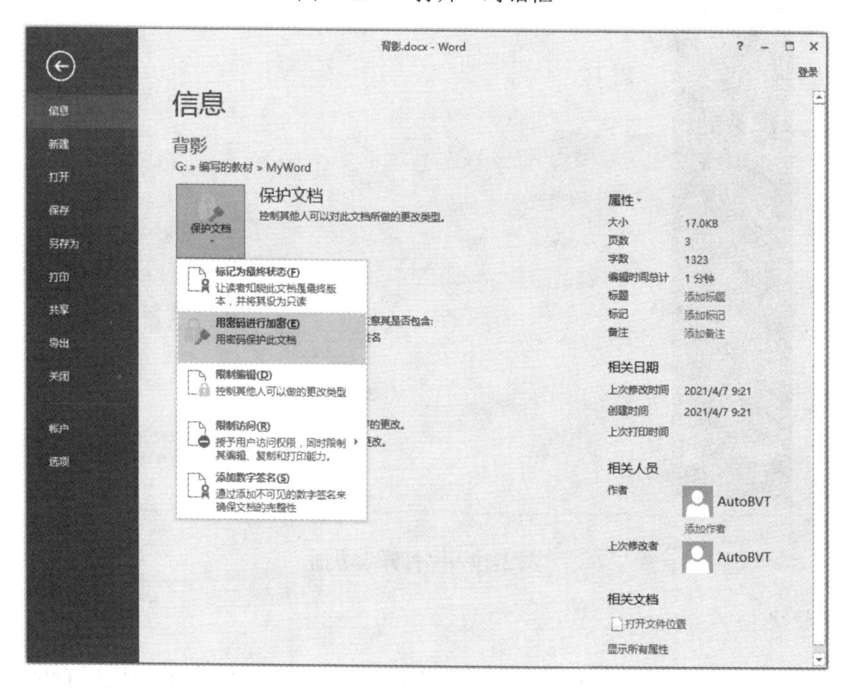

图 3-16 “信息”界面

2）在打开的“加密文档”对话框中输入密码，如图 3-17 所示，然后单击“确定”按钮。

3）在打开的“确认密码”对话框中再次输入密码，单击“确定”按钮即可。

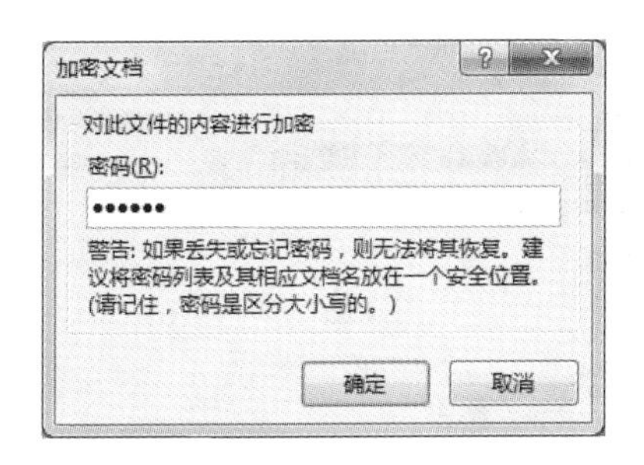

图 3-17 “加密文档”对话框

3.2.2 输入与编辑文本

新建一个文档时，页面大多是空白的，只有在其中输入需要的内容，才能将其称为一篇文档。本节将详细介绍文本的基本编辑操作，包括输入、选中、移动、复制、删除、查找与替换、撤销与恢复等。

1. 输入文本

用户可以在文档中输入各种类型的数据，如中文、英文、数字、日期和时间及符号等，这些数据统称为文本。输入文本的方法很简单，只需先将光标定位在要插入文本的位置，然后直接输入即可。

文本有两种编辑模式：插入模式和改写模式。在插入模式下，输入的文本会直接插入文档中，光标后面的文本向后移动，这种模式是系统默认的。在改写模式下，新输入的文本会覆盖原有的内容。按【Insert】键，可以实现“插入”和“改写”状态的切换。

（1）输入中文、英文

在 Word 2016 的操作过程中，汉字和英文符号是常见的内容，用户输入英文字符时，可以在默认的状态下直接输入；如果要输入汉字，则需选择输入法进行输入。如果需要在一行内容没有输入满时强制另起一行，则可按【Shift+Enter】组合键转向下一行，此操作称为软回车。如果直接按【Enter】键，则会转到下一行并另起一段，此操作称为硬回车。

（2）输入日期和时间

在制作合同、信函、通知等文档时，通常需要在文档中输入当前的日期和时间，此时可以使用 Word 2016 的插入日期和时间功能。首先定位插入日期和时间的位置，然后选择“插入”选项卡，单击“文本”选项组中的“日期和时间”按钮，打开“日期和时间”对话框，如图 3-18 所示。在“语言（国家/地区）”下拉列表中选择中文或英文，在“可用格式”列表框中选择需要的日期或时间样式，然后单击“确定”按钮。

图 3-18　“日期和时间”对话框

（3）输入符号

对于键盘上的符号，只需按下对应的键即可完成输入。但是，对于键盘上没有的一些符号或特殊符号，就需要使用下述方法输入。

将光标定位在插入符号的位置，选择“插入”选项卡，单击“符号”选项组中的“符号”下拉按钮，在弹出的下拉列表中选择所需的符号，如图 3-19 所示。若想选择更多的符号，则选择“其他符号”命令，打开“符号”对话框，如图 3-20 所示。在其中选择符号或特殊字符，单击“插入”按钮。

图 3-19　“符号”下拉列表

图 3-20　“符号”对话框

2. 选中文本

当文档中有了内容后，就可以对文档内容进行编辑操作，在编辑前都要先选中文本，如选中一行文本、一段文本或整篇文档等。

（1）选中一行文本

将鼠标指针移动到该行的左侧，当鼠标指针变为时单击，即可选中一行文本；若此时拖动鼠标，则可选中连续几行文本。

（2）选中一个段落

将鼠标指针移动到该段的左侧，当鼠标指针变为时双击，或在该段落任意位置连续单击 3 次，即可选中该段文本。

（3）选中连续文本

将鼠标指针移动到文本的起始位置，然后拖动鼠标指针到结束处即可，选中的内容以浅灰色显示。要选中连续的长文本，可以先将鼠标指针移动到文本的起始位置，然后按住【Shift】键，再单击所选文本的结束位置即可。

（4）选中不连续的文本

先选中一部分文本，然后按住【Ctrl】键，再选中其他文本。

（5）选中矩形文本块

按住【Alt】键，将鼠标指针移动到文本的开始位置，拖动鼠标指针到结束处，即可选中一矩形文本。

（6）选中整篇文档

将鼠标指针移动到文档的左侧页边区域，当鼠标指针变为时连续单击 3 次，或按【Ctrl+A】组合键，即可选中整篇文档。

3. 移动与复制文本

移动文本是指将文本从一个位置移动到另一个位置，而复制文本是使相同的文本重复出现。

（1）移动文本

移动文本的方法主要有以下几种。

1）利用剪贴板。先选中要移动的文本，选择“开始”选项卡，单击“剪贴板”选项组中的“剪切”按钮；然后将光标定位到目标位置，单击“剪贴板”选项组中的“粘贴”按钮。

2）使用快捷键。先选中要移动的文本，按【Ctrl+X】组合键；然后将光标定位到目标位置，按【Ctrl+V】组合键。

3）使用鼠标。选中要移动的文本，将鼠标指针指向要移动的文本，按住鼠标左键并拖动鼠标，将所选文本拖动到目标位置即可。

（2）复制文本

复制文本的方法主要有以下几种。

1）利用剪贴板。先选中要复制的文本，选择“开始”选项卡，单击“剪贴板”选项组中的“复制”按钮；然后将光标定位到目标位置，单击“剪贴板”选项组中的“粘贴”按钮。

2）使用快捷键。先选中要复制的文本，按【Ctrl+C】组合键；然后将光标定位到目标位置，按【Ctrl+V】组合键。

3）使用鼠标。选中要复制的文本，将鼠标指针指向已选择的文本，按住【Ctrl】键并拖动鼠标到目标位置。

4. 删除文本

当文档中有不再需要或多余的文本时，可以将其删除。删除文本的方法主要有以下几种。

1）按【Backspace】键，删除光标前的字符。

2）按【Delete】键，删除光标后的字符。

3）选中要删除的文本，按【Backspace】键或【Delete】键，可删除所选文本。

5. 查找与替换文本

在 Word 2016 中编辑和修改文档时，使用查找与替换功能可以快速地在文档中查找或定位，并能快速修改文档中指定的内容。除可以查找与定位外，使用查找与替换功能还可以查找和替换文档中特定的字符串、格式及特殊字符等。

（1）查找文本

【例 3-2】在文档中查找“父亲”。

例 3-2 视频讲解

具体操作步骤如下。

1）打开“D:\MyWord\背影.docx”，将光标定位到文档中。

2）选择“开始”选项卡，单击“编辑”选项组中的“查找”按钮，弹出“导航”任务窗格。在搜索框中输入“父亲”。此时，在文档中查找到的文本以黄色突出显示，如图 3-21 所示。

【例 3-3】使用通配符查找以“影”结尾的两个字的词组。

例 3-3 视频讲解

具体操作步骤如下。

1）打开“D:\MyWord\背影.docx”，将光标定位到文档中，单击“开始”选项卡“编辑”选项组中的“查找”下拉按钮，在弹出的下拉列表中选择“高级查找”命令，打开“查找和替换”对话框。

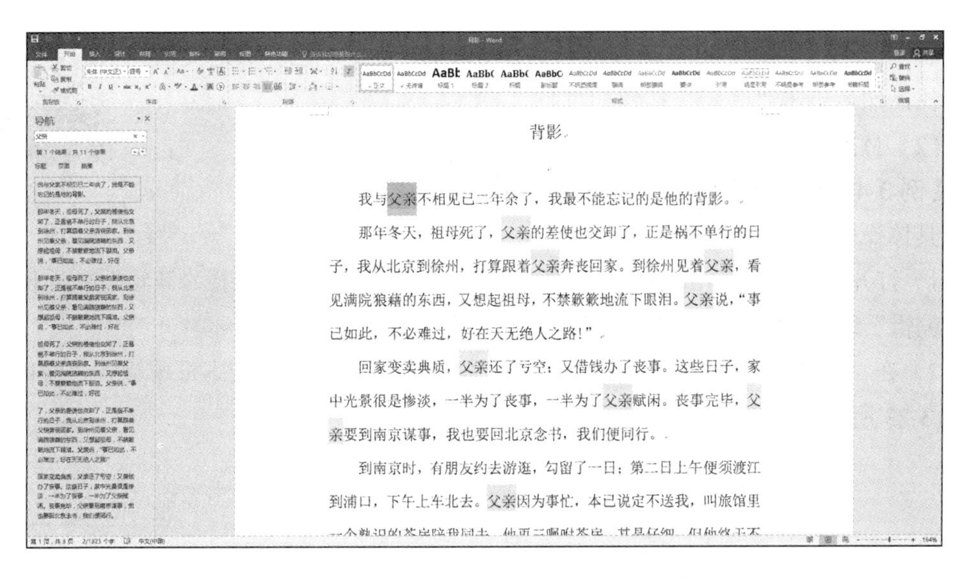

图 3-21　在“导航”任务窗格中查找文本

2）单击“更多”按钮，展开高级设置选项，选中“使用通配符”复选框，在“查找内容”文本框中输入“?影”，如图 3-22 所示。

图 3-22　扩展后的“查找”选项卡

3）单击“查找下一处”按钮，光标后的第一个“背影”以灰色底纹显示，再次单击该按钮将继续查找。

4）当查找完成后，将自动弹出一个提示对话框，提示已完成对文档的查找，然后单击“确定”按钮即可。

例 3-4 视频讲解

（2）替换文本

【例 3-4】将文档中所有的“背影”替换为“身影”。

具体操作步骤如下。

1）打开“D:\MyWord\背影.docx”，将光标定位到文档中，选择“开始”选项卡，单击“编辑”选项组中的“替换”按钮，打开“查找和替换”的对话框。

2）在“查找内容”文本框中输入“背影”，在“替换为”文本框中输入“身影”，如图 3-23 所示。

图 3-23 “替换”选项卡

3）单击“全部替换”按钮，将自动弹出一个提示对话框，提示已完成对文本的替换，然后单击“确定”按钮。

【例 3-5】将文档中的“背影”全部替换为隶书、三号、加粗、加下划线的“背影”。

例 3-5 视频讲解

具体操作步骤如下。

1）打开“D:\MyWord\背影.docx”，将光标定位到文档中，选择“开始”选项卡，单击“编辑”选项组中的“替换”按钮，打开“查找和替换”对话框。

2）在“查找内容”文本框中输入“背影”，在“替换为”文本框中输入“背影”，单击“更多”按钮，展开高级设置选项，再单击“格式”下拉按钮，在弹出的下拉列表中选择“字体”命令，如图 3-24 所示。

3）打开“替换字体”对话框，在“中文字体”下拉列表中选择“隶书”命令，在“字形”列表框中选择“加粗”命令，在“字号”列表框中选择“三号”命令，在“下划线线型”下拉列表中选择一种下划线类型，如图 3-25 所示，然后单击“确定”按钮。

图 3-24　扩展后的“替换”选项卡

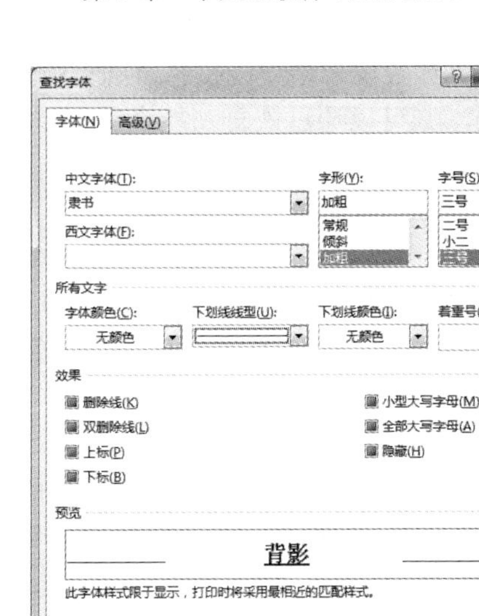

图 3-25　“替换字体”对话框

4）返回“查找和替换”对话框，单击“全部替换”按钮，将自动弹出一个提示对话框，提示已完成对文档的替换，单击“确定”按钮，替换后的效果如图 3-26 所示。

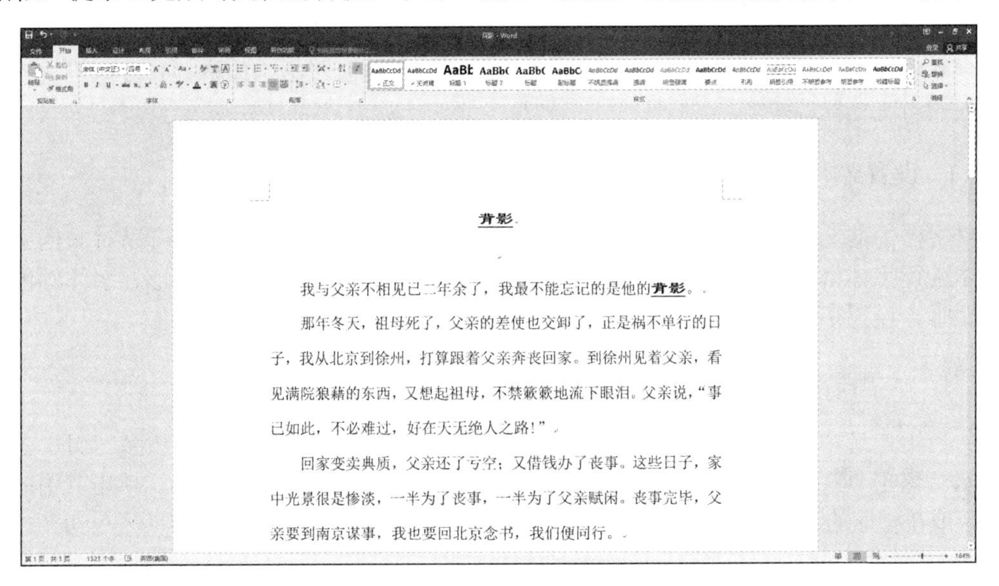

图 3-26　替换后的效果

6. 撤销与恢复操作

当用户在进行文档输入、编辑或其他操作时，Word 2016 会将用户所做的操作记录下来，如果出现错误的操作，则可以通过撤销功能将错误的操作取消，如果撤销出现了错误，则可以通过恢复功能恢复之前撤销的内容。

（1）撤销操作

撤销操作的方法主要有以下两种。

1）单击快速访问工具栏中的“撤销”按钮，即可取消上一步操作。连续单击该按钮，则可以撤销最近执行的多步操作。

2）按【Ctrl+Z】组合键，可以撤销最近一次的操作。连续按【Ctrl+Z】组合键，则可以撤销多步操作。

（2）恢复操作

恢复操作的方法主要有以下两种。

1）单击快速访问工具栏中的“恢复”按钮，即可恢复上一步撤销的操作。连续单击该按钮，则可以恢复最近执行的多步撤销操作。

2）按【Ctrl+Y】组合键，可以恢复最近一步撤销的操作。连续按【Ctrl+Y】组合键，则可以恢复多步撤销操作。

3.3 设置文档格式

在文档中输入文本并进行编辑后，这些文本都是默认格式，为了使文档更加美观、符合需求，常常要对文档的格式进行一系列的设置，主要包括字体格式、段落格式、特殊版式与文档样式等。

3.3.1 设置文本格式

文档中的文本默认为宋体、五号字。为了使文本更加专业化，用户可以对文档中的文本进行字体格式的设置。设置字体格式主要包括设置字体、字号、字形、字体颜色和间距等。设置字体格式的方法主要有以下几种。

1. 使用浮动工具栏

当用户选中要设置字体的文本后，文本的上方会自动显示浮动工具栏，如图 3-27 所示。该工具栏可以帮助用户快速设置字体、字形、字号、字体颜色等，单击其中的按钮，或在相应的下拉列表中选择相应的命令即可。

2. 使用“字体”选项组

使用浮动工具栏可设置一些基本的字体格式，但若要设置较复杂的字体格式，则应在“开始”选项卡的“字体”选项组中进行，如图 3-28 所示。

图 3-27　浮动工具栏

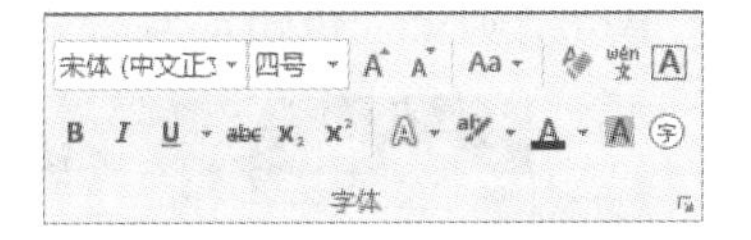

图 3-28　“字体”选项组

3. 使用“字体”对话框

如果“字体”选项组中相应的按钮无法满足需求，则可单击“字体”选项组右下角的对话框启动器，打开“字体”对话框，如图 3-29 所示。其中，“字体”选项卡除可以设置字体、字形、字号外，还可以设置特殊效果，如下划线线型、删除线、文本边框和阴影等。“高级”选项卡还可以调整文本的字符间距与缩放比例等。

【例 3-6】将文档第 4 段字体设置为微软雅黑、三号、加粗、加下划线，调整字符间距为加宽 5 磅。

例 3-6 视频讲解

具体操作步骤如下。

1）打开“D:\MyWord\背影.docx”，选中第 4 段文本，单击“开始”选项卡“字体”选项组右下角的对话框启动器，打开“字体”对话框，选择“字体”选项卡，如图 3-29 所示。在“中文字体”下拉列表中选择“微软雅黑”命令，在“字形”列表框中选择“加粗”命令，在“字号”列表框中选择“三号”命令，在“下划线线型”下拉列表中选择一种下划线。

2）选择“高级”选项卡，在“字符间距”选项组的“间距”下拉列表中选择“加宽”命令，在“磅值”微调框中输入“5 磅”，如图 3-30 所示。

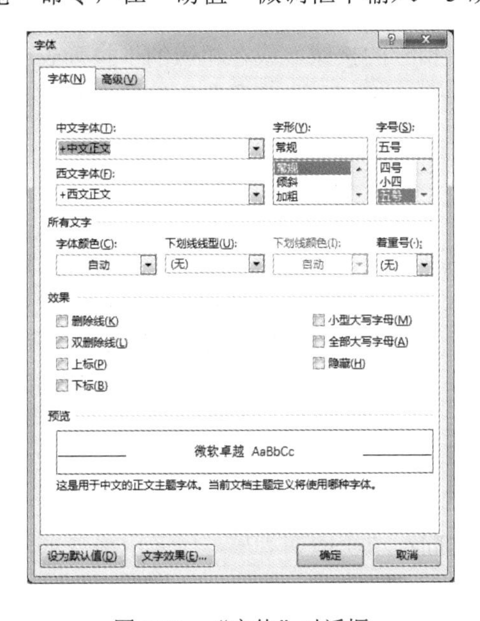

图 3-29　“字体”对话框

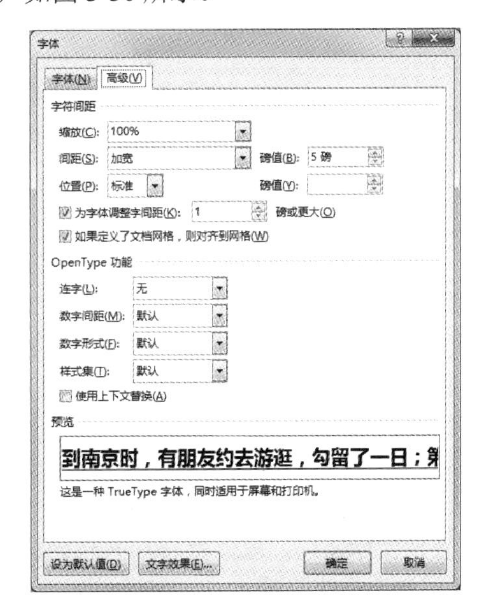

图 3-30　“高级”选项卡

3）单击“确定”按钮，效果如图 3-31 所示。

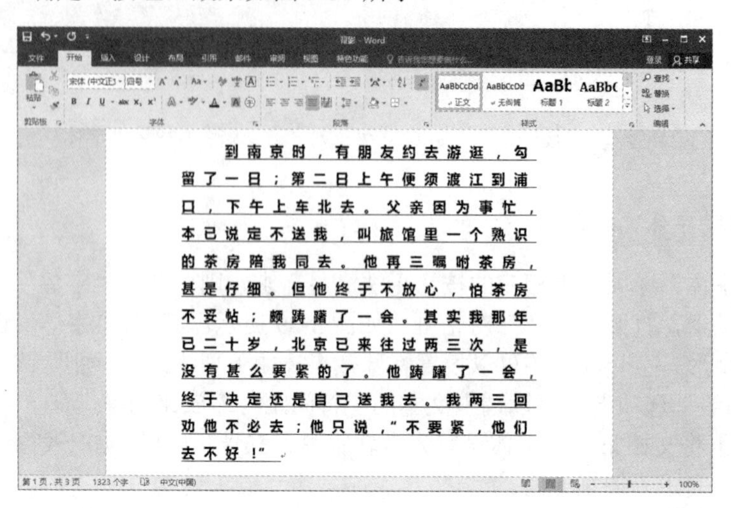

图 3-31　设置字体后的效果

3.3.2　设置段落格式

设置段落格式可以使文档层次分明、排列有序。段落格式是指以段落为单位的格式设置，包括对齐方式、缩进方式、行距和段落间距等。设置段落格式的方法主要有以下几种。

1. 使用“段落”选项组

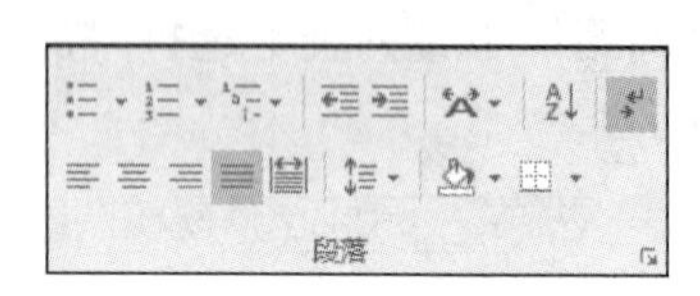

图 3-32　“段落”选项组

选中需要设置格式的段落，在“开始”选项卡的“段落”选项组中单击相应的按钮，或在相应的下拉列表中选择需要的命令，如图 3-32 所示。“段落”选项组常用来设置段落的项目符号、编号，以及段落的对齐方式等。

2. 使用“段落”对话框

选中需要设置格式的段落，单击“开始”选项卡“段落”选项组右下角的对话框启动器，打开“段落”对话框，如图 3-33 所示。其中，使用“缩进和间距”选项卡可对段落的对齐方式、左/右边距缩进量、与其他段落间距等进行设置，使用“换行和分页”选项卡可对分页、行号和断字等进行设置，使用“中文版式”选项卡可对中文文稿的特殊版式进行设置。

段落缩进是指段落中的文本与页边距之间的距离。常用的段落缩进方式包括首行缩进、悬挂缩进、左缩进和右缩进 4 种。

1）首行缩进：段落第一行的起始位置与页面左边距的缩进量。中文段落普遍采用首行缩进 2 个字符。

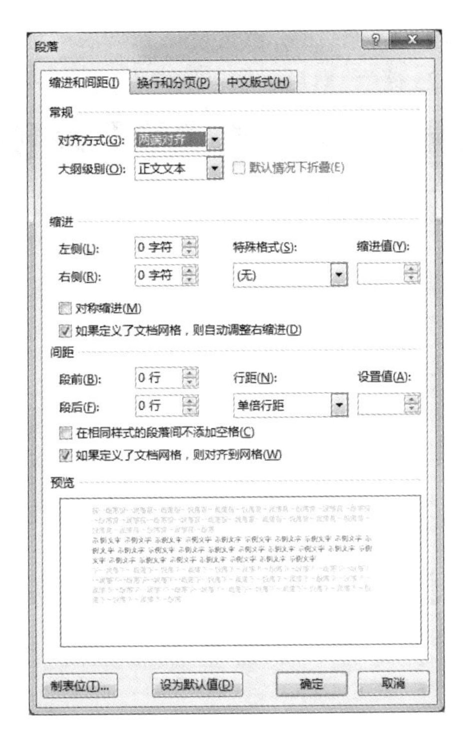

图 3-33　“段落”对话框

2）悬挂缩进：段落中除首行外的其他行与页面左边距的缩进量。悬挂缩进常用于一些较为特殊的场合，如报纸、杂志等。

3）左缩进：整个段落左边界与页面左边距的缩进量。

4）右缩进：整个段落右边界与页面右边距的缩进量。

【例 3-7】将文档标题设置为居中对齐，段前、段后间距 1 行，除标题外的段落设置为首行缩进 2 字符，行距为 25 磅。

例 3-7 视频讲解

具体操作步骤如下。

1）打开“D:\MyWord\背影.docx”，选中标题文字“背影”，单击“开始”选项卡“段落”选项组右下角的对话框启动器，打开“段落”对话框，选择“缩进和间距”选项卡，如图 3-33 所示。在“常规”选项组的“对齐方式”下拉列表中选择“居中”命令，在“间距”选项组的“段前”和“段后”微调框中输入“1 行”，然后单击“确定”按钮。

2）选中除标题外的其他段落，单击“开始”选项卡“段落”选项组右下角的对话框启动器，打开“段落”对话框，选择“缩进和间距”选项卡，如图 3-33 所示。在“缩进”选项组的“特殊格式”下拉列表中选择“首行缩进”命令，并在“缩进值”微调框中输入“2 字符”，在“间距”选项组的“行距”下拉列表中选择“固定值”命令，并在“设置值”微调框中输入“25 磅”。然后单击“确定”按钮，效果如图 3-34 所示。

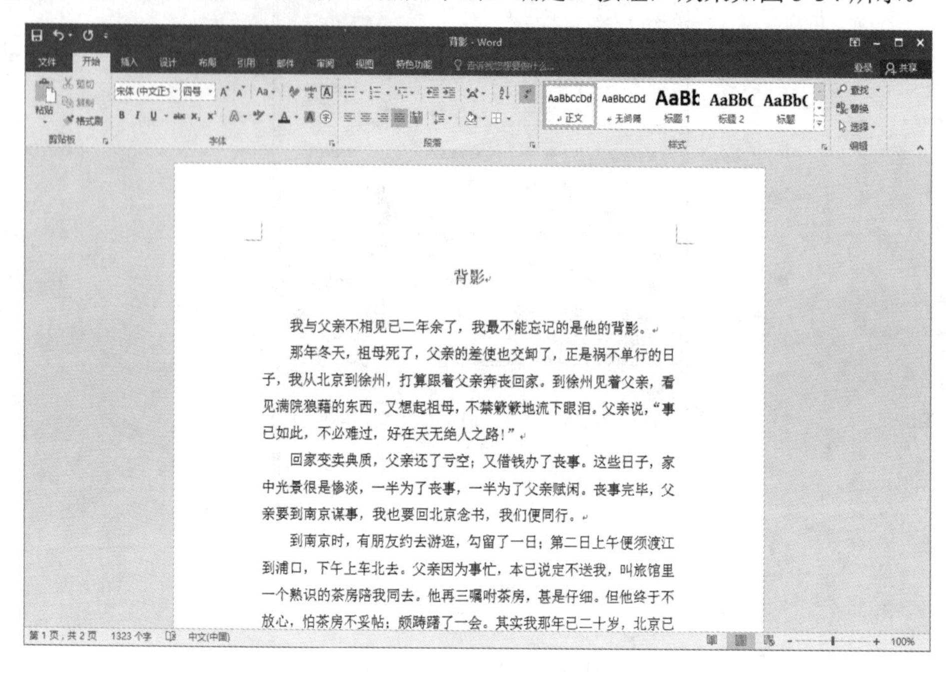

图 3-34　设置段落后的效果

3.3.3　设置项目符号和编号

项目符号和编号是指在段落前添加的符号或编号，合理使用项目符号和编号不仅可以美化文档，还可以使文档层次清晰、条理清楚。

1. 设置项目符号

Word 2016 提供了多种项目符号样式，同时允许用户将符号或图片设置为项目符号，这样可以使文档更美观、更具个性化。

【例 3-8】 为文档的 1～4 段设置项目符号☞。

具体操作步骤如下。

1）打开“D:\MyWord\背影.docx”，选中 1～4 段，单击“开始”选项卡“段落”选项组中的“项目符号”下拉按钮，在弹出的下拉列表中选择“定义新项目符号”命令，如图 3-35 所示，打开“定义新项目符号”对话框，如图 3-36 所示。

例 3-8 视频讲解

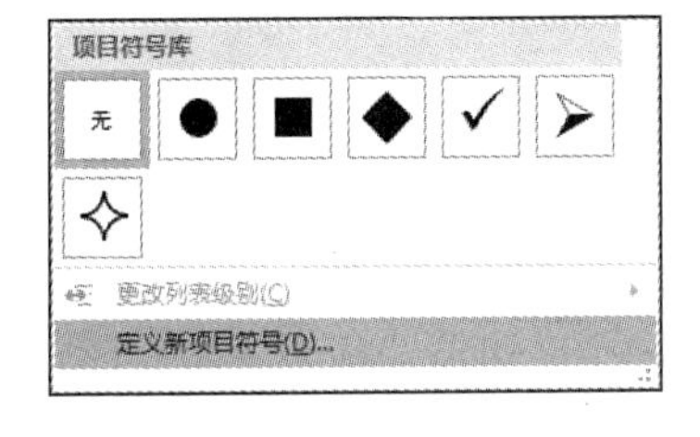

图 3-35　“项目符号”下拉菜单

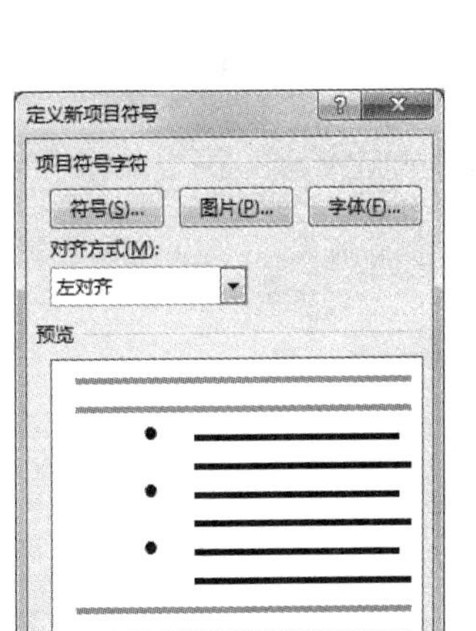

图 3-36　“定义新项目符号”对话框

2）单击“符号”按钮，打开“符号”对话框。在“符号”对话框中选择需要的符号，如图 3-37 所示，单击“确定”按钮，返回“定义新项目符号”对话框。在“预览”选项组中可看到符号项目符号的效果。

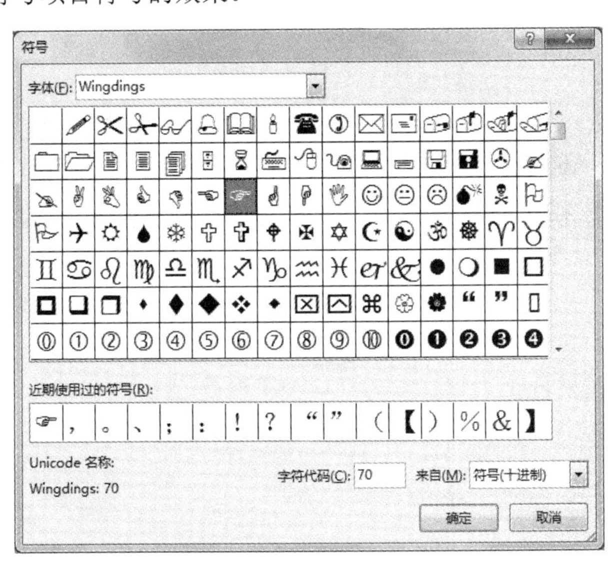

图 3-37　“符号”对话框

3）单击“确定”按钮，将其应用到文档中，效果如图 3-38 所示。

2. 设置编号

设置编号的方法与设置项目符号的方法类似，只是将项目符号变成顺序排列的编号，主要用于操作步骤、主要论点和合同条款等。

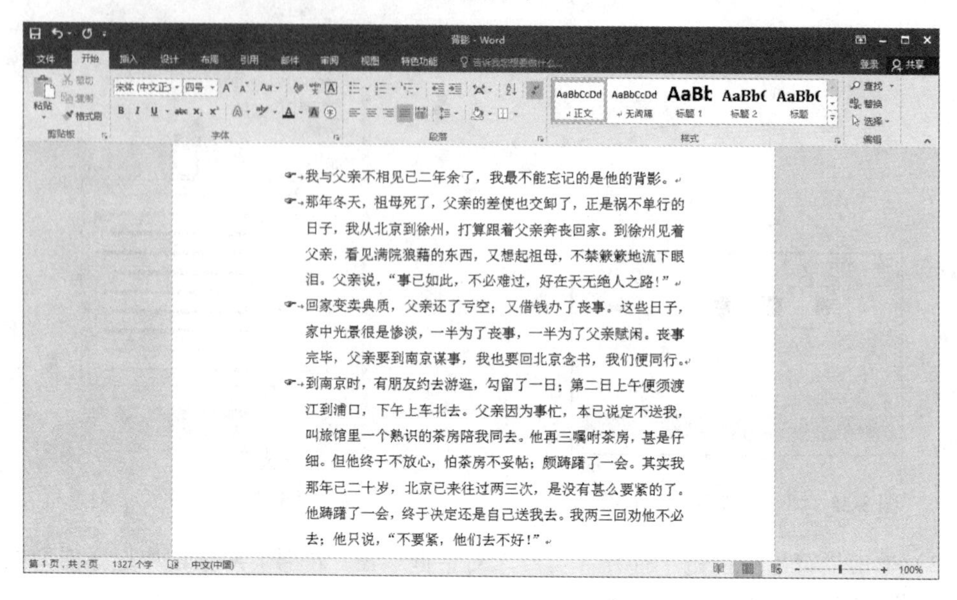

图 3-38　添加项目符号后的效果

【例 3-9】为文档的 1～4 段设置编号。

例 3-9 视频讲解

具体操作方法如下。

打开“D:\MyWord\背影.docx”，选中 1～4 段，单击“开始”选项卡“段落”选项组中的“编号”下拉按钮，在弹出的“编号库”列表中选择一种编号样式，如图 3-39 所示。所选编号样式被应用到文档中，效果如图 3-40 所示。

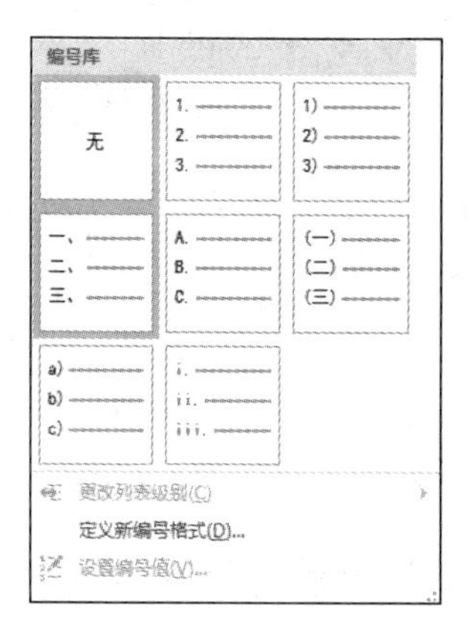

图 3-39　选择编号样式

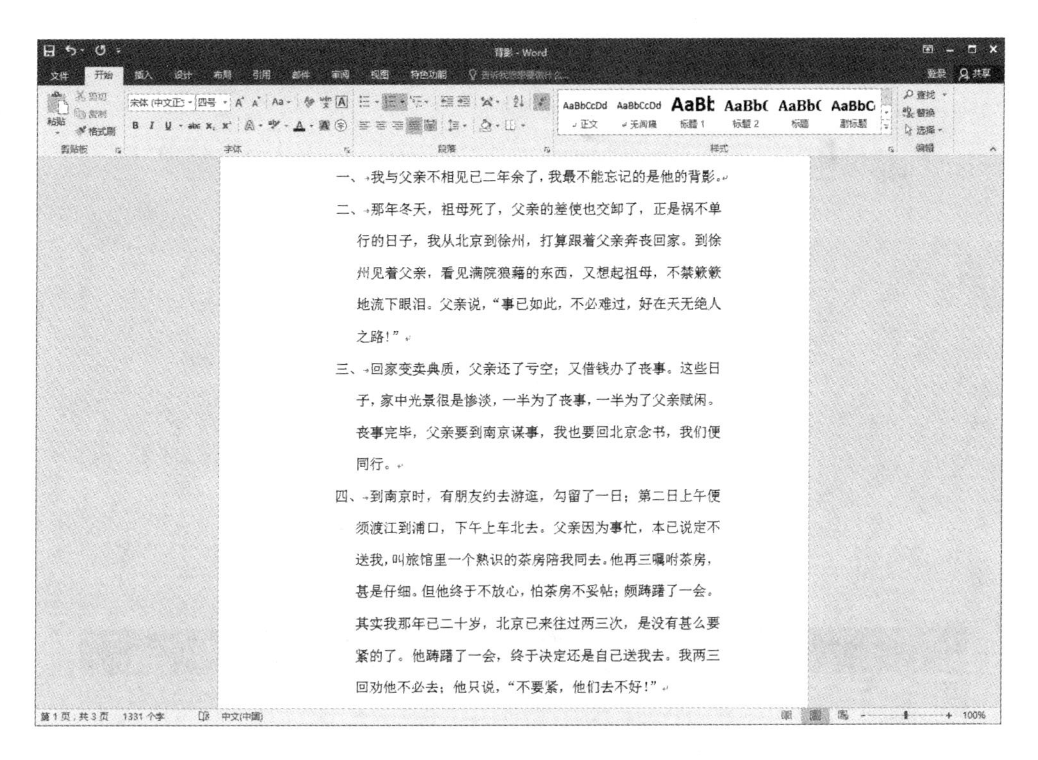

图 3-40　添加编号后的效果

3. 设置多级列表

当文档的内容较多时，为了便于读者翻阅，通常会使用多级列表，将文档分割成章、节、小节等多个层级。

【例 3-10】设置多级列表的标题。

具体操作步骤如下。

例 3-10 视频讲解

1）打开“D:\MyWord\多级列表.docx”，选中需要设置多级列表的标题，单击“开始”选项卡“段落”选项组中的“多级列表”下拉按钮，在弹出的下拉列表中选择一种列表样式，如图 3-41 所示。此时，为所选标题添加了一级列表，如图 3-42 所示。

2）选中要应用二级列表的标题，单击“开始”选项卡“段落”选项组中的“增加缩进量”按钮即可。如果还需要有更多级别的标题，依次增加标题的段落缩进量即可。

应用了多级列表的标题效果如图 3-43 所示。

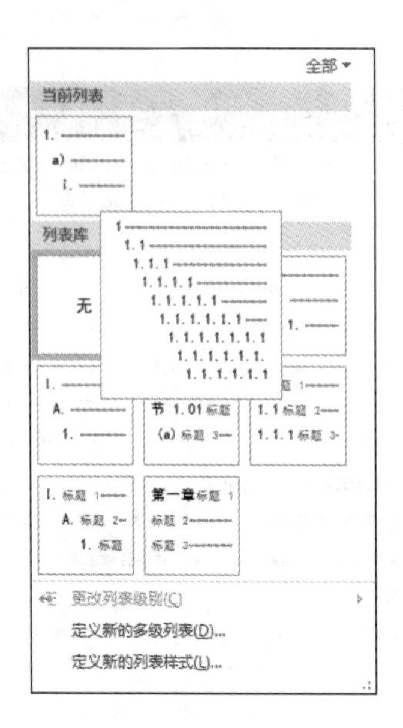

图 3-41　多级列表样式

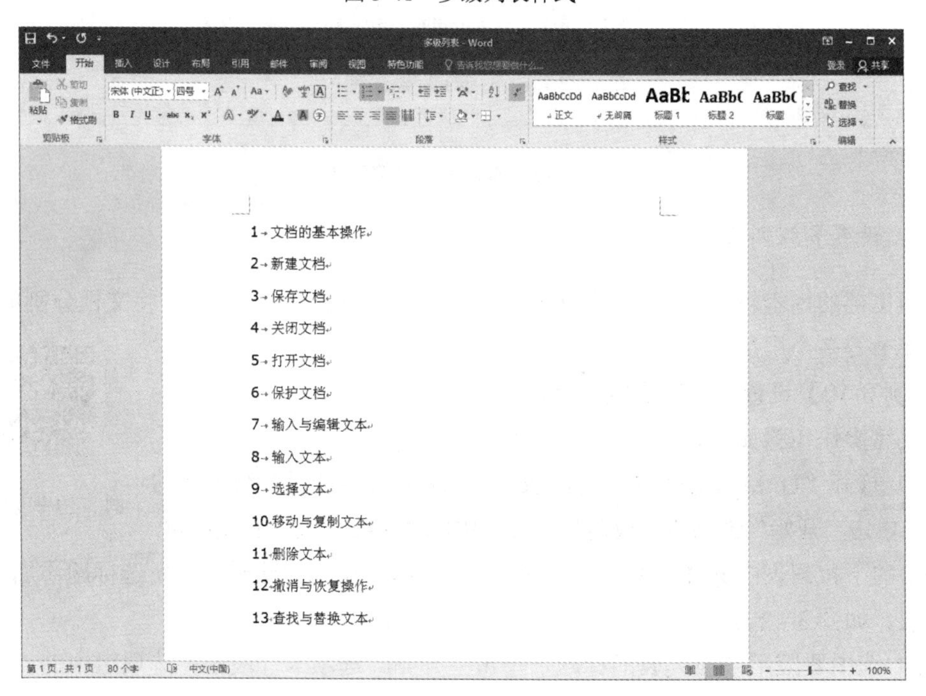

图 3-42　添加一级列表样式

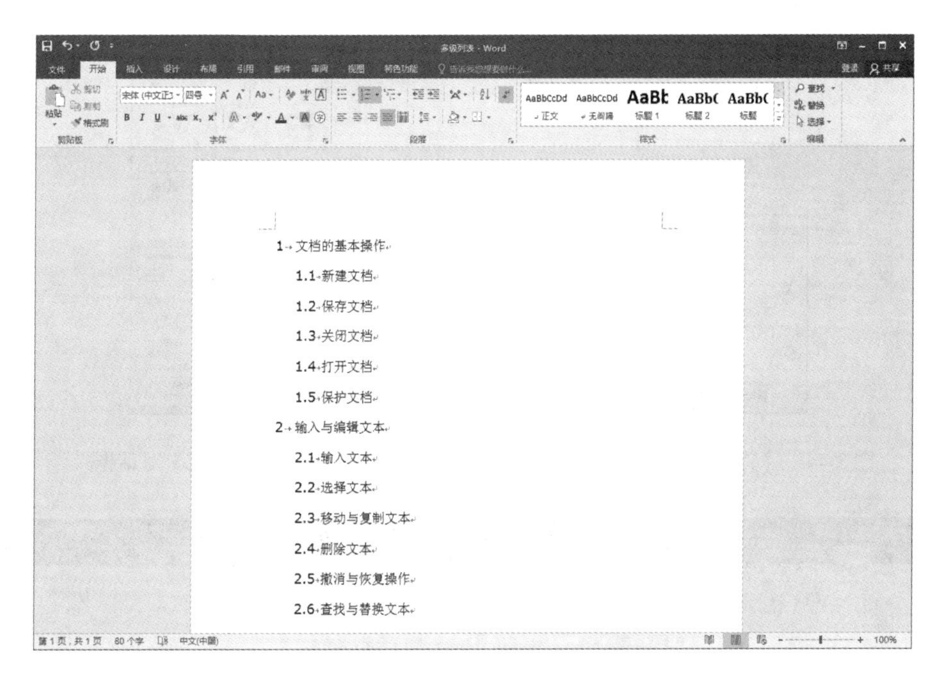

图 3-43　应用了多级列表的标题效果

3.3.4　特殊排版方式

文档在设置字符和段落格式之后，就具有了一定的形式。为了满足用户编辑特殊版式文档的需要，Word 2016 提供了首字下沉、拼音指南和分栏等功能。

1. 首字下沉

首字下沉是指段落的第一个字符以醒目的方式下沉或悬挂显示，以方便读者找到段落的起始位置。其主要应用于报纸、杂志等文档。

【例 3-11】 为文档的第 4 段设置“首字下沉”效果，下沉 3 行。

具体操作步骤如下。

1）打开“D:\MyWord\背影.docx”，将光标定位到第 4 段，选择“插入”选项卡，单击“文本”选项组中的“首字下沉”下拉按钮，在弹出的下拉列表中选择“首字下沉选项”命令，如图 3-44 所示。

例 3-11 视频讲解

2）打开“首字下沉”对话框，选择“下沉”方式，设置“下沉行数”为 3，如图 3-45 所示。然后单击“确定”按钮，效果如图 3-46 所示。

图 3-44 “首字下沉”下拉列表

图 3-45 “首字下沉”对话框

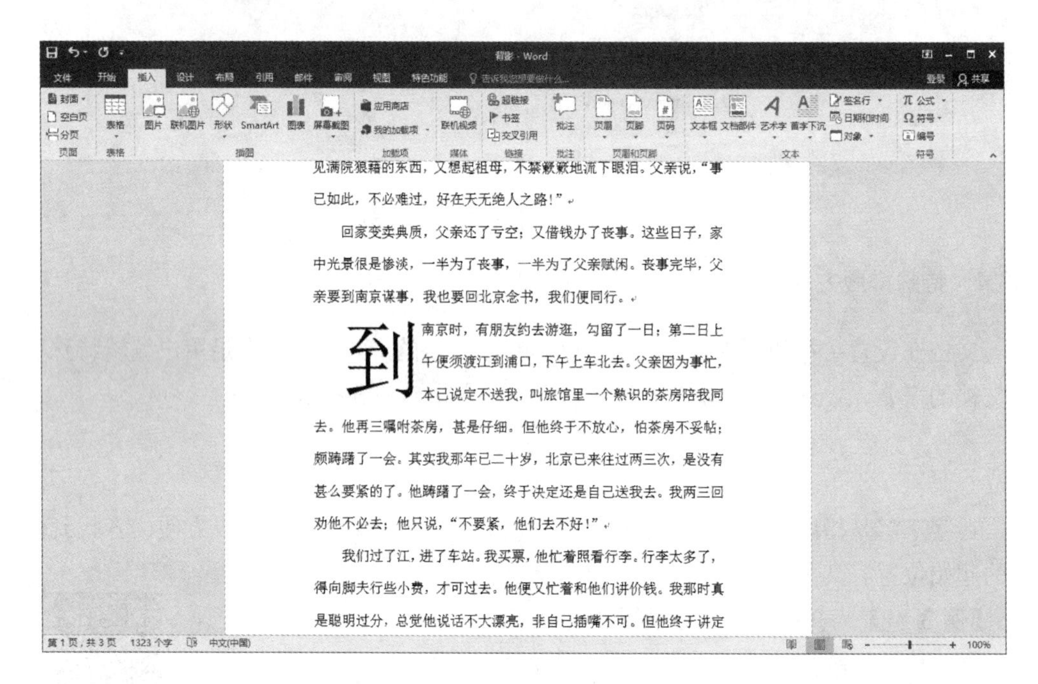

图 3-46 设置首字下沉后的效果

2. 拼音指南

例 3-12 视频讲解

拼音指南是指为选择的文字添加拼音。添加的拼音一般显示在文字的上方，字体与英文不同，并且有声调符号。

【例 3-12】为文档标题设置拼音效果。

具体操作步骤如下。

1）打开“D:\MyWord\背影.docx”，选中标题文字“背影”，选择“开始”选项卡，单击“字体”选项组中的“拼音指南”按钮。

2）打开“拼音指南”对话框，在其中设置拼音的对齐方式、偏移量、字体和字号等，如图 3-47 所示。设置完成后，单击“确定”按钮，即可看到所选文字的拼音，如图 3-48 所示。

图 3-47　“拼音指南”对话框

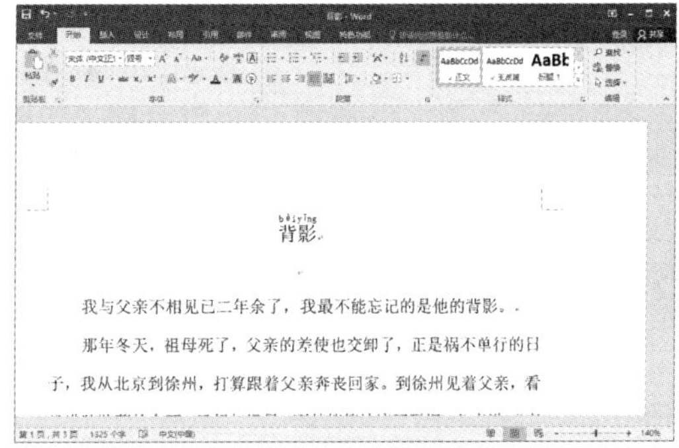

图 3-48　拼音效果

3. 设置文本效果

使用 Word 2016 的设置文本效果功能可以快速将文档中的普通文本设置为带艺术效果的艺术字。

【例 3-13】 为文档第 3、4 段设置文本效果。

具体操作步骤如下。

例 3-13 视频讲解

1）打开“D:\MyWord\背影.docx”，选中第 3、4 段，选择“开始”选项卡，单击“字体”选项组中的“文本效果和版式”下拉按钮。

2）在弹出的下拉列表中选择文本效果样式，如图 3-49 所示。使用该下拉列表也可以设置“轮廓”、“阴影”、“映像”和“发光”效果。

文档中的普通文本设置文本效果样式后，效果如图 3-50 所示。

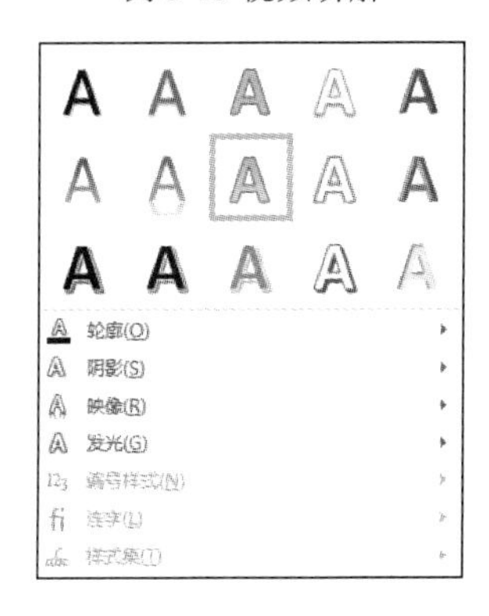

图 3-49　“文本效果和版式”下拉列表

4. 分栏

分栏是一种新闻样式的排版方式，广泛应用于报纸、杂志和广告单等印刷品中。使用分栏可以使文档美观整齐，易于阅读。

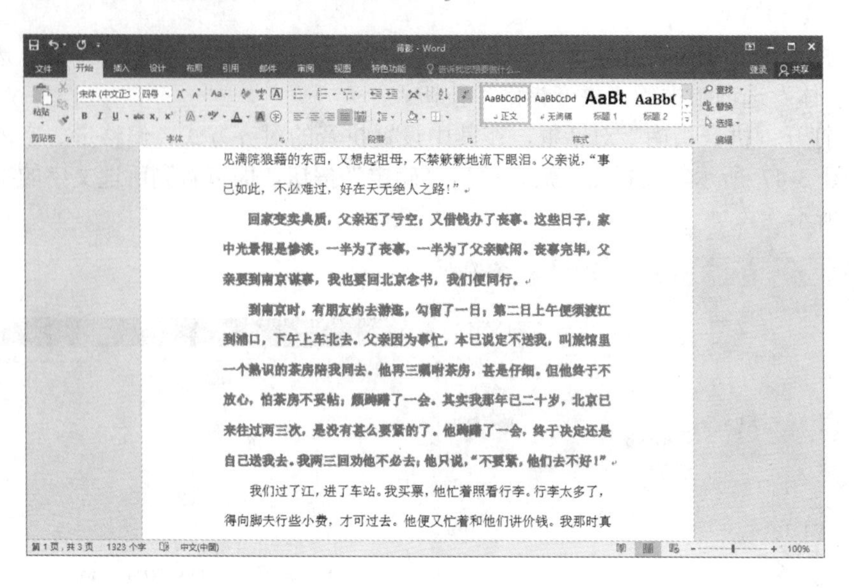

图 3-50　设置文本效果样式后的效果

【例 3-14】为文档第 3、4 段分栏，栏数为 3 栏，栏宽相等，栏间添加分隔线。

例 3-14 视频讲解

具体操作步骤如下。

1）打开"D:\MyWord\背影.docx"，选中第 3、4 段，选择"布局"选项卡，单击"页面设置"选项组中的"分栏"下拉按钮，在弹出的下拉列表中选择"更多分栏"命令，如图 3-51 所示。

2）打开"分栏"对话框，此处选择"三栏"命令。在"应用于"下拉列表中选择"所选文字"命令，选中"栏宽相等"和"分隔线"复选框，如图 3-52 所示。设置完成后，单击"确定"按钮，分栏效果如图 3-53 所示。

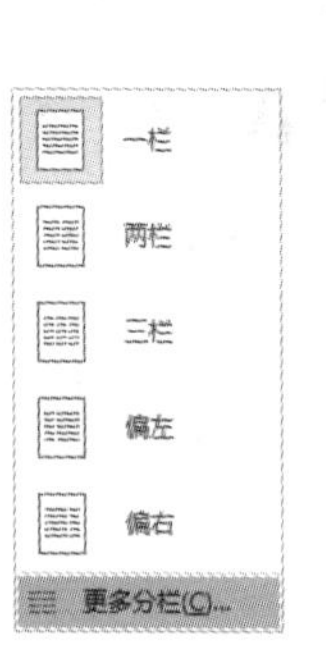

图 3-51　"分栏"下拉列表

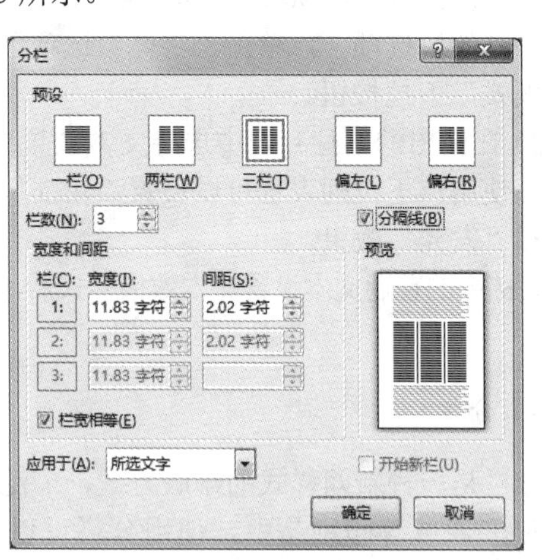

图 3-52　"分栏"对话框

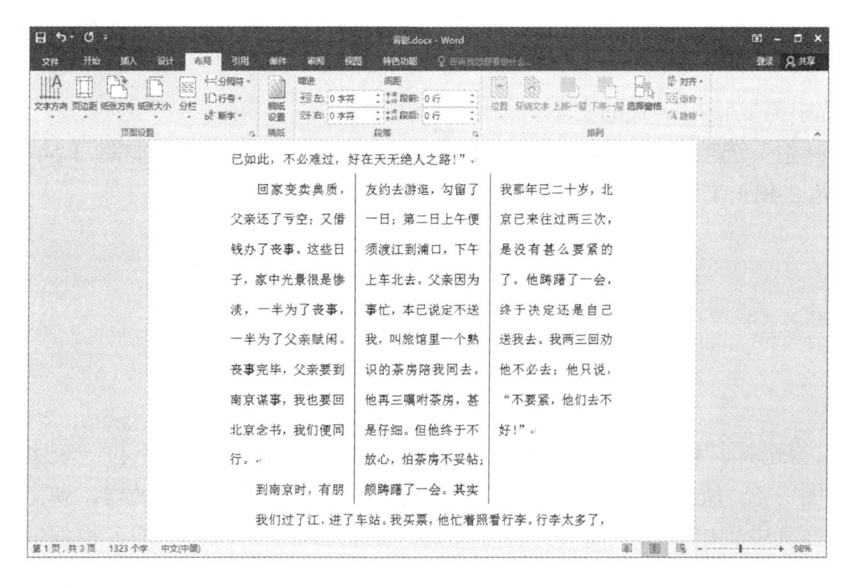

图 3-53　分栏效果

3.3.5　使用格式刷

格式刷是用于复制格式的工具，使用它能提高文档的排版速度。使用格式刷的操作步骤如下。

1）选中具有格式的文本或段落。

2）选择“开始”选项卡，单击“剪贴板”选项组中的“格式刷”按钮。此时，鼠标指针变为刷子形状，选择要应用格式的文本或段落，即可将复制的格式应用于其他文本或段落。

提示

单击“格式刷”按钮，只能将格式复制到一个对象上。双击“格式刷”按钮，可以将格式复制到多个对象上。

3.3.6　应用样式

样式实际上是一组定义好的格式，这些格式包括字体、字号、字形、段落间距、行间距和缩进量等，其作用是方便用户为文档设置重复的格式。在处理长文档时，使用样式可以节省排版的时间，并且可以使文档具有统一的风格，从而使版面整齐、美观。

Word 2016 中的样式可分为系统内置样式和自定义样式两种。

（1）套用系统内置样式

Word 2016 提供了一个样式库，用户可以直接套用其中的样式。用户既可以使用“样式”选项组中的样式，也可以使用“样式”任务窗格中的样式。套用系统内置样式的操作步骤如下。

1）选中需要使用样式的文本。

2）“开始”选项卡的“样式”选项组列出了几种常用的样式，如图 3-54 所示的标题 1、标题 2 和正文等，单击即可应用。

图 3-54　“样式”选项组

3）若想选择其他样式，可单击“其他”下拉按钮，在弹出的下拉列表中查看全部样式，如图 3-55 所示。或单击“样式”选项组右下角的对话框启动器，弹出“样式”任务窗格，其中列出了系统提供的各种样式，如图 3-56 所示。用户可根据情况选择自己所需要的样式。

图 3-55　“样式”下拉列表

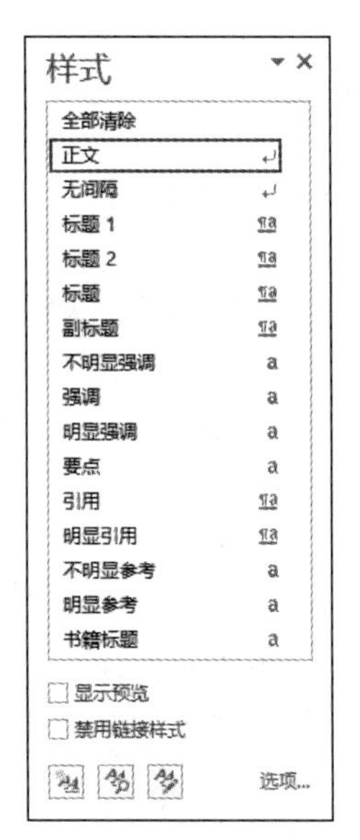

图 3-56　“样式”任务窗格

（2）自定义样式

当系统提供的样式不能满足用户的要求时，用户可以根据自己的实际需要自定义样式。创建自定义样式的操作步骤如下。

1）选中要应用新建样式的文本，单击“样式”任务窗格中底部的“新建样式”按钮，打开“根据格式设置创建新样式”对话框，如图 3-57 所示，在“名称”文本框中输入新样式的名称。

2）在“样式类型”下拉列表中选择样式的类型，如段落、字符等。

3）在“样式基准”下拉列表中选择一种标准样式。

4）在“后续段落样式”下拉列表中选择应用该样式段落的后续段落的样式。

5）在“格式”选项组中设置新样式的格式。也可以单击“格式”下拉按钮，在弹出的下拉列表中选择要详细设置的格式选项，或为其定义快捷键，如图 3-58 所示。

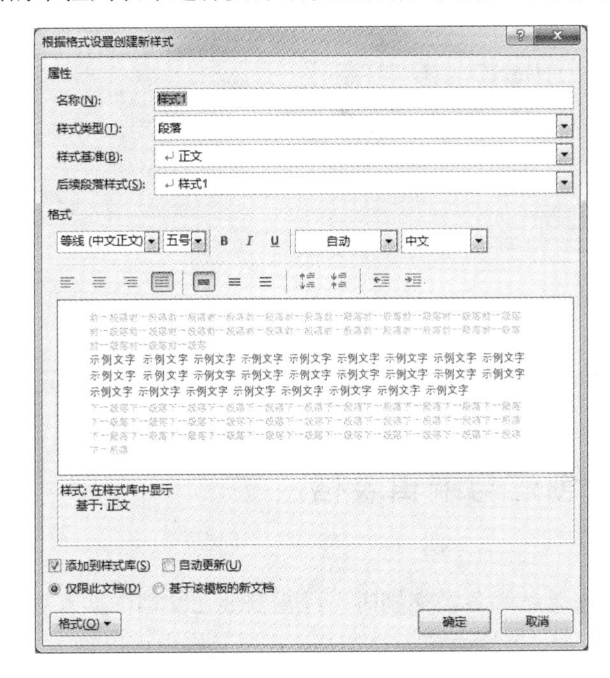

图 3-57　“根据格式设置创建新样式”对话框

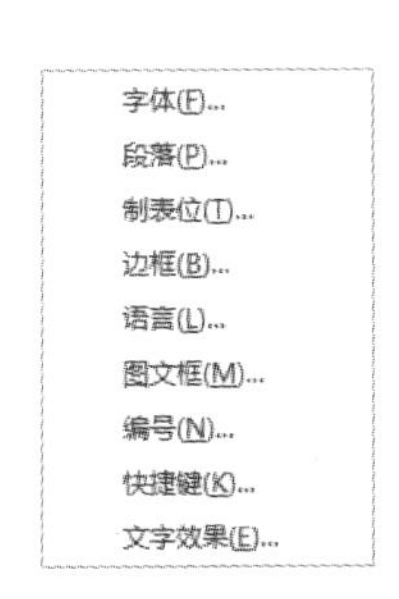

图 3-58　“格式”下拉列表

6）设置完成后，单击“确定”按钮，新创建的样式就会显示在“样式”任务窗格中。

3.3.7　应用主题

文档主题是一套具有统一设计元素的格式选项，其中包括一组主题颜色、主题字体（包括标题和正文文本字体）和主题效果（包括线条和填充效果）等。通过应用文档主题，可以快速地设置整个文档的格式，使文档具有专业和时尚的外观。文档主题在 Word、Excel 和 PowerPoint 应用程序之间共享，可以确保应用相同主题的 Office 文档保持统一的外观。

【例 3-15】为文档应用主题。

具体操作步骤如下。

例 3-15 视频讲解

1）打开“D:\MyWord\背影.docx”，选择“设计”选项卡，单击“文档格式”选项组中的“主题”下拉按钮。

2）在弹出的下拉列表中显示系统内置的主题，如图 3-59 所示。选择需要的一种主题，即可完成设置。

图 3-59　“主题”下拉列表

3.4 创建与编辑表格

在制作报表、合同、简历、工作总结等各类文档时，经常需要在文档中插入表格，用以清晰、直观地表现各种类型的数据。表格由单元格组成，在单元格中可以输入文本，也可以插入图片。Word 为表格的制作提供强大的功能支持，并预置了各种精美的表格样式供用户选用。

3.4.1 创建表格

在文档中，创建表格的方法有以下几种。

1. 自动插入表格

如果用户需要插入的表格不大于 10 列 8 行，可选择“插入”选项卡，通过单击“表格”选项组中的“表格”下拉按钮插入表格。

【例 3-16】 插入一个 6 列 8 行的表格。

具体操作步骤如下。

1）将光标定位在要创建表格的位置，选择“插入”选项卡，单击“表格”选项组中的“表格”下拉按钮。

例 3-16 视频讲解

2）在弹出的下拉列表中拖动鼠标指针，如图 3-60 所示，当表格的列数和行数满足要求时单击即可。

2. 使用“插入表格”对话框

当插入的表格大于 10 列 8 行时，可使用“插入表格”对话框设置并插入。其操作步骤如下。

1）将光标定位在要创建表格的位置，选择“插入”选项卡，单击“表格”选项组中的“表格”下拉按钮，在弹出的下拉列表中选择“插入表格”命令。

2）打开“插入表格”对话框，如图 3-61 所示。输入列数与行数，或使用微调按钮进行选择，然后单击“确定”按钮。

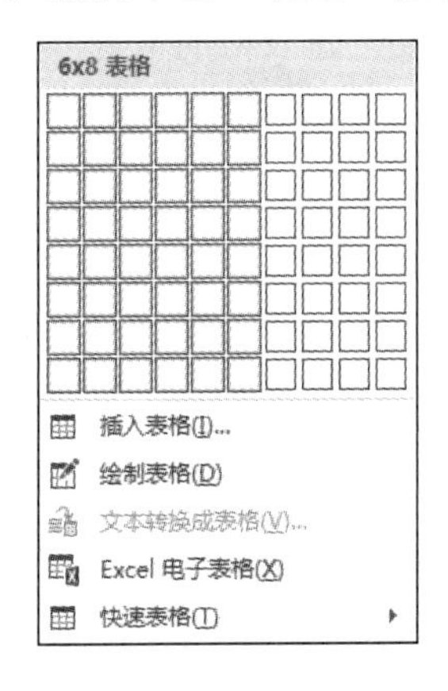

图 3-60　“表格”下拉列表

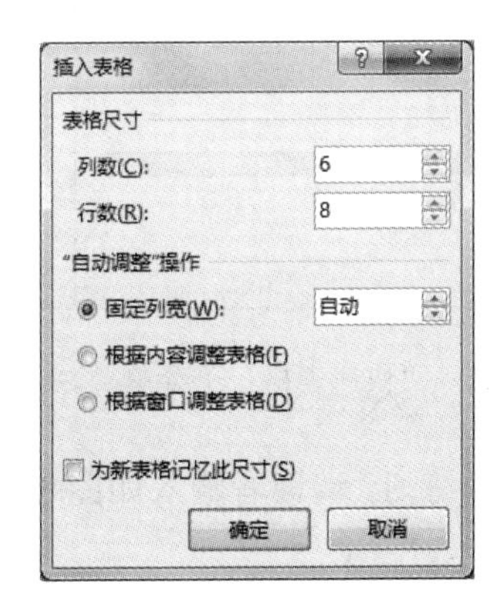

图 3-61　“插入表格”对话框

3. 手动绘制表格

手动绘制表格功能使用户在插入表格的时候更加随心所欲，用户可以绘制多种不同大小的表格，也可以在表格中绘制斜线。手动绘制表格的操作步骤如下。

1）选择“插入”选项卡，单击“表格”选项组中的“表格”下拉按钮，在弹出的下拉列表中选择“绘制表格”命令。

2）当鼠标指针变为笔状时拖动鼠标，即可绘制出所需要的表格。

当需要创建不规则的表格时经常使用这种方法，在规则表格基础上添加或擦除表格线时也可以使用这种方法。

4. 使用“快速表格”命令

为了快速制作出美观的表格，Word 2016 提供了各种样式的表格模板，用户可以应

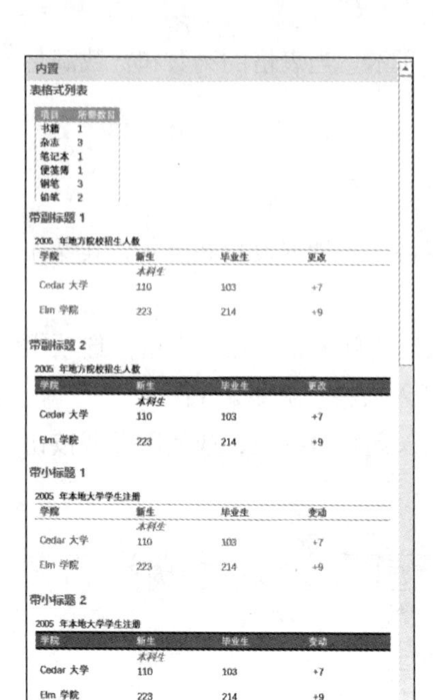

图 3-62　“快速表格”子菜单

用模板来创建表格。其操作步骤很简单，将光标定位在要创建表格的位置，选择“插入”选项卡，单击“表格”选项组中的“表格”下拉按钮，在弹出的下拉列表中选择“快速表格”命令，弹出如图 3-62 所示的子菜单，从中选择需要的表格模板，即可在文档中插入相应的表格。

5. 插入 Excel 表格

在 Word 文档中也可以插入 Excel 表格，具体操作步骤如下。

1）将光标定位在要创建表格的位置，选择“插入”选项卡，单击“表格”选项组中的“表格”下拉按钮，在弹出的下拉列表中选择“Excel 电子表格”命令，系统将自动生成一个 Excel 表格。

2）将鼠标指针移动到电子表格边框的控点上，拖动表格以确定表格显示的列数和行数。

3）单击表格以外的空白处，即可插入 Excel 表格。

作为练习，请读者输入如图 3-63 所示的表格中的数据，并将其保存到“D:\MyWord\通讯录.xlsx”中。

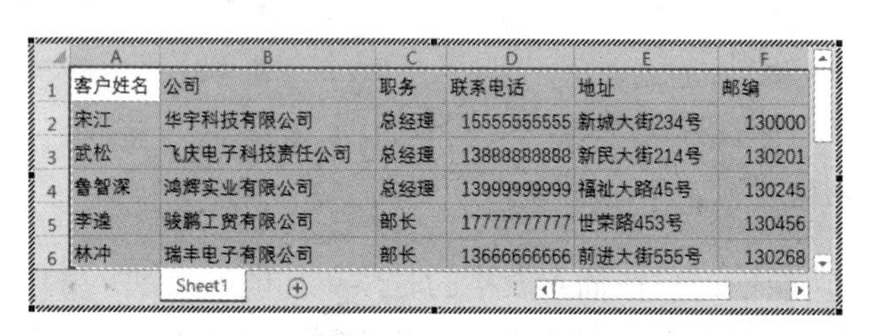

	A	B	C	D	E	F
1	客户姓名	公司	职务	联系电话	地址	邮编
2	宋江	华宇科技有限公司	总经理	15555555555	新城大街234号	130000
3	武松	飞庆电子科技责任公司	总经理	13888888888	新民大街214号	130201
4	鲁智深	鸿辉实业有限公司	总经理	13999999999	福祉大路45号	130245
5	李逵	骏鹏工贸有限公司	部长	17777777777	世荣路453号	130456
6	林冲	瑞丰电子有限公司	部长	13666666666	前进大街555号	130268

Sheet1

图 3-63　Excel 电子表格

注意 对 Excel 表格的操作，详见第 4 章。

3.4.2　选中表格对象

在文档中插入表格之后，就可以对表格进行操作。无论是向表格中输入数据，还是编辑表格中的数据，首先要选中相应的单元格、行或列。下面介绍各个对象的选择方法。

1. 选中一个单元格

将鼠标指针移动到单元格的左框线上，当鼠标指针变为一个黑色箭头➚时，单击该单元格。

2. 选中连续的单元格

将鼠标指针定位到连续单元格区域的第一个单元格，按住鼠标左键并拖动鼠标到最后一个单元格；或将光标定位到连续单元格区域的第一个单元格中，按住【Shift】键单击最后一个单元格。

3. 选中不连续的单元格

先选中一个单元格或一个连续单元格区域，然后按住【Ctrl】键并单击或拖动鼠标，选择其他单元格或单元格区域。

4. 选中行

将鼠标指针移动到行首左侧，当鼠标指针变为右向空心箭头时单击。

5. 选中列

将鼠标指针移动到一列上边线的上方，当鼠标指针变为向下黑色箭头⬇时单击。

6. 选中整个表格

将鼠标指针指向表格的左上角，当出现十字双向箭头图标时单击该图标，即可选中整个表格。

另外，将光标定位于表格中时，将自动激活“表格工具-设计”选项卡和“表格工具-布局”选项卡。用户可以选择“布局”选项卡，单击“表”选项组中的“选择”下拉按钮，在弹出的下拉列表中选择单元格、列、行、表格，如图 3-64 所示。

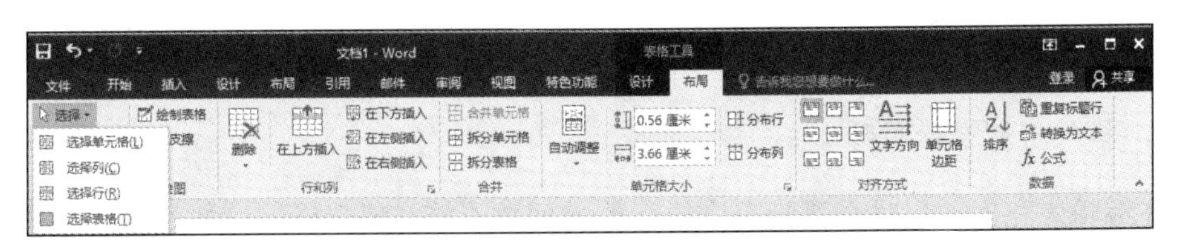

图 3-64　“表格工具-布局”选项卡

3.4.3　调整表格布局

在 Word 2016 表格操作中，可以使用“表格工具-布局”选项卡中的各个命令对表格进行调整，其中包括插入与删除单元格、插入与删除行和列、合并与拆分单元格、拆分表格、调整行高与列宽、设置单元格对齐方式，以及设置标题行跨页重复等。

1. 插入与删除单元格

用户在编辑表格的过程中，如果有个别地方的数据遗漏，可以通过插入单元格的方法编辑数据，而对于不需要的单元格，则可以将其删除。

（1）插入单元格

插入单元格的操作步骤如下。

1）在表格中将光标定位到要插入单元格的位置，如果要同时插入多个单元格，则在表格中选取数目相同的单元格。

2）选择“表格工具-布局”选项卡，单击“行和列”选项组右下角的对话框启动器，打开“插入单元格”对话框，如图3-65所示，在其中选择一种插入方式。

3）单击“确定”按钮，按照设置的方式插入单元格。

（2）删除单元格

删除单元格的操作步骤如下。

1）在表格中选择要删除的一个或多个单元格。

2）选择“表格工具-布局”选项卡，单击“行和列”选项组中的“删除”下拉按钮，在弹出的下拉列表中选择“删除单元格”命令，在打开的“删除单元格”对话框中选择删除方式，如图3-66所示。

3）单击“确定”按钮，按照设置的方式删除选中的单元格。

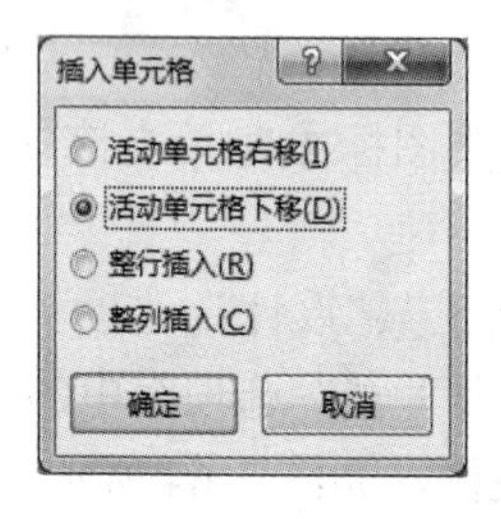

图3-65 “插入单元格”对话框

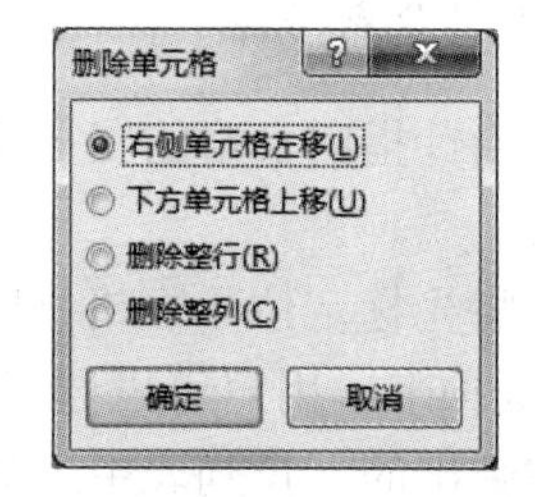

图3-66 “删除单元格”对话框

2. 插入与删除行和列

在编辑表格时，有时会遇到表格的行数或列数不够，或表格的行数或列数过多的情况。这时，需要在表格中插入或删除行和列。

（1）插入行和列

插入行或列的操作步骤如下。

1）在表格中将光标定位到要插入行或列的位置，如果要同时插入多行或多列，则在表格中选取数目相同的行或列。

2）选择“表格工具-布局”选项卡，单击“行和列”选项组中的“在上方插入”按钮或“在下方插入”按钮，可在所选行的上方或下方插入行；单击“在左侧插入”按钮或“在右侧插入”按钮，可在所选列的左侧或右侧插入列。

（2）删除行和列

删除行或列的操作步骤如下。

1）选中要删除的行或列。

2）选择“表格工具-布局”选项卡，单击“行和列”选项组中的“删除”下拉按钮，在弹出的下拉列表（图 3-67）中选择“删除行”命令，删除所选中的行；选择“删除列”命令，删除所选中的列。

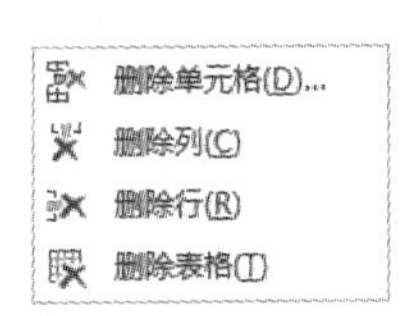

图 3-67　“删除”下拉列表

3. 合并与拆分单元格、拆分表格

合并单元格就是将几个相邻的单元格区域合并为一个单元格，一般用于输入文档的标题。拆分单元格可以使某个单元格变成多个单元格，实现对单元格的添加，而不需要添加整行或整列单元格。拆分表格可以使原来的表格变成两个新的表格。

（1）合并单元格

合并单元格的操作步骤如下。

1）选中要合并的单元格区域。

2）选择“表格工具-布局”选项卡，单击“合并”选项组中的“合并单元格”按钮，实现合并。

（2）拆分单元格

拆分单元格的操作步骤如下。

1）将光标置于要拆分的单元格中。

2）选择“表格工具-布局”选项卡，单击“合并”选项组中的“拆分单元格”按钮，打开“拆分单元格”对话框，如图 3-68 所示，分别在“列数”和“行数”微调框中设置要拆分的列数和行数。

图 3-68　“拆分单元格”对话框

3）设置完成后，单击“确定”按钮。

（3）拆分表格

拆分表格的操作步骤如下。

1）将光标置于要拆分的行的任意单元格中。

2）选择“表格工具-布局”选项卡，单击“合并”选项组中的“拆分表格”按钮，即可将一个表格拆分成两个独立的表格。

4. 调整行高与列宽

为了适应表格内容的需要，可以随时调整行高和列宽，Word 2016 提供了多种调整方法。

（1）使用鼠标

将鼠标指针移动到表格的行线上，当鼠标指针变为÷形状时，向上或向下拖动可以调整表格的行高。将鼠标指针移动到表格的列线上，当鼠标指针变为⇹形状时，向左或向右拖动可以调整表格的列宽。

（2）精确设置

对于有严格要求的表格，可以精确设置表格中的行高与列宽。选中要调整高度的行，选择“表格工具-布局”选项卡，在“单元格大小”选项组中的“高度”微调框中输入数值，即可精确调整行高。选中要调整宽度的列，选择“表格工具-布局”选项卡，在“单元格大小”选项组中的“宽度”微调框中输入数值，即可精确调整列宽。

（3）平均分布

表格的调整会使表格出现每行的高度或每列的宽度不一致的情况，这将影响表格的美观。此时，可以选择“表格工具-布局”选项卡，单击“单元格大小”选项组中的“分布行”或“分布列”按钮，快速平均分配多行的高度或多列的宽度，使行高或列宽相等。

5. 设置单元格的对齐方式

单元格对齐是指单元格中文本的垂直与水平方向的对齐。选中要设置的单元格或单元格区域，选择“表格工具-布局”选项卡，“对齐方式”选项组中提供了 9 种对齐方式，单击其中的对齐按钮即可。

6. 设置标题行跨页重复

如果一个表格跨页显示，则应该为每页表格设置相同的标题行。其操作步骤如下：

1）将光标定位在指定为表格标题的行中。

2）选择“表格工具-布局”选项卡，单击“数据”选项组中的“重复标题行”按钮即可。

【例 3-17】 制作课程表。具体要求：插入 1 个 5 行 6 列的表格；设置表格的高度为 1 厘米，宽度为 2.5 厘米；在第 1 个单元格中绘制斜线表头，然后在其中输入行标题“星期”和列标题“课节”；设置表格所有单元格的对齐方式为水平和垂直都居中；在表格中输入内容，如图 3-69 所示。

例 3-17 视频讲解

具体操作步骤如下。

1）将光标定位在要创建表格的位置，选择“插入”选项卡，单击“表格”选项组中的“表格”下拉按钮，在弹出的下拉列表中选择“插入表格”命令，打开“插入表格”对话框，在“列数”微调框中输入 6，在“行数”微调框中输入 5，然后单击“确定”按钮，即插入了一个 5 行 6 列的表格。

2）选中表格，选择“表格工具-布局”选项卡，在“单元格大小”选项组中的“高度”微调框中输入 1 厘米，在“宽度”微调框中输入 2.5 厘米。

3）选中“表格工具-设计”选项卡，单击“边框”选项组中“边框”下拉按钮，在弹出的下拉列表中选择“绘制表格”命令，在第 1 个单元格中绘制斜线表头，在斜线上方输入行标题“星期”，在斜线下方输入列标题“课节”。

4）选中表格中除第 1 个单元格外的所有单元格，选择“表格工具-布局”选项卡，单击“对齐方式”选项组中的“水平居中”按钮。

5）输入如图 3-69 所示的内容。

星期 / 课节	星期一	星期二	星期三	星期四	星期五
1、2 节					
3、4 节					
5、6 节					
7、8 节					

图 3-69　课程表

3.4.4　应用表格样式

创建表格之后，用户可以对表格样式进行修饰，从而使表格外观更美观，结构更清晰，在内容的排列上更具有条理性。

1. 设置表格样式

Word 2016 提供了丰富的表格样式供用户选择，并且在套用表格样式的同时可以对样式选项进行设置。“表格工具-设计”选项卡如图 3-70 所示。

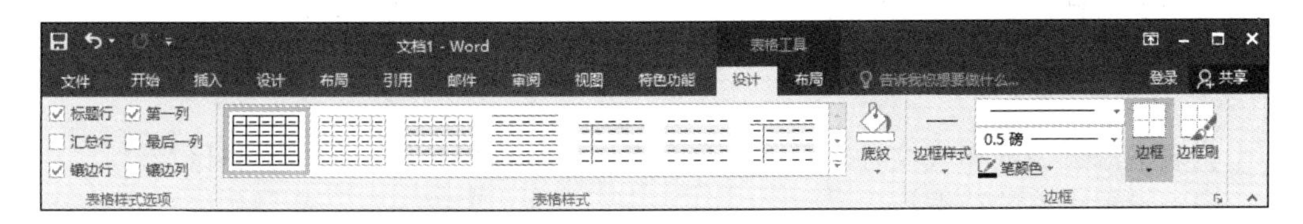

图 3-70　“表格工具-设计”选项卡

设置表格样式的操作步骤如下。

1）将光标定位到表格中的任意位置。

2）选择“表格工具-设计”选项卡，单击“表格样式”选项组中的“其他”下拉按钮，在弹出的下拉列表中显示 Word 2016 提供的所有表格样式，如图 3-71 所示，在其中选择一种样式即可。

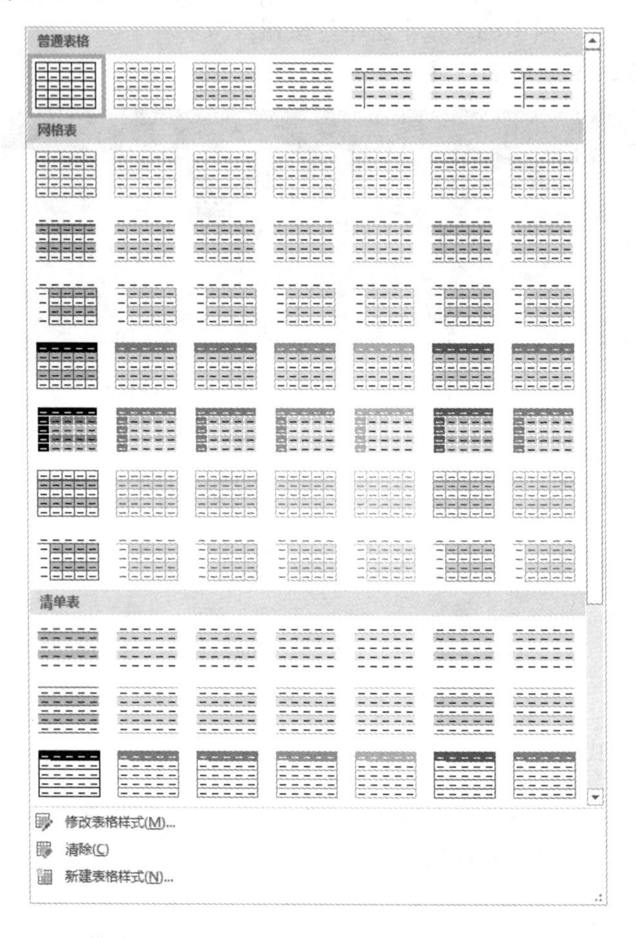

图 3-71 “表格样式”下拉列表

3）在“表格样式选项”选项组选中或取消选中对应的复选框，可以设置当前表格是否应用表格样式中与复选框对应的样式，如标题行、第一列等。

2. 设置表格的边框与底纹

为表格添加边框和底纹时，可以是整个表格，也可以是指定的单元格区域。

（1）设置表格的边框

设置表格边框的操作步骤如下。

1）选中要设置边框的单元格区域。

2）选择“表格工具-设计”选项卡，单击“边框”选项组中的“边框”下拉按钮，在弹出的下拉列表中选择添加边框的位置，如图 3-72 所示。

3）选择“边框和底纹”命令，打开“边框和底纹”对话框，如图 3-73 所示。在“边框”选项卡中分别设置边框类型、样式、颜色和宽度。在右侧的“预览”选项组中单击对应的按钮，设置边框线是否显示。

4）设置完成后，单击“确定”按钮。

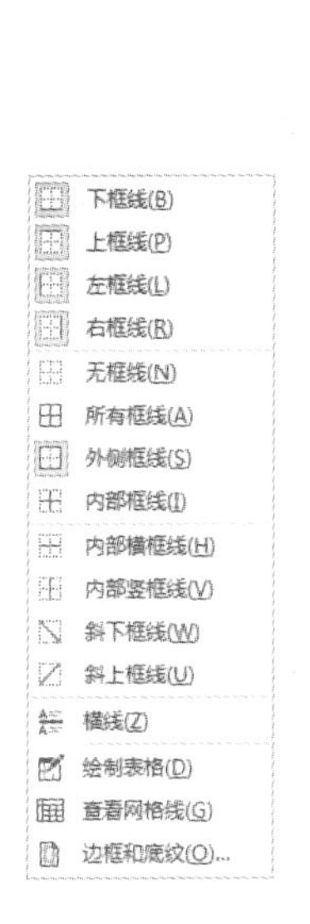

图 3-72　“边框”下拉列表

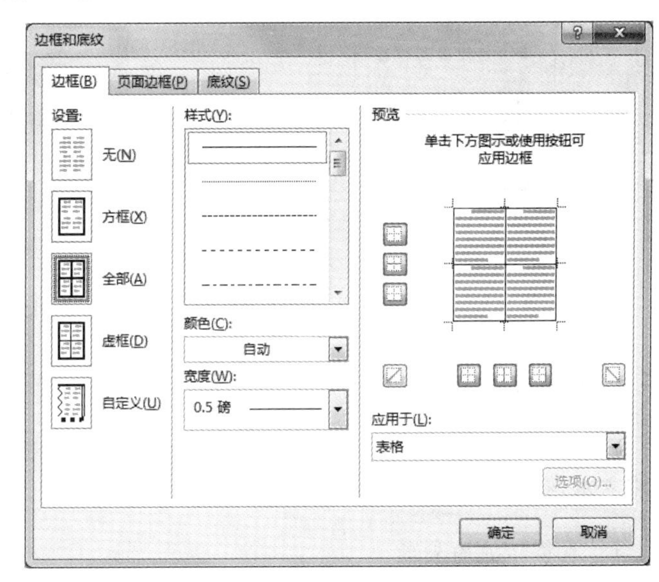

图 3-73　“边框和底纹”对话框

提示

可以使用如图 3-72 所示的“边框”下拉列表中的“斜下框线”命令绘制斜线表头。可以使用“边框”选项组中“边框刷”按钮对表格中出现的各种边框格式进行复制和粘贴。

（2）设置表格的底纹

设置表格底纹的操作步骤如下。

1）选中要设置底纹的单元格区域。

2）选择“表格工具-设计”选项卡，单击“表格样式”选项组中的“底纹”下拉按钮，在弹出的下拉列表中选择添加底纹的颜色，如图 3-74 所示。

3）选择“其他颜色”命令，在打开的“颜色”对话框中选择一种颜色，如图 3-75 所示。

4）设置完成后，单击“确定”按钮。

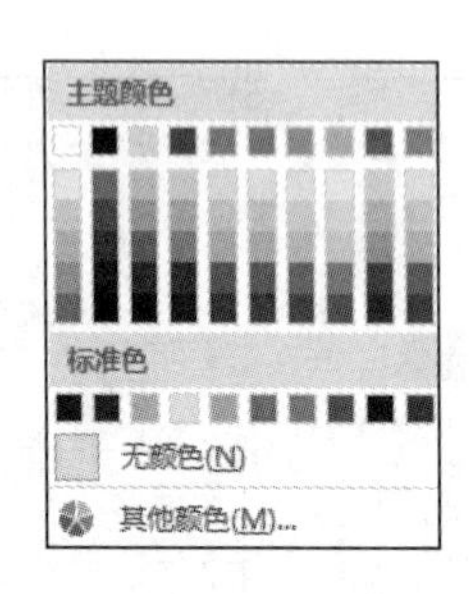

图 3-74　“底纹”下拉列表

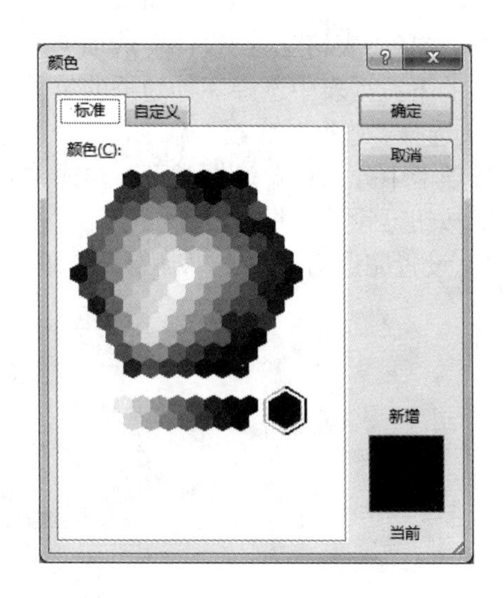

图 3-75　“颜色”对话框

3.4.5　表格与文本的转换

Word 2016 还提供表格与文本的转换功能，用户不仅可以将表格转换为文本，还可以将文本转换为表格。

1. 表格转换为文本

将表格转换为文本的操作步骤如下。

1）选中需要转换为文本的表格。

2）选择“表格工具-布局”选项卡，单击“数据”选项组中的“转换为文本”按钮。

3）在打开的“表格转换成文本”对话框中选中“制表符”单选按钮，如图 3-76 所示，单击“确定”按钮。

2. 文本转换为表格

在 Word 2016 文档中，可以很容易地将文本转换为表格，其前提是使用分隔符将文本合理分隔。常见的分隔符有段落标记（用于创建表格行）、制表符（用于创建表格列）、逗号等。

将文本转换为表格的操作步骤如下。

1）为转换成表格的文本添加分隔符，如段落标记和制表符，选中这些文本。

2）选择“插入”选项卡，单击“表格”选项组中的“表格”下拉按钮，在弹出的下拉列表中选择“文本转换成表格”命令。

3）打开“将文字转换成表格”对话框，在“列数”微调框中输入转换为表格的列数，在“文字分隔位置”选项组中选中“制表符”单选按钮，如图 3-77 所示，单击“确定”按钮。

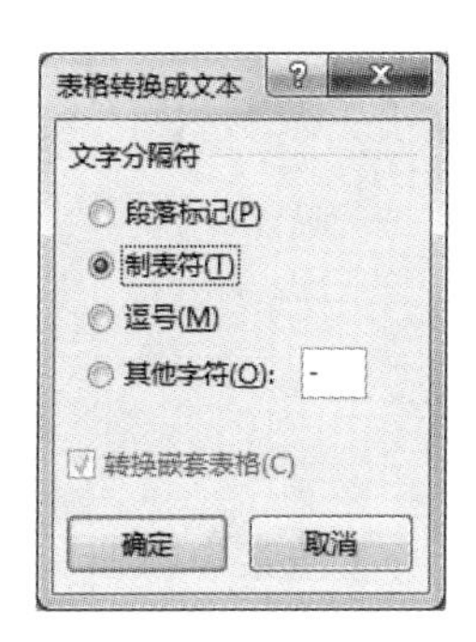

图 3-76　“表格转换成文本”对话框

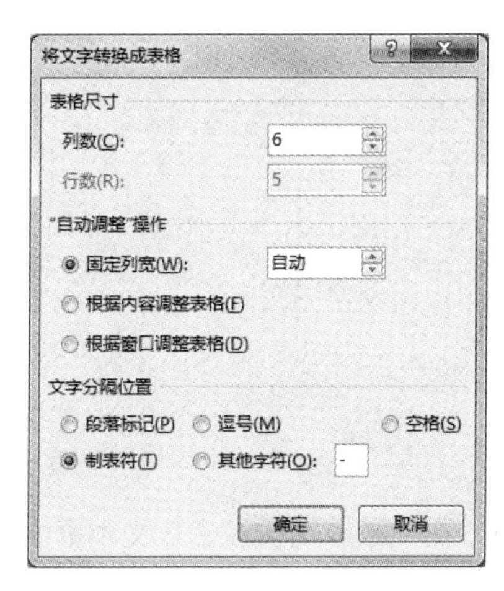

图 3-77　“将文字转换成表格”对话框

3.5　图 文 混 排

在编辑文档的过程中，往往需要插入相应的图片以增强文档的说服力，有利于帮助用户更快地理解文章的内容。Word 2016 可以插入 Office 内置的必应图像中的联机图片（网络图片），也允许在文档中插入保存在计算机中的图片，还可以插入艺术字、自选图形、文本框和文档封面等。

3.5.1　插入并编辑图片

在文档中插入的图片分为两种：一种是联机图片，另一种是计算机中保存的图片文件。在 Word 2016 中可以插入多种格式的图片，如 WMF、JPG、GIF、BMP、PNG 等，插入图片后还可以根据需要对图片进行编辑。

1. 插入联机图片

在 Word 2016 中，提供了丰富的网络图片搜索及插入功能，用户可以根据需要搜索表达主题的图片，并将其插入文档中。

插入联机图片的操作步骤如下。

1）在文档中将光标定位到要插入图片的位置。

2）选择“插入”选项卡，单击“插图”选项组中的“联机图片”按钮，打开“插入图片”对话框，如图 3-78 所示。

图 3-78 “插入图片”对话框 1

3）在“必应图像搜索”文本框中输入关键字后，单击“搜索”按钮，会显示与搜索关键字相关的图片缩略图。

4）选中所需图片缩略图（可同时选择多张图片），如图 3-79 所示，单击“插入”按钮，即可下载并在文档中插入联机图片。

图 3-79 必应图像搜索结果

2. 插入图片文件

虽然 Word 2016 中提供了大量的联机图片，但是这些图片并不能完全满足用户的需求。用户可以将其他图片插入文档中，使文档更加美观，以便更好地表达文档的含义。

插入图片的操作步骤如下。

1）在文档中将光标定位到要插入图片的位置。选择“插入”选项卡，单击“插图”选项组中的“图片”按钮，打开“插入图片”对话框，如图 3-80 所示。

图 3-80　“插入图片”对话框 2

2）在指定的文件夹中选择所需的图片，然后单击“插入”按钮即可。

3. 设置图片格式

在文档中插入图片之后，“图片工具-格式”选项卡将被激活，如图 3-81 所示。利用其功能，可对图片亮度和对比度进行调整，对图片样式进行修改，对图片的排列方式和大小进行设置等。

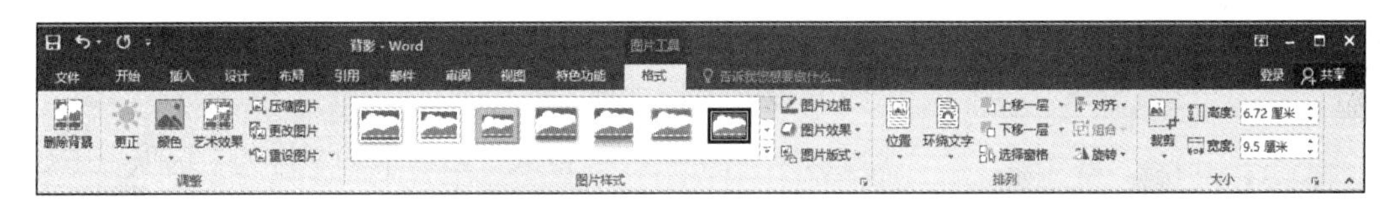

图 3-81　“图片工具-格式”选项卡

（1）调整图片效果

“图片工具-格式”选项卡的“调整”选项组如图 3-82 所示，单击相应的按钮可以对图片的效果进行调整。

图 3-82　“调整”选项组

各选项的含义如下。

1）更正：调整图片的亮度和对比度。

2）颜色：调整图片的颜色饱和度与色调，对图片重新着色，或更改图片中某个颜色的透明度。可以将多个颜色效果应用于图片。

3）艺术效果：可以对图片应用复杂的艺术效果，使其看起来更像素描或油画。

4）压缩图片：单击该按钮，打开“压缩图片”对话框，压缩图片尺寸，以适合输出。

5）更改图片：单击该按钮，打开“插入图片”对话框，更改为其他图片，但不会改变原图片的大小和格式。

6）重设图片：放弃对此图片所做的全部更改。

（2）设置图片样式

在“图片工具-格式”选项卡的“图片样式”选项组中可以对图片的样式进行设置，如图 3-83 所示。用户可以选择一种样式直接应用于图片，也可以通过单击“图片边框”按钮、“图片效果”按钮或“图片版式”按钮自定义图片样式。

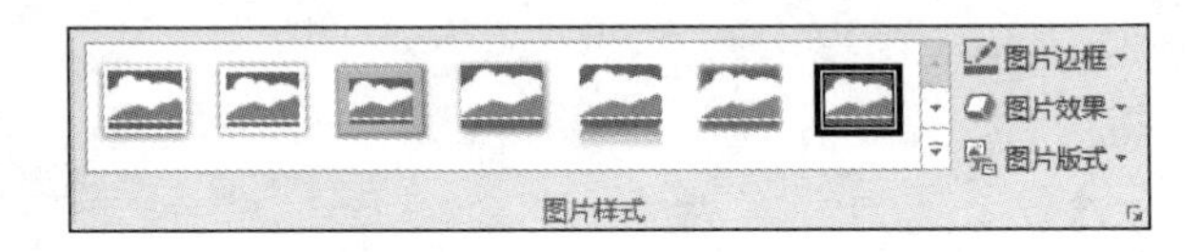

图 3-83　“图片样式”选项组

各选项的含义如下。

1）图片样式：在列表框中直接选择图片样式，也可单击“其他”下拉按钮，在弹出的下拉列表中选择需要的样式。

2）图片边框：在下拉列表中为图片边框选择颜色、宽度和线型。

3）图片效果：在下拉列表中为图片选择某种视觉效果。

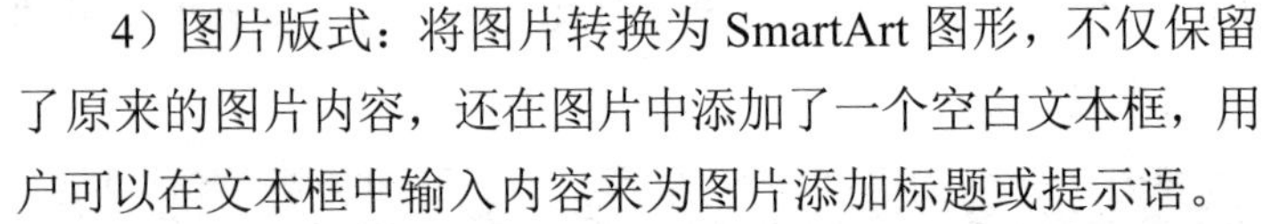

4）图片版式：将图片转换为 SmartArt 图形，不仅保留了原来的图片内容，还在图片中添加了一个空白文本框，用户可以在文本框中输入内容来为图片添加标题或提示语。

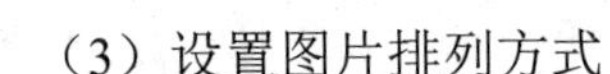

（3）设置图片排列方式

可以在“图片工具-格式”选项卡的“排列”选项组中选择图片的排列方式，如图 3-84 所示。

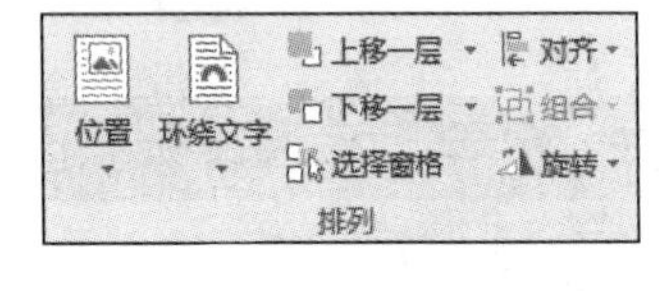

图 3-84　“排列”选项组

各选项的含义如下。

1）位置：如果图片嵌入文本中，在下拉列表中选择图片在文本中的放置位置。

2）环绕文字：在下拉列表中选择图片与文本的环绕方式。

3）上移一层：如果图片未嵌入文本中，单击此按钮，可使图片浮于文字上方或上移一层。

4）下移一层：如果图片未嵌入文本中，单击此按钮，可使图片置于文字下方或下移一层。

5）对齐：选择多张未嵌入文本的图片，在下拉列表中可选择这些图片的对齐方式。

6）组合：将几个对象组合到一起，以便作为单个对象进行处理。

7）旋转：在下拉列表中可以选择图片的旋转角度。实际上，拖动旋转手柄（出现在所选形状顶部、用于旋转形状的圆形）调整图片的方向更简单。

【例 3-18】 为文档中插入图片，设置环绕方式为“四周型”。

例 3-18 视频讲解

具体操作方法如下。

打开“D:\MyWord\背影.docx”，在文档中插入图片。选中该图片，选择“图片工具-格式”选项卡，单击“排列”选项组中的“环绕文字”下拉按钮，弹出的下拉列表如图 3-85 所示，选择“四周型”命令，效果如图 3-86 所示。

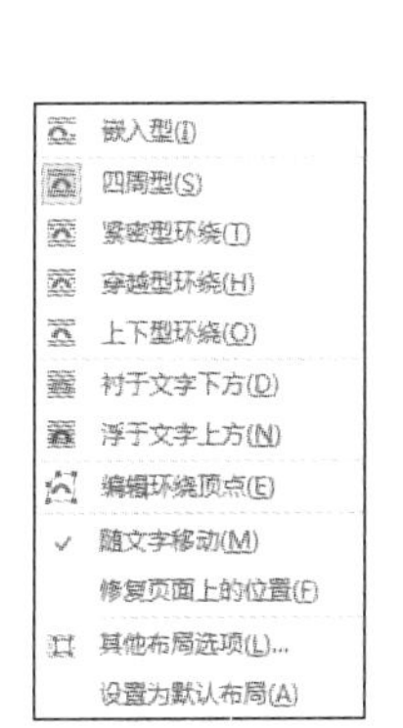

图 3-85　“环绕文字”下拉列表

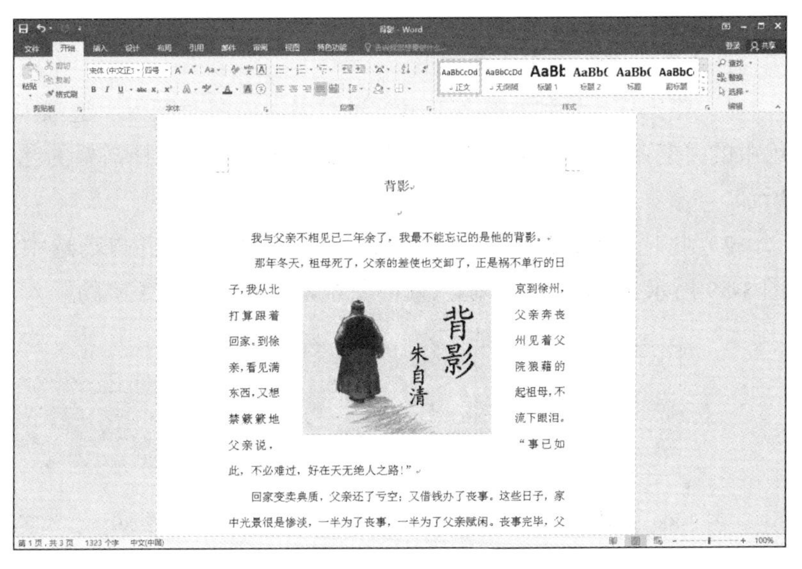

图 3-86　设置环绕文字后的效果

（4）设置图片大小

可以在“图片工具-格式”选项卡的“大小”选项组中设置图片的大小，如图 3-87 所示。各选项的含义如下。

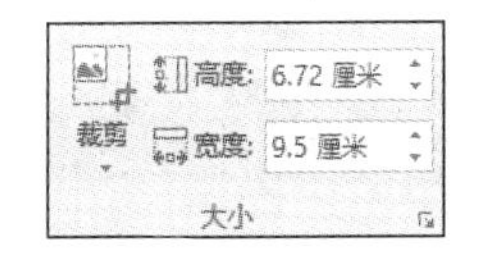

图 3-87　“大小”选项组

1）裁剪：单击该按钮，拖动控制点对图片进行裁剪，也可以在下拉列表中选择剪裁的形状或纵横比。

2）高度：更改形状或图片的高度。在微调框中输入高度值，或使用微调按钮进行设置。

3）宽度：更改形状或图片的宽度。在微调框中输入宽度值，或使用微调按钮进行设置。

3.5.2 插入并编辑艺术字

在文档中，除可以输入普通文字外，还可以插入艺术字，艺术字是文档中具有装饰效果的特殊文字。艺术字通常在文档中用于标题，起到画龙点睛的作用。在文档中插入的艺术字会被作为图形对象处理。

1. 插入艺术字

插入艺术字的操作步骤如下。

1）将光标定位到要插入艺术字的位置，选择“插入”选项卡，单击“文本”选项组中的“艺术字”下拉按钮，在弹出的下拉列表中选择需要的艺术字样式，如图 3-88 所示。

2）此时，在文档中出现艺术字样式的占位符，并自动选中占位符中的文本，如图 3-89 所示。在占位符中输入新的文本，即可完成艺术字的插入。

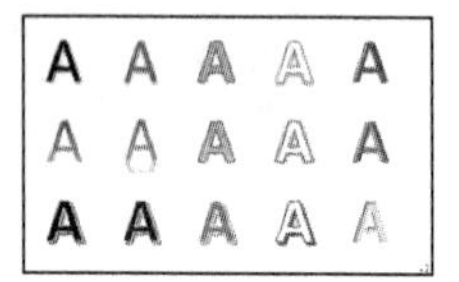

图 3-88 “艺术字”下拉菜单

图 3-89 艺术字占位符

2. 设置艺术字格式

在文档中插入艺术字后，“绘图工具-格式”选项卡将被激活，如图 3-90 所示。利用其中的选项可以对艺术字样式进行修改，也可以对排列方式和大小等进行设置。

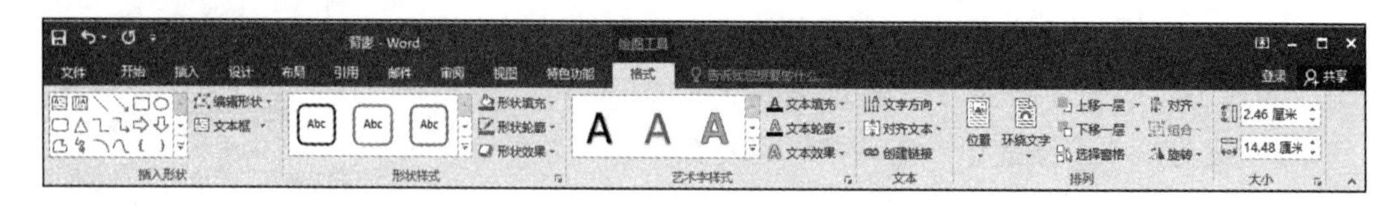

图 3-90 “绘图工具-格式”选项卡

“文本”选项组和“艺术字样式”选项组的含义如下。

1）“文本”选项组：可以调整文字方向，选择艺术字对齐方式和创建链接等。

2）“艺术字样式”选项组：更改所选艺术字的样式、文本的填充颜色、轮廓和效果等。

3.5.3　插入并编辑文本框

文本框是一种特殊的图形对象，它可以放置在文档的任意位置，主要用于在文档中建立可以随意移动的特殊文本。在 Word 2016 中，不仅可以插入内置的文本框，还可以手动绘制文本框。

1. 插入文本框

插入文本框的操作步骤如下。

1）选择“插入”选项卡，单击“文本”选项组中的“文本框”下拉按钮。

2）在弹出的“文本框”下拉列表的“内置”列表中选择合适的文本框样式，如“简单文本框”，如图 3-91 所示。

3）在插入的文本框中输入所需要的文字即可。

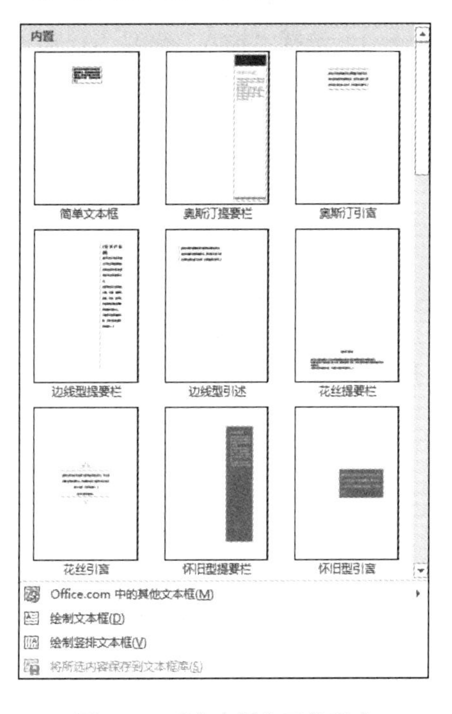

图 3-91　“文本框”下拉列表

提示

选择图 3-91 所示的“绘制文本框”或“绘制竖排文本框”命令，此时鼠标指针变成十字形，拖动鼠标，可以手动绘制横排或竖排文本框。

2．设置文本框格式

插入文本框后，“绘图工具-格式”选项卡将被激活，如图 3-90 所示。使用其中的选项可以对文本框样式进行修改，对对齐方式、高度和宽度等进行设置。

3.5.4 插入并编辑形状

Word 2016 除具有强大的文字处理功能外，还提供了一套强大的用于绘制图形的工具，用户可以利用这套工具在文档中绘制所需要的形状。形状包括线条、箭头及各种由线条组成的简单图形。

图 3-92 “形状”下拉列表

1．插入形状

插入形状的操作步骤如下。

1）选择“插入”选项卡，单击“插图”选项组中的“形状”下拉按钮，弹出“形状”下拉列表，如图 3-92 所示。

2）在该下拉列表中选择需要的形状，鼠标指针变成十字形，在要插入的位置拖动鼠标，即可在文档中绘制相应的形状。

2．设置形状格式

插入形状后，“绘图工具-格式”选项卡将被激活，如图 3-90 所示。利用其中的选项可以对插入的形状进行编辑加工，如添加文字、选择样式、设置阴影效果和三维效果等。

“插入形状”选项组和“形状样式”选项组的含义如下。

1）“插入形状”选项组：单击“文本框”按钮，在绘制的形状中添加文字。单击“编辑形状”下拉按钮，在弹出的下拉列表中可以更改图形的形状。

2）“形状样式”选项组：可在“形状样式”列表框中选择一种效果，也可以对形状的填充色、轮廓和形状效果等进行设置。

3.5.5 插入文档封面

专业的文档要配以漂亮的封面才会更加完美，Word 2016 提供了一个封面库，其中包含内置的封面供用户选择。添加封面的操作步骤如下。

1）选择“插入”选项卡，单击“页面”选项组中的“封面”下拉按钮，在弹出的下拉列表中选择一个封面，如“奥斯汀”，如图 3-93 所示。

2）此时，该封面自动插入作为文档的第一页。单击封面上的文字区域，可以使用其他文本替换示例文本。

图 3-93　“封面”下拉列表

3.6 页面设置与打印输出

完美的文档不仅包括字符格式化和段落格式化，还应包括页面设置。页面设置是指对文档页面布局的设置，包括设置页面、设置页眉和页脚、设置页面背景等。

3.6.1　页面设置

页面设置主要包括文字方向、页边距、纸张方向和大小等的设置。通常情况下，可以在创建文档后先进行页面设置。

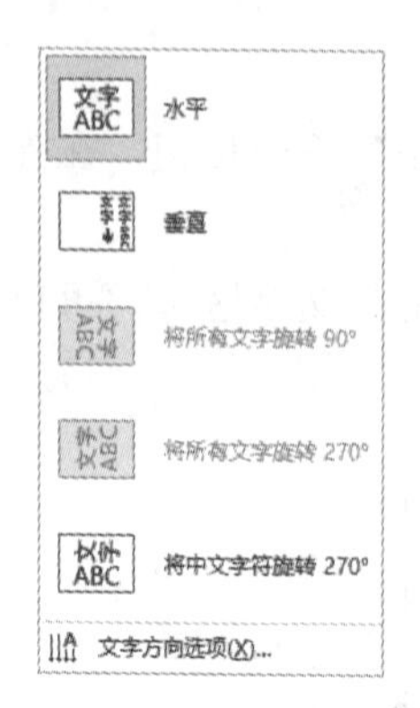

图 3-94　“文字方向”下拉列表

1. 设置文字方向

文字方向是指文档中文本的排列方向，默认为水平。Word 2016 提供了多种文字方向。打开文档，选择“布局”选项卡，单击“页面设置”选项组中的“文字方向”下拉按钮，在弹出的下拉列表中选择要更改的文字方向，如图 3-94 所示。

2. 设置页边距

页边距是指页面上打印区域之外的空白空间，它用来控制页面中文档内容的宽度和长度。如果要将文档中的内容装订成册，还可以在页面中设置装订线的位置。设置页边距的方法有以下几种。

（1）选择预置的页边距

Word 2016 提供了多种页边距方案供用户选择。选择“布局”选项卡，单击“页面设置”选项组中的“页边距”下拉按钮，在弹出的下拉列表中进行选择，如图 3-95 所示。

（2）自定义页边距

选择“布局”选项卡，单击“页面设置”选项组右下角的对话框启动器，或在“页边距”下拉列表中选择“自定义边距”命令，打开“页面设置”对话框，选择“页边距”选项卡，如图 3-96 所示，分别输入上、下、左、右边距值，然后单击“确定”按钮，即可完成设置页边距的操作。

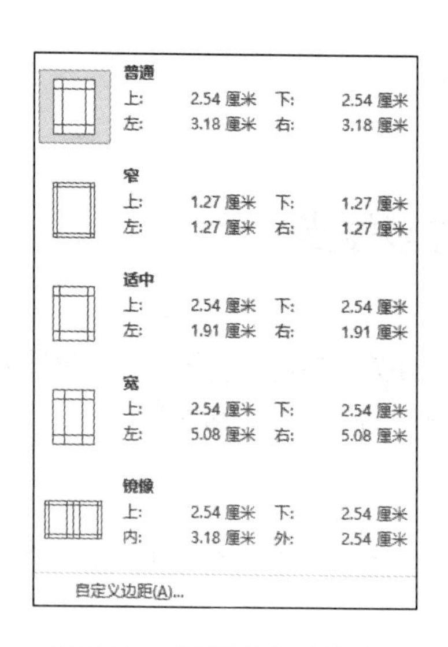

图 3-95　“页边距”下拉列表

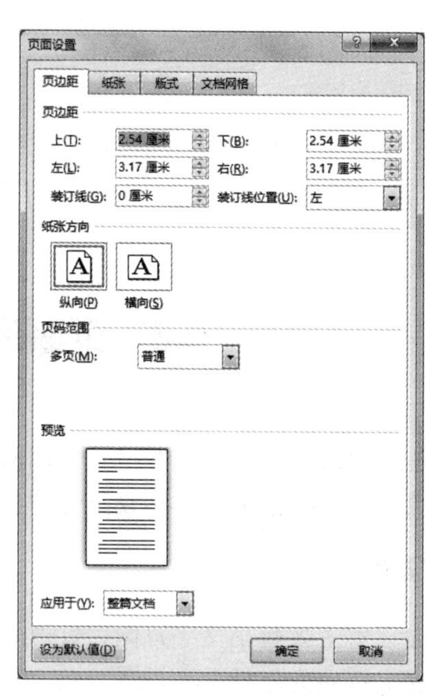

图 3-96　“页面设置”对话框

3. 更改纸张方向

纸张方向分为“横向”和“纵向”两种，Word 2016 默认的纸张方向为“纵向”。单击“布局”选项卡“页面设置”选项组中的“纸张方向”下拉按钮，在弹出的下拉列表中进行选择即可。

4. 设置纸张大小

在打印文档前应根据实际需要对打印的纸张大小进行设置，Word 2016 默认的纸张大小为 A4。如果打印机采用了其他型号的纸张，则需要进行相应的设置。单击“布局”选项卡“页面设置”选项组中的“纸张大小”下拉按钮，在弹出的下拉列表中进行选择即可。

3.6.2 设置页眉和页脚

页眉和页脚是指在文档页面顶部和底部添加的说明信息。它能够增加文档的可读性，使文档的整体结构更加美观。页眉和页脚中可以添加页码、时间、章节名称及文本或图形等。例如，偶数页页眉是书名，奇数页页眉是章节名，既醒目又方便查找。

1. 插入页眉和页脚

插入页眉和页脚时，必须切换到页眉和页脚的编辑状态。这时，将无法对文档内容进行编辑。

【例 3-19】 在文档中插入页眉内容为“作者：朱自清”，在页脚处插入页码。

例 3-19 视频讲解

具体操作步骤如下。

1）打开“D:\MyWord\背影.docx”，选择“插入”选项卡，单击“页眉和页脚”选项组中的“页眉”下拉按钮，在弹出的下拉列表中选择“空白”命令。

2）在页眉编辑区输入“作者：朱自清”。

3）页眉设置完成后，选择“页眉和页脚工具-设计”选项卡，单击“导航”选项组中的“转至页脚”按钮，切换到页脚编辑区，单击“页眉和页脚”选项组中的“页码”下拉按钮，在弹出的下拉列表中选择“页面底端”→“普通数字 2”命令。

4）设置完成后，单击“关闭”选项组中的“关闭页眉和页脚”按钮，返回文档编辑状态，效果如图 3-97 所示。

2. 设置页眉和页脚

双击页眉编辑区或页脚编辑区时，自动激活“页眉和页脚工具-设计”选项卡，如图 3-98 所示。用户可以使用其中的各选项对页眉和页脚进行详细的设计。

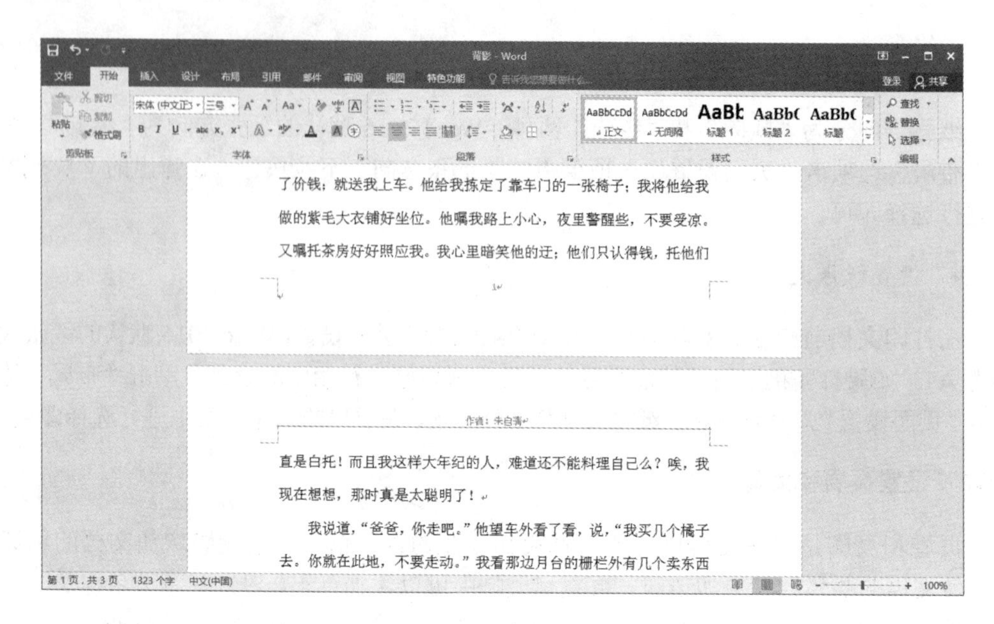

图 3-97　在文档中插入页眉和页脚后的效果

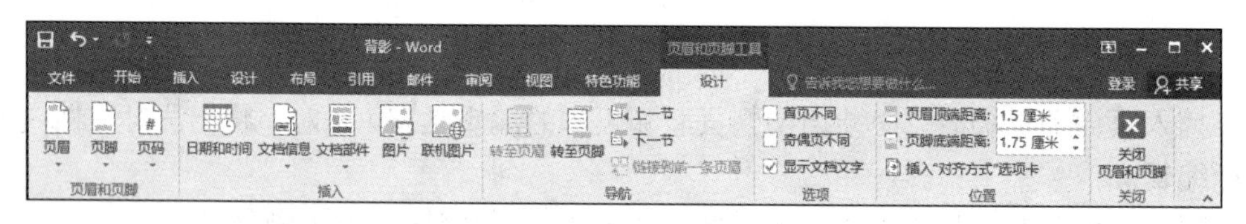

图 3-98　“页眉和页脚工具-设计”选项卡

各选项组的含义如下。

1）“页眉和页脚”选项组：单击“页眉”或“页脚”下拉按钮，在弹出的下拉列表中选择页眉或页脚样式；单击“页码”下拉按钮，在弹出的下拉列表中选择并插入所需样式的页码。

2）“插入”选项组：包括“日期和时间”按钮、“文档信息”下拉按钮、“文档部件”下拉按钮、“图片”按钮和“联机图片”按钮。在页眉或页脚区域可以插入相应的对象。

3）“导航”选项组：单击“转至页眉”或“转至页脚”按钮，可以在页眉和页脚之间进行切换。单击“上一节”或“下一节”按钮，可以为文档的各节创建不同的页眉或页脚。

4）“选项”选项组：选中“首页不同”复选框，表示第一页与其他页应用不同的页眉和页脚；选中“奇偶页不同”复选框，表示奇数页与偶数页应用不同的页眉和页脚。

5）“位置”选项组：在“页眉顶端距离”和“页脚底端距离”微调框中输入数值，设置页眉距顶端或页脚距底端的距离。

6）“关闭”选项组：单击“关闭页眉和页脚”按钮，退出页眉和页脚的编辑状态。

3.6.3　文档分页与分节

在编辑文档时，Word 2016 会根据页面设置和文档的长度自动对文档进行分页。如果要在任意位置分页，可以使用分页或分节操作。

1. 设置分页

如果只是为了排版布局需要，单纯地将文档中的内容分为上下两页，应插入分页符。插入分页符的操作步骤如下。

1）将光标定位到需要分页的位置，选择“布局”选项卡，单击“页面设置”选项组中的“分隔符”下拉按钮，弹出“分隔符”下拉列表，如图 3-99 所示。

2）选择“分页符”列表中的“分页符”命令，即可将光标后的内容放置到下一个页面中。

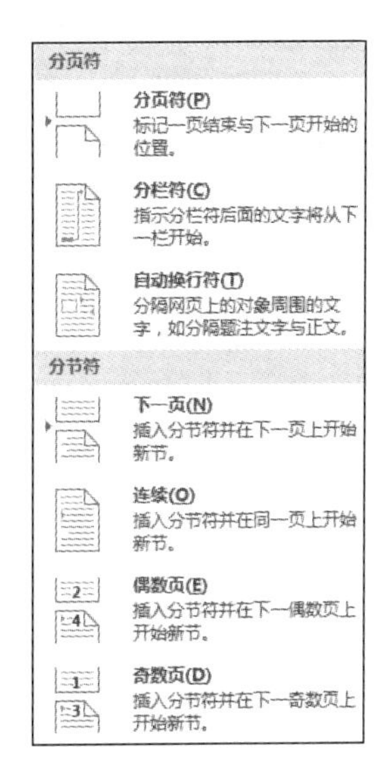

图 3-99　“分隔符”下拉列表

2. 设置分节

节是文档的一部分。默认方式下，Word 2016 将整个文档视为一节，所有对文档的设置是应用于整篇文档。用户可以使用分节符将文档内容分为不同的页面，这样就能针对不同的节进行页面设置。插入分节符的操作步骤如下。

1）将光标定位到需要分节的位置，选择“布局”选项卡，单击“页面设置”选项组中的“分隔符”下拉按钮，弹出“分隔符”下拉列表，如图 3-99 所示。

2）在“分节符”列表中选择一种分节方式，如选择“下一页”命令，则光标后面的内容分为新的一节，该节从新的一页开始。

分节符包括“下一页”、“连续”、“偶数页”和“奇数页”4 种。

① 下一页：分节符后的文档从新的一页开始。

② 连续：新节与其前面一节同处于当前页中。

③ 偶数页：新节从下一个偶数页开始。

④ 奇数页：新节从下一个奇数页开始。

3.6.4　设置页面背景

要想使文档整体看起来不会太单调，可以为其添加页面背景。“设计”选项卡的“页面背景”选项组提供了水印、页面颜色和页面边框等页面背景。

1. 添加水印

水印是一种特殊的背景，是显示在文档背景中的文本或图片，它通常用于公司或机关的机要文件。为文档设置水印背景的操作步骤如下。

1）选择“设计”选项卡，单击“页面背景”选项组中的“水印”下拉按钮，在弹出的下拉列表中提供了内置水印样式，如图 3-100 所示。

2）选择“自定义水印”命令，打开“水印”对话框，可以设置图片水印或文字水印。选中“文字水印”单选按钮，在“文字”下拉列表中选择或输入要添加的水印文字，并设置水印文字的字体、字号和颜色，如图 3-101 所示。

3）设置完成后，单击“确定”按钮。

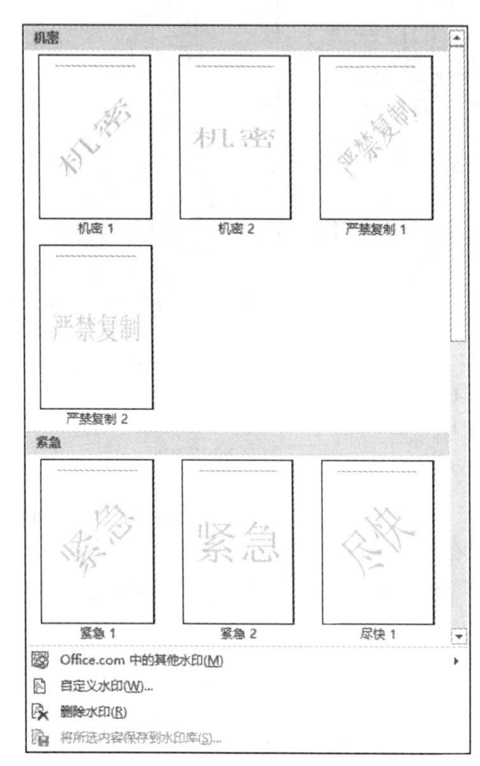

图 3-100　“水印”下拉列表

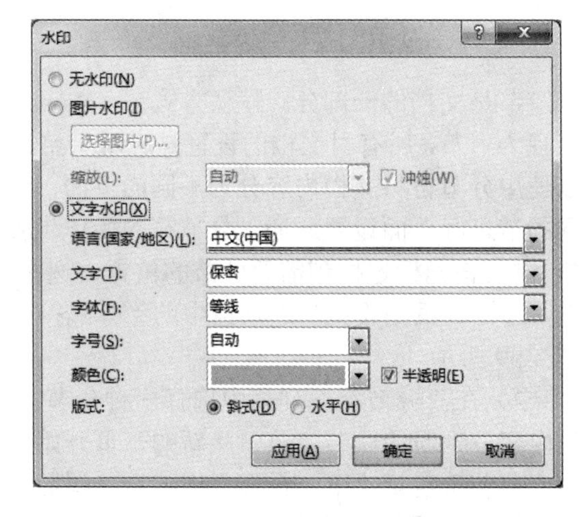

图 3-101　“水印”对话框

2. 设置页面背景

为了使文档更加美观，可以为文档设置漂亮的页面背景，如渐变背景、纹理背景、图案背景或图片背景等。

【例 3-20】为文档添加图片背景。

具体操作步骤如下。

1）打开“D:\MyWord\背影.docx”，选择“设计”选项卡，单击“页面背景”选项组中的“页面颜色”下拉按钮，在弹出的下拉列表中选择“填充效果”命令。

例 3-20 视频讲解

2）打开“填充效果”对话框，选择“图片”选项卡，单击“选择图片”按钮，如图 3-102 所示。在打开的“选择图片”对话框中选择一张图片作为页面背景。

3）设置完成后，单击“确定”按钮。添加页面背景后的效果如图 3-103 所示。

图 3-102　“填充效果”对话框

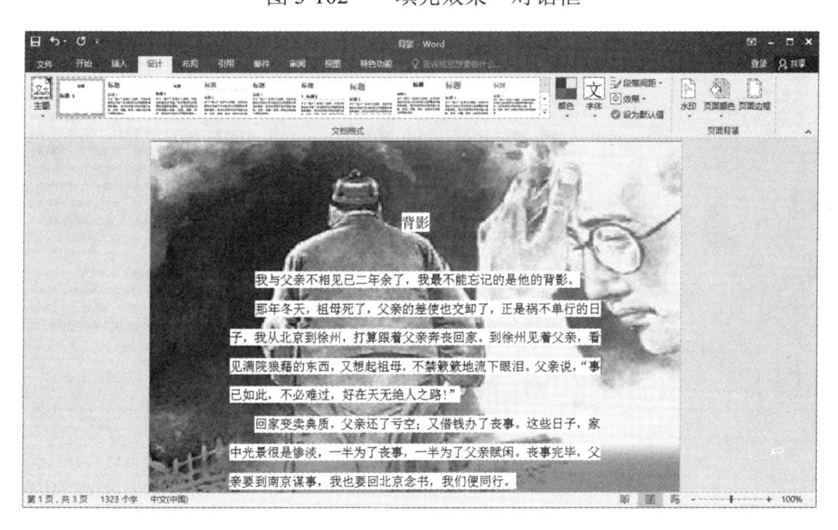

图 3-103　添加页面背景后的效果

3. 设置页面边框

页面边框是指在页边距位置显示的框线。在 Word 2016 中，用户除可以将简单的线条设置为页面边框外，还可以设置各种艺术型页面边框。为文档设置页面边框的操作步骤如下。

1）选择“设计”选项卡，单击“页面背景”选项组中的“页面边框”按钮，打开“边框和底纹”对话框。

2）在该对话框中可以选择边框类型，设置边框的样式、颜色及宽度，或选择“艺术型”下拉列表中的样式。

3）设置完成后，单击“确定”按钮。

3.6.5 打印文档

文档创建后需要打印出来，以便能够进行备档或传阅。

1. 打印预览

在进行文档打印之前，最好先使用打印预览功能查看即将打印文档的效果，避免出现错误，造成纸张的浪费。打印预览的操作方法如下。

选择“文件”→“打印”命令，在打开的“打印”界面中可以预览打印输出的效果，如图 3-104 所示。拖动右下角的“显示比例”滑块，可显示一页或多页。

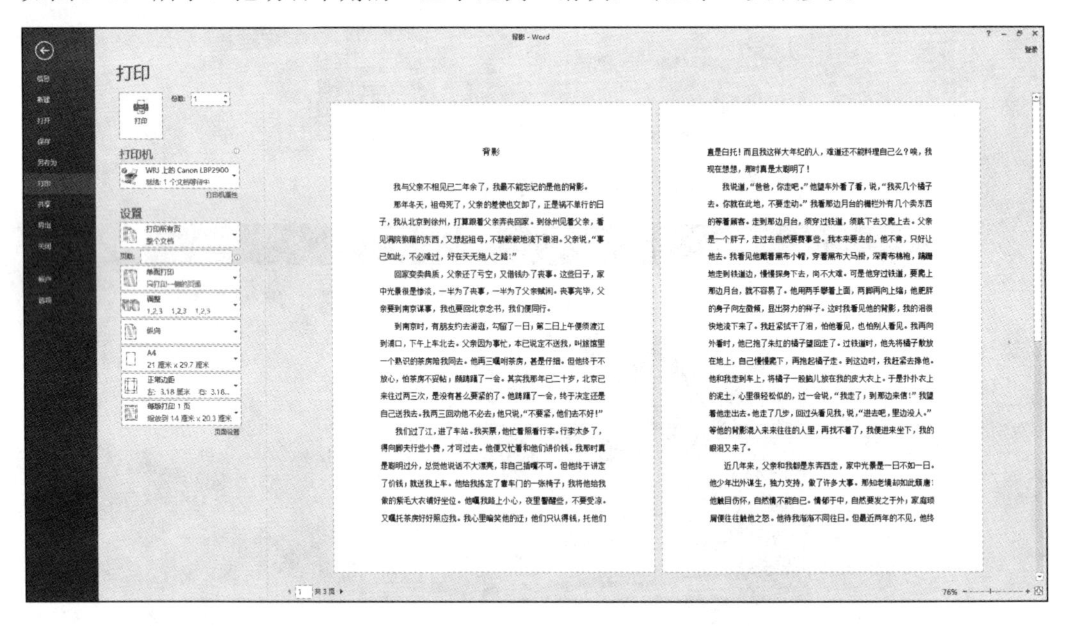

图 3-104 打印预览

2. 打印设置

当用户在打印预览中对所打印文档的效果感到满意时，就可以对文档进行打印。打印文档的操作方法如下。

选择“文件”→“打印”命令，在打开的“打印”界面中进行设置，如打印的份数、打印的范围、纸张型号等。设置完成后，单击“打印”按钮，即可实现文档的打印输出。

3.7 Word 2016 高级功能

Word 2016 的功能很强，除能完成前面介绍的输入、编辑等常规操作外，还能实现语法检查、审阅与修订文档、生成目录、构建文档部件和邮件功能等工作。

3.7.1 检查与修订文档

在输入文档内容时，无论是中文，还是英文，用户都不能保证输入的内容完全正确，所以需要对文档进行全面的拼写和语法检查，以便快速修订。

1. 拼写和语法检查

Word 2016 中提供的拼写和语法检查功能，可用于检查文档中的错误，当文档中输入了拼写错误的单词时，Word 2016 会在单词下用红色波浪线进行标记；当文档中出现语法错误时，Word 2016 会在出错的部分用蓝色波浪线标记，此时就需要对错误进行更正或忽略。

（1）快速更正

右击文档中用红色或蓝色波浪线标记的文本，Word 2016 会在弹出的快捷菜单中给出修改建议，如图 3-105 所示。

（2）使用“拼写和语法”任务窗格

选择“审阅”选项卡，单击“校对”选项组中的“拼写和语法”按钮，弹出“语法”任务窗格，在其中进行修改，如图 3-106 所示。

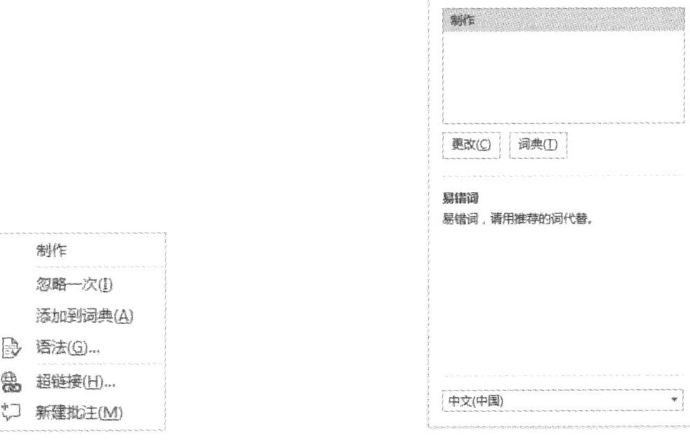

图 3-105　快速更正　　图 3-106　“语法”任务窗格

2. 修订文档

在 Word 2016 中，可以使用修订功能对文档进行修改，该功能可以实现多人对同一文档的修改，以便协同工作。审阅功能使原作者可以接受或拒绝审阅者的修改建议。修订文档的操作步骤如下。

1）选中需要修改的文本，选择“审阅”选项卡，单击“修订”选项组中的“修订”按钮。

2）单击“显示标记”下拉按钮，在弹出的下拉列表中选择“批注框”子菜单中的“在批注框中显示修订”命令，如图 3-107 所示。这时，文档将进入修订状态。对文档中的内容进行修改时，就可以在右侧显示修订的内容，如图 3-108 所示。

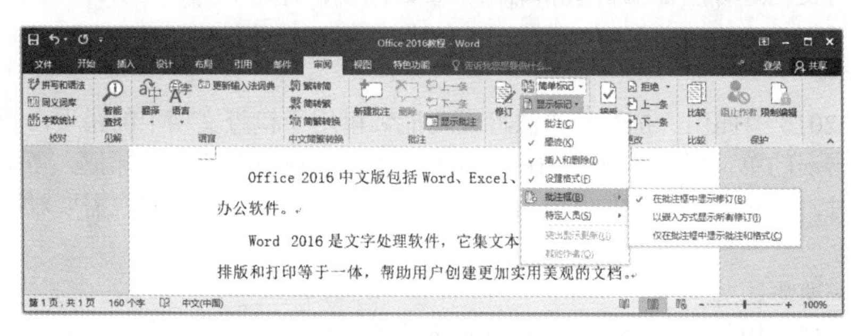

图 3-107 修订

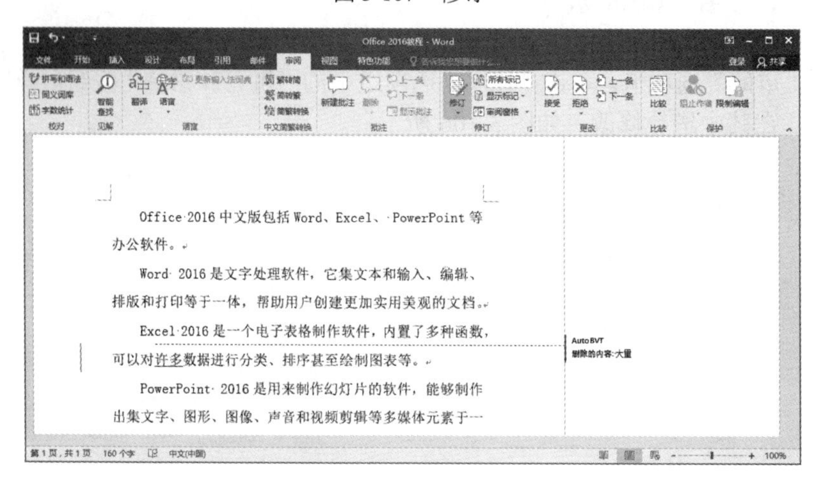

图 3-108 显示修改内容

3）文档内容修订完成后，如果修订的内容是正确的，则选择“审阅”选项卡，单击“更改”选项组中的“接受”下拉按钮，在弹出的下拉列表中选择“接受并移到下一条”命令，即可接受修订的内容。之后，光标将定位到下一条修订处。重复上面的操作，直到文档中不再有修订的内容。

提示

单击“更改”选项组中的“上一条”或“下一条”按钮，可以快速地找到要接受修订的内容。

3. 比较文档

文档经过最终审阅以后，如果希望通过对比方式查看修订前后文档的区别，则可以使用 Word 2016 的比较功能。比较文档的操作步骤如下。

1）选择“审阅”选项卡，单击“比较”选项组中的“比较”下拉按钮，在弹出的下拉列表中选择“比较”命令，打开“比较文档”对话框。

2）在“原文档”下拉列表中，通过浏览找到原始文档；在“修订的文档”下拉列表中，通过浏览找到修订完成的文档，如图 3-109 所示。

图 3-109　“比较文档”对话框

3）单击“确定”按钮，两个文档之间的不同之处将突出显示，以供用户查看。

3.7.2　文档的目录与引用

在编辑图书、学术论文等篇幅很长且分为多个章节的文档时，为了清晰地看出文章中各级标题及每个标题所在的页码，可以为其制作目录，以方便打印及装订成册后阅读。对于某些内容，还可以为其添加脚注和尾注进行注释，使文本更完整、规范、专业。使用题注功能可以保证长文档中图片、表格和图表等顺序地自动编号。使用交叉引用可以在文档中的某个位置引用另一个位置的标题、题注等。

1. 插入目录

在为文档创建目录时，系统会自动搜索文档中具有特定样式的标题，并在指定位置生成目录。在自动生成目录之前，首先要把文档标题分级别应用样式，如把文档的第一级标题（如章）设置为“标题 1”样式，把文档的第二级标题（如节）设置为“标题 2”样式，以此类推，之后才能插入目录。

【例 3-21】为文档添加三级目录，目录页码需要用“Ⅰ，Ⅱ，Ⅲ，…”居中显示，正文中页码设置为“1，2，3，…”右对齐。

具体操作步骤如下。

1）打开“D:\MyWord\添加目录.docx”，首先在文档中设置标题级别，标题级别可以在“开始”选项卡的“样式”选项组中进行设置，共设置 3 级标题。

例 3-21 视频讲解

2）将光标定位到文档开始的位置，选择“布局”选项卡，单击“页面设置”选项组中的“分隔符”下拉按钮，在弹出的“分隔符”下拉列表中选择“分节符”列表中的“下一页”命令，插入分节符。

3）将光标定位在新建的空白页，选择“引用”选项卡，单击“目录”选项组中的“目录”下拉按钮，在弹出的下拉列表中选择“自定义目录”命令，打开“目录”对话框。选择“目录”选项卡，选中“显示页码”和“页码右对齐”复选框，在“制表符前导符”下拉列表中选择前导符样式，在“常规”选项组中的“格式”下拉列表中选择“来自模板”命令，在“显示级别”微调框中输入为3，如图3-110所示。单击“确定”按钮，即可在光标处创建目录。

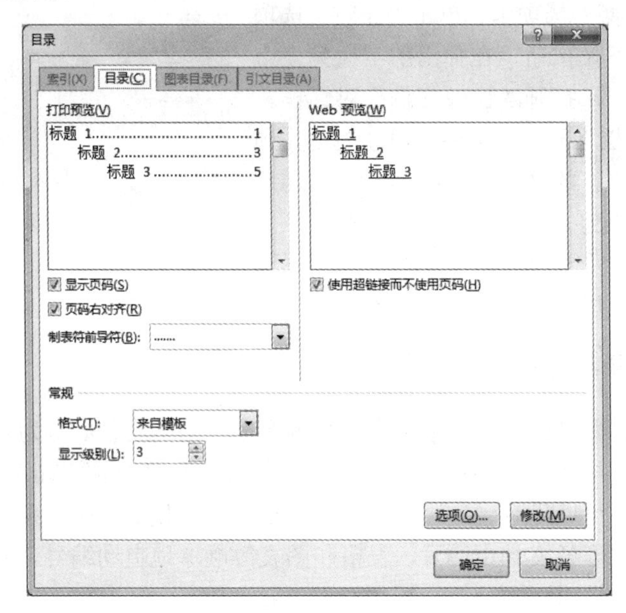

图3-110 “目录”对话框

4）将光标定位在目录页，选择“插入”选项卡，单击“页眉和页脚”选项组中的“页码”下拉按钮，在弹出的下拉列表中选择“页面底端”→“普通数字2”命令，插入页码。选择“页眉和页脚工具-设计”选项卡，单击“页眉和页脚”选项组中的“页码”下拉按钮，在弹出的下拉列表中选择“设置页码格式”命令，打开“页码格式”对话框，在“编号格式”下拉列表中选择“Ⅰ，Ⅱ，Ⅲ，…”格式，如图3-111所示。单击“确定”按钮，目录页码使用了“Ⅰ，Ⅱ，Ⅲ，…”格式并居中显示。

5）将光标定位在正文中的第1页要插入页码的位置，单击“导航”选项组中的“链接到前一条页眉”按钮，将该命令取消。单击“页眉和页脚”选项组中的“页码”下拉按钮，在弹出的下拉列表中选择“页面底端”→“普通数字3”命令，插入页码。单击“页眉和页脚”选项组中的“页码”下拉按钮，在弹出的下拉列表中选择“设置页码格式”命令，打开“页码格式”对话框，在“编号格式”下拉列表中选择“1，2，3，…”格式，在“页码编号”选项组中选中“起始页码”单选按钮，并设置为 1，如图 3-112 所示，单击“确定”按钮，然后单击“关闭页眉和页脚”按钮。

6）选中目录，选择“引用”选项卡，单击“目录”选项组中的“更新目录”按钮，打开“更新目录”对话框，选中“更新整个目录”单选按钮，如图 3-113 所示，单击“确定”按钮。添加目录的最终效果如图 3-114 所示。

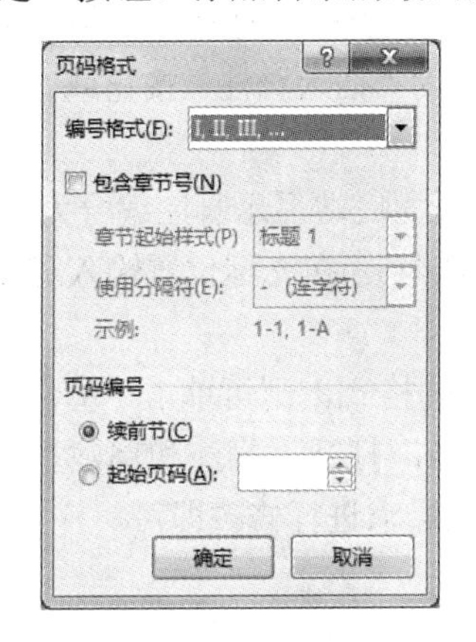

图 3-111　“页码格式”对话框 1

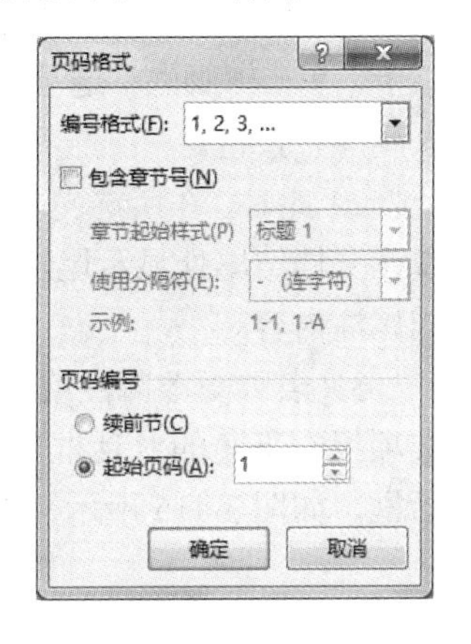

图 3-112　“页码格式”对话框 2

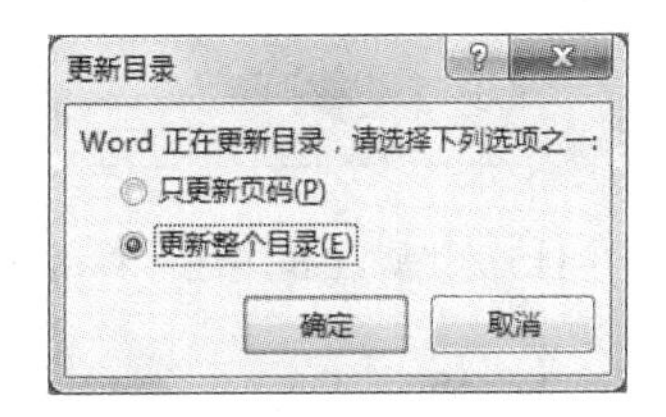

图 3-113　“更新目录”对话框

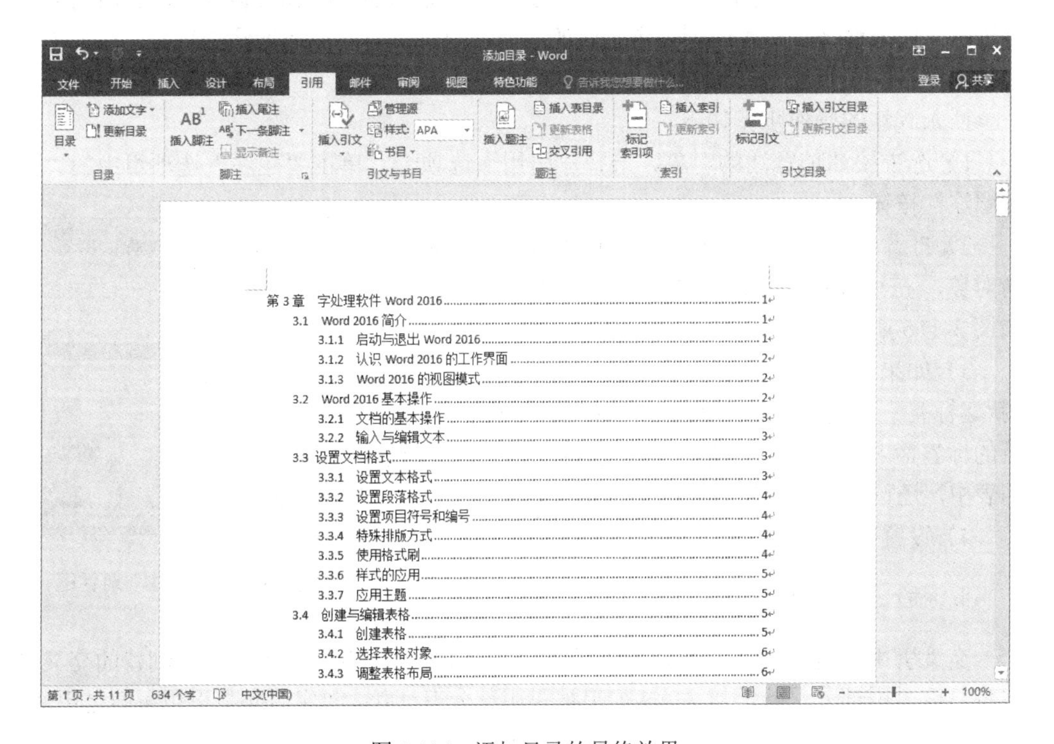

图 3-114　添加目录的最终效果

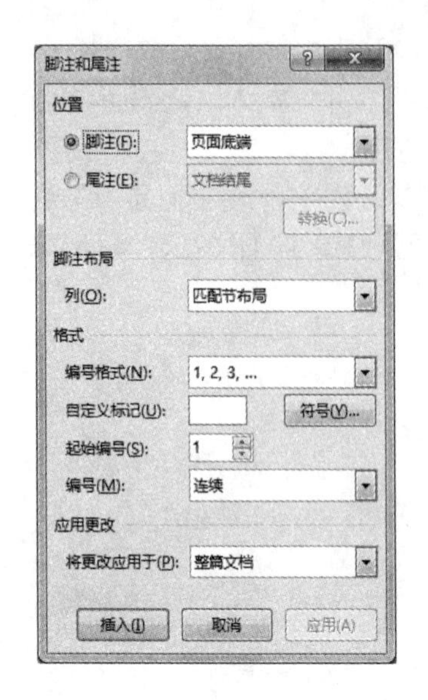

图 3-115 “脚注和尾注”对话框

2. 插入脚注和尾注

脚注和尾注主要用于为文档中的文本提供解释、相关的参考资料等信息。脚注一般位于本页底部，用于解释本页中的内容。尾注一般位于文档末尾，用于注明所引用的文献来源。插入脚注和尾注的操作步骤如下。

1）选中要添加脚注或尾注的文本，选择“引用”选项卡，单击“脚注”选项组中的“插入脚注”按钮或“插入尾注”按钮。

2）此时，在所选文本的页面底端显示脚注编号为 1，或在文档结尾处显示尾注编号为 i。在光标位置输入脚注或尾注内容。

3）若要更改脚注或尾注的格式，则可单击“脚注”选项组右下角的对话框启动器，打开“脚注和尾注”对话框，如图 3-115 所示，按照需求进行修改即可。

3. 插入题注

题注是为文档中的图表、表格、公式或图片等添加的一种编号标签。在文档的编辑过程中，如果移动、插入或删除带题注的项目，则可以自动更新题注的编号。对于带有题注的项目，还可以对其进行交叉引用。

插入题注的操作步骤如下。

1）选中要添加题注的对象，选择“引用”选项卡，单击“题注”选项组中的“插入题注”按钮。

2）打开“题注”对话框，可以根据添加题注的不同对象，在“选项”选项组中选择不同的标签类型，如图 3-116 所示。

3）如果想要使用自定义的标签显示方式，则单击“新建标签”按钮，在打开的“新建标签”对话框中为新的标签命名后，新的标签样式将出现在“标签”下拉列表中，还可以为该标签设置位置与编号类型。

4）设置完成后，单击“确定”按钮。

图 3-116 “题注”对话框

4. 插入交叉引用

交叉引用是指在文档中的某个位置引用另一个位置的标题、题注等。创建的交叉引用将与被引用部分保持链接关系，如果被引用部分有变化，创建的交叉引用可随之更新。

【例3-22】使用交叉引用功能将正文中的图编号引用到合适的位置，以便这些引用能够在图编号发生变化时自动更新。

例 3-22 视频讲解

具体操作步骤如下。

1）打开“D:\MyWord\交叉引用.docx”，在文档中将光标定位到要插入交叉引用的位置，选择“引用”选项卡，单击“题注”选项组中的“交叉引用”按钮。

2）打开“交叉引用”对话框，在“引用类型”下拉列表中选择“图”类型，在“引用内容”下拉列表中选择“只有标签和编号”命令，在“引用哪一个题注”列表框中选择引用的项目，如图 3-117 所示，然后单击“插入”按钮。

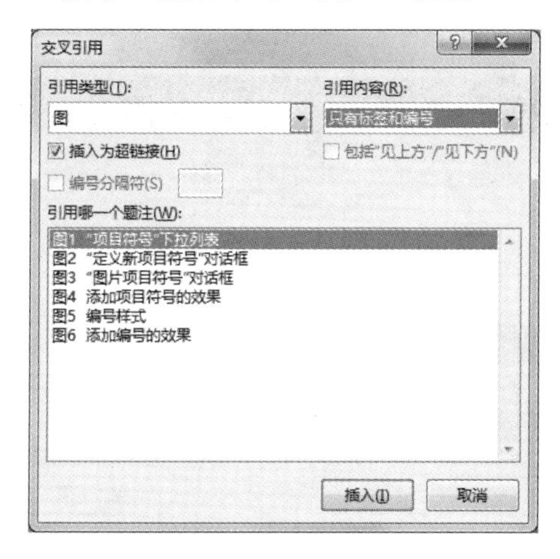

图 3-117　“交叉引用”对话框

添加交叉引用的效果如图 3-118 所示。

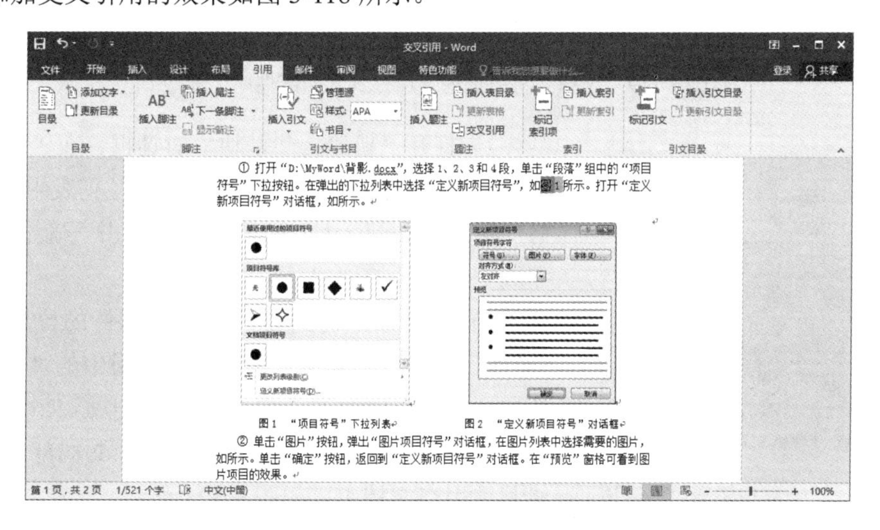

图 3-118　添加交叉引用后的效果

3.7.3 文档部件

文档部件就是对某一段指定文档内容（文本、图片、表格等）的封装，可以重复使用。文档部件库是创建、存储和查找可重复使用内容片段的库，内容片段包括自动图文集、文档属性（如标题和作者）和域。

【例 3-23】将已有的课程表构建为文档部件，并重复使用。

例 3-23 视频讲解

具体操作步骤如下。

1）选中课程表。选择“插入”选项卡，单击“文本”选项组中的“文档部件”下拉按钮，在弹出的下拉列表中选择“将所选内容保存到文档部件库”命令，如图 3-119 所示。

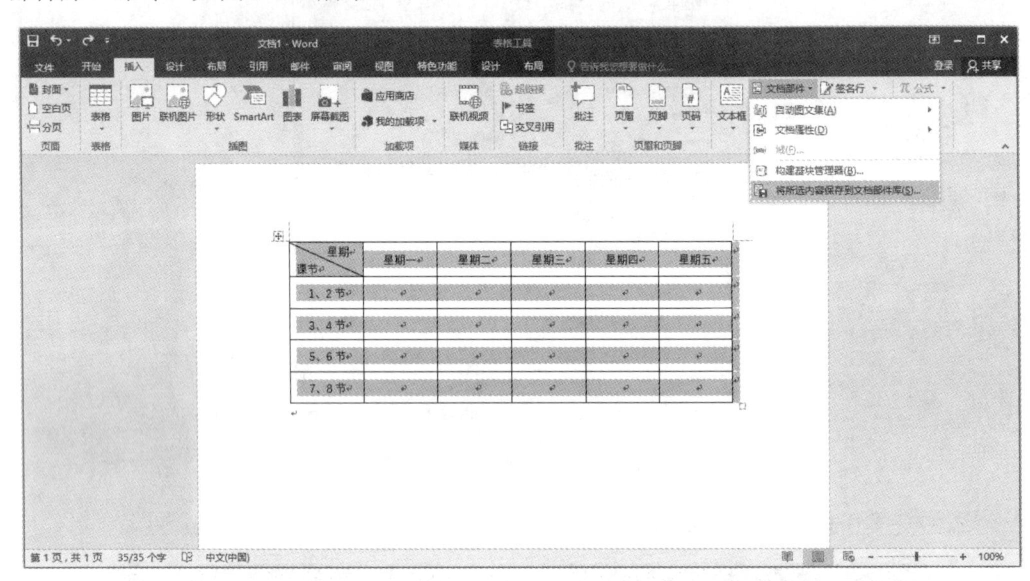

图 3-119 选择“将所选内容保存到文档部件库”命令

图 3-120 “新建构建基块”对话框

2）打开“新建构建基块”对话框，在“名称”文本框中输入“课程表”，并在“库”下拉列表中选择“表格”命令，如图 3-120 所示，然后单击“确定”按钮，完成文档部件的创建。

3）将光标定位到要插入文档部件的位置，选择“插入”选项卡，单击“表格”选项组中的“表格”下拉按钮，在弹出的下拉列表中选择“快速表格”命令，从其子菜单中选择新建的“课程表”文档部件，即可将其重用在文档中，如图 3-121 所示。

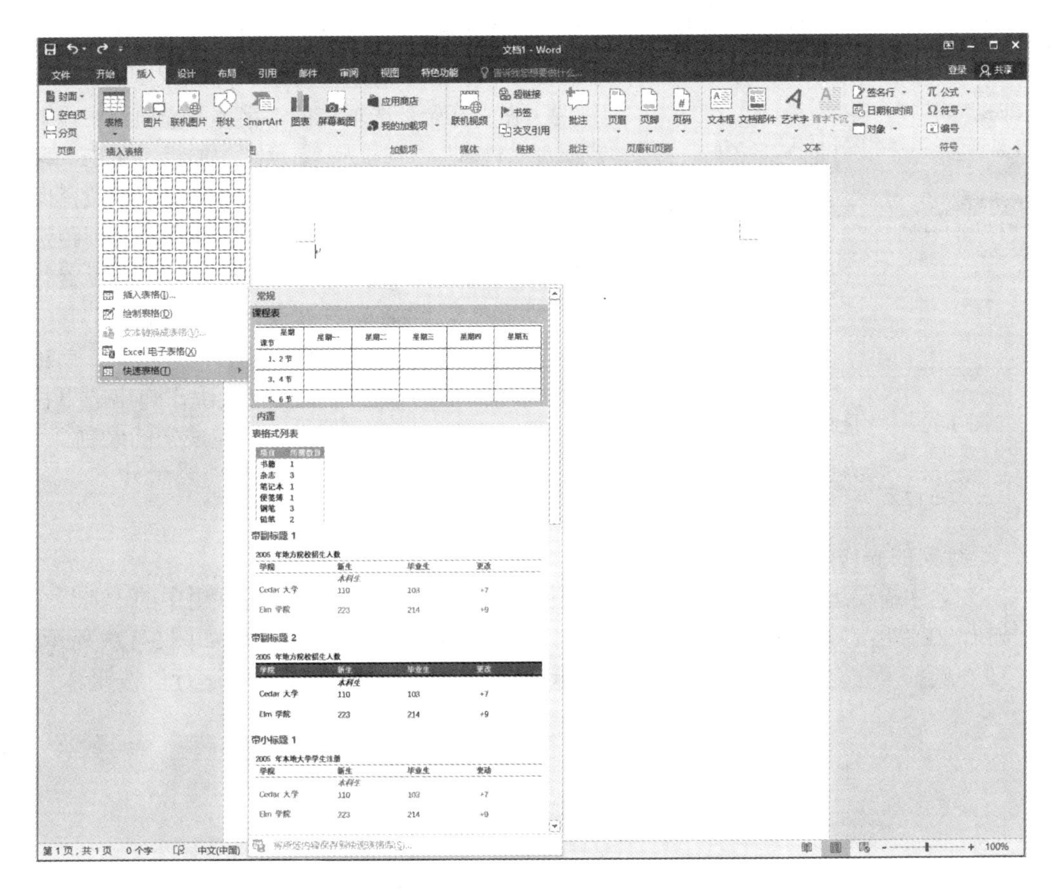

图 3-121　使用已创建的文档部件

3.7.4　宏

宏是由一个或多个操作组成的集合。对于操作步骤相同的过程，使用宏可以简化这个过程。宏一旦创建，它将作为单个命令自动执行其中的每个操作。为了提高宏的安全性，通常要对宏进行安全设置。

1. 录制宏

例 3-24 视频讲解

使用宏可以提高用户的工作效率，减少大量的重复操作。

【例 3-24】 创建一个名为“设置标题格式”的宏，要求字体格式为黑体、三号、加粗，段落格式为居中对齐、35 磅行距。

具体操作步骤如下。

1）选择“视图”选项卡，单击“宏”选项组中的“宏”下拉按钮，在弹出的下拉列表中选择“录制宏”命令，打开“录制宏”对话框。

2）在“录制宏”对话框中，默认宏名为“宏 1”，更改为“设置标题格式”。在“说

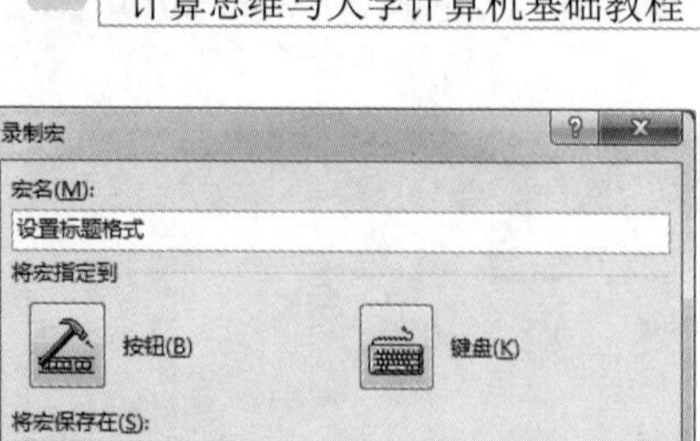

图 3-122 “录制宏”对话框

明”列表框中输入说明文字，如图 3-122 所示。设置完成后，单击“确定”按钮，开始录制宏。

3）在“开始”选项卡的“字体”选项组中设置字体为“黑体”、字号为“三号”，加粗。单击“段落”选项组中的“居中”按钮，单击“行和段落间距”下拉按钮，在弹出的下拉列表中选择“行距选项”命令，打开“段落”对话框，在其中设置行距为“35 磅”，然后单击“确定”按钮。

4）录制完成后，选择“视图”选项卡，单击“宏”选项组中的“宏”下拉按钮，在弹出的下拉列表中选择“停止录制”命令，完成宏的录制。

2. 运行宏

运行宏的操作步骤如下。

1）选中需要运行宏的文本，选择“视图”选项卡，单击“宏”选项组中的“宏”下拉按钮，在弹出的下拉列表中选择“查看宏”命令，打开“宏”对话框，如图 3-123 所示。

2）选择“宏名”列表框中的“设置标题格式”名称，然后单击“运行”按钮。

图 3-123 “宏”对话框

3. 设置宏的安全性

使用宏可以提高工作效率，为了预防计算机感染宏病毒，要对宏的安全性进行设置。对宏进行安全设置的操作步骤如下。

1）选择“文件”→“选项”命令，打开“Word 选项”对话框，选择“信任中心”选项卡，如图 3-124 所示。

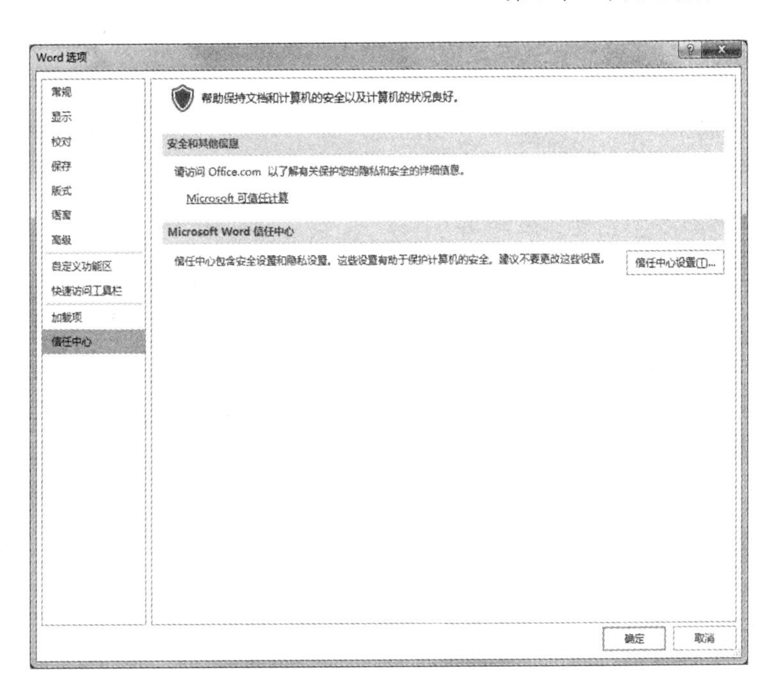

图 3-124　“Word 选项”对话框

2）单击“信任中心设置”按钮，打开“信任中心”对话框，选中其中的一项作为对宏安全的设置，如图 3-125 所示。

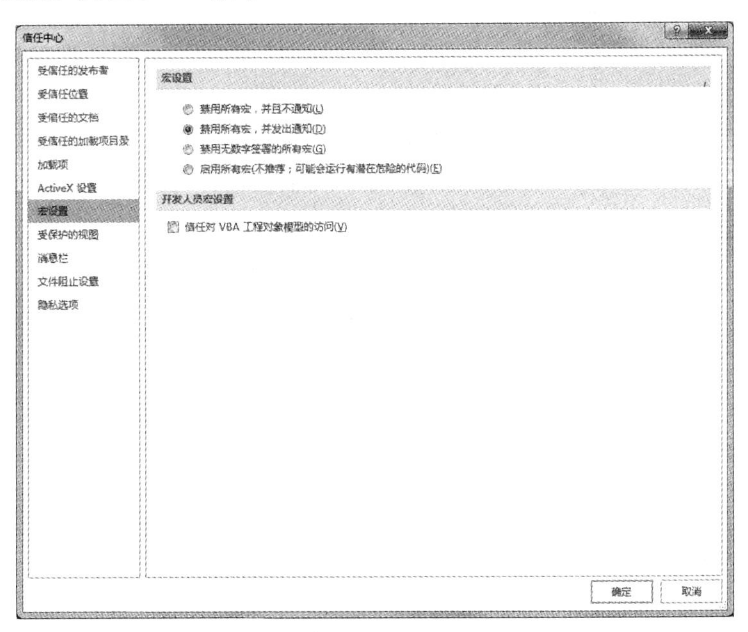

图 3-125　“信任中心”对话框

3.7.5 使用邮件合并功能批量处理文档

Word 2016 提供了强大的邮件合并功能，即将一个主文档与一个数据源结合起来，最终生成主体内容相同、个体内容相异的一系列文档。

1. 使用邮件合并功能制作邀请函

使用邮件合并功能可以创建一个要多次打印或通过电子邮件发送，并且每份要发送给不同收件人的套用信函、电子邮件、信封、标签、目录等，从而提高工作效率。

邮件合并要建立两个文档：一个是主文档，指文档中固定不变的部分，如题目、落款、核心内容等；另一个是数据源，指文档中可变的部分，称为域，如姓名、职务、地址等。在合并邮件的过程中，最主要的操作是在主文档中插入域，即将数据源中的各项信息插入主文档中，以实现相同邮件的多人发送。

【例 3-25】使用邮件合并分布向导批量制作公司年会邀请函。

具体操作步骤如下。

例 3-25 视频讲解

1）打开“D:\MyWord\邀请函.docx”，选择“邮件”选项卡，单击“开始邮件合并”选项组中的“开始邮件合并”下拉按钮，在弹出的下拉列表中选择“邮件合并分布向导”命令，弹出“邮件合并”任务窗格，如图 3-126 所示，选择文档类型为“信函”。

2）单击“下一步：开始文档”链接，在打开的界面中选中“使用当前文档”单选按钮，作为邮件合并的主文档，如图 3-127 所示。

3）单击“下一步：选择收件人”链接，在打开的界面中选中“使用现有列表”单选按钮，如图 3-128 所示。单击“浏览”链接，打开“选取数据源”对话框，选择保存客户信息的工作簿，如“D:\MyWord\通讯录.xlsx”，单击“打开”按钮，打开“选择表格”对话框，选择保存客户信息的工作表名称，如$Sheet1$，单击“确定”按钮。打开“邮件合并收件人”对话框，如图 3-129 所示，对需要合并的收件人信息进行修改后，单击“确定”按钮。

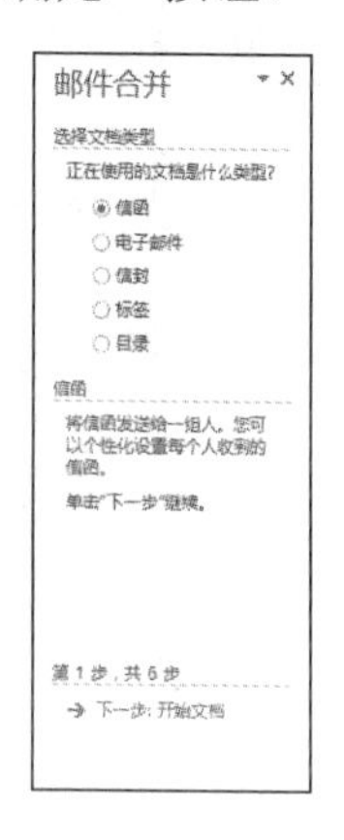

图 3-126 选择文档类型

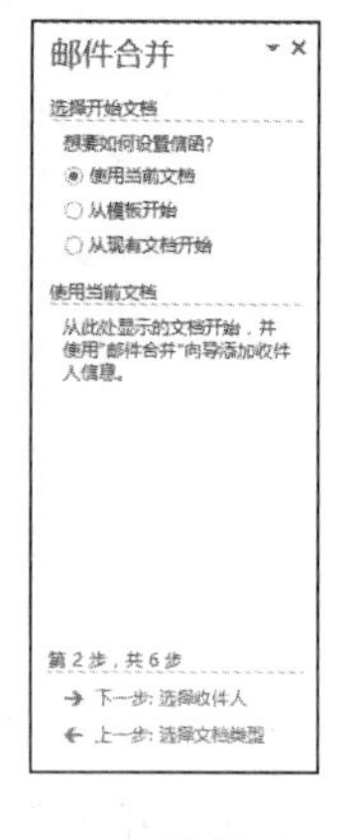

图 3-127 选择主文档

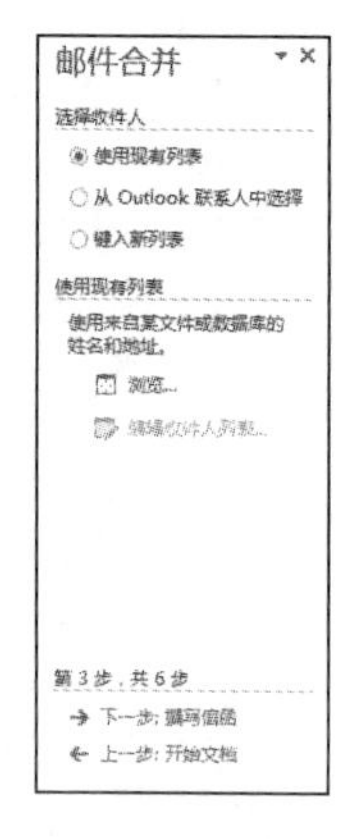

图 3-128 选择收件人

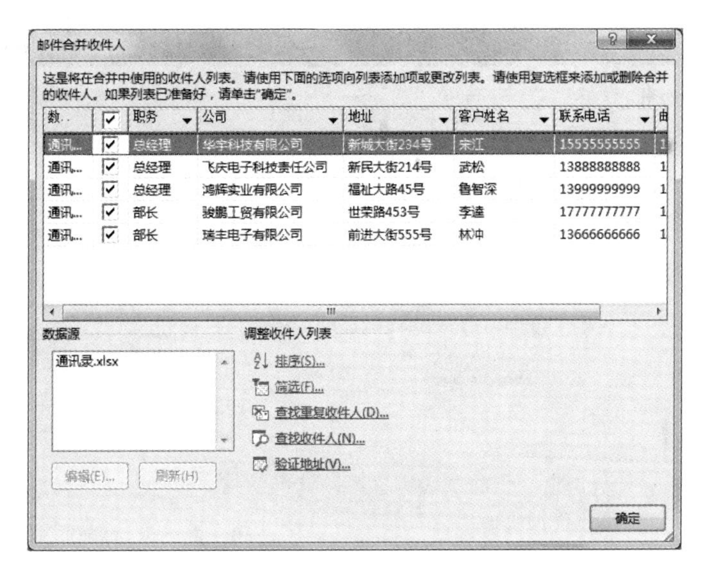

图 3-129　设置邮件合并收件人信息

4）单击“下一步：撰写信函”链接，将光标定位在“尊敬的”之后，单击“其他项目”链接，如图 3-130 所示，打开“插入合并域”对话框，如图 3-131 所示。在“域”列表框中，分别选择“客户姓名”和“职务”，则在文档中插入了“客户姓名”和“职务”两个域。使用同样的方法在“为感谢您及”之后插入“公司”域，如图 3-132 所示。

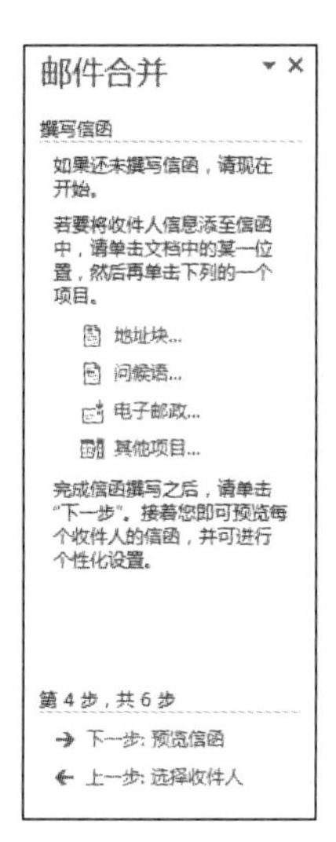

图 3-130　撰写信函

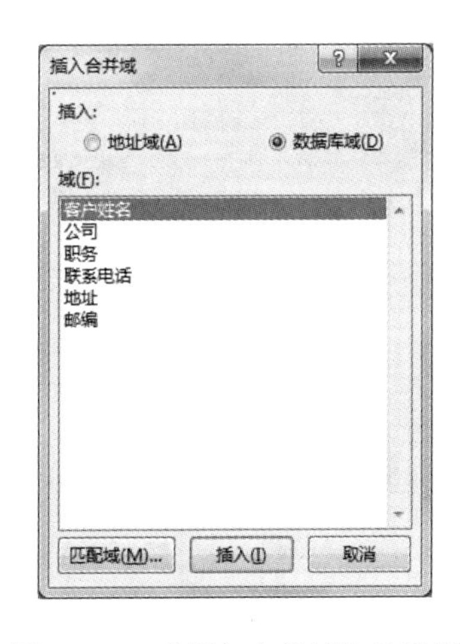

图 3-131　“插入合并域”对话框

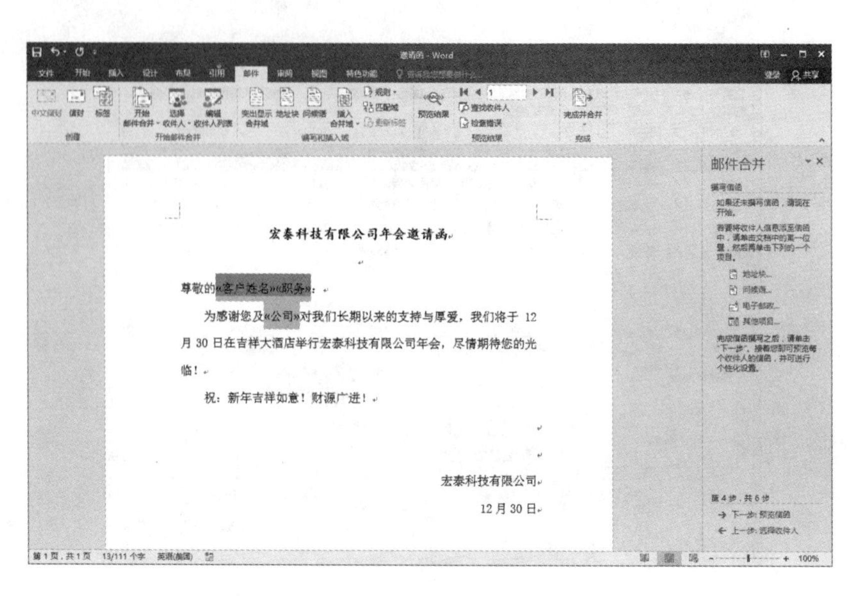

图 3-132　插入域的效果

5）单击“下一步：预览信函”链接，在打开界面的“预览信函”选项组中，单击<<或>>按钮，按顺序在不同联系人之间进行切换，同时文档中的域也会更改对应的联系人信息，如图 3-133 所示。

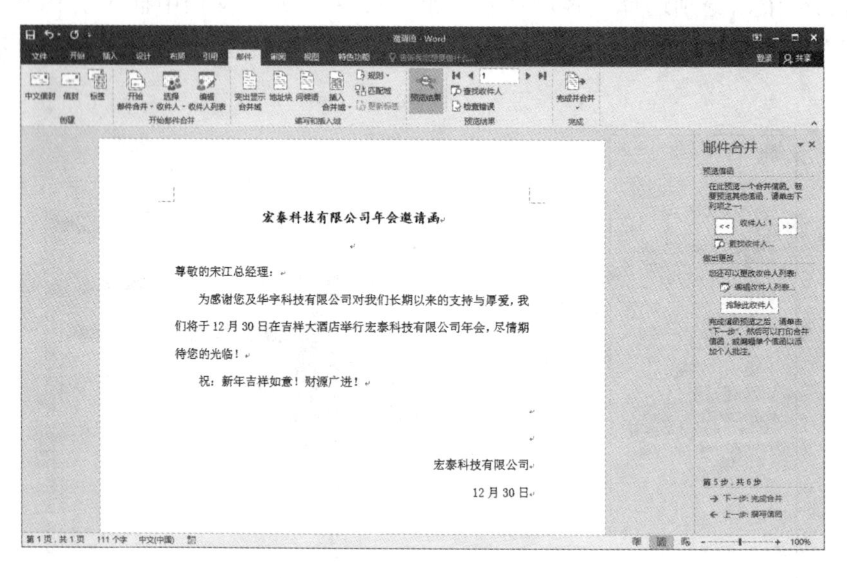

图 3-133　显示插入合并域后的效果

6）单击“下一步：完成合并”链接，在打开的界面中单击“编辑单个信函”链接，如图 3-134 所示，打开“合并到新文档”对话框。选中“全部”单选按钮，如图 3-135 所示，然后单击“确定”按钮。

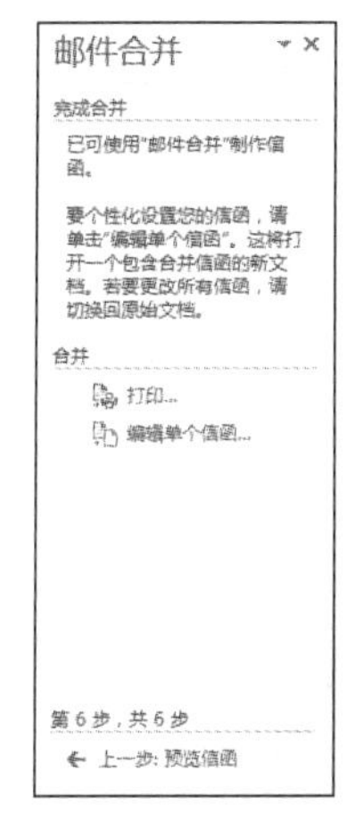

图 3-134　完成合并

图 3-135　合并到新文档

这样，Word 2016 会将 Excel 中存储的收件人信息自动添加到邀请函正文中，合并生成一个新文档。将这个文档保存为“D:\MyWord\公司年会邀请函.docx”即可。

2. *使用邮件合并功能制作信封*

Word 2016 的邮件合并功能提供了非常方便的制作中文信封的功能。

【例 3-26】使用邮件合并功能批量制作中文信封。

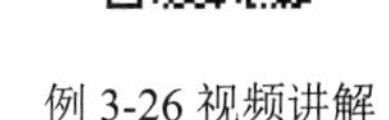

例 3-26 视频讲解

具体操作步骤如下。

1）选择“邮件”选项卡，单击“创建”选项组中的“中文信封”按钮，打开“信封制作向导”对话框的“开始”界面，如图 3-136 所示。

2）单击“下一步”按钮，打开“信封制作向导”对话框的“选择信封样式”界面。选择信封的规格及样式，还可以设置是否打印邮政编码、邮票框和书写线等，如图 3-137 所示。

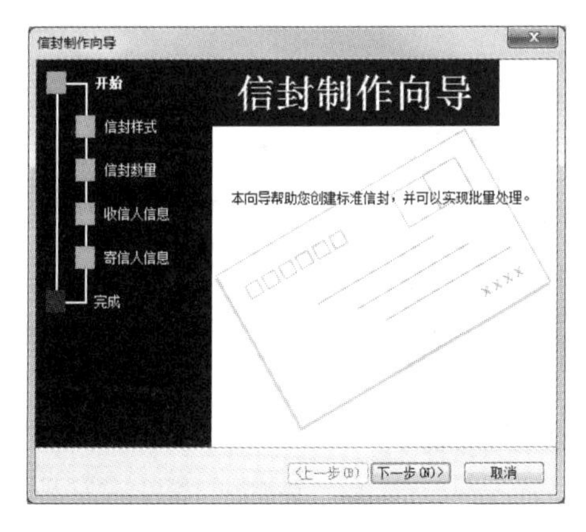

图 3-136　“信封制作向导”对话框的“开始”界面

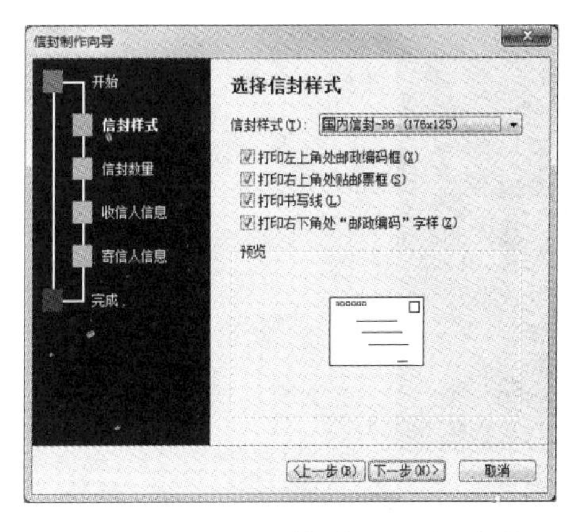

图 3-137　“信封制作向导”对话框的“选择信封样式”界面

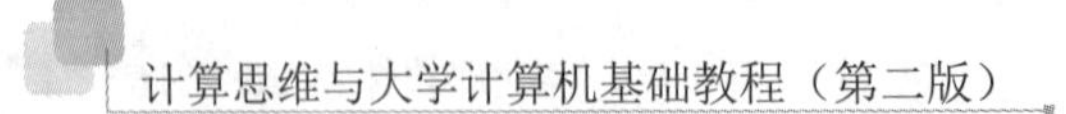

3）单击“下一步”按钮，打开“信封制作向导”对话框的“选择生成信封的方式和数量”界面。这里选中“基于地址簿文件，生成批量信封”单选按钮，如图3-138所示。

4）单击“下一步”按钮，打开“信封制作向导”对话框的“从文件中获取并匹配收信人信息”界面。单击“选择地址簿”按钮，在打开的“打开”对话框中选择收信人信息的工作簿，此处选择“D:\MyWord\通讯录.xlsx”，单击“打开”按钮。在“地址簿中的对应项”下拉列表中，选择与收信人信息匹配的字段，如图3-139所示。

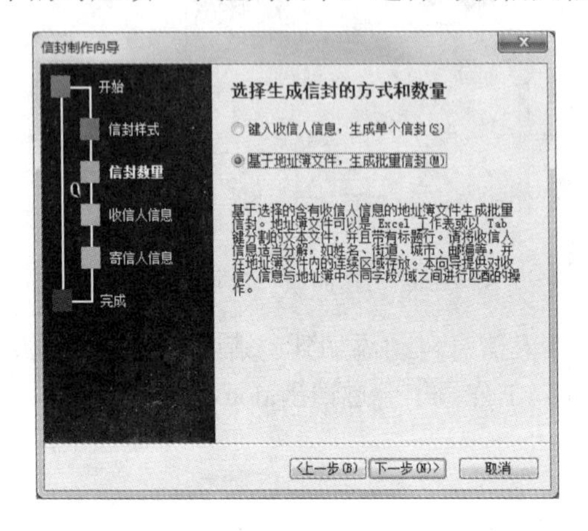

图3-138　“信封制作向导”对话框的“选择生成信封的方式和数量”界面

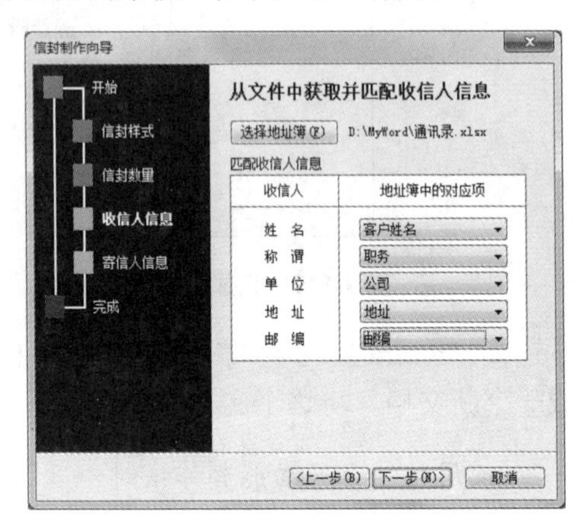

图3-139　“信封制作向导”对话框的“从文件中获取并匹配收信人信息”界面

5）单击“下一步”按钮，打开“信封制作向导”对话框的“输入寄信人信息”界面。输入寄信人的姓名、单位、地址和邮编等，如图3-140所示。

6）单击“下一步”按钮，打开“信封制作向导”对话框的“完成”界面。提示用户操作已经完成，如图3-141所示，单击“完成”按钮。这样，Word 2016就生成了多个标准的信封，如图3-142所示。

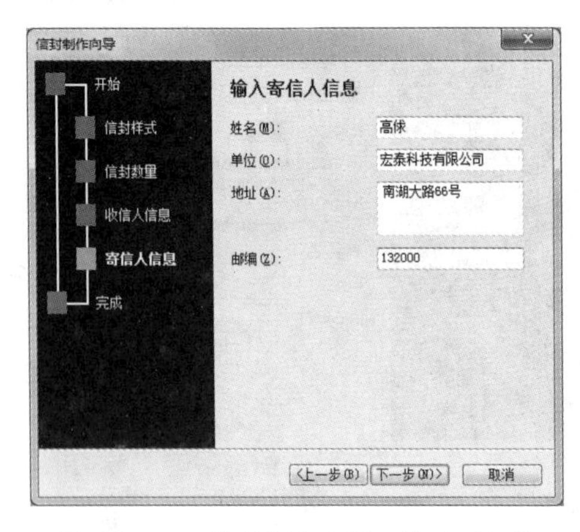

图3-140　“信封制作向导”的对话框的“输入寄信人信息”界面

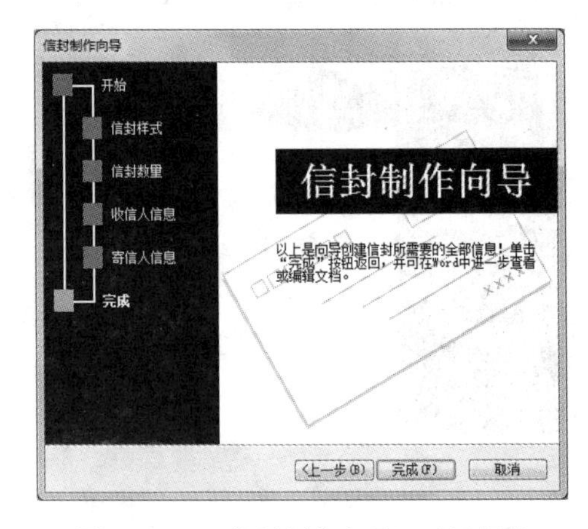

图3-141　“信封制作向导”对话框的“完成”界面

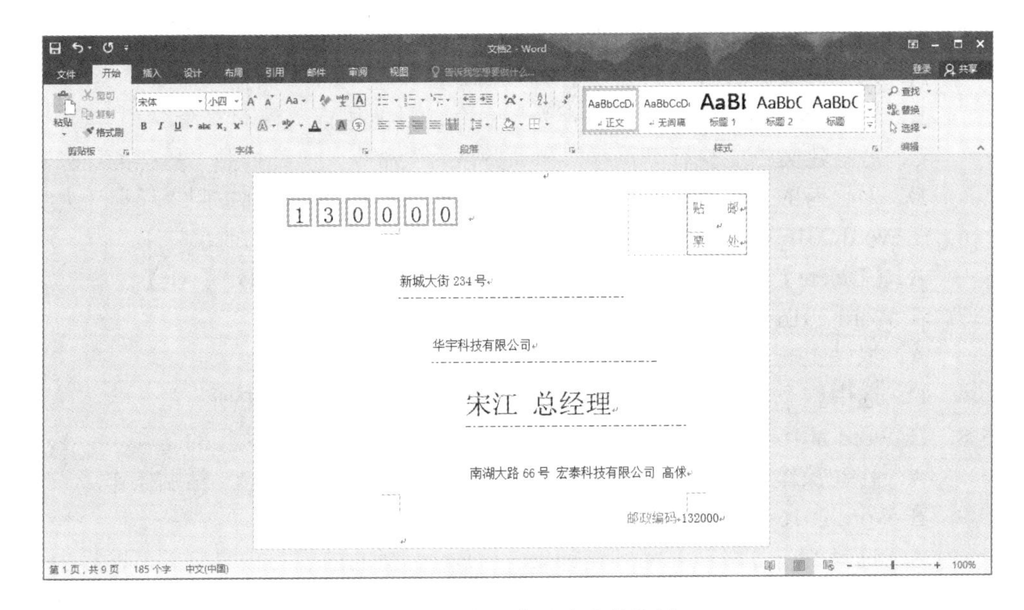

图 3-142　使用向导生成的信封

习题 3

1. 下面关于 Word 2016 的叙述中正确的是（　　）。
   A. Word 2016 只能将文档保存成 Word 格式
   B. Word 2016 文档只能编辑文字，不能插入图形
   C. Word 2016 不能实现“所见即所得”的排版效果
   D. Word 2016 能打开多种格式的文档
2. 为了使显示的内容与打印的效果完全相同，应选择（　　）视图。
   A. 大纲　　B. 阅读　　C. 页面　　D. Web 版式
3. 在编辑 Word 2016 文档时，输入的新字符总是覆盖文档中已有的字符，这是因为（　　）。
   A. 当前文档处于改写状态　　B. 当前文档处于插入状态
   C. 连续按两次【Insert】键　　D. 按【Delete】键可防止覆盖发生
4. 打开一个文档并对其进行修改，执行“关闭”操作后，则（　　）。
   A. 文档将被关闭，但修改后的内容不能保存
   B. 文档不能被关闭，并提示出错
   C. 文档将被关闭，并自动保存修改后的内容
   D. 打开对话框，并询问是否保存对文档的修改

5．关于保存文档，以下说法正确的是（　　）。
A．对新建文档只能执行“另存为”命令，不能执行“保存”命令
B．对已有文档不能执行“另存为”命令，只能执行“保存”命令
C．对新建文档能执行“保存”和“另存为”命令，但都按照“另存为”去实现
D．对已有的文档能执行“保存”和“另存为”命令，但都按照“保存”去实现

6．在 Word 2016 中，要选中文本中的一个矩形区域，应在拖动前，按住（　　）键。
A．【Delete】　B．【Ctrl】　C．【Enter】　D．【Alt】

7．在 Word 2016 中，使用【Ctrl+A】组合键将（　　）。
A．撤销上一步操作　B．执行复制操作
C．选中整个文档　D．仅仅选中文档中所有的文字

8．在 Word 2016 中，选中文本后，按住【Ctrl】键并拖动，执行的是（　　）。
A．移动操作　B．复制操作　C．剪切操作　D．粘贴操作

9．在 Word 2016 中，选中文本并执行“剪切”命令后，（　　）。
A．选择的内容将被复制到光标处　B．选择的内容将被复制到剪贴板中
C．选择的内容将被移动到剪贴板中　D．所在的段落内容将被复制到剪贴板中

10．在编辑文档时，若鼠标指针在某行行首的左侧，（　　）可以选择光标所在的行。
A．右击　B．单击　C．双击　D．三击

11．在 Word 2016 中，撤销操作的快捷键是（　　）。
A．【Ctrl+X】　B．【Ctrl+V】　C．【Ctrl+C】　D．【Ctrl+Z】

12．文档中的文本默认为（　　）字。
A．宋体、五号　B．宋体、小五号
C．仿宋、五号　D．楷体、五号

13．在 Word 2016 中，标有“B”字母的按钮作用是使所选文本（　　）。
A．变为斜体　B．变为粗体
C．加单直下划线　D．加波浪下划线

14．在 Word 2016 的编辑状态下，进行字体设置后显示的是（　　）。
A．光标所在段落后的文字　B．文档中被选中的文字
C．光标所在行的文字　D．文档的全部文字

15．在 Word 2016 中，用来设置某段第一行左端起始位置的功能是（　　）。
A．左缩进　B．右缩进　C．首行缩进　D．悬挂缩进

16．在 Word 2016 中，项目符号或编号在（　　）时会自动出现。
A．按【Enter】键　B．按【Tab】键
C．一行文字输入完毕　D．输入文字超过右边界

17．下列关于分栏的说法，正确的是（　　）。
A．最多可以设 4 栏　B．各栏的宽度必须相同
C．各栏的宽度可以不同　D．各栏之间的间距是固定的

18．如果要多次应用“格式刷”复制格式，应（　　）“格式刷”按钮。

A．单击　　B．双击　　C．右击　　D．拖动

19．样式是一组被命名保存的（　　）。

A．字体　　B．格式集合　　C．段落格式　　D．页面版式

20．在 Word 2016 中插入表格，下列说法错误的是（　　）。

A．只能是 3 列 2 行　　B．可以自动套用格式

C．行列数可调　　D．能调整行高和列宽

21．在 Word 2016 中编辑表格时，选中一个单元格按【Delete】键，则（　　）。

A．删除该单元格所在的行

B．删除该单元格的内容

C．删除该单元格，右方单元格左移

D．删除该单元格，下方单元格上移

22．选中表格中的一个单元格，然后执行删除操作，则（　　）。

A．只能删除该单元格所在的一行

B．只能删除该单元格所在的一列

C．删除该单元格所在的一行或一列

D．删除一行，或删除一列，或只删除一个单元格

23．要将表格中相邻的两个单元格变成一个单元格，应执行（　　）命令。

A．删除单元格　　B．合并单元格　　C．拆分单元格　　D．绘制表格

24．文本转换为表格时，可以使用（　　）作为分隔符。

A．逗号　　B．制表符　　C．空格　　D．以上 3 种均可

25．在 Word 2016 中，每一页都要出现的信息应放在（　　）。

A．文本框　　B．脚注　　C．第一页　　D．页眉/页脚

26．在 Word 2016 的页面设置中，默认的纸张大小规格是（　　）。

A．A4　　B．A3　　C．B4　　D．B5

27．要打印第 3～9 页与第 15 页的内容，在“页数”文本框中输入（　　）。

A．3,9,15　　B．3,9-15　　C．3-9,15　　D．3-9-15

28．在 Word 2016 中，文字下面有红色波浪线表示（　　）。

A．文档已经修改过　　B．该文字本身自带下划线

C．可能存在拼写错误　　D．可能存在语法错误

29．在 Word 2016 中，文字下面有蓝色波浪线表示（　　）。

A．文档已经修改过　　B．该文字本身自带下划线

C．可能存在拼写错误　　D．可能存在语法错误

30．将经常使用的几个命令或操作组合成（　　）可提高工作效率。

A．快捷键　　B．快捷菜单　　C．宏　　D．按钮

第4章 电子表格处理软件Excel 2016

在人们的日常工作和生活中，表格无处不在，如学生成绩单、员工出勤表、商品销售表、年度财务报表等。Excel是电子表格处理软件，它可以进行各种数据处理、计算、统计分析和辅助决策等操作，广泛地应用于教学、科研、管理和金融等领域，为人们的工作、学习和生活提供了一个高效、快捷、简易的操作平台。

4.1 Excel简介

作为Office办公组件的成员，Excel主要用于对数据进行处理，包括输入数据，利用数据分析工具对数据进行排序、筛选和分类汇总，利用公式与函数对数据进行各种计算，利用图表功能对数据进行形象地说明和比较，利用数据共享功能方便地与其他程序交换数据等。

4.1.1 工作界面

Excel的工作界面如图4-1所示，它在继承低版本外观风格的基础上，也有新的变化，为用户提供新的功能。

从图4-1中可以看出，Excel的工作界面与Word的工作界面类似。下面只介绍名称框、编辑栏和工作表编辑区。

1. 名称框和编辑栏

名称框和编辑栏位于功能区下方。名称框用于显示活动单元格的名称，或用户定义的单元格区域名称。编辑栏用于显示、输入、编辑和修改当前单元格的内容。Excel的编辑栏默认为折叠状态，当编辑较长内容时，可以单击右侧的“展开编辑栏”按钮展开编辑栏，便于数据的查看和编辑，如图4-2所示。如果数据内容过多，也可以拖动编辑栏的下边框继续扩大空间。

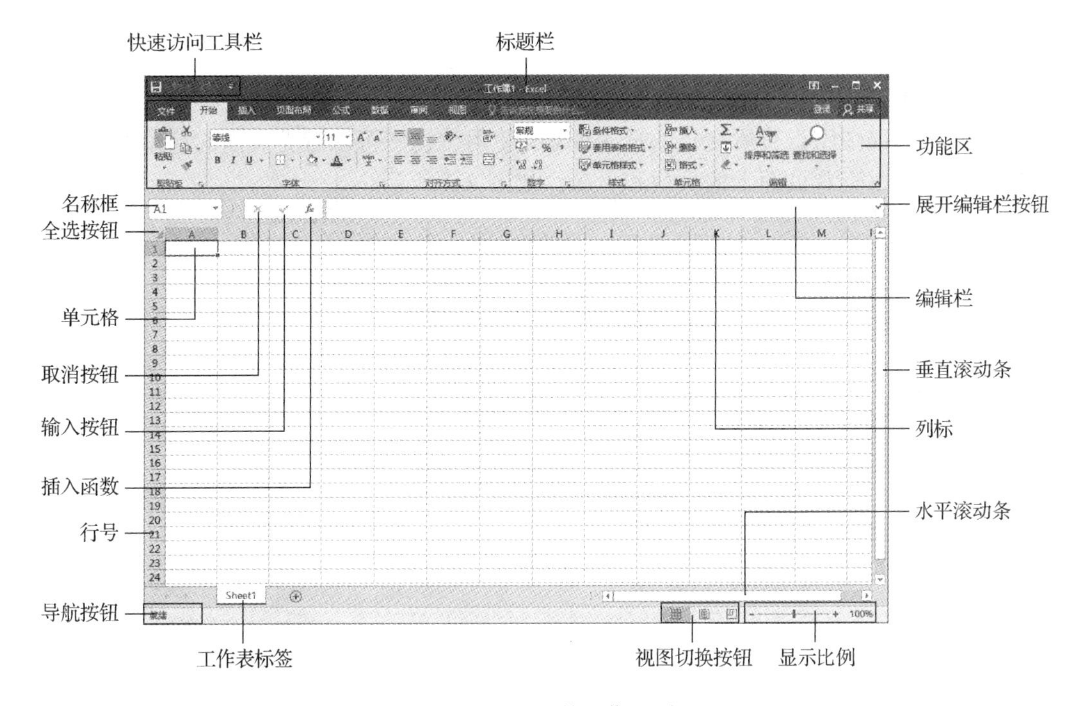

图 4-1 Excel 的工作界面

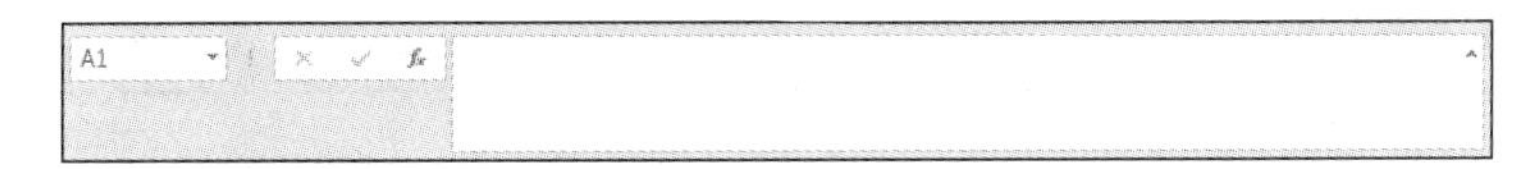

图 4-2 展开的编辑栏

2. 工作表编辑区

工作表编辑区占据了整个工作界面的大部分区域，是用户在 Excel 中进行操作的最主要区域，用来接收数据。工作表编辑区包括行号、列标、单元格、工作表标签、水平和垂直滚动条及导航按钮等。

4.1.2 Excel 的视图方式及自定义工作环境

1. 视图方式

使用 Excel 处理数据时，可以使用不同的视图来编辑数据、查看结果。Excel 为用户提供了 4 种视图，分别是普通、分页预览、页面布局和自定义视图，如图 4-3 所示。选择“视图”选项卡，在“工作簿视图”选项组中单击相应的按钮实现视图之间的切换。

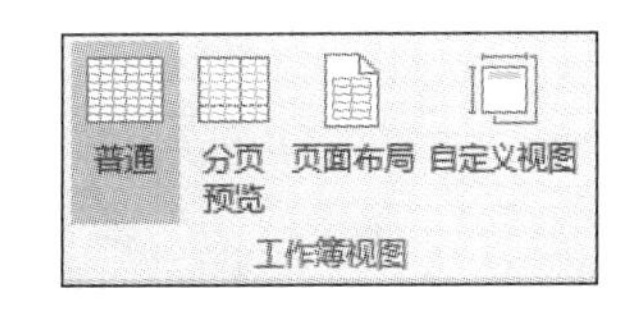

图 4-3 “工作簿视图”选项组

（1）普通视图

普通视图是默认的工作簿视图，也是使用最频繁的视图方式，它支持所有的 Excel

功能，如图 4-1 所示。

（2）页面布局视图

页面布局视图用于查看文档的打印外观，使用该视图可以看见页面的起始位置和结束位置，并可以查看页面上的页眉和页脚，如图 4-4 所示。

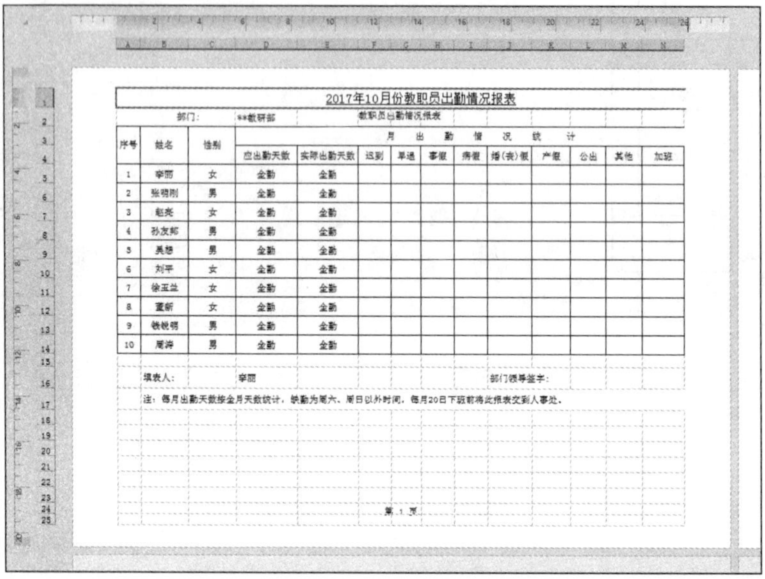

2017年10月份教职员出勤情况报表

部门:			**教研部	教职员出勤情况报表									
序号	姓名	性别	月　出　勤　情　况　统　计										
			应出勤天数	实际出勤天数	迟到	早退	事假	病假	婚(丧)假	产假	公出	其他	加班
1	李丽	女	全勤	全勤									
2	张明刚	男	全勤	全勤									
3	赵亮	女	全勤	全勤									
4	孙友邦	男	全勤	全勤									
5	吴想	男	全勤	全勤									
6	刘平	女	全勤	全勤									
7	徐玉兰	女	全勤	全勤									
8	董新	女	全勤	全勤									
9	钱锐明	男	全勤	全勤									
10	周涛	男	全勤	全勤									

填表人:　李丽　　部门领导签字:

注：每月出勤天数按全月天数统计，缺勤为周六、周日以外时间，每月20日下班前将此报表交到人事处。

第 1 页

图 4-4　页面布局视图

（3）分页预览视图

分页预览视图主要用于预览分页位置，如图 4-5 所示。

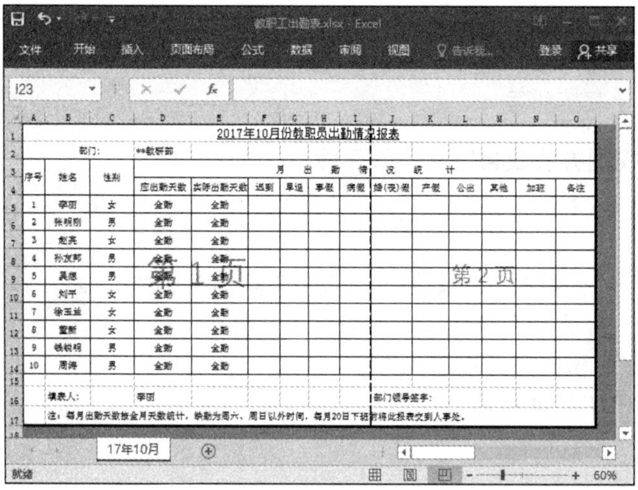

2017年10月份教职员出勤情况报表

部门:			**教研部											
序号	姓名	性别	月　出　勤　情　况　统　计											
			应出勤天数	实际出勤天数	迟到	早退	事假	病假	婚(丧)假	产假	公出	其他	加班	备注
1	李丽	女	全勤	全勤										
2	张明刚	男	全勤	全勤										
3	赵亮	女	全勤	全勤										
4	孙友邦	男	全勤	全勤										
5	吴想	男	全勤	全勤										
6	刘平	女	全勤	全勤										
7	徐玉兰	女	全勤	全勤										
8	董新	女	全勤	全勤										
9	钱锐明	男	全勤	全勤										
10	周涛	男	全勤	全勤										

填表人:　李丽　　部门领导签字:

注：每月出勤天数按全月天数统计，缺勤为周六、周日以外时间，每月20日下班前将此报表交到人事处。

图 4-5　分页预览视图

（4）自定义视图

自定义视图是一个容易被忽视的视图方式。用户可以将一组显示和打印设置保存为自定义视图。保存自定义视图后，可以在“视图管理器”对话框的“视图”列表框中选择一个视图显示。例如，将显示所有数据的视图定义为“全部数据”，使用筛选或隐藏行列的方法只显示部分数据，将其定义为“男教师出勤情况”和“女教师出勤情况”。这时，单击“自定义视图”按钮，打开如图 4-6 所示的“视图管理器”对话框，在“视图”列表框中选择“全部数据”选项后，单击“显示”按钮，会显示工作表的所有数据；在“视图”列表框中选择“男教师出勤情况”选项后，单击“显示”按钮，只显示如图 4-7 所示的内容。

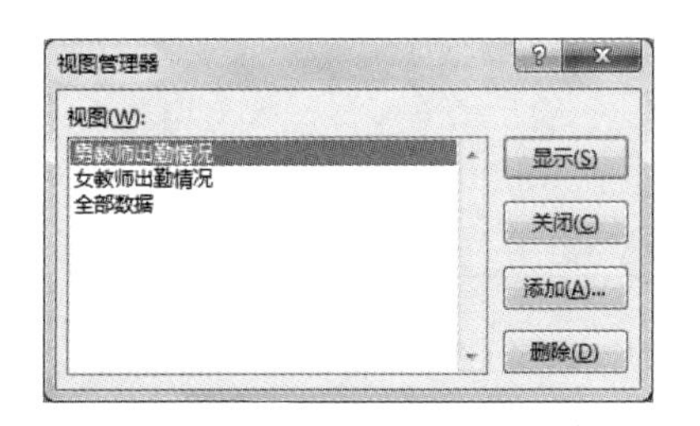

图 4-6　“视图管理器”对话框

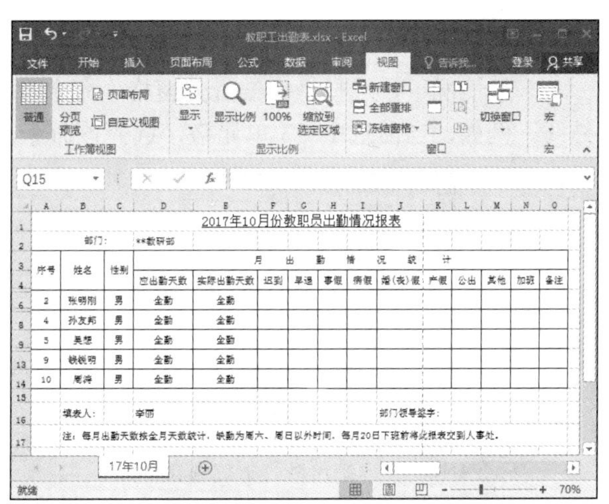

图 4-7　自定义视图下显示部分数据

2. 自定义工作环境

在使用 Excel 时，用户可以根据工作需要对工作环境进行自定义。

（1）工作窗口的缩放

当工作表的数据特别多时，用户无法同时浏览所有数据，这就需要对工作窗口进行缩放，从而达到总览全部数据的目的。

可以直接拖动工作界面右下角的滑块实现动态缩放，或单击+或-按钮实现按比例缩放。除此之外，还可以直接单击 100% 按钮，在打开的“显示比例”对话框中进行精确的缩放，如图 4-8 所示。

（2）工作窗口的冻结

冻结意味着将某些数据固定在工作窗口中。对于数据量较大的工作表，用户希望在查看数据时保持顶端标题行和左侧标题列始终可见。此时，就可以使用冻结功能，以方便查看和核对数据。

“冻结窗格”功能位于“视图”选项卡的“窗口”选项组中，如图 4-9 所示。单击

“冻结窗格”下拉按钮，弹出“冻结窗格”下拉列表，如图 4-10 所示。

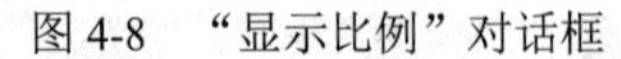
图 4-8　“显示比例”对话框

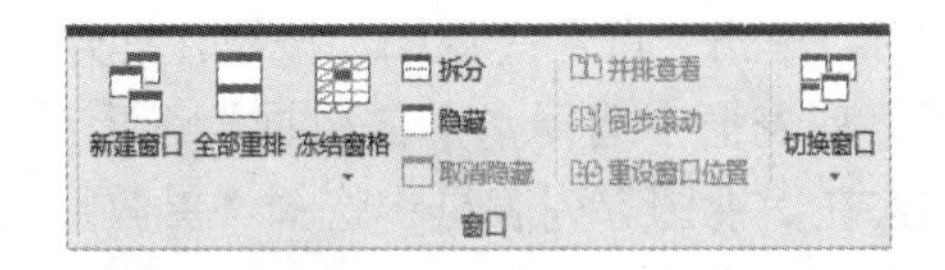

图 4-9　“窗口”选项组

一般情况下，选择“冻结拆分窗格”命令时，会在所选单元格的上方和左侧产生冻结线。例如，当前选中 C3 单元格，选择该命令，会创建如图 4-11 所示的冻结线。

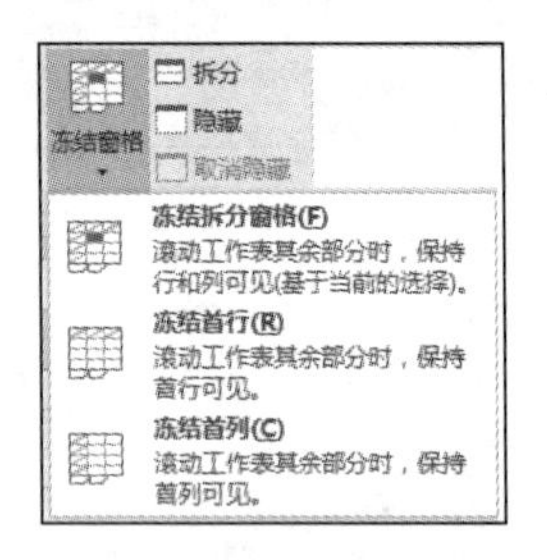

图 4-10　“冻结窗格”下拉列表

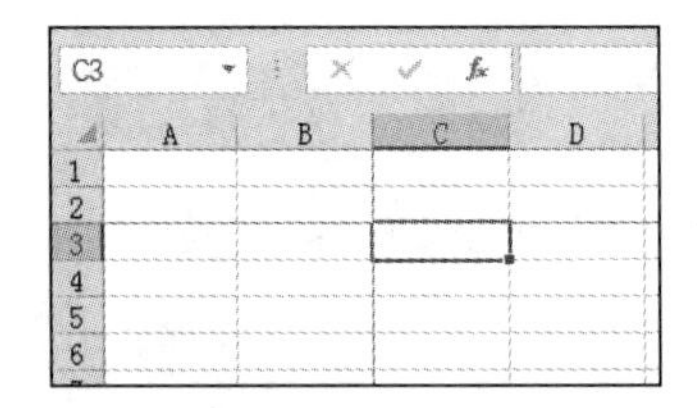

图 4-11　选择 C3 单元格产生的冻结线

选择“冻结首行”命令，只冻结首行单元格；选择“冻结首列”命令，只冻结首列单元格。若要取消冻结窗格，则在“冻结窗格”下拉列表中选择“取消冻结窗格”命令即可。

（3）工作窗口的拆分

Excel 中的拆分功能与 Word 相似，主要是为了同时查看位于工作表中不同区域的数据，进行数据的比较分析。

创建拆分线要利用“窗口”选项组中的“拆分”按钮，如图 4-9 所示。

例如，选中 A1 单元格，单击“拆分”按钮，则会将当前工作窗口平均分成 4 部分。

例如，选中一行，单击“拆分”按钮，则在所选行处将窗口分成上、下两个部分，如图 4-12 所示。

例如，选中一列，单击“拆分”按钮，则在所选列处将窗口分成左、右两个部分。

例如，选中任意单元格，如 C4 单元格，单击“拆分”按钮，则在所选单元格上方和左侧创建拆分线，如图 4-13 所示。

若要删除一条拆分线，可以直接双击拆分线或单击“拆分”按钮；若要同时删除两条拆分线，则需双击两条拆分线的交叉位置或单击“拆分”按钮。

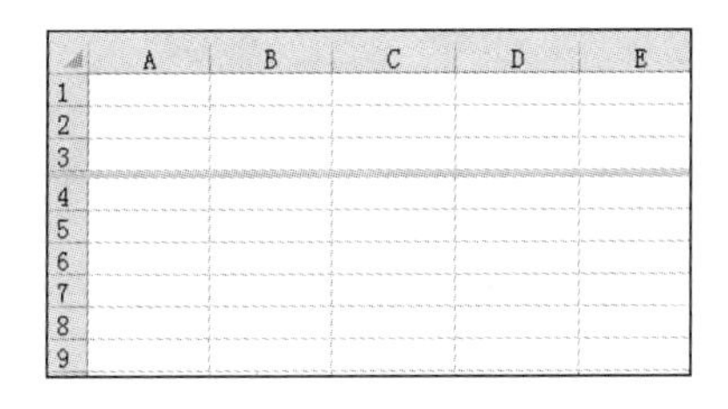

图 4-12　水平拆分

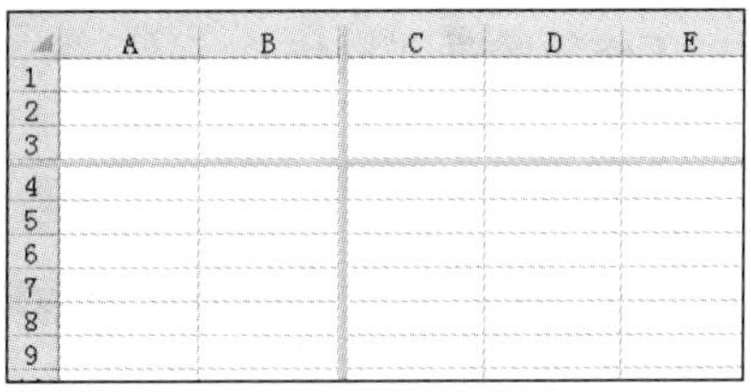

图 4-13　任意拆分

若要单独移动拆分线，则将鼠标指针指向拆分线，当鼠标指针变为÷或⇹形状时，拖动即可；若要同时移动两条拆分线，则要将鼠标指针指向两条拆分线的交叉位置，当鼠标指针变为✥形状时拖动即可。

4.1.3　基本概念

在 Excel 中，明确工作簿、工作表和单元格三者的关系，对于使用 Excel 非常重要。

1. 工作簿

工作簿就是 Excel 文件，由一个或多个工作表组成。启动 Excel 时，会自动创建一个空白工作簿，默认包含一个工作表 Sheet1。

2. 工作表

工作表是一个二维表，由排列成行与列的多个单元格组成，主要用于存储数据。

3. 单元格

单元格是工作表中行与列交叉处的小方格，是编辑数据的最小单位。一个工作表包含许多单元格，每个单元格有一个固定名称，使用列标和行号的组合来表示，如 A1。当单元格被选中时，其名称会显示在名称框中。单元格名称中的列标依次是 A～Z、AA～AZ、…、XFD，共 16384 列，行号是 1～1048576。

表示一个单元格，直接使用名称即可，如 A1 单元格。表示多个连续单元格，要用“:”分隔单元格名称，如 A2:D4。表示多个不连续的单元格，则应逐一列举单元格名称，中间用“,”分隔，如 A2,B3,C4,D5。

4.2　工作簿与工作表的基本操作

使用 Excel 进行数据处理时，主要在工作表中完成各项操作。工作表无法单独存储，只能保存在工作簿中。

4.2.1 工作簿的基本操作

1. 新建空白工作簿

1）启动 Excel 后，在初始界面中单击“空白工作簿”按钮新建一个工作簿，名称为“工作簿 1”，如图 4-14 所示。

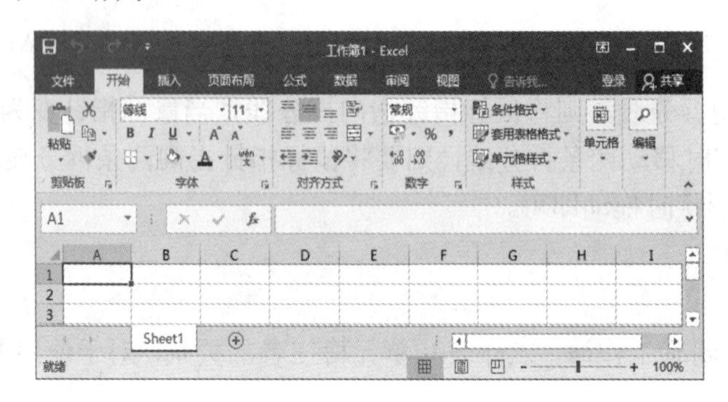

图 4-14　新建工作簿

2）选择“文件”→“新建”命令，打开“新建”界面，如图 4-15 所示，选择“空白工作簿”模板，创建一个新的空白工作簿。

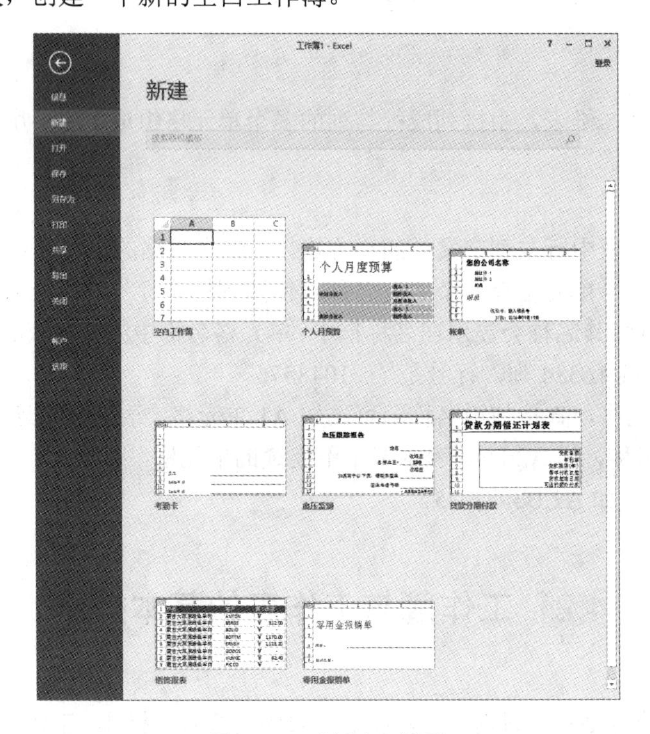

图 4-15　“新建”界面

3）使用【Ctrl+N】组合键也能新建空白工作簿。

2. 使用模板创建工作簿

使用 Excel 中提供的模板可以快速创建工作簿。在“新建”界面中，提供了几个已经安装到本地计算机上的模板，如图 4-15 所示。

【例 4-1】使用模板创建血压监测工作簿。

操作步骤如下。

启动 Excel，在初始界面中选择“血压监测”模板，创建如图 4-16 所示的工作簿。

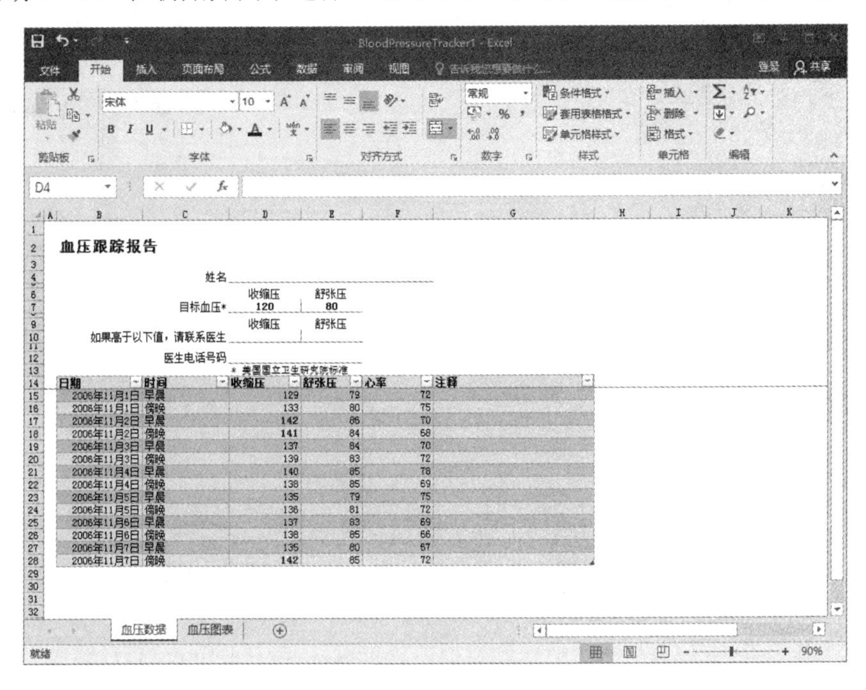

图 4-16　使用血压监测模板创建工作簿

这个工作簿包含两张工作表，分别为“血压数据”和“血压图表”。

注意 工作簿创建完成后，一定要进行保存，具体方法与 Word 相同，这里不再赘述。

3. 保护工作簿

工作簿建立之后，可以将其保护起来防止他人随意修改。保护工作簿分为“保护数据”和“保护结构和窗口”两种情况。

（1）保护数据

保护数据可以通过对工作簿加密来实现。

选择“文件”→“另存为”命令，单击“浏览”按钮，在打开的“另存为”对话框中单击“工具”下拉按钮，在弹出的下拉列表中选择“常规选项”命令，打开“常规选项”对话框，如图 4-17 所示，用户可以根据需要在对话框中设置密码。

（2）保护结构和窗口

保护结构主要是对工作簿所包含的工作表进行保护，具体涉及工作表的移动、重命名、改变标签颜色等操作；保护窗口主要指在工作环境中锁定工作簿窗口的显示位置和大小。

选择“审阅”选项卡，单击“更改”选项组中的“保护工作簿”按钮，如图 4-18 所示，打开“保护结构和窗口”对话框，如图 4-19 所示。用户可以根据需要选中“结构”或“窗口”复选框，并设置密码进行保护。

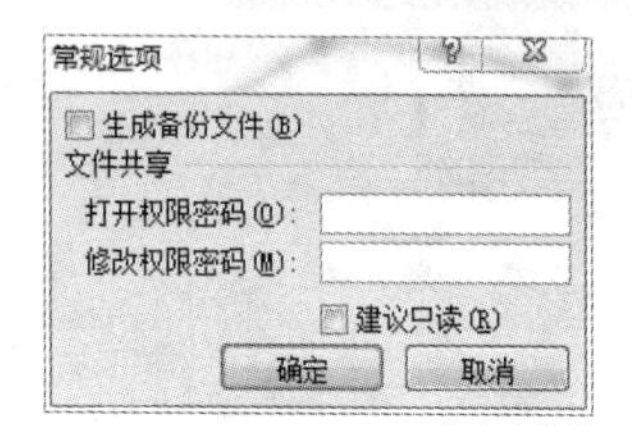

图 4-17 “常规选项”对话框

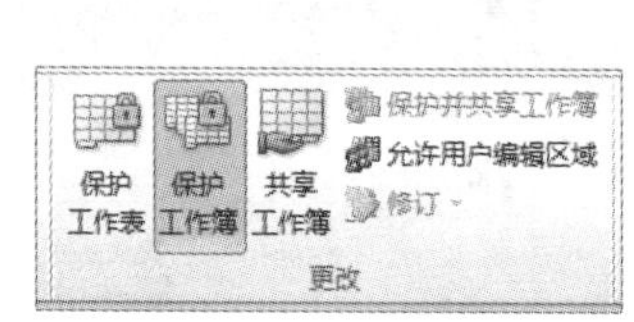

图 4-18 “保护工作簿”按钮

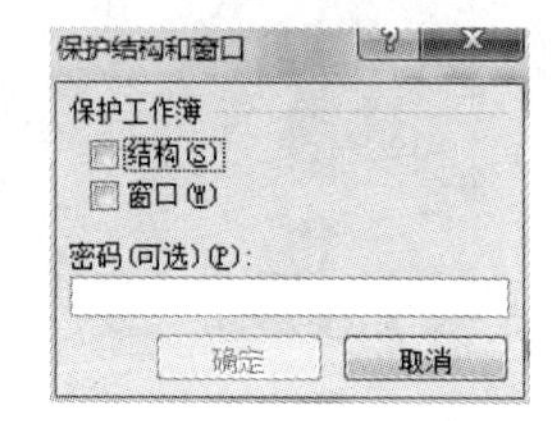

图 4-19 “保护结构和窗口”对话框

4.2.2 工作表的基本操作

1. 选中工作表

在 Excel 中，用户可以修改默认工作表数量，选择“文件”→“选项”命令，打开“Excel 选项”对话框，选择“常规”选项卡，调整“包含的工作表数”选项值，单击“确定”按钮完成修改。在 Excel 中，最多可以包含 255 张工作表。

选中工作表是对工作表进行操作的前提，下面介绍选中工作表的方法。

（1）选中一张工作表

单击工作表标签就可以选中一张工作表。

（2）选中全部工作表

右击任意一个工作表标签，在弹出的快捷菜单中选择“选定全部工作表”命令。

（3）选中多张工作表

若要选中多张连续的工作表，可先选中第一张工作表，按住【Shift】键的同时，选中最后一张工作表。若选中多张不连续的工作表，则先选中一张工作表，然后按住【Ctrl】键的同时，再逐一选中其他工作表。

选中多张工作表后，标题栏上会出现“[工作组]”字样，如图 4-20 所示。创建工作组后，在一张工作表上的操作结果会同时反映在工作组的其他工作表中，能够提高工作效率。右击工作组内的工作表标签，在弹出的快捷菜单中选择“取消组合工作表”命令，或单击工作组之外的其他工作表标签，取消工作组。

图 4-20　创建工作组

2. 重命名工作表

为了提高可读性，可以对工作表进行重命名。重命名工作表的方法如下。

1）右击工作表标签，在弹出的快捷菜单中选择“重命名”命令，直接输入新名称。

2）双击工作表标签，直接输入新名称。

3）单击工作表标签，选择“开始”选项卡，单击“单元格”选项组中的“格式”下拉按钮，在弹出的下拉列表中选择“重命名工作表”命令，输入新名称。

用户可以为工作表标签添加颜色来突出显示，具体方法为右击工作表标签，在弹出的快捷菜单中选择“工作表标签颜色”命令，在子菜单中选择一种颜色即可。

3. 插入与删除工作表

（1）插入工作表

插入工作表的方法有以下几种。

1）单击工作表标签右侧的“插入工作表”按钮⊕，会在所选工作表后插入新工作表。

2）按【Shift+F11】组合键，会在所选工作表前面插入新工作表。

3）选择“开始”选项卡，单击“单元格”选项组中的“插入”下拉按钮，在弹出的下拉列表中选择“插入工作表”命令，如图 4-21 所示，会在所选工作表前面插入新工作表。

4）右击工作表标签，在弹出的快捷菜单中选择“插入”命令，打开“插入”对话框，如图 4-22 所示。选择“工作表”图标，单击“确定”按钮，会在所选工作表前面插入新工作表。

图 4-21　选择“插入工作表”命令

图 4-22　“插入”对话框

如果选中多张工作表，再执行“插入”命令，可以一次插入多张工作表。

（2）删除工作表

如果工作表中的数据不再有意义，可以将其删除，主要有以下两种方法。

1）右击要删除的工作表标签，在弹出的快捷菜单中选择“删除”命令。

2）选择“开始”选项卡，单击“单元格”选项组中的“删除”下拉按钮，在弹出的下拉列表中选择“删除工作表”命令。

4. 移动与复制工作表

移动与复制工作表既可以在一个工作簿内进行，也可以在不同的工作簿之间进行。

（1）在同一工作簿内实现移动与复制

1）使用鼠标。移动工作表时，可以直接拖动工作表到目的位置后释放鼠标左键。如果要复制工作表，只需在拖动的同时按住【Ctrl】键即可。

2）使用快捷菜单。移动工作表时，在工作表标签上右击，在弹出的快捷菜单中选择“移动或复制”命令，打开“移动或复制工作表”对话框，如图 4-23 所示。

图 4-23 “移动或复制工作表”对话框

在“下列选定工作表之前”列表框中选择一张工作表，或选择“(移至最后)”命令，确定新位置，单击“确定”按钮，实现移动。如果要进行复制，需要选中“建立副本”复选框。

（2）在不同工作簿间实现移动与复制

有时需要将工作表移动或复制到另外的工作簿中。此时，需要在图 4-23 所示的对话框的“工作簿”下拉列表中选择其他工作簿或新工作簿，然后在“下列选定工作表之前”列表框中选择一张工作表，单击“确定”按钮即可实现移动；若要复制，选中“建立副本”复选框即可。

5. 隐藏与显示工作表

对于包含重要数据的工作表，为防止其他用户更改，可以将其隐藏起来。隐藏工作表的方法有以下两种。

1）右击要隐藏的工作表标签，在弹出的快捷菜单中选择“隐藏”命令。

2）选择“开始”选项卡，单击“单元格”选项组中的“格式”下拉按钮，在弹出的下拉列表中选择“隐藏和取消隐藏”→“隐藏工作表”命令。

若要显示隐藏的工作表，则右击任意一张工作表标签，在弹出的快捷菜单中选择“取消隐藏”命令；或者，单击“单元格”选项组中的“格式”下拉按钮，在弹出的下拉列表中选择“隐藏和取消隐藏”→“取消隐藏工作表”命令，都会打开“取消隐藏”对话框，在其中选择要显示的工作表，然后单击“确定”按钮即可。

6. 保护工作表

为了防止其他用户对工作表进行修改，可以将工作表保护起来。保护工作表的操作方法如下。

选择“开始”选项卡，单击“单元格”选项组中的“格式”下拉按钮，在弹出的下拉列表中选择“保护工作表”命令；或选择“审阅”选项卡，单击“更改”选项组中的“保护工作表”按钮，打开“保护工作表”对话框，如图 4-24 所示。在该对话框中，可以根据需要选择允许其他用户进行的操作，同时要设置取消保护密码。

当要对受保护工作表进行编辑时，首先要取消工作表的保护。方法是选择“开始”选项卡，单击“单元格”选项组中的“格式”下拉按钮，在弹出的下拉列表中选择“撤销工作表保护”命令，打开“撤销工作表保护”对话框，如图 4-25 所示。输入密码后单击“确定”按钮，解除对工作表的保护。

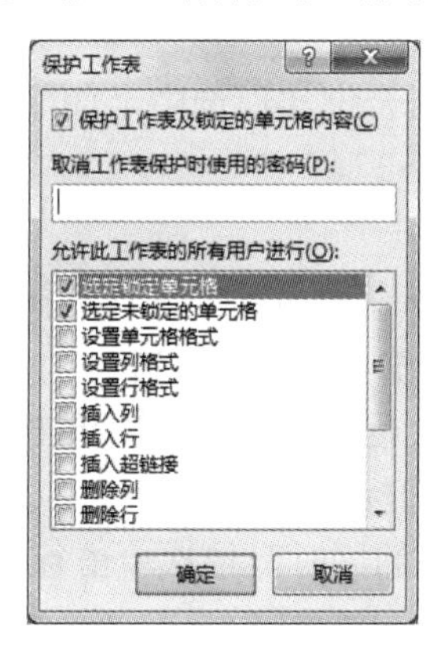

图 4-24　“保护工作表”对话框

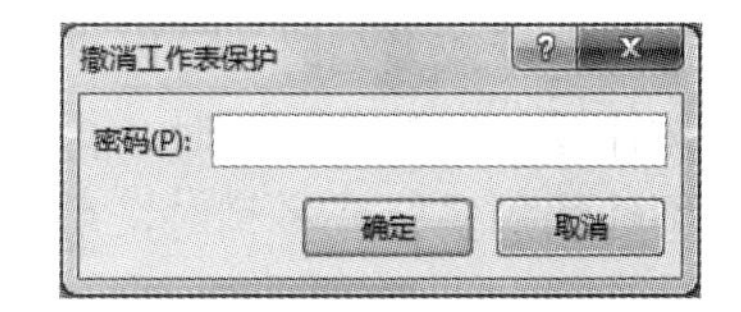

图 4-25　“撤销工作表保护”对话框

4.3 数据表制作基础

4.3.1 选中单元格

向工作表输入数据时，首先要选中单元格，被选中的一个或多个单元格称为单元格区域。选中单元格有多种情况。

1. 选中一个单元格

单击是选中单元格的最常用方法，选中的单元格四周显示方框，称为活动单元格。

2. 选中连续的多个单元格

1）使用鼠标：先选中起始单元格，拖动鼠标至右下角单元格即可选中一个单元格区域，被选中的单元格区域除左上角的单元格外，其他单元格均显示为淡蓝色，名称框只显示左上角单元格的名称。

2）使用名称框：在名称框中直接输入连续单元格区域的名称，如 B2:E7，然后按【Enter】键。

3）使用【Shift】键：先选中单元格区域左上角的单元格，按住【Shift】键的同时单击右下角的单元格即可。

3. 选中不连续的多个单元格

先选中一个单元格，按住【Ctrl】键的同时，依次选中其他单元格或单元格区域。

4. 选中全部单元格

单击工作表左上角的全选按钮，或按【Ctrl+A】组合键实现选中全部单元格。

5. 选中行与列

选中单行或单列时，单击行号或列标即可；也可以利用名称框进行选择，例如，在名称框中输入“3:3”，选中第 3 行；在名称框输入“D:D”，选中 D 列。

选中连续多行或多列时，可以直接在行号区或列标区拖动鼠标；或单击起始行号或列标后，按住【Shift】键的同时，再单击结束行号或列标。

选中不连续的多行或多列时，可以按住【Ctrl】键的同时，依次单击行号或列标。

4.3.2 单元格的基本操作

1. 单元格的插入与删除

在编辑数据表时，有时需要插入新数据，这时应先插入单元格。插入单元格的操作方法如下。

选中单元格，选择“开始”选项卡，单击“单元格”选项组中的“插入”下拉按钮，在弹出的下拉列表中选择“插入单元格”命令；或在要插入单元格的地方右击，在弹出的快捷菜单中选择“插入”命令，均会打开“插入”对话框，如图 4-26 所示，根据需要进行选择。

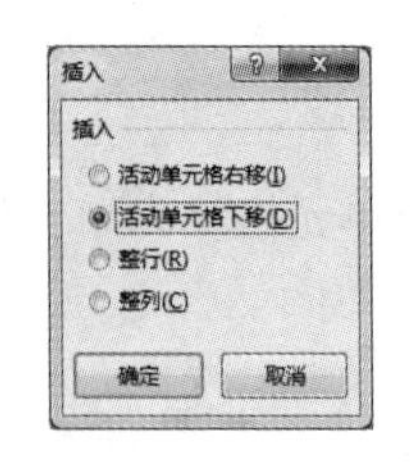

图 4-26 “插入”对话框

在编辑数据表时，如果发现多余的数据要将其删除。删除单元格时可以删除一个单元格，也可以删除一行或一列单元格，操作方法与插入单元格相似，这里不再赘述。

2. 行与列的插入与删除

（1）插入行与列

选中一行或多行单元格，选择“开始”选项卡，单击“单元格”选项组中的“插入”下拉按钮，在弹出的下拉列表中选择“插入工作表行”命令；或右击所选行，在弹出的快捷菜单中选择“插入”命令，在所选行上方插入一行或多行。

插入列的方法与插入行相似，这里不再赘述。

（2）删除行与列

选中行或列，选择“开始”选项卡，单击“单元格”选项组中的“删除”下拉按钮，在弹出的下拉列表中选择“删除工作表行”或“删除工作表列”命令；或右击所选行或列，在弹出的快捷菜单中选择“删除”命令，将所选行或列删除。

3. 行与列的隐藏与显示

当要隐藏行（或列）时，先选中某行（或列），选择“开始”选项卡，单击“单元格”选项组中的“格式”下拉按钮，在弹出的下拉列表中选择“隐藏与取消隐藏”→“隐藏行”或“隐藏列”命令；或右击某行（或列），在弹出的快捷菜单中选择“隐藏”命令。

当要显示已隐藏的行或列时，先选中与隐藏行或列两侧相邻的多行或多列，再选择“开始”选项卡，单击“单元格”选项组中的“格式”下拉按钮，在弹出的下拉列表中选择“隐藏与取消隐藏”→“取消隐藏行”或“取消隐藏列”命令；或右击所选行或列，在弹出的快捷菜单中选择“取消隐藏”命令。

4. 合并单元格

合并单元格是把多个单元格合并为一个单元格。在 Excel 中，选中要合并的多个连续单元格，选择“开始”选项卡，单击“对齐方式”选项组中的“合并后居中”下拉按钮，弹出“合并后居中”下拉列表，如图 4-27 所示。

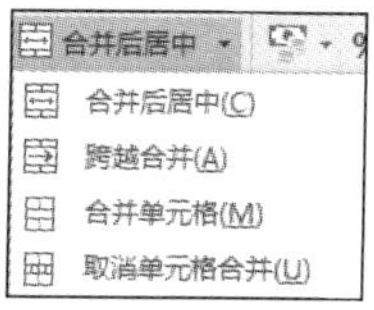

图 4-27　“合并单元格”下拉列表

合并单元格分 3 种情况，以图 4-28 所示的单元格为例，合并效果分别如图 4-29～图 4-31 所示。

图 4-28　单元格合并前 　　图 4-29　合并后居中 　　图 4-30　跨越合并 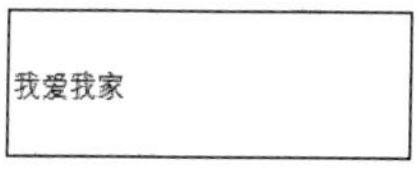　　图 4-31　合并单元格

提示

待合并区域包含多个数据时，合并到一个单元格后只保留左上角单元格的数据。

4.3.3　输入数据

向工作表中输入数据时，通常分为两种情况：一种是直接输入数据，另一种是快速输入数据。

1．直接输入数据

在 Excel 中，可以接收多种类型的数据。

（1）输入文本

文本通常包含字母、汉字、符号和不用来计算的数字（如学号）等。输入文本有以下几种方法。

1）选中单元格，直接输入文本，然后按【Enter】键确认输入。

2）双击单元格，在光标处输入文本，按【Enter】键确认输入。

3）选中单元格，在编辑栏中输入文本，此时单元格中会显示输入的文本，按【Enter】键或单击 ✔ 按钮确认输入。

4）当要向单元格中输入多行文本时，可以按【Alt+Enter】组合键实现单元格内换行。

（2）输入数字

数字通常是可以进行计算的数值，如学生成绩和商品销量等。

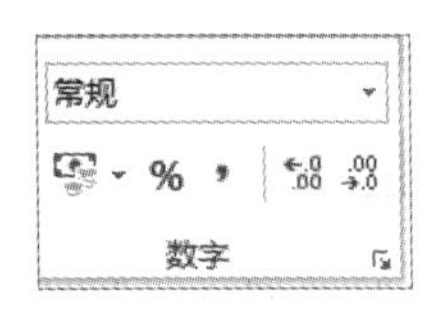

图 4-32　“数字”选项组

1）有些数字是带有小数的，为了显示小数部分，可以选择“开始”选项卡，单击“数字”选项组中的“增加小数位数”或“减少小数位数”按钮，以增加或减少小数位数，如图 4-32 所示。

2）有些数字是负数，输入时可以在数值前输入减号“-”，如向单元格中输入-3；或用括号将数值括起来，如“(3)”，单元格均显示为“-3”。

3）有些数字是分数，要先输入数字 0 和一个空格，然后输入分子、分数线、分母。

4）有些数字是百分数，向单元格中输入数字前，要先设置单元格格式为“百分数”。设置方法是选中单元格，选择“开始”选项卡，在“数字”选项组中的“常规”下拉列表中选择“百分比”命令，再输入数据。

数据输入后，Excel 通过显示位置来区分数据类型。例如，文本左对齐显示，数字右对齐显示。

（3）输入日期和时间

日期和时间是有分隔符的，输入日期时，可以使用“/”或“-”来分隔年、月、日。

输入时间时，可以使用“:”来分隔小时、分钟和秒，如输入“9:04:35”。默认时间是 24 小时制，如果按 12 小时制，可以在时间后添加“AM”或“PM”，表示上午或下午。

提示

按【Ctrl+;】组合键可以快速输入当前系统日期，按【Ctrl+Shift+;】组合键可以快速输入当前系统时间。

（4）输入特殊数据

1）输入以 0 开头的数据。当向单元格中输入“007”时，Excel 会将其自动识别成数字并省略前面的 0，只在单元格中显示 7。如果想保留前面的 0，应先输入西文单引号（'），然后输入数字，如输入“'007”，单元格中显示“007”。

2）输入长数字串。身份证号、学号、商品编码等数据不用来计算，但是向单元格中输入（数字位数多于 11 位）时，Excel 会自动显示为科学记数法的形式，如果数字位数多于 15 位，还会将超过 15 位的数位全部显示为 0。为了在单元格中显示完整数据，要先向单元格中输入一个西文单引号，再输入数字。例如，输入身份证号时，应先向单元格中输入“'”，然后输入“220702197809250623”，按【Enter】键确认输入，单元格左上角会显示绿色三角标志。

2. 快速输入数据

在日常工作和学习中，数据往往带有一些特点，或内容相同，或具有某种规律，如果逐一输入势必会浪费时间。为了提高工作效率，Excel 提供了很多技巧，帮助用户实现快速输入数据。

（1）输入相同数据

在多个单元格中输入相同数据的方法有很多。

【例 4-2】在 A1 至 A10 单元格输入“我爱我家”。

方法 1：使用命令。

操作步骤如下。

1）选中 A1 单元格，输入“我爱我家”。

2）选中 A1:A10 单元格区域。

3）选择“开始”选项卡，单击“编辑”选项组中的“填充”下拉按钮，在弹出的下拉列表中选择“向下”命令，完成填充。

方法 2：使用填充柄。

填充柄是一个位于单元格或单元格区域右下角的小正方形，当鼠标指针指向它时，显示为十字形状。

操作步骤如下。

1）选中 A1 单元格，输入“我爱我家”。

2）向下拖动 A1 单元格填充柄，当移动到 A10 单元格时，释放鼠标左键，实现填充。

方法 3：使用【Ctrl+Enter】组合键。

操作步骤如下。

1）选中 A1:A10 单元格区域。

2）输入“我爱我家”。

3）按【Ctrl+Enter】组合键，快速填充。

注意 方法 1 和方法 2 只适合向多个连续单元格中输入相同的内容；当向不连续的多个单元格中输入相同数据时，只能选择方法 3。

（2）输入序列数据

在日常工作和学习中，经常会遇到学号、序号、编号等有规律的数据。对于这样的数据填充，Excel 也为用户提供了有效的方法。

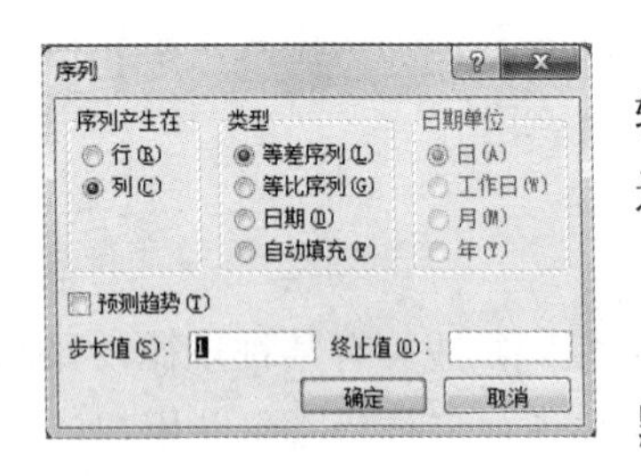

图 4-33 “序列”对话框

1）使用“填充”命令。选择“开始”选项卡，单击“编辑”选项组中的“填充”下拉按钮，在弹出的下拉列表中选择“序列”命令，打开“序列”对话框，如图 4-33 所示。

“序列”对话框中各选项的含义如下。

① 序列产生在：系统一般会根据用户所选单元格区域默认选择生成序列的方向，如果没有选择单元格，则需要手工选择。

② 类型：用于确定序列中的数据关系。

③ 步长值：用于确定序列中前后数据的差异值。在等差序列中，步长是指后项与前项的差值；在等比序列中，步长则是指后项与前项的比值。

④ 终止值：用于确定序列的最后一个数值。

⑤ 日期单位：在填充日期序列时，用于确定日期间隔单位。这里需要注意的是，日与工作日是有区别的，工作日不包含星期六和星期日。

【例 4-3】在工作表的 A 列填充 2015 年至 2017 年中每月的最后一天。

例 4-3 视频讲解

操作步骤如下。

① 选中 A1 单元格，输入“2015-1-31”。

② 选中 A1 单元格，打开“序列”对话框，设置参数如图 4-34 所示，单击“确定”按钮，填充结果如图 4-35 所示。

图 4-34　输入日期序列的参数设置

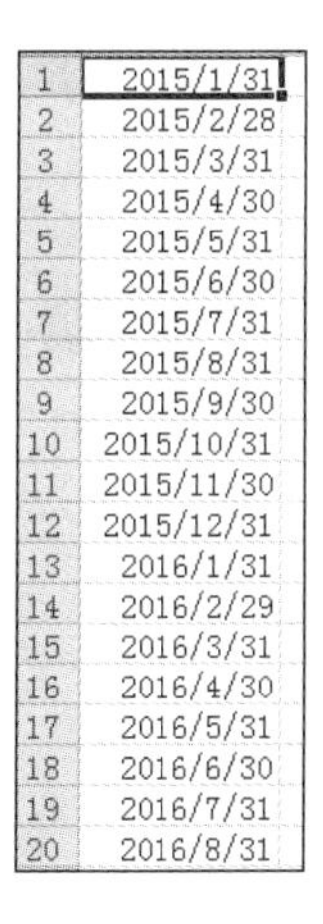

图 4-35　日期数据填充结果（部分）

2）使用填充柄。

【例 4-4】 向工作表的 C 列填充以 10 开头、以 20 结尾、步长为 2 的等差数列。

操作步骤如下。

① 选中 C1 单元格，输入 10，选择 C2 单元格，输入 12，如图 4-36 所示。

② 选中 C1:C2 单元格区域，将鼠标指针指向填充柄，如图 4-37 所示。

③ 向下拖动填充柄，当出现数值 20 时（图 4-38），释放鼠标左键，完成序列填充的操作，如图 4-39 所示。

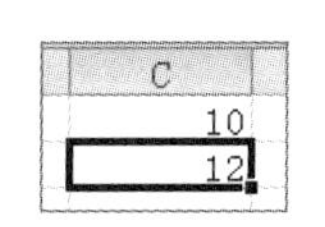

图 4-36　输入数值

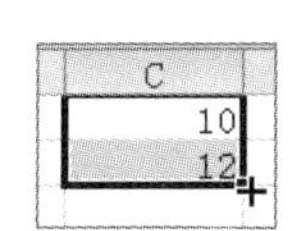

图 4-37　指向填充柄

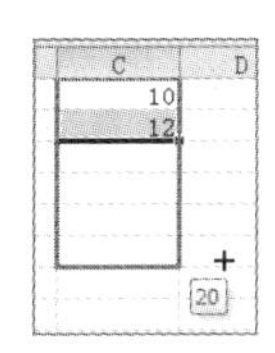

图 4-38　拖动填充柄

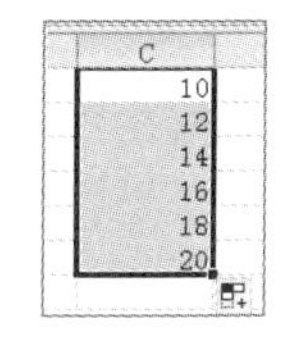

图 4-39　等差数列

提示

使用填充柄填充等差序列时，向右、向下拖动生成递增序列，向左、向上拖动生成递减序列。

3）使用“自定义序列”对话框。自定义序列是 Excel 提供的一项很实用的功能，能够帮助用户快速填充有规律的文本序列。选择“文件”→“选项”命令，打开“Excel 选项”对话框，选择“高级”选项卡，单击“常规”选项组中的“编辑自定义列表”按钮，如图 4-40 所示，打开“自定义序列”对话框，可以查看 Excel 提供的序列，如图 4-41 所示。

图 4-40 “高级”选项卡

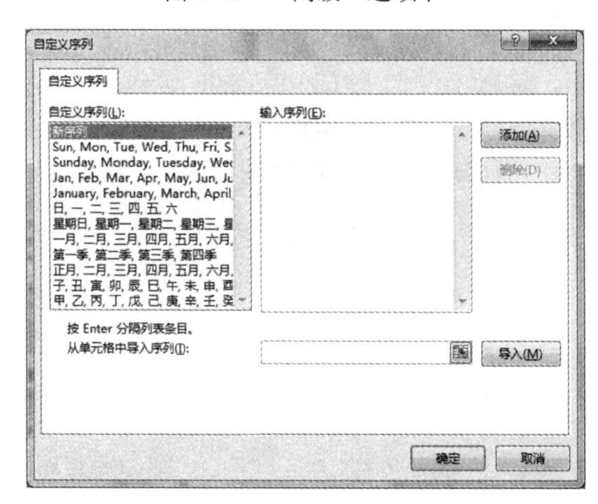

图 4-41 “自定义序列”对话框

使用自定义序列的方法比较简单：选择一个单元格，输入序列中的任意值，拖动该单元格右下角的填充柄，即可向其他单元格填充序列中的其他值。

当 Excel 提供的序列无法满足用户需求时，就需要自定义新序列。

【例 4-5】将部门人员名单添加到自定义序列中。

操作步骤如下。

例 4-5 方法 1 视频讲解

① 打开“自定义序列”对话框，在“自定义序列”列表框中选择“新序列”命令。

② 在“输入序列”列表框中，依次输入部门人员姓名，如图 4-42 所示。

③ 单击“添加”按钮，将其添加到“自定义序列”列表框中，如图 4-43 所示。

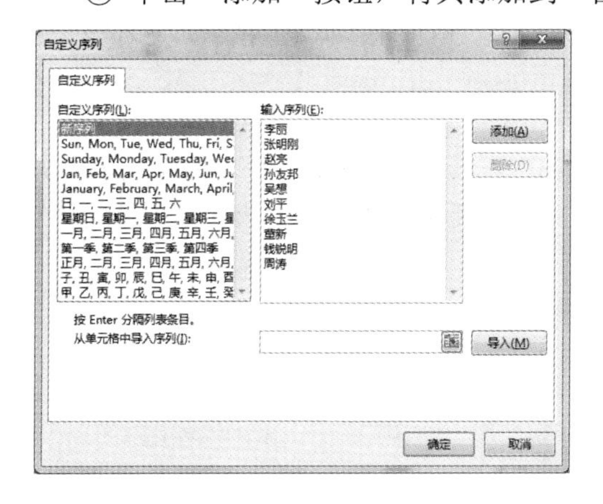

图 4-42　输入新序列

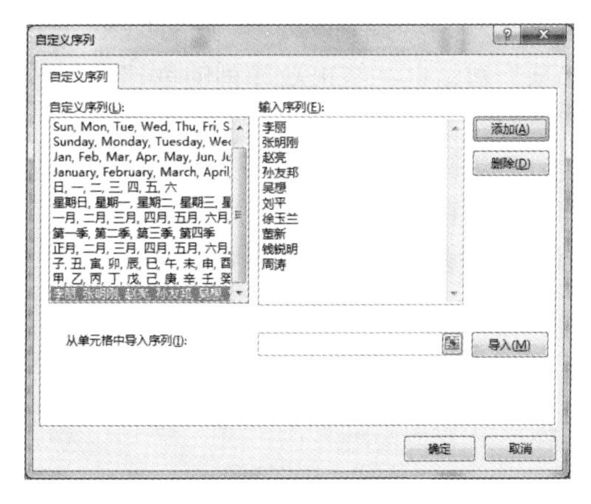

图 4-43　添加新序列

④ 单击“确定”按钮，返回“Excel 选项”对话框，再单击“确定”按钮，关闭“Excel 选项”对话框，结束新序列的创建，接下来就可以在工作表中使用这个新序列了。

例 4-5 方法 2 视频讲解

注意 在输入新序列时，每个值都要另起一行。

要添加的新序列若存在于工作表中，用户可以直接导入新的序列值。具体步骤如下。

① 打开“教职工出勤表”工作簿，选择“17 年 10 月”工作表。

② 打开“自定义序列”对话框，选择“新序列”命令后单击拾取按钮，打开如图 4-44 所示的对话框。

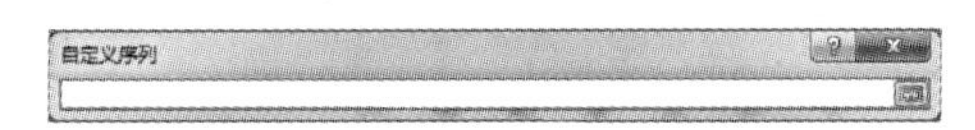

图 4-44　用于选择序列数据所在单元格区域

③ 输入单元格区域，或直接在工作表选择单元格区域，如图 4-45 所示。

自定义序列　$B$5:$B$14

序号					
1	李丽	女	全勤	全勤	
2	张明刚	男	全勤	全勤	
3	赵亮	女	全勤	全勤	
4	孙友邦	男	全勤	全勤	
5	吴想	男	全勤	全勤	
6	刘平	女	全勤	全勤	
7	徐玉兰	女	全勤	全勤	
8	董新	女	全勤	全勤	
9	钱锐明	男	全勤	全勤	
10	周涛	男	全勤	全勤	

图 4-45　输入或选择序列数据所在单元格

④ 单击按钮返回上层对话框，然后单击“导入”按钮，将序列添加到“自定义

序列”列表框中，如图 4-46 所示。

⑤ 单击“确定”按钮，返回“Excel 选项”对话框，再单击“确定”按钮，关闭“Excel 选项”对话框，结束新序列的创建。

（3）获取外部数据

为了减少用户的输入工作量，提高工作效率，Excel 为用户提供了获取外部数据功能，可以直接将已有数据文件导入当前工作表。该功能位于“数据”选项卡的“获取外部数据”选项组中，如图 4-47 所示。

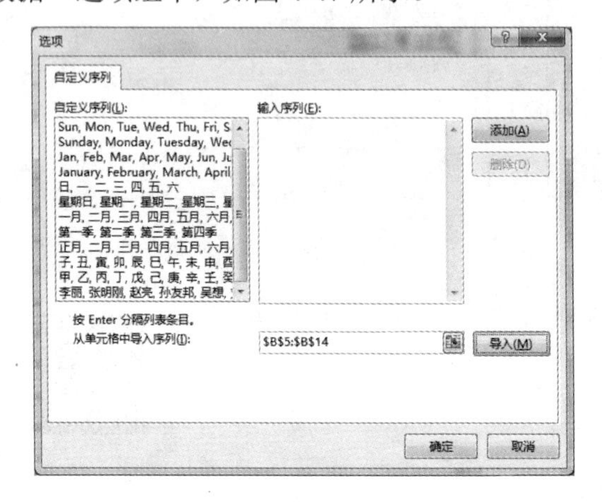

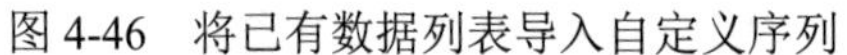
图 4-46 将已有数据列表导入自定义序列

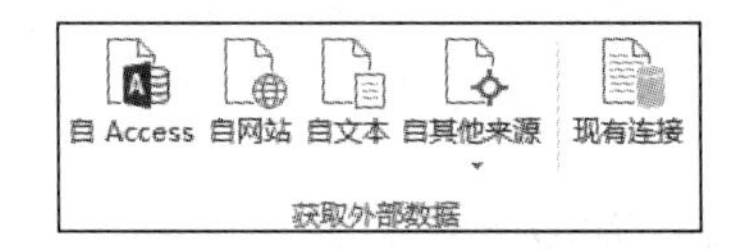

图 4-47 “获取外部数据”选项组

【例 4-6】向“教务管理”工作簿中导入“学生表.txt”文件内容。

操作步骤如下。

1）打开“教务管理”工作簿，插入空白工作表。

2）选择“数据”选项卡，单击“获取外部数据”选项组中的“自文本”按钮，打开“导入文本文件”对话框，如图 4-48 所示。

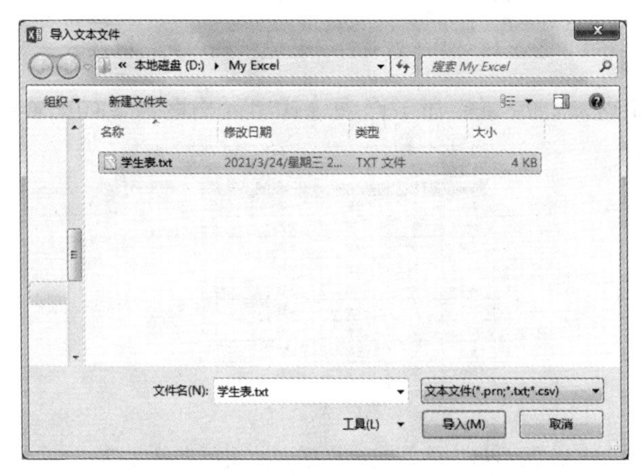

图 4-48 显示外部数据所在位置及名称

3）选择要导入的“学生表.txt”，单击“导入”按钮，打开如图 4-49 所示的对话框。

4）选中“数据包含标题”复选框，单击“下一步”按钮，确定数据之间的分隔符，此处选中“逗号”复选框，如图 4-50 所示。

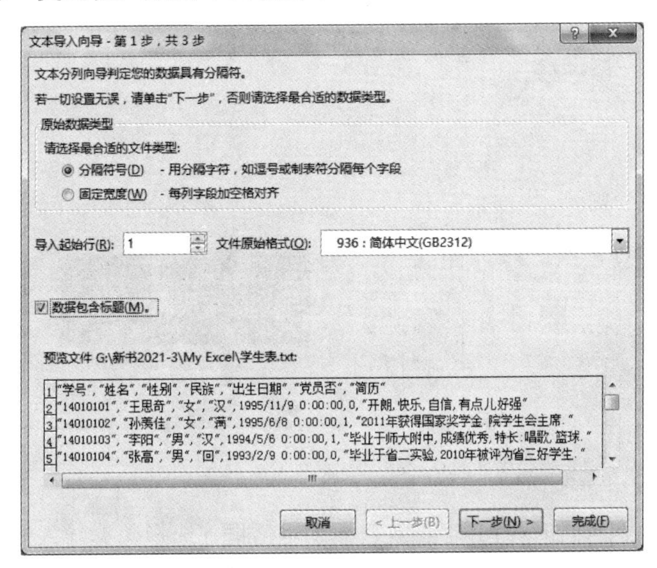

图 4-49　文本导入向导 1

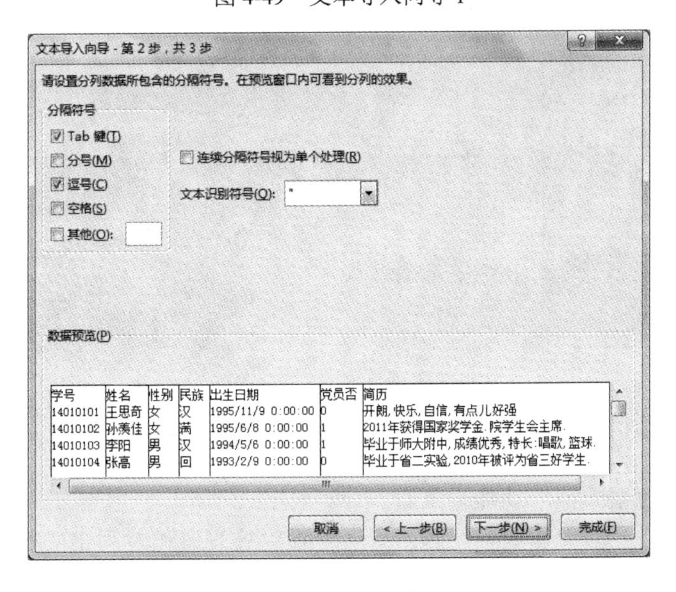

图 4-50　文本导入向导 2

5）单击“下一步”按钮，确定每列数据的类型，除出生日期设置为“日期”外，其余列全部设置为“文本”，如图 4-51 所示。

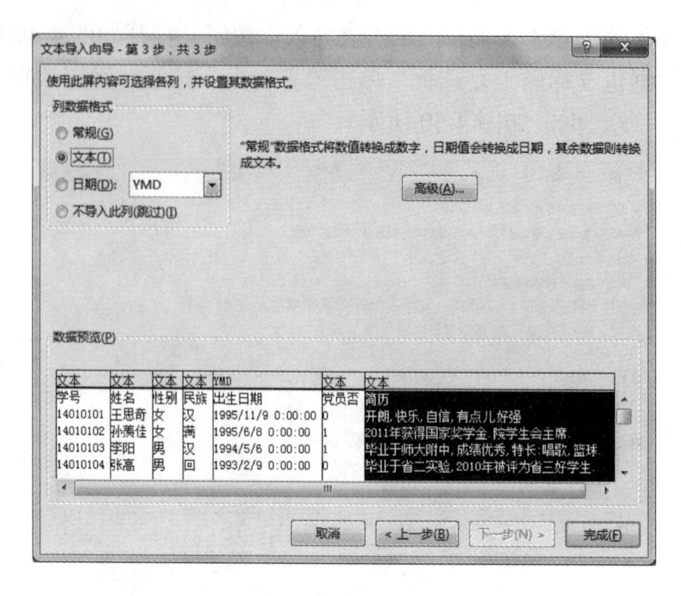

图 4-51　文本导入向导 3

6）单击“完成”按钮，打开“导入数据”对话框，选择数据导入的位置，如图 4-52 所示。本例选择当前工作表的 A1 单元格作为数据的起始单元格。

7）单击“确定”按钮，导入数据内容，如图 4-53 所示。

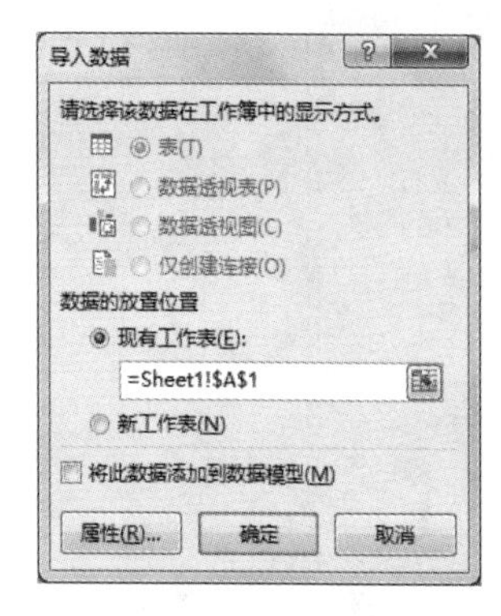

图 4-52　确定数据导入的位置

	A	B	C	D	E	F	G
1	学号	姓名	性别	民族	出生日期	党员否	简历
2	14010101	王思奇	女	汉	1995/11/9 0:00	0	开朗，快乐，自信，有点儿好强
3	14010102	孙羡佳	女	满	1995/6/8 0:00	1	2011年获得国家奖学金，院学生会主席。
4	14010103	李阳	男	汉	1994/5/6 0:00	1	毕业于师大附中，成绩优秀，特长：唱歌，篮球。
5	14010104	张高	男	回	1993/2/9 0:00	0	毕业于省二实验，2010年被评为省三好学生。
6	14010105	王美玉	女	汉	1994/6/2 0:00	0	双重的性格，开朗外向，爱热闹，也喜欢独处
7	14010106	张丽	女	汉	1993/5/2 0:00	1	沉默寡言，有时像在思考，其实是在走神！
8	14010107	刘强	男	汉	1995/9/9 0:00	1	
9	14010108	王永	男	蒙	1994/5/16 0:00	0	
10	14010109	李华伦	男	汉	1993/2/9 0:00	0	

图 4-53　导入数据内容（部分）

（4）使用“数据验证”功能输入数据

在输入数据时，经常会遇到民族、学历、职称等取值相对固定的数据。为了提高输入效率，降低出错率，可以使用“数据验证”功能输入数据。

【例 4-7】为“教务管理”工作簿的“教师档案表”工作表设置“学历”列，并限定其取值范围是专科、大学本科、硕士研究生和博士研究生。

操作步骤如下。

1）打开“教务管理”工作簿，选择“教师档案表”工作表。

2）选中 F1 单元格，输入“学历”。

3）选中 F2 单元格，选择“数据”选项卡，单击“数据工具”选项组中的“数据验证”下拉按钮，弹出下拉列表，如图 4-54 所示。

4）选择“数据验证”命令，打开“数据验证”对话框，如图 4-55 所示。

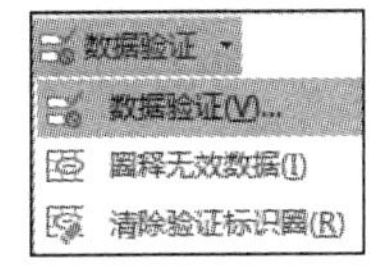

图 4-54　“数据验证”下拉列表

图 4-55　“数据验证”对话框

5）选择“设置”选项卡，在“允许”下拉列表中选择“序列”命令；在“来源”文本框中依次输入学历的取值，如图 4-56 所示。

6）单击“确定”按钮返回工作表，单元格右侧会出现下拉按钮，单击下拉按钮，弹出如图 4-57 所示的下拉列表。

7）在下拉列表中选择一个值，将其填入单元格，如图 4-58 所示。

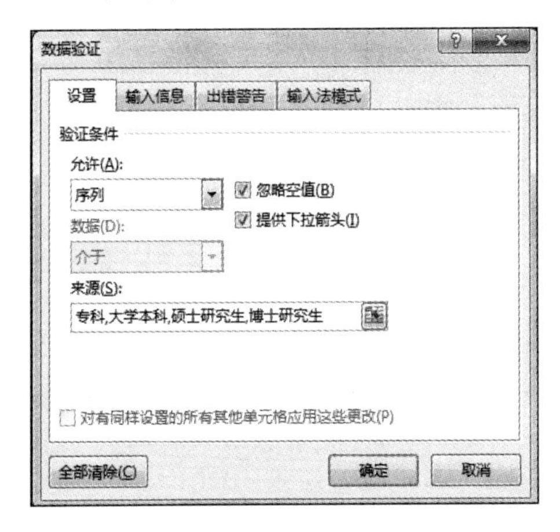

图 4-56　设置序列取值范围

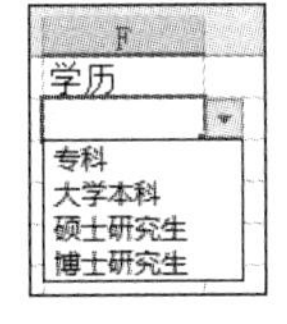

图 4-57　设置序列值

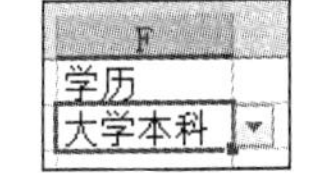

图 4-58　应用数据验证

8）选中 F2 单元格，向下拖动填充柄，可以将数据验证规则应用到当前列的其他单元格中。

提示

使用“输入信息”选项卡设置输入数据时的提示信息，如图 4-59 所示，使用效果如图 4-60 所示；使用“出错警告”选项卡设置输入出错时的警告信息，如图 4-61 所示，使用效果如图 4-62 所示。

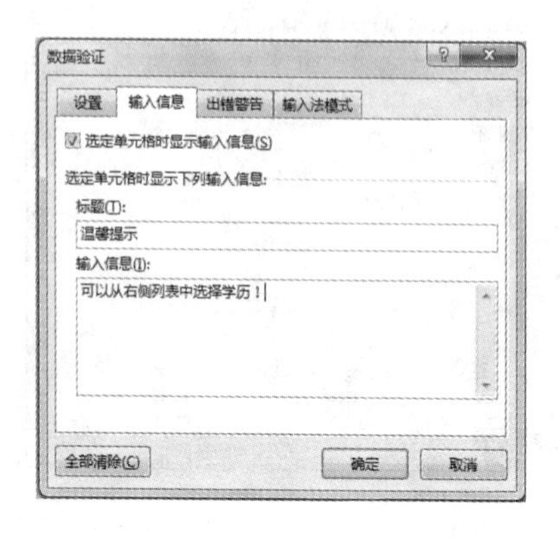

图 4-59　输入提示信息

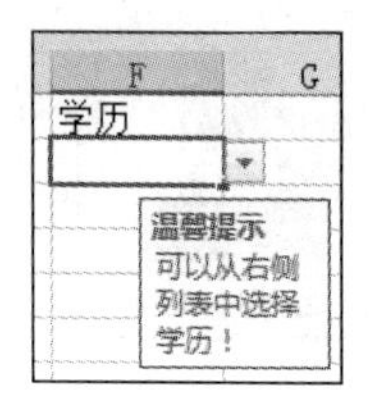

图 4-60　显示提示信息

图 4-61　输入警告信息

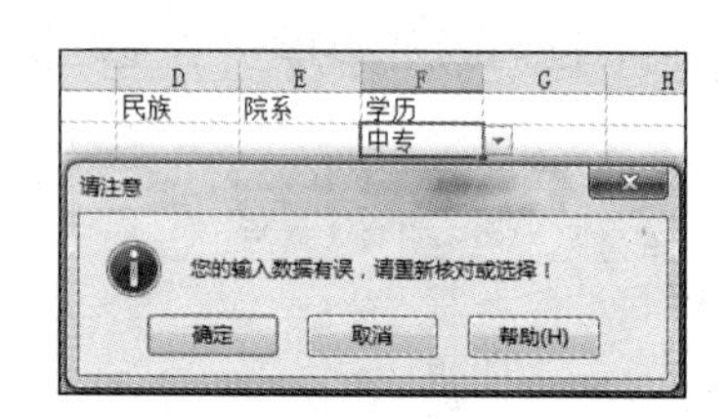

图 4-62　显示出错警告信息

4.3.4　编辑数据

数据输入工作表后，就可以对其进行编辑操作，主要包括添加批注、格式化数据、清除与修改数据及数据的移动与复制等。

1．添加批注

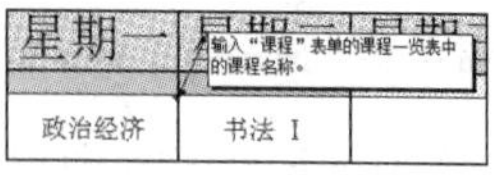

为了提高数据的可读性，Excel 允许向单元格插入批注。插入批注的单元格右上角会显示一个红色标记，将鼠标指针指向它时，会自动显示批注内容，如图 4-63 所示。

图 4-63　批注

插入批注的步骤如下。

1）选中要插入批注的单元格，如选中 E2 单元格。

2）选择“审阅”选项卡，单击“批注”选项组中的“新建批注”按钮，如图 4-64 所示。

3）在弹出的批注框中输入批注内容，如图 4-65 所示。在工作表其他位置单击完成批注的添加。

默认情况下，插入的批注只显示一个红色标记，如图 4-66 所示。如果要在工作表中一直显示批注，则要单击“批注”选项组中的“显示所有批注”按钮。如果要修改批注内容，则先选中单元格，然后单击“批注”选项组中的“编辑批注”按钮；如果要删除批注，则先选中单元格，然后单击“批注”选项组中的“删除”按钮；如果要依次查看多个批注，则可单击“批注”选项组中的“上一条”或“下一条”按钮，如图 4-64 所示。

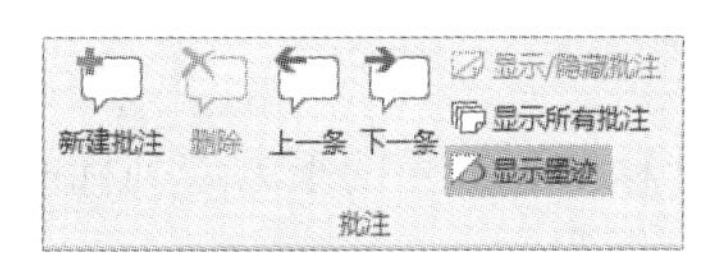

图 4-64　“批注”选项组

图 4-65　添加批注

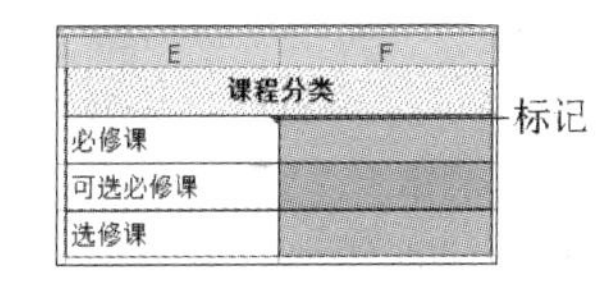

图 4-66　批注显示效果

2. 数据的基本格式化

为了制作丰富多彩的电子表格，需要对工作表数据进行格式化，主要包括设置单元格的数据类型、对齐方式、表格尺寸及边框与底纹等。

【例 4-8】在“课程表”工作簿中创建“教师课表”工作表，填充数据并进行基本格式化，效果如图 4-67 所示。

	星期一	星期二	星期三	星期四	星期五
1.2节			英语1班		
3.4节		学前1班	康复1班		
5.6节	数学2班				
7.8节	选修课	舞蹈表演班			

图 4-67　数据表外观格式

操作步骤如下。

1）打开“课程表”工作簿，插入空白工作表，重命名为“教师课表”，向工作表中输入课程表内容。

2）设置字体。选中单元格区域，使用“开始”选项卡中的“字体”选项组进行字体格式化。

3）设置表格尺寸。输入数据时，内容过多而超过单元格的宽度和高度会导致数据无法完全显示，或显示为多个“#”。这时，需要调整行高或列宽，使单元格能容纳所有数据。在 Excel 中定义表格尺寸有多种方法，下面分别介绍。

方法 1：精确定义表格尺寸。

选中单元格区域，选择“开始”选项卡，单击“单元格”选项组中的“格式”下拉按钮，弹出如图 4-68 所示的下拉列表。

选择“行高”命令，打开“行高”对话框，输入数值，单击“确定”按钮，返回工作表。

图 4-68　“格式”下拉列表

选择“列宽”命令，打开“列宽”对话框，输入数值，单击“确定”按钮，返回工作表。

方法 2：自动调整。

如果无法计算具体的行高或列宽，可以在“格式”下拉列表中选择“自动调整行高”或“自动调整列宽”命令，使单元格的尺寸恰好能容纳数据内容。双击行与行、列与列的分界线也能实现自动调整的效果。

方法 3：动态调整表格尺寸。

使用鼠标可以在工作区动态调整表格尺寸。将鼠标指针移动到行号的下方或列标的右侧，当鼠标指针变成✛或✛形状时拖动鼠标，直接调整即可。

4）设置对齐方式。单元格中的数据往往带有不同的格式，并且包含的字符数量也不同，为了使工作表外观整齐，方便用户查看和编辑，可以设置对齐方式。

方法 1：使用对齐按钮。

选中单元格区域，选择“开始”选项卡，单击“对齐方式”选项组中的命令按钮，此处单击“垂直居中”和“居中”按钮。

方法 2：使用“对齐”选项卡。

选中单元格区域，选择“开始”选项卡，单击“对齐方式”选项组右下角的对话框启动器，打开“设置单元格格式”对话框，选择“对齐”选项卡，如图 4-69 所示。在“文本对齐方式”选项组设置表格中数据的对齐方式；在“文本控制”选项组对单元格进行合并或取消合并，在单元格内实现文本的换行或缩小字体填充。

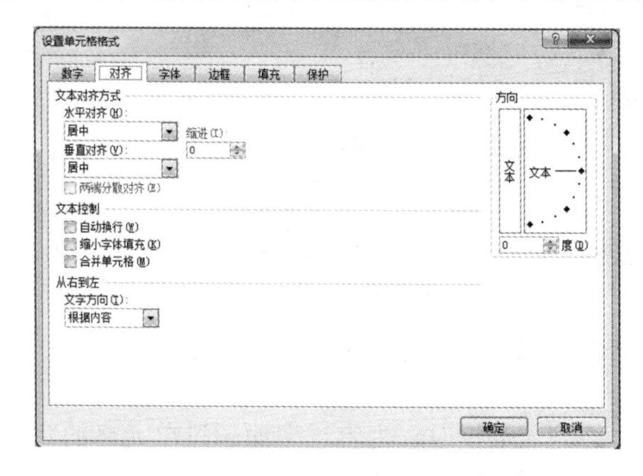

图 4-69　“设置单元格格式”对话框

5）设置表格边框。默认情况下，工作表中的网格线是无法打印出来的。为了在打印输出时显示边框，使表格更美观，可以为单元格区域添加边框。

方法 1：绘制边框。

选择“开始”选项卡，单击“字体”选项组中的“边框”下拉按钮，在弹出的下拉列表中依次选择线型和线条颜色，然后用鼠标直接在表格中绘制边框。

只要设置了线型或线条颜色就激活了“绘图边框”命令；如果不设置线型与线条颜色，直接选择“绘图边框”命令，可以在表格中绘制出黑色的细线边框。

如果选择“绘图边框网格”命令，可以在工作表中直接拖动出多个单元格区域的边框线。

提示

当我们为相同的单元格区域设置边框时，“绘图边框网格”命令可以为多个单元格同时绘制外框线与内框线，而“绘图边框”命令则只能绘制外框。

方法 2：直接添加边框。

选中单元格区域，单击“开始”选项卡“字体”选项组中的“边框”下拉按钮，在弹出的下拉列表中选择要添加的边框类型，如图 4-70 所示。

方法 3：使用“边框”选项卡。

选中单元格区域，在“设置单元格格式”对话框中选择“边框”选项卡。添加边框时，先选择线条样式和颜色，然后在右侧单击某边框，确定添加边框的位置，如图 4-71 所示，单击“确定”按钮。

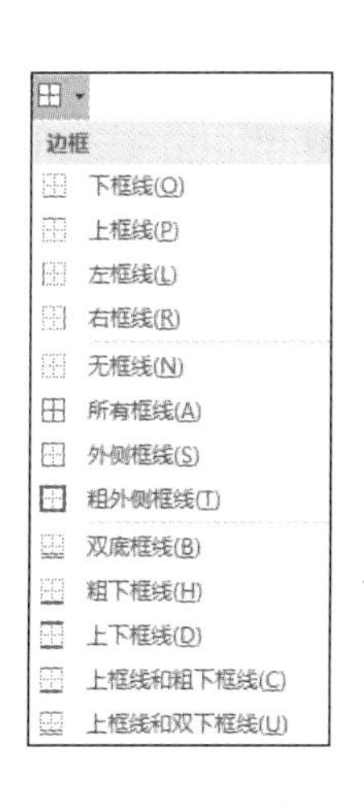

图 4-70　“边框”下拉列表

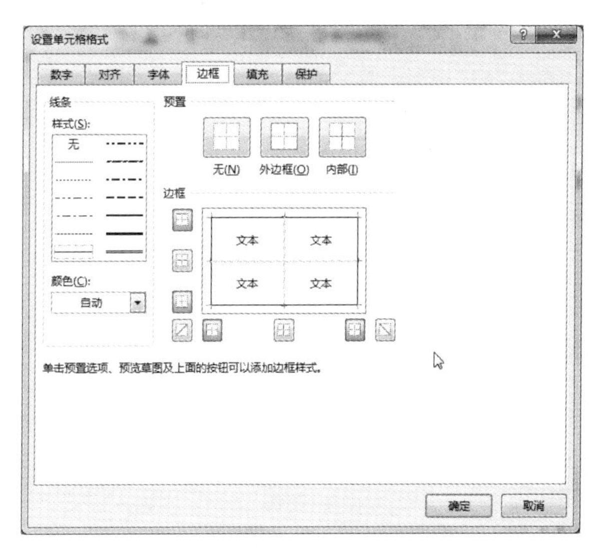

图 4-71　“边框”选项卡

6）为表格添加底纹。

方法 1：使用“填充颜色”按钮，为所选单元格设置背景色。

选择“开始”选项卡，单击“字体”选项组中的“填充颜色”下拉按钮，在下拉列表中选择填充颜色，如图 4-72 所示。该方法只适合单色填充。

方法 2：使用“设置单元格格式”对话框中的“填充”选项卡，为所选单元格区域设置各种填充效果。

选中单元格区域，在“设置单元格格式”对话框中选择“填充”选项卡，设置参数如图 4-73 所示，然后单击“确定”按钮。

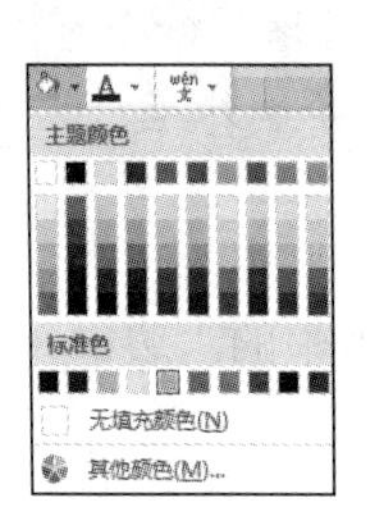

图 4-72　“填充颜色”下拉列表

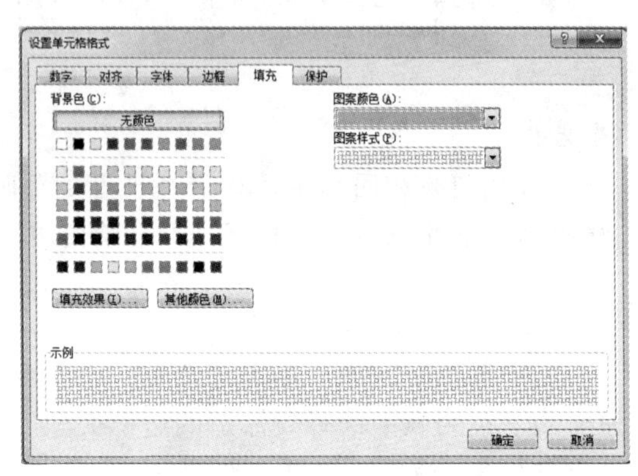

图 4-73　“填充”选项卡

“设置单元格格式”对话框中还有“数字”选项卡，通过它可以修改单元格数字格式，如图 4-74 所示。也可以选择“开始”选项卡，单击“数字”选项组中的“数字格式”下拉按钮，弹出如图 4-75 所示的下拉列表，在其中选择数字格式。

图 4-74　“数字”选项卡

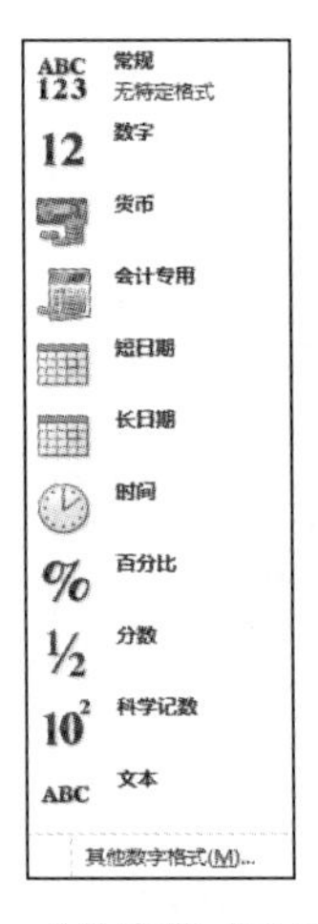

图 4-75　“数字格式”下拉列表

3. 套用表格格式与条件格式

（1）自动套用格式

前面介绍的格式设置是用户根据需要自定义的，其实 Excel 为用户提供了一些预设格式，可以直接应用到数据清单中。这里的数据清单是指包含标题行的、连续的矩形数据区域，如“学生信息”工作簿中“学生基本信息”工作表的 A1:L35 区域，如图 4-76 所示。

	A	B	C	D	E	F	G	H	I	J	K	L
1	学号	姓名	性别	民族	身份证号	入学成绩	英语成绩	党员否	家庭住址	毕业学校	入团时间	学校
2	1741021001	江岳洋		汉	222402198408030419	460	115	F	图们市解放路	吉林省图们市铁路一中	1999/12/18	图们铁路三中
3	1741021002	王丽萍		汉	220102198311140212	439	100	F	红旗街中医学院	吉林省实验中学	1998/11/18	长春市七中
4	1741021003	高　岩		汉	220284198406224211	423	105	F	磐石市三棚镇三棚村	吉林省磐石市第一中学	1998/5/4	磐石二十七中
5	1741021004	李　闯		汉	220181198406150019	422	112	F	宽城区凯旋路52号	吉林省九台第一中学	1998/3/10	九台市第三中学
6	1741021005	张解丽		满	220723198404123016	422	106	F	乾安县昆池街51委	吉林省松原市乾安县第七中学	1997/6/30	乾安实验小学
7	1741021006	尚明慧		汉	220203198512192120	422	111	F	吉林市龙潭新安街	吉林市昌邑区通江街1号江城中学	1998/3/26	吉林市一中

标题行；数据行（记录）

图 4-76　数据清单（部分数据）

套用表格格式的方法：先在数据清单中选中一个单元格，然后选择“开始”选项卡，单击“样式”选项组中的“套用表格格式”下拉按钮，在弹出的下拉列表中选择一种样式，打开如图 4-77 所示的对话框，在该对话框中确定应用表格格式的数据范围，单击“确定”按钮，所选格式就应用到数据清单了。

自动套用格式后，会发现标题行自动出现筛选按钮。另外，套用表格格式的数据清单无法应用某些功能，如分类汇总。为了在数据清单中进行后续的操作，要将其转换为普通区域。选中数据清单区的一个单元格，“表格工具-设计”选项卡被激活，单击“工具”选项组中的“转换为区域”按钮，弹出如图 4-78 所示的提示对话框，单击“是”按钮完成转换，效果如图 4-79 所示。

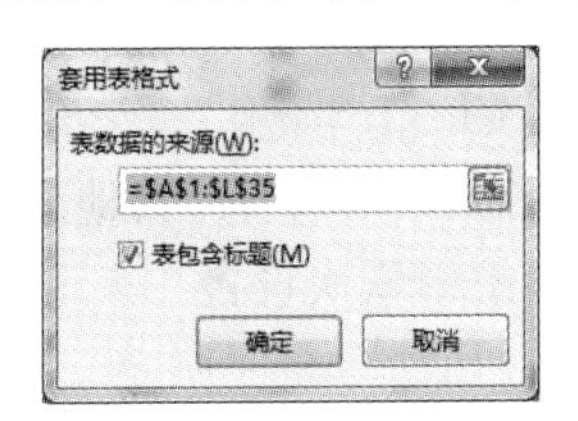

图 4-77　“套用表格格式”对话框

图 4-78　确认转换提示对话框

	A	B	C	D	E	F	G	H	I	J	K	L
1	学号	姓名	性别	民族	身份证号	入学成绩	英语成绩	党员否	家庭住址	毕业学校	入团时间	学校
2	1741021001	江岳洋		汉	222402198408030419	460	115	F	图们市解放路	吉林省图们市铁路一中	1999/12/18	图们铁路三中
3	1741021002	王丽萍		汉	220102198311140212	439	100	F	红旗街中医学院	吉林省实验中学	1998/11/18	长春市七中
4	1741021003	高　岩		汉	220284198406224211	423	105	F	磐石市三棚镇三棚村	吉林省磐石市第一中学	1998/5/4	磐石二十七中
5	1741021004	李　闯		汉	220181198406150019	422	112	F	宽城区凯旋路52号	吉林省九台第一中学	1998/3/10	九台市第三中学
6	1741021005	[illegible]		满	220723198404123016	422	106	F	乾安县昆池街51委	吉林省松原市乾安县第七中学	1997/6/30	乾安实验小学

图 4-79　转换为普通区域（部分数据）

（2）条件格式

条件格式的主要功能是突出显示所关注的单元格或单元格区域，强调异常值，使用数据条、颜色刻度和图标集来直观地显示数据值及其差异。

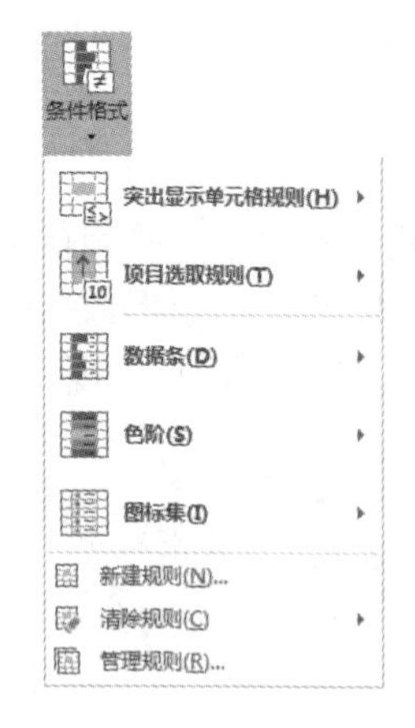

图 4-80 “条件格式”下拉列表

选择“开始”选项卡，单击“样式”选项组中的“条件格式”下拉按钮，弹出下拉列表，如图 4-80 所示，根据具体要求选择不同的方式来设置条件格式。各命令含义如下。

1）突出显示单元格规则：使用比较运算符设置条件，对属于该数据范围内的单元格设置格式。

2）项目选取规则：可以选中单元格区域中的若干最高值、若干最低值、高于平均值或低于平均值的若干值等。

3）数据条：可以帮助用户查看某个单元格的值相对于其他单元格数值的大小。数据条的长度代表单元格中的值。数据条越长，表示值越大；数据条越短，表示值越小。

4）色阶：利用颜色的渐变效果直观地比较单元格区域中的数据值，用于显示数据分布与变化。一般来说，颜色的深浅表示值的大小。

5）图标集：使用图标对数据进行注释，每个图标代表一个值的范围。

6）新建规则：现有规则无法满足用户需求时，可以自定义新规则。

7）清除规则：用来清除不同范围的规则，包括所选单元格规则、当前工作表规则等。

8）管理规则：用来管理应用于当前工作表中的所有规则，包括新建规则、编辑规则和删除规则。

以上各个命令，除“管理规则”外，在使用时可以在相应子菜单中选择某个条件加以应用。例如，要突出显示家庭住址是“通化”的记录，可以在“突出显示单元格规则”子菜单中选择“文本包含”命令，在条件对话框中输入条件值“通化”即可；若要突出显示少数民族的记录，可以在“突出显示单元格规则”子菜单中选择“其他规则”命令，打开“新建格式规则”对话框，在“编辑规则说明”选项组中依次设置“单元格值”、“不等于”和“汉”，单击“格式”按钮，设置格式后返回，再次单击“确定”按钮，完成条件格式定义；若要显示成绩排名在前 3 的记录，则要使用“项目选取规则”子菜单中的“前 10 项”命令，在打开的条件对话框中设置参数为 3，设置某种格式后，单击“确定”按钮即可。

4. 数据的修改与清除

输入数据时，难免会发生错误，因此需要对数据进行检查，对错误数据进行修改或清除。

（1）修改数据

修改数据分两种情况：一种是全部修改，这时只要重新输入即可；另一种是部分修改，这时可双击单元格，选中要修改的部分，输入正确数据。

（2）清除数据

这里的清除不仅仅是清除数据内容，还可以清除单元格所包含的其他内容。选中单元格后，选择“开始”选项卡，单击“编辑”选项组中的“清除”下拉按钮，弹出下拉列表，如图 4-81 所示，各命令功能如下（单元格原始内容如图 4-82 所示）。

1）全部清除：将所选单元格的数据内容、格式、批注等全部清除，如图 4-83 所示。

2）清除格式：将所选单元格的数据格式、单元格格式清除，保留数据内容，如图 4-84 所示。

3）清除内容：将所选单元格的数据内容清除，保留格式等其他信息，如图 4-85 所示。

4）清除批注：将所选单元格的批注删除，其他保留，如图 4-86 所示。

5）清除超链接：将所选单元格的链接删除，其他保留。

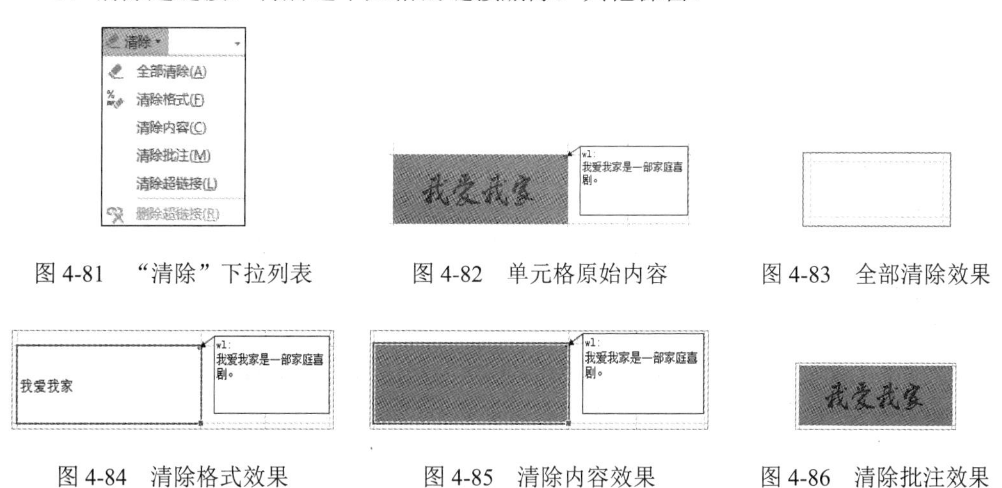

图 4-81　“清除”下拉列表　　图 4-82　单元格原始内容　　图 4-83　全部清除效果

图 4-84　清除格式效果　　图 4-85　清除内容效果　　图 4-86　清除批注效果

5. 数据的移动与复制

若要进行单元格数据的移动与复制，一定要先选中单元格，然后使用不同的方法来实现移动或复制。对于基本的数据移动与复制的方法与 Word 相同，这里不再赘述。下面主要介绍选择性粘贴。

选择性粘贴是指将复制的内容按指定的规则粘贴到目标单元格中。

复制单元格区域后，选中目标单元格，单击“粘贴”下拉按钮，弹出如图 4-87 所示的“粘贴”下拉列表，每个图标都对应一个粘贴选项，可直接单击使用；或者选择“选择性粘贴”命令，打开如图 4-88 所示的“选择性粘贴”对话框，选择其中一个选项后单击“确定”按钮，完成选择性粘贴的操作。

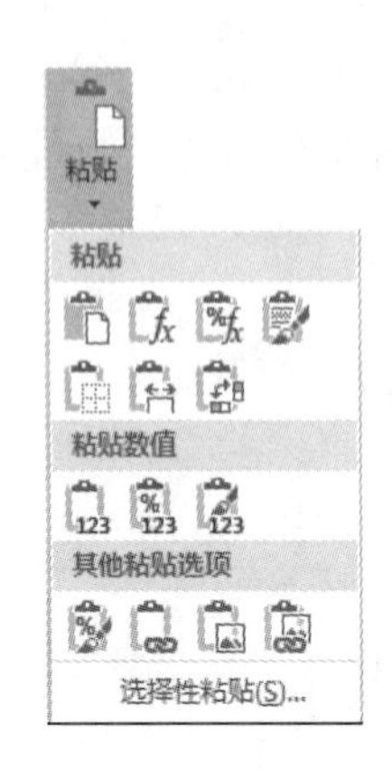

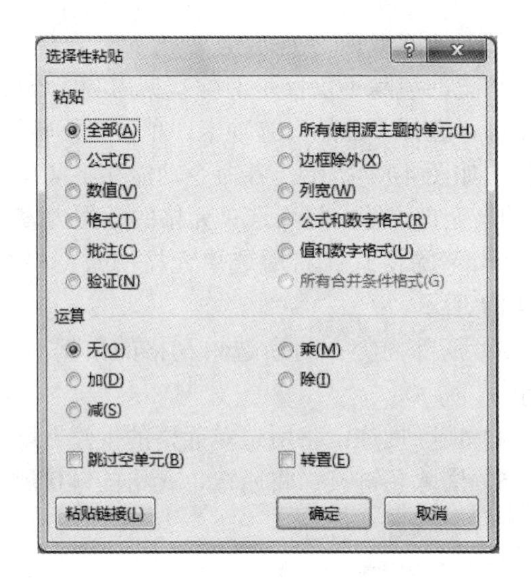

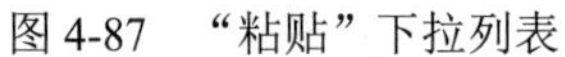

图 4-87 “粘贴”下拉列表　　　　图 4-88 “选择性粘贴”对话框

下面举例说明各选项功能。

“我爱我家”所在单元格效果如图 4-89 所示。先复制“我爱我家”所在单元格，再选择右侧的“ABCD”所在单元格，在“选择性粘贴”对话框中，选中“全部”单选按钮，粘贴单元格的内容和格式，如图 4-90 所示；选中“数值”单选按钮，仅粘贴单元格的数据内容，如图 4-91 所示；选中“格式”单选按钮，仅粘贴单元格的格式，如图 4-92 所示；选中“批注”单选按钮，仅粘贴单元格的批注，如图 4-93 所示；选中“列宽”单选按钮，仅复制单元格的列宽，如图 4-94 所示。

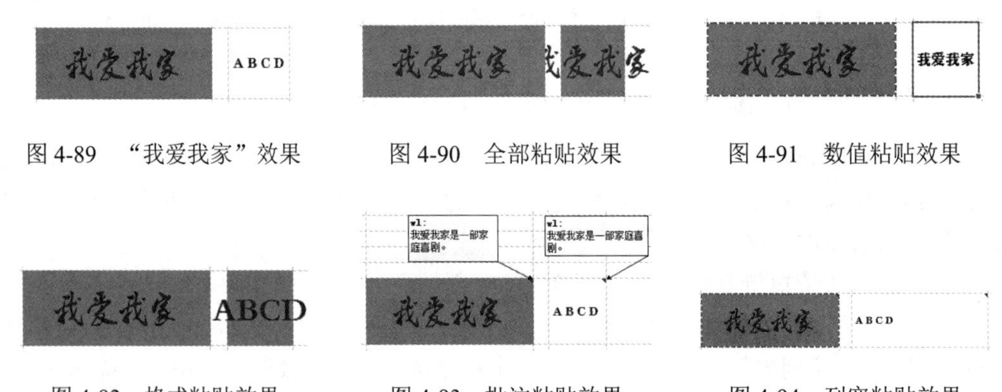

图 4-89 “我爱我家”效果　　图 4-90 全部粘贴效果　　图 4-91 数值粘贴效果

图 4-92 格式粘贴效果　　图 4-93 批注粘贴效果　　图 4-94 列宽粘贴效果

“3”所在单元格是公式计算的结果，并且带有格式，效果如图 4-95 所示。先复制“3”所在单元格，再选中下方单元格，在“选择性粘贴”对话框中，选中“公式”单选按钮，仅粘贴单元格中的公式，计算结果没有任何格式，效果如图 4-96 所示；选中“数值”单选按钮，仅粘贴单元格中的数值，没有任何格式，效果如图 4-97 所示；选中“公式和数字格式”单选按钮，效果与粘贴“公式”相同；选中“值和数字格式”单选按钮，效果与粘贴“数值”相同。

A	B	A+B
1	2	3
3	4	

图 4-95　数值与公式单元格效果

A	B	A+B
1	2	3
3	4	7

图 4-96　公式粘贴效果

A	B	A+B
1	2	3
3	4	3

图 4-97　数值粘贴效果

“粘贴”选项组中还有几个选项说明如下。

1）验证：复制验证规则。在例 4-7 中，对 F2 单元格设置了数据验证规则后，执行“复制”操作，选中 F 列的其他单元格，在“选择性粘贴”对话框选中“验证”单选按钮，可将单元格的数据验证规则粘贴到 F 列的其他单元格。

2）边框除外：复制所选单元格除边框外的其他内容。

3）所有使用源主题的单元：通常将复制主题样式（一般跨工作簿使用）。

下面介绍“运算”选项组中的选项。

运算是指要应用的数学运算，包括源单元格与目标单元格数据的加、减、乘、除等，还包括转置运算。如图 4-98 所示，上方单元格区域为 3 行 3 列的数据集合，对其进行复制后，选中下方区域，在“选择性粘贴”对话框中选中“转置”复选框，效果如图 4-99 所示，可见不仅粘贴数据内容和格式，还实现行与列互换。

如图 4-100 所示，上方为源单元格区域，下方为目标单元格区域，两个区域中都有数据，选中上方区域复制后，再选中下方区域，在“选择性粘贴”对话框中，选中“加”单选按钮，效果如图 4-101 所示；选中“减”单选按钮，效果如图 4-102 所示；选中“乘”单选按钮，效果如图 4-103 所示；选中“除”单选按钮，效果如图 4-104 所示；选中“无”单选按钮，则不做任何运算，但是会复制上方区域的格式。

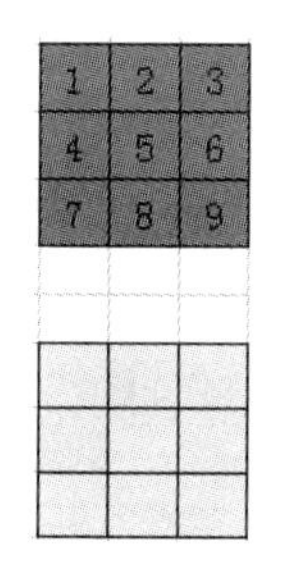

图 4-98　多个数值区域

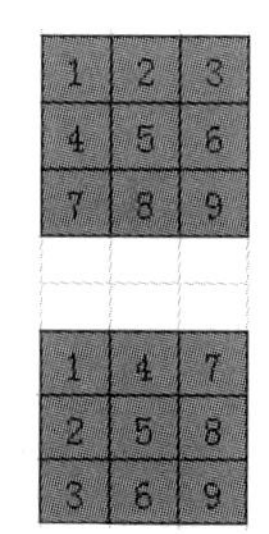

图 4-99　转置粘贴效果

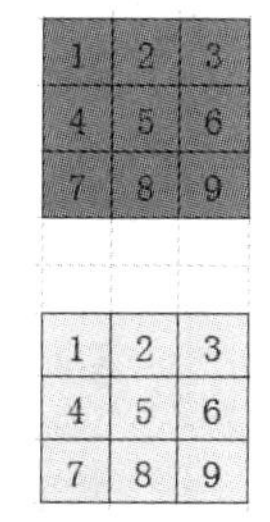

图 4-100　原始数据

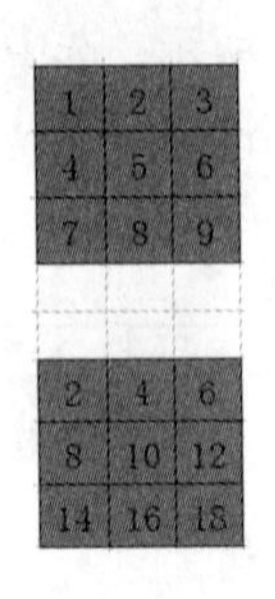

图 4-101　加效果

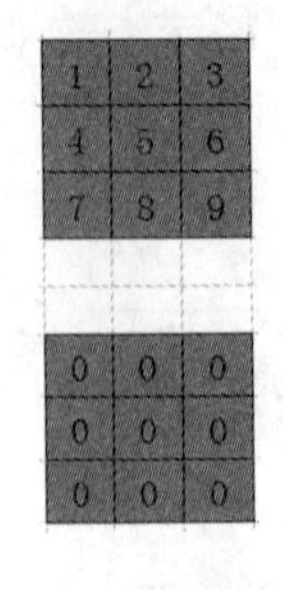

图 4-102　减效果

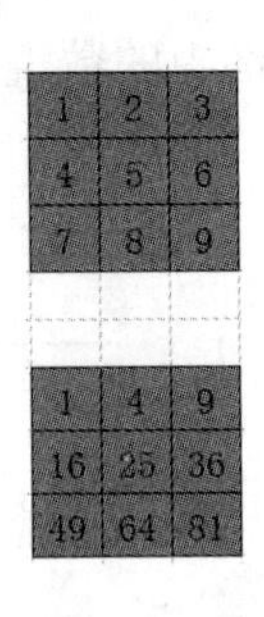

图 4-103　乘效果

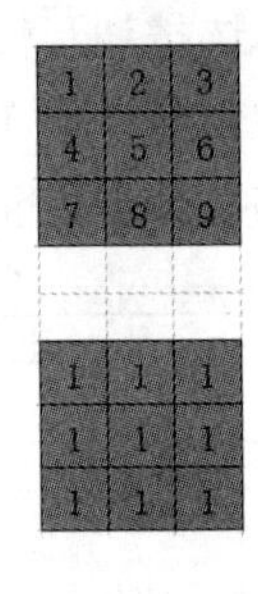

图 4-104　除效果

6. 数据的查找和选择

用户在使用工作表时，有时想查找一些数据或修改数据。如果在工作表中逐一查找并修改，不仅浪费时间，而且容易出错。使用 Excel 提供的查找和选择功能，便能事半功倍。

为用户提供查找和替换功能的命令在“开始”选项卡中，单击“编辑”选项组中的“查找和选择”下拉按钮，弹出下拉列表，如图 4-105 所示。

（1）查找与替换功能

【例 4-9】在“学生信息”工作簿中，查找来自通化市的学生信息。

操作步骤如下。

1）打开“学生信息”工作簿，选择“学生基本信息”工作表。

2）根据题目要求，确定要在“家庭住址”列中进行查找。因此，要选择“家庭住址”列的所有单元格。

3）在如图 4-105 所示的下拉列表中选择“查找”命令，打开“查找和替换”对话框，如图 4-106 所示。

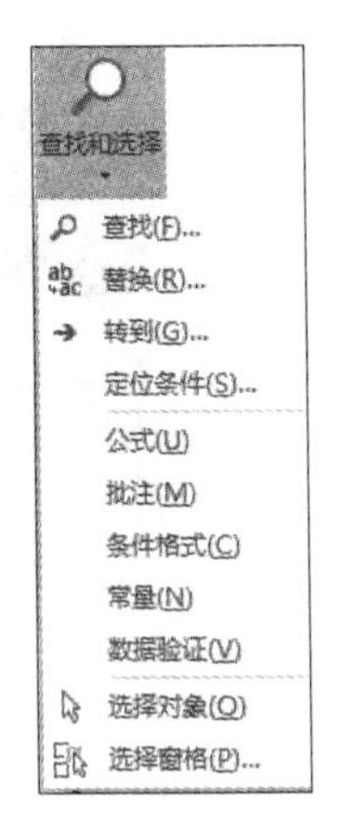

图 4-105　“查找和选择”下拉列表

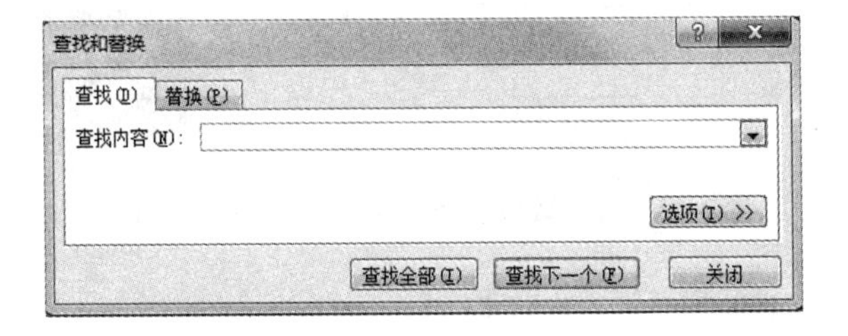

图 4-106　“查找和替换”对话框

4）在“查找内容”文本框中输入“通化”，单击“查找全部”按钮，会显示找到的信息，如图 4-107 所示。

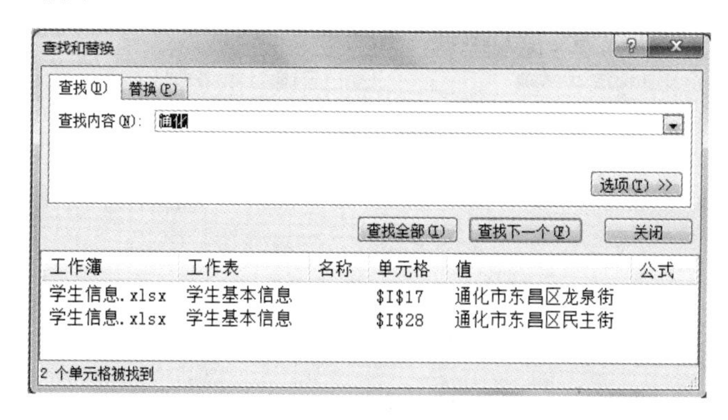

图 4-107　在“家庭住址”列中查找

注意　如果单击“查找下一个”按钮，除在工作表中依次选中“家庭住址”列的包含“通化”的单元格外，还会自动将查找范围扩大至整张工作表，依次选中其他包含“通化”的单元格。

默认情况下，用户在查找前没有确定查找范围，只是将鼠标指针定位至包含数据的任意单元格时，Excel 在执行查找操作时的查找范围将是整张工作表。在例 4-9 中，如果只是选择一个包含数据的单元格，再执行查找命令，显示的查找结果就会发生改变，将显示整张工作表中包含“通化”的所有单元格，如图 4-108 所示。

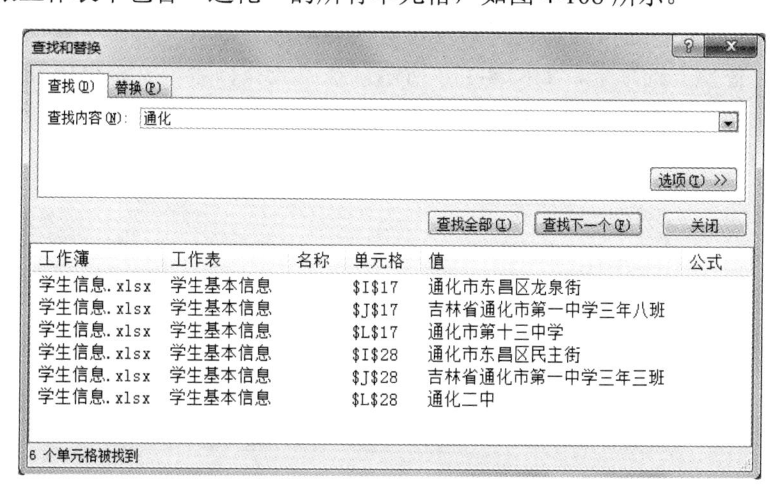

图 4-108　在整张工作表中查找

Excel 为用户提供的查找功能不局限于此，在图 4-108 所示的对话框中，单击“选项”按钮，将展开查找选项，如图 4-109 所示。

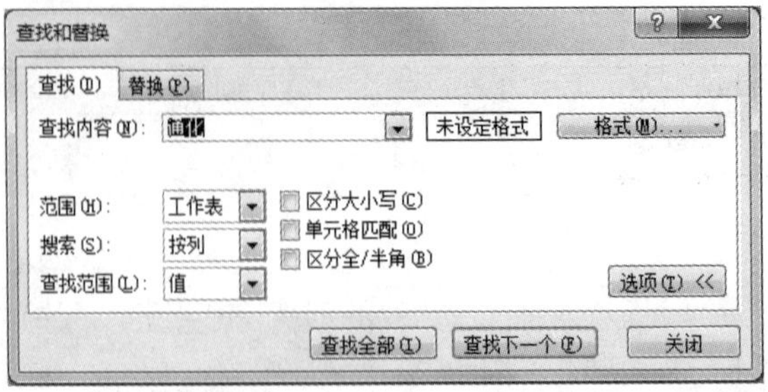

图 4-109　展开查找选项

“查找和替换”对话框中各选项说明如下。

1）“格式”按钮：单击“格式”按钮，打开“查找格式”对话框，可以按设置的格式对数据进行查找，类似于 Word 中的查找。

2）“范围”下拉列表：用于指定查找范围，有工作表和工作簿两个选项。

3）“搜索”下拉列表：用于确定查找方向，是按行查找还是按列查找。

4）“查找范围”下拉列表：用来进一步明确查找时的匹配内容，有值、公式和批注 3 个选项。

5）“区分大小写”复选框：选中此复选框，在查找时将精确区分字母的大小写。

6）“单元格匹配”复选框：选中此复选框，查找的单元格内容必须和查找内容完全一致；如果不选中此复选框，则查找的单元格只要包含查找内容即可。

7）“区分全/半角”复选框：选中此复选框，在查找时将严格区分字符的全角与半角。

Excel 除查找外，还可以将找到的内容替换为新内容，只需要在“查找和替换”对话框中选择“替换”选项卡，如图 4-110 所示。在“查找内容”文本框中输入要找的数据，在“替换为”文本框中输入新数据，单击“全部替换”按钮，一次性替换所有找到的数据，单击“替换”按钮，则找到一个替换一个。

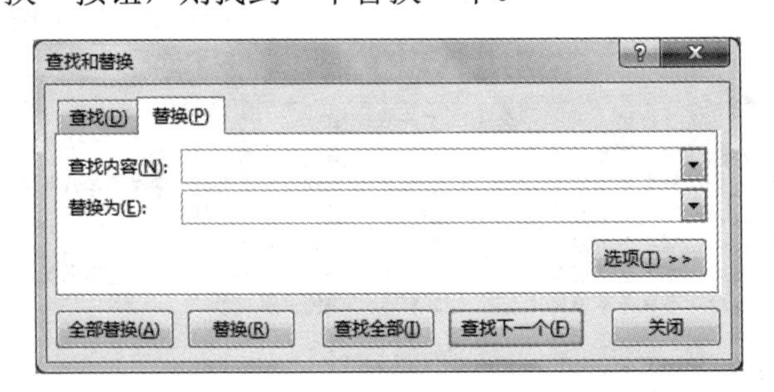

图 4-110　“替换”选项卡

（2）定位功能

在 Excel 中可以根据定位条件快速查找和选择所有包含特定类型数据（如公式）

的单元格，或只是符合特定条件的单元格（如工作表上最后一个包含数据或格式的单元格）。

在如图 4-105 所示的下拉列表中选择“转到”命令，打开如图 4-111 所示的对话框。用户可以直接在“引用位置”文本框中输入单元格名称，或单击“定位条件”按钮，打开“定位条件”对话框，如图 4-112 所示。在“选择”选项组中选择某项，单击“确定”按钮，即可定位目标。

图 4-111　“定位”对话框

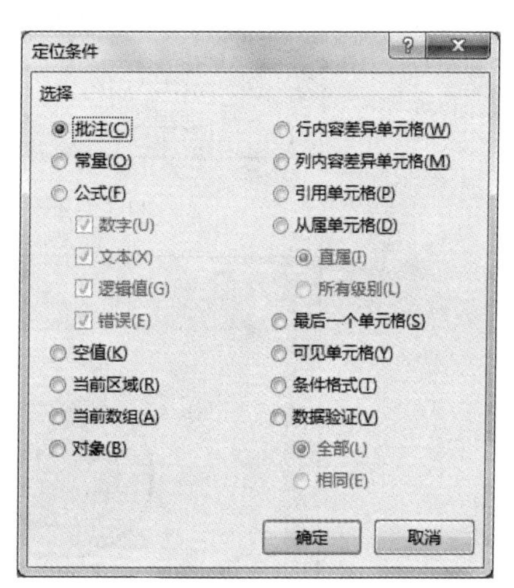

图 4-112　“定位条件”对话框

提示

“定位条件”对话框中的各个选项的含义，请读者参看帮助。

此外，用户也可以直接在图 4-105 所示的下拉列表中选择“定位条件”选项组中的某个条件定位单元格。

（3）选择对象与选择窗格

这两个命令是用来选择工作表中的图形对象的。在图 4-105 所示的下拉列表中选择“选择对象”命令，可直接用鼠标在工作表中选中某对象。

在图 4-105 所示的下拉列表中选择“选择窗格”命令，弹出“选择”任务窗格，如图 4-113 所示。如果在任务窗格中选择某项（如“笑脸 1”），会在工作表中将其选中，如图 4-114 所示。在此任务窗格中单击“全部显示”按钮，工作表中显示所有对象，如图 4-115 所示；在此任务窗格中单击“全部隐藏”按钮，工作表中不会显示任何对象，如图 4-116 所示。

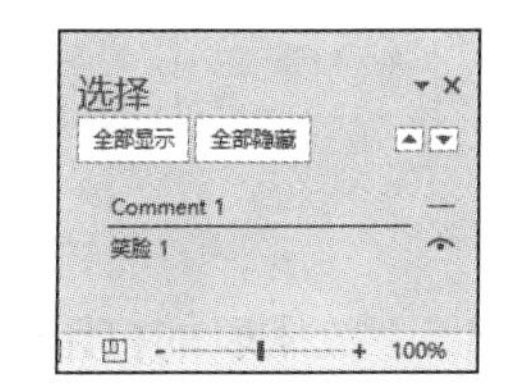

图 4-113　“选择”任务窗格

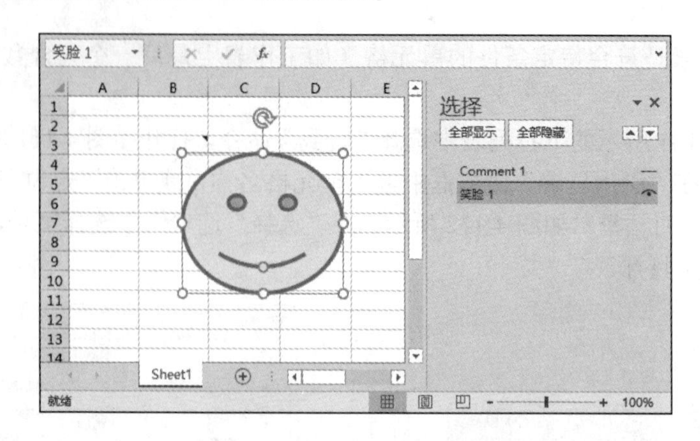

图 4-114　利用选择窗格选择对象

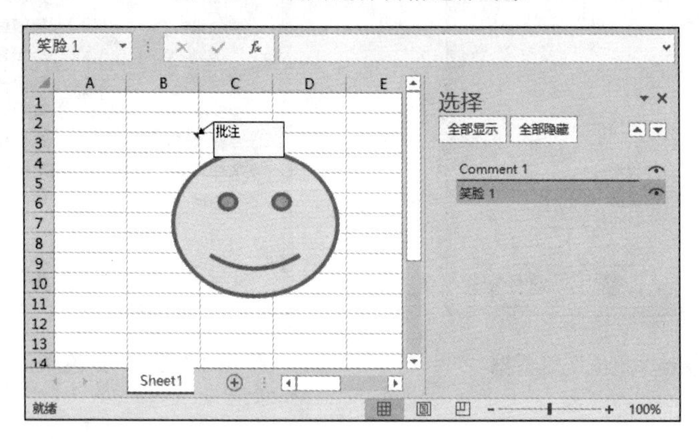

图 4-115　显示全部对象

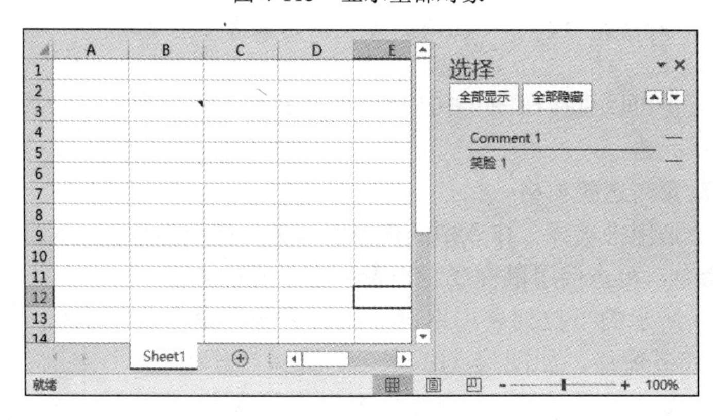

图 4-116　隐藏全部对象

4.3.5　数据表的打印输出

创建、编辑工作表数据后可以将其打印输出。为了实现理想的打印效果，要先进行页面设置，然后查看预览效果，最后打印输出。其中，页面设置使用“页面布局”选项卡“页面设置”选项组中的命令，如图 4-117 所示；或单击“页面设置”选项组右下角的对话框启动器，打开“页面设置”对话框，如图 4-118 所示。

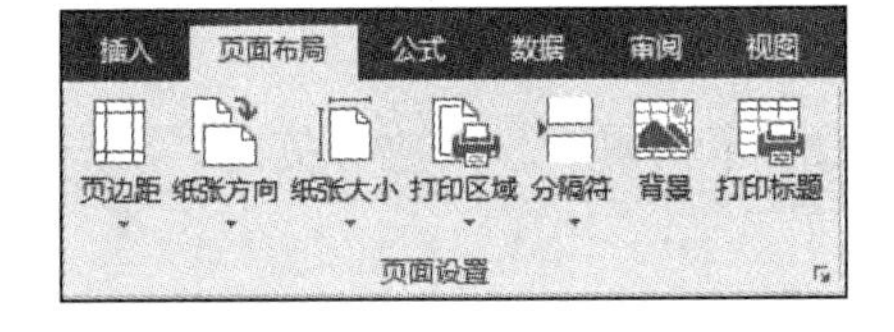

图 4-117　“页面设置”选项组

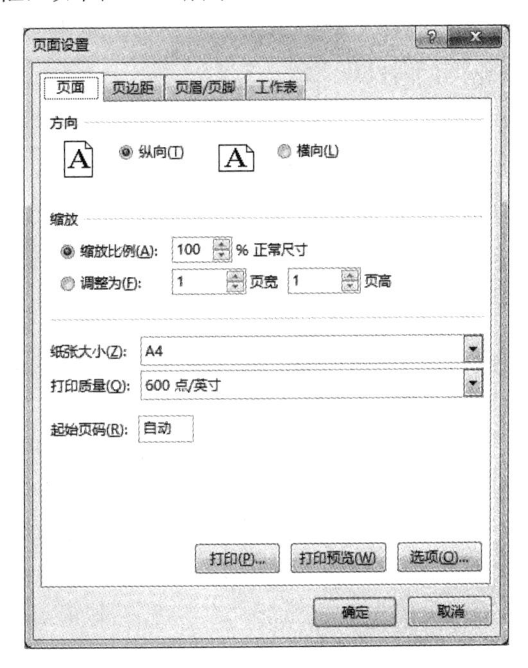

图 4-118　“页面设置”对话框

1. 设置纸张参数

设置纸张参数是打印工作表前的准备工作，主要包括纸张大小、纸张方向、纸张页边距，具体操作请参考第 3 章中的介绍，这里不再赘述。

2. 打印范围

Excel 与 Word 最大的不同就是所编辑的数据都在单元格中，因此打印输出前一定要选择正确的数据区域，这样才能得到理想的打印结果。设置打印范围包括打印区域和打印标题行。

（1）设置打印区域

1）选中要打印的单元格或单元格区域。

2）选择“页面布局”选项卡，单击“页面设置”选项组中的“打印区域”下拉按钮，在弹出的下拉列表中选择“设置打印区域”命令。此时，所选区域四周出现边框。

如果想要取消打印区域，单击“取消打印区域”按钮即可。

（2）打印标题行

如果一个工作表可以生成多个打印页，有必要在每页中重复显示标题行或标题列，方便用户查看数据，操作步骤如下。

1）选择“页面布局”选项卡，单击“页面设置”选项组中的“打印标题”按钮，打开“页面设置”对话框。

2）选择“工作表”选项卡，使用拾取按钮选择单元格区域，作为“顶端标题行”或“左端标题列”的参数。

3. 页面设置

（1）设置页眉和页脚

用户可以借助页眉和页脚添加表格名称、页码和日期等信息，方便对工作表内容的查阅。在 Excel 中添加页眉和页脚不像 Word 直接在工作区中进行编辑，而是要进入对话框中设置，操作方法如下。

在“页面设置”对话框中，选择“页眉/页脚”选项卡，如图 4-119 所示。单击“自定义页眉”按钮，在打开的“页眉”对话框中输入文字，如图 4-120 所示；或选择“页眉”下拉列表中的内置页眉，如图 4-121 所示。

页脚的设置方法与页眉相似。页脚区一般用来显示页码、总页数等信息，用户可以选择“页脚”下拉列表中的内置页脚加以应用。

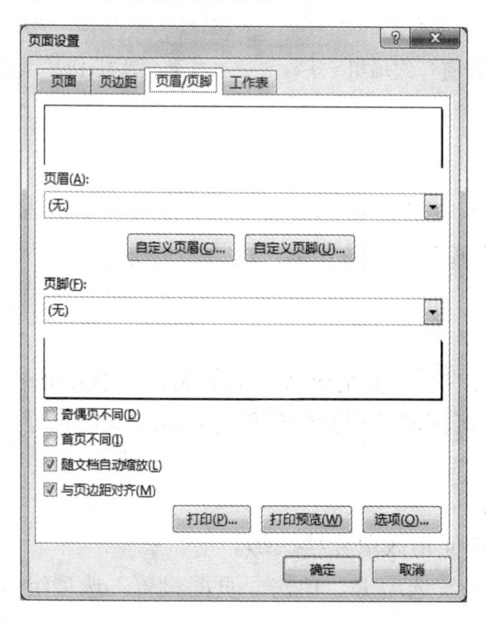

图 4-119　“页眉/页脚”选项卡

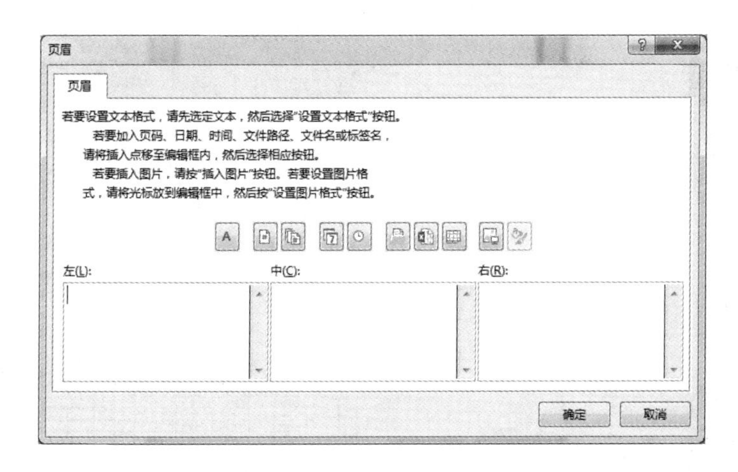

图 4-120　“页眉”对话框

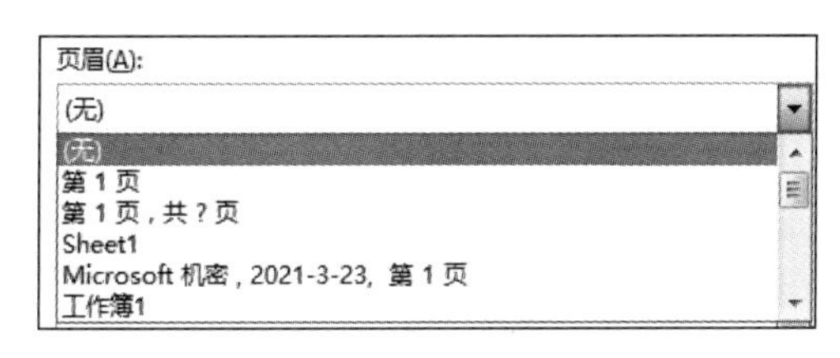

图 4-121　“页眉”下拉列表

（2）设置打印比例

如果在打印工作表时，发现打印区域相对于纸张过宽或过窄时，可以在不调整列宽的前提下充分利用纸张来显示数据，这就需要调整打印比例。

选择“页面布局”选项卡，利用“调整为合适大小”选项组中的“宽度”、“高度”或“缩放比例”选项进行实时调整，如图 4-122 所示。或在“页面设置”对话框中调整“缩放比例”，如图 4-118 所示。

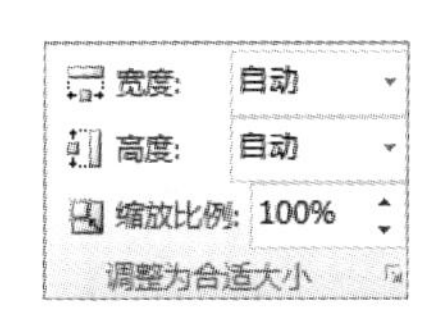

图 4-122 “调整为合适大小”选项组

4. 打印输出

打印预览功能可以查看打印后的效果，避免浪费时间和纸张。选中工作表（一张或多张），选择“文件”→“打印”命令，在打开的“打印”界面中会直接显示所选工作表预览状态，如图 4-123 所示。

如果满意，单击“打印”按钮，就可以将所选工作表打印输出了。如果不满意，可以在“设置”选项组中选择某项重新设置。或单击“页面设置”链接，打开“页面设置”对话框，修改后再单击“打印”按钮。

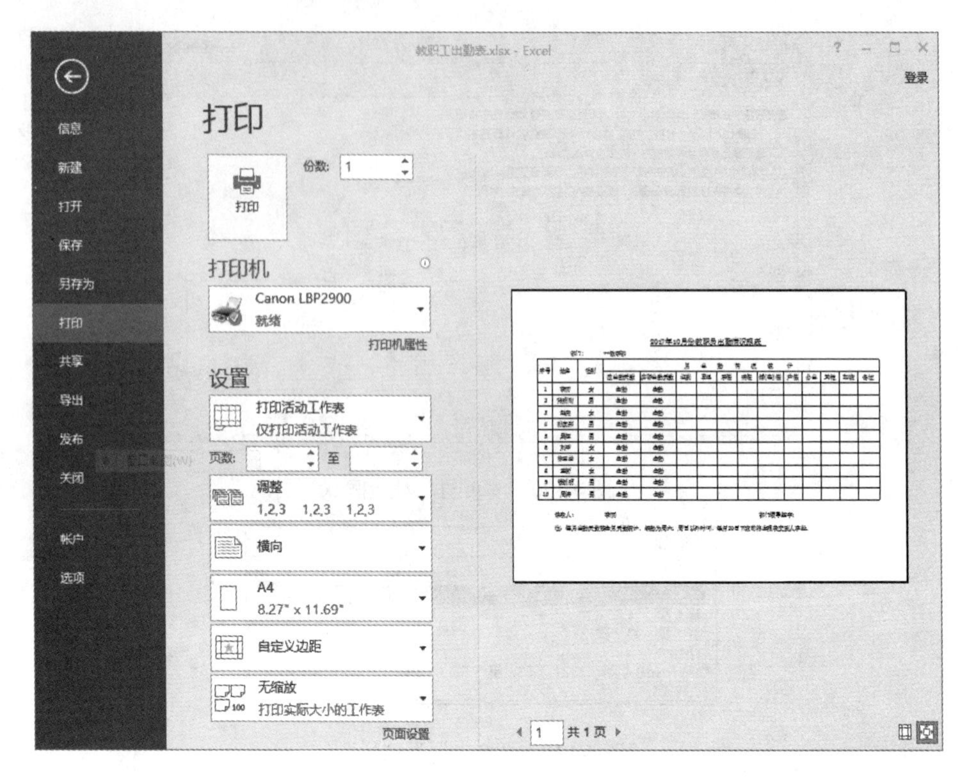

图 4-123　打印预览状态

4.4　公式与函数

在 Excel 工作表中，不仅可以输入数据并进行格式化，而且可以通过公式和函数实现数据计算，如求和、平均值、计数等。

4.4.1　公式的基本使用

公式用来对单元格中的数据进行计算，使用格式为“=表达式”。

其中，表达式是用运算符将常量、单元格地址、函数等连接起来的，符合 Excel 语法规则的式子。表达式的计算结果称为值，在单元格或编辑框中输入公式，按【Enter】键得到其值。

1. 运算符

在 Excel 中有 4 种运算符：算术运算符、比较运算符、连接运算符和引用运算符。

（1）算术运算符

算术运算符用于完成基本的数学运算，常用的算术运算符如表 4-1 所示，表中 A1=3。

表 4-1　常用的算术运算符

运算符	含义	公式示例	值
+	加法	=3+A1	6
−	减法	=A1-3	0
	负数	−A1	−3
*	乘法	=A1*3	9
/	除法	=A1/3	1
%	百分比	=A1%	0.03
^	乘幂	=A1^2	9

（2）比较运算符

比较运算符用于比较两个值的大小，结果为逻辑值 TRUE（真）或 FALSE（假）。常用的比较运算符如表 4-2 所示，表中 B1=3。

表 4-2　常用的比较运算符

运算符	含义	公式示例	值
=	等于	=5=B1	FALSE
>	大于	=5>B1	TRUE
<	小于	=5<B1	FALSE
>=	大于等于	=5>=B1	TRUE
<=	小于等于	=5<=B1	FALSE
<>	不等于	=5<>B1	TRUE

（3）连接运算符

连接运算符指符号“&”，用于将两个或多个文本连接起来。例如，“="快乐"&"生活"”的结果是“快乐生活”。其中，用双引号括起来的字符序列称为字符串常量。

（4）引用运算符

引用运算符用于对单元格区域进行合并计算，常用的引用运算符如表 4-3 所示。

表 4-3　常用的引用运算符

运算符	名称	实例	含义
:（冒号）	区域运算符	A1:A5	引用 A1 到 A5 中的所有单元格
,（逗号）	联合运算符	A1:A3, B1:B3	将两个引用合并为一个引用，结果包括 A1、A2、A3、B1、B2、B3 单元格
（空格）	交叉运算符	A1:B2 A1:A2	引用两个区域中的共有单元格，结果包括 A1、A2 单元格

2. 优先级

公式求值的关键是运算符的运算次序（称为优先级），如表 4-4 所示。例如，计算“=25-5*4”的值，先计算 5*4 得到 20，再计算 25-20 得到 5，这是因为乘法比减法优先。

表 4-4　运算符优先级

<table>
<tr><td>优先级</td><td colspan="4">高 ← 低</td></tr>
<tr><td rowspan="7">高
↓
低</td><td>引用运算符</td><td>算术运算符</td><td>连接运算符</td><td>比较运算符</td></tr>
<tr><td rowspan="2">:</td><td>-（负号）</td><td rowspan="6">&</td><td rowspan="6">=
<>
>
<
>=
<=</td></tr>
<tr><td>%</td></tr>
<tr><td rowspan="2">空格</td><td>^</td></tr>
<tr><td></td></tr>
<tr><td rowspan="2">,</td><td>*、/</td></tr>
<tr><td>+、-</td></tr>
</table>

注意　如果一个公式中包含多种运算符，Excel 要按下面的规则进行计算。

1）括号的级别最高。

2）不同类运算符之间，按表 4-4 指出的横向顺序由高到低进行计算。

3）同类运算符之间，按表 4-4 指出的纵向顺序由高到低进行计算。

4）级别相同的运算符，按从左到右的顺序依次进行计算。

【例 4-10】使用“课时工资”工作簿数据，并利用公式计算个人工资中的合计工资和扣税项。计算公式如下：

合计工资=职称工资+职务工资+院龄工资+课时费+其他

扣税项=合计工资-住房公积金-养老保险-失业保险-医疗保险-应扣

操作步骤如下。

1）打开“课时工资”工作簿，选择“工资条”工作表。

2）计算合计工资。选中 G2 单元格，输入公式“=B2+C2+D2+E2+F2”，效果如图 4-124 所示。

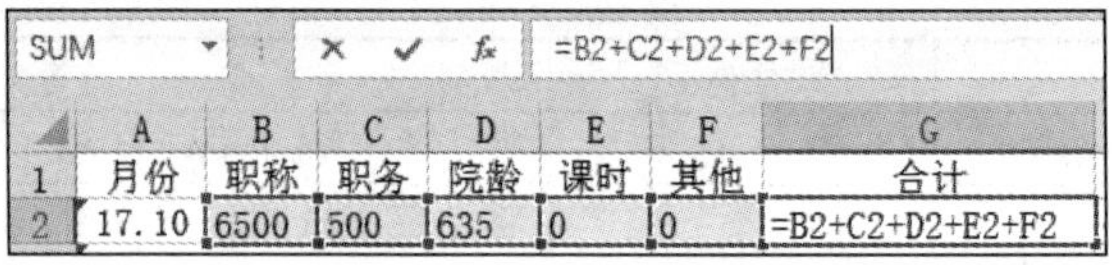

SUM　×　✓　fx　=B2+C2+D2+E2+F2

	A	B	C	D	E	F	G
1	月份	职称	职务	院龄	课时	其他	合计
2	17.10	6500	500	635	0	0	=B2+C2+D2+E2+F2

图 4-124　计算合计工资

3）按【Enter】键或单击✓按钮，单元格中会显示计算结果。

提示

输入公式时，为了避免输入错误，可以直接单击所引用的单元格。

4）计算扣税项。选中 N2 单元格，输入公式“=G2-H2-I2-J2-K2-L2-M2”，效果如图 4-125 所示，按【Enter】键得到计算结果。

G	H	I	J	K	L	M	N
合计	特困	房租	养老	失业	医疗	应扣	扣税项
7635	0	231	312	11.7	78	0	=G2-H2-I2-J2-K2-L2-M2

图 4-125　计算扣税项

3. 复制公式

要计算其他月份的工资，可以通过复制公式来提高工作效率。复制公式与复制其他数据的方法是一样的，这里不再赘述。

4. 删除公式

当不需要公式时，可以将其删除。删除公式分为两种情况：一种是完全删除，按【Delete】键即可；另一种是仅删除公式，但保留计算结果。选中单元格，单击“复制”按钮，然后单击“粘贴”下拉按钮，在弹出的下拉列表中选择“粘贴数值”中的“值”命令，将计算结果保留下来。

默认情况下，向单元格中输入公式后会直接显示计算结果。如果用户想要在单元格中显示公式表达式，则应选择“公式”选项卡，单击“公式审核”选项组中的“显示公式”按钮，单元格中即可显示公式表达式。再次单击“显示公式”按钮，则显示计算结果。

4.4.2　单元格引用及名称的使用

1. 单元格引用

单元格引用是指单元格地址的表示方法，主要有相对引用、绝对引用和混合引用 3 种情况。

（1）相对引用

在例 4-10 中，计算合计工资和扣税项的公式就应用了对单元格的相对引用，如 B2、C2 等，这也是大多数单元格默认的引用方法。如果将 G2 单元格中的公式复制到 G3 单元格，则公式会变成“=B3+C3+D3+E3+F3”。这也正是单元格相对引用的特征，在公式中被相对引用的单元格会随公式位置的改变而改变。

（2）绝对引用

绝对引用与相对引用正好相反，在公式中被绝对引用的单元格不会随公式位置的改变而改变。绝对引用单元格时，要在其行号列标前添加“$”，如$A$1。

【例 4-11】使用“课时工资”工作簿，利用公式计算个人所得税和实发工资。计算公式如下：

个人所得税=全月应纳税所得额×税率-速算扣除数

全月应纳税所得额=扣税项-个税起征点

实发工资=扣税项-个人所得税

提示

公式中涉及的个税起征点、税率和速算扣除数可在“工资薪金所得税率”工作表中查看。

操作步骤如下。

1）计算个人所得税。

根据实际情况，用户需要事先了解纳税所得额是多少，才能确定税率和速算扣除数。选中 O2 单元格，输入公式“=N2-工资薪金所得税率!$E$2”，按【Enter】键得到结果。

对于公式“=N2-工资薪金所得税率!$E$2”有两点值得注意：一是引用的单元格如果来自其他工作簿或工作表，只需依次将工作簿、工作表的名称写在单元格名称前，使用“!”作为分隔符；二是 E2 单元格的引用方式为绝对引用，这是因为无论计算谁的应纳税所得额，都需要在扣税项中减去相同数值。

选中 P2 单元格，输入公式“=O2*工资薪金所得税率!B3-工资薪金所得税率!C3”，按【Enter】键得到结果。

2）计算实发工资。

选中 Q2 单元格，输入公式“=N2-P2”，按【Enter】键得到计算结果。

在例 4-11 中使用了单元格的相对引用和绝对引用。如果将公式复制到其他位置，不难看出，单元格的相对引用和绝对引用的效果是完全不同的，如图 4-126 所示。

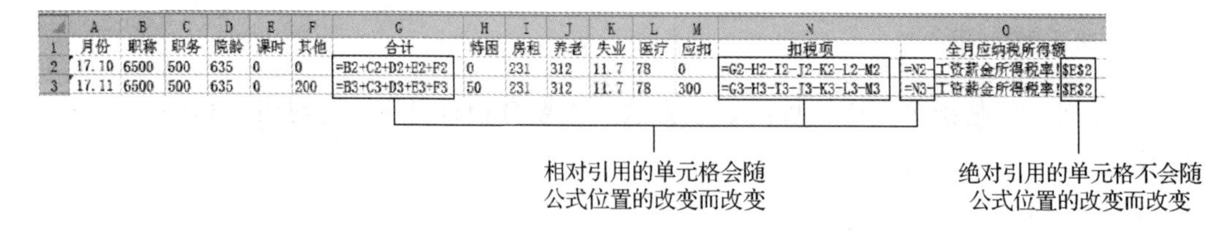

	A	B	C	D	E	F	G	H	I	J	K	L	M	N	O
1	月份	职称	职务	院龄	课时	其他	合计	特困	房租	养老	失业	医疗	应扣	扣税项	全月应纳税所得额
2	17.10	6500	500	635	0	0	=B2+C2+D2+E2+F2	0	231	312	11.7	78	0	=G2-H2-I2-J2-K2-L2-M2	=N2-工资薪金所得税率!$E$2
3	17.11	6500	500	635	0	200	=B3+C3+D3+E3+F3	50	231	312	11.7	78	300	=G3-H3-I3-J3-K3-L3-M3	=N3-工资薪金所得税率!$E$2

图 4-126　单元格不同引用方式的比较

（3）混合引用

在引用单元格时，列标与行号中有一个是绝对引用，另一个是相对引用的引用方式称为混合引用，如$A1、A$1。

【例 4-12】使用单元格混合引用制作九九乘法表。

操作步骤如下。

1）新建工作簿，选中 Sheet1 工作表，输入数据并进行格式化，如图 4-127 所示。

2）我们都知道九九乘法表的行列交叉位置的值等于“行号×列标”。在向单元格填充并复制公式时，希望纵向列标不动，横向行号不变。因此，选中 B2 单元格，输入公式“=$A2*B$1”，按【Enter】键确认，得到结果，如图 4-128 所示。

3）选中 B2 单元格，向下拖动填充柄至 B9 单元格，得到结果，如图 4-129 所示。

4）选择 B2:B9 单元格区域，向右拖动填充柄，得到结果，如图 4-130 所示。

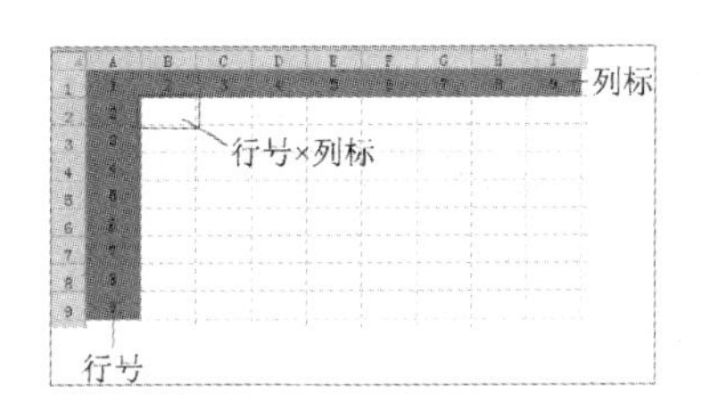

图 4-127　九九乘法表框架

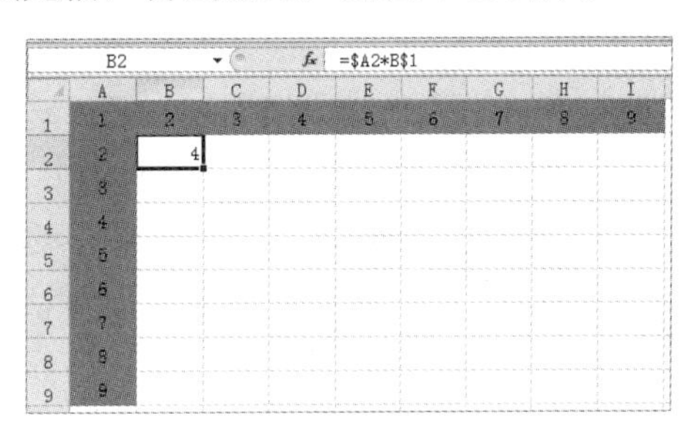

图 4-128　使用混合引用计算第一个交叉位置的值

B2　　=$A2*B$1

	A	B	C	D	E	F	G	H	I
1	1	2	3	4	5	6	7	8	9
2	2	4							
3	3	6							
4	4	8							
5	5	10							
6	6	12							
7	7	14							
8	8	16							
9	9	18							

图 4-129　向下拖动填充柄得到第一列结果

B2　　=$A2*B$1

	A	B	C	D	E	F	G	H	I
1	1	2	3	4	5	6	7	8	9
2	2	4	6	8	10	12	14	16	18
3	3	6	9	12	15	18	21	24	27
4	4	8	12	16	20	24	28	32	36
5	5	10	15	20	25	30	35	40	45
6	6	12	18	24	30	36	42	48	54
7	7	14	21	28	35	42	49	56	63
8	8	16	24	32	40	48	56	64	72
9	9	18	27	36	45	54	63	72	81

图 4-130　向右拖动填充柄得到全部结果

2. *名称的使用*

每个单元格都有一个默认的名称，即列标与行号的组合，这样的单元格用在公式中显得特别抽象。为了提高公式的可读性，也为了简化公式的编辑，Excel 为用户提供了名称管理工具，它位于“公式”选项卡的“定义的名称”选项组中，如图 4-131 所示。

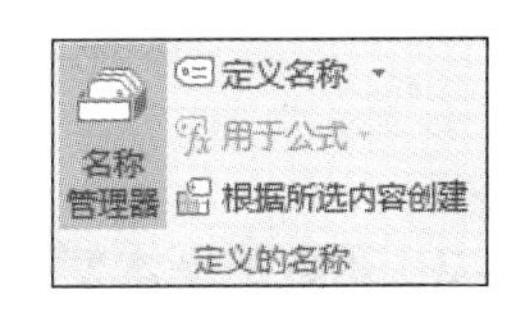

图 4-131　“定义的名称”选项组

在 Excel 中使用名称是实现单元格绝对引用的另一个方法。

（1）创建和编辑名称的语法规则

创建和编辑名称应遵循的语法规则如下。

1）名称中的第一个字符必须是字母、汉字、下划线（_）或反斜杠（\），名称中的其余字符可以是字母、汉字、数字、句点和下划线，但不允许使用空格。

2）在 Excel 中，一个名称最多可以包含 255 个字符，字母不区分大小写。

3）名称不能与单元格地址相同。

（2）在公式中使用名称

【例 4-13】使用“学生平时成绩”工作簿“平时成绩”工作表中的数据，计算学生的平时成绩，并折合成百分制。

例 4-13 视频讲解

操作步骤如下。

1）打开“学生平时成绩”工作簿，选择“平时成绩”工作表。

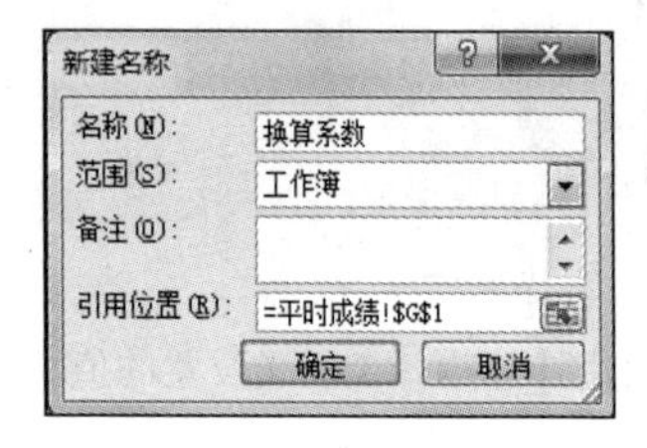

图 4-132 “新建名称”对话框

2）选中 G1 单元格，选择“公式”选项卡，单击“定义的名称”选项组中的“定义名称”按钮，在打开的“新建名称”对话框中输入名称，如图 4-132 所示，单击“确定”按钮，完成名称定义。

3）选中 E2 单元格，输入公式“=(B2+C2+D2)/换算系数”，如图 4-133 所示。

4）按【Enter】键得到计算结果。向下拖动填充柄复制公式，得到其他学生的平时成绩，减少单元格小数位数。复制公式效果如图 4-134 所示。

	A	B	C	D	E	F	G
1	姓名	一阶段成绩	二阶段成绩	三阶段成绩	平时成绩	换算系数	0.3
2	杨子健	10	8	10	=(B2+C2+D2)/换算系数		

图 4-133 在公式中使用名称

	A	B	C	D	E	F	G
1	姓名	一阶段成绩	二阶段成绩	三阶段成绩	平时成绩	换算系数	0.3
2	杨子健	10	8	10	93.3		
3	冯刚	6	7	8	70.0		

图 4-134 复制公式效果

4.4.3 函数的基本使用

Excel 中的函数概念与数学中的类似，实质是一些预定义的公式。用户可以直接使用函数对某个数据区域的数值进行运算，如使用 SUM 函数求和。

为了方便用户使用，Excel 为用户提供了大量函数，并根据功能将其划为不同类别，置于“公式”选项卡。

（1）函数的组成

在学习函数之前，先了解函数的结构。如图 4-135 所示，函数以函数名开头，后面是小括号，括号内是以逗号分隔的参数。其中，函数的参数多数是单元格引用。此外，用户也可以使用文本值（使用时要用引号括起来）、逻辑值（只有 FALSE 和 TRUE）、名称等作为参数。

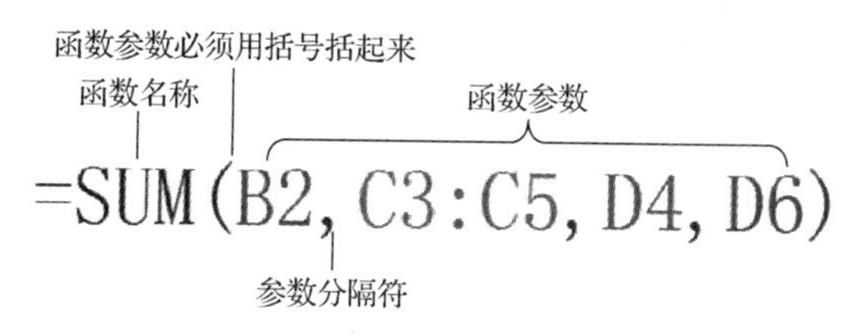

图 4-135　函数结构

注意　如果独立使用一个函数，或函数位于公式的开始位置，则函数名称前要添加“=”。

（2）使用函数的方法

1）手动输入函数。对于经常使用的函数，可以在单元格中直接输入，然后按【Enter】键或单击 按钮，在单元格中显示结果。

2）使用向导输入函数。选择“公式”选项卡，单击“函数库”选项组中的“插入函数”按钮，打开“插入函数”对话框。在“或选择类别”下拉列表中选择某类函数，在“选择函数”列表框中选择所需函数，如图 4-136 所示。单击“确定”按钮，打开“函数参数”对话框，如图 4-137 所示。设置具体参数后，单击“确定”按钮，会在单元格中得到结果。

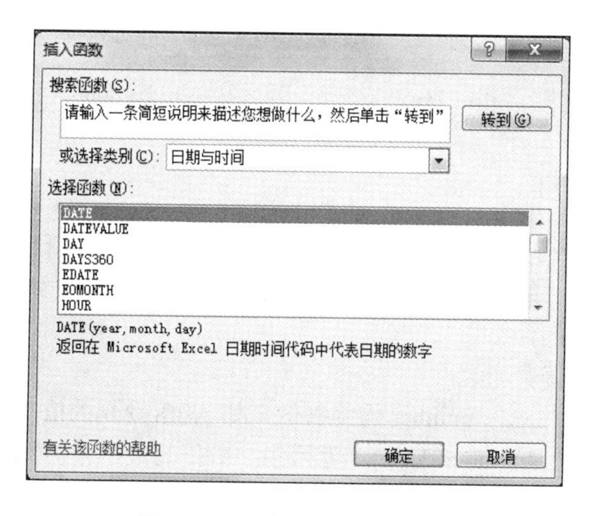

图 4-136　“插入函数”对话框

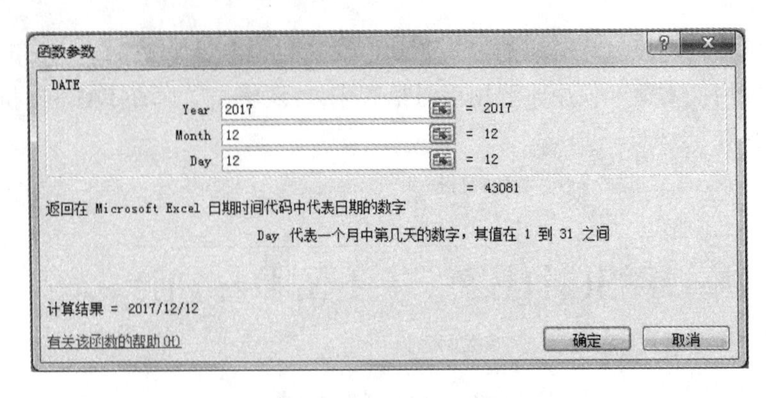

图 4-137 “函数参数”对话框

3）快速输入常用函数。在“公式”选项卡的“函数库”选项组中，有一个“自动求和”下拉按钮，单击该下拉按钮会弹出相应的下拉列表，如图 4-138 所示。可见，像求和、平均值、计数等常用函数，在使用时可直接在下拉列表中选择。

4）自动计算功能。在 Excel 中为用户提供了自动计算功能，当用户选择多个数据后，观察工作区的状态栏，可直接看到常用函数的计算结果，如图 4-139 所示。在状态栏右击，在弹出的快捷菜单中可选择要自动计算的函数，如图 4-140 所示。

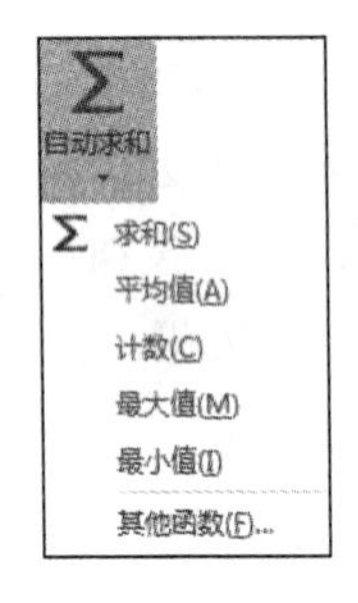

图 4-138 “自动求和”下拉列表

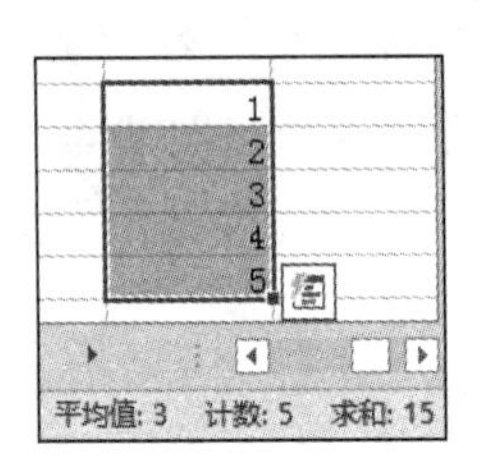

图 4-139 状态栏显示自动计算结果

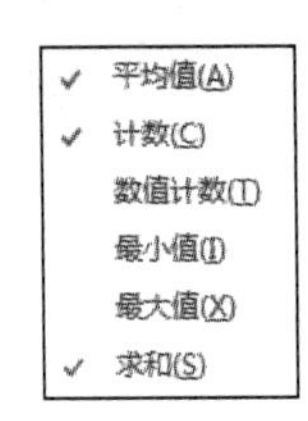

图 4-140 自定义状态栏

4.4.4 常见函数的应用

Excel 为用户提供了 12 大类函数，包括财务、逻辑、文本、日期和时间、查找和引用、数学和三角函数、统计、工程、多维数据集、信息、兼容性和 Web 等类别，用来实现运算符难以完成的计算。

（1）数学和三角函数

1）ABS(number)：返回 number 的绝对值，如 ABS(−2.6)的值是 2.6。

2）LCM(number1, [number2], …)：返回多个数值的最小公倍数，如 LCM(12,3,5)的返回值是 60。

3）MOD(number, divisor)：返回两数相除的余数，结果的正负号与除数相同。其中，

number 是必需项，是被除数；divisor 是必需项，是除数。例如，MOD(9,4)的返回值 1，MOD(−9,4)的返回值 3，MOD(9,−4)的返回值−3。

4）PI( )：该函数不需要参数，返回圆周率π的值，即 3.141592654。

5）RAND( )：该函数不需要参数，返回［0,1）的随机数（包含 0，每次使用函数会得到不一样的值），如 0.99028、0.868522 等。

6）INT(number)：取不大于 number 的最大整数，如 INT(1.23)的值是 1，INT(−1.23)的值是−2。

7）ROUND(number,num_digits)：按指定的位数 num_digits 对数值 number 进行四舍五入，如 ROUND(1.254,2)的值是 1.25，ROUND(1.254,1)的值是 1.3，ROUND(1.254,0)的值是 1。

8）TRUNC(number,[num_digits])：将数值 number 截为整数或保留指定位数 num_digits 的小数。如果省略 num_digits，则默认为 0，如 TRUNC(1.254,1)的值是 1.2。

9）SQRT(number)：求 number 的正平方根，如 SQRT(9)的值是 3。

10）SIN(number)：求 number 的正弦值。

11）COS(number)：求 number 的余弦值。

12）SUM(number1,[number2],…)：计算一组数值的和，如 SUM(2,4,5)的值是 11。

13）SUMIF(range,criteria,[sum_range])：对满足条件的单元格区域求和。其中，range 是求和条件涉及的单元格区域；criteria 是求和的条件；sum_range 指求和的实际单元格区域，省略则使用 range 区域中的单元格。

14）SUMIFS(sum_range,criteria_range1,criteria1,[criteria_range2,criteria2],…)：对指定单元格区域中满足多个条件的单元格求和。其中，sum_range 是必需项，是要求和的实际单元格区域；criteria_range1 是必需项，用来计算关联条件的第一个区域；criteria1 是必需项，是求和的条件；criteria_range2 和 criteria2 是可选项，是附加的求和区域和关联条件，最多允许有 127 个区域和条件组合。

【例 4-14】根据“商品销售”工作簿中的数据，统计所有商品的销售数量，并统计桂林分店销售商品的总数及净月分店销售 WJ-651011 商品的总数。

例 4-14 视频讲解

操作步骤如下。

1）打开“商品销售”工作簿，选择“统计报告”工作表。

2）选中 A2 单元格，输入“所有商品的销售数量”；选中 A3 单元格，输入“桂林分店的总销量”；选中 A4 单元格，输入“净月分店商品 WJ-651011 的销量”，如图 4-141 所示。

	A	B
1	统计项目	统计结果
2	所有商品的销售数量	
3	桂林分店的总销量	
4	净月分店商品WJ-651011的销量	

图 4-141　向单元格输入内容

3）选中 B2 单元格，选择“公式”选项卡，单击

“函数库”选项组中的“数学和三角函数”按钮，在弹出的下拉列表中选择 SUM 函数，打开“函数参数”对话框，单击“Number1”文本框右侧的拾取按钮，在“销售明细表”工作表中选择“销量”列的所有数据，如图 4-142 所示，单击“确定”按钮，在单元格中显示计算结果。

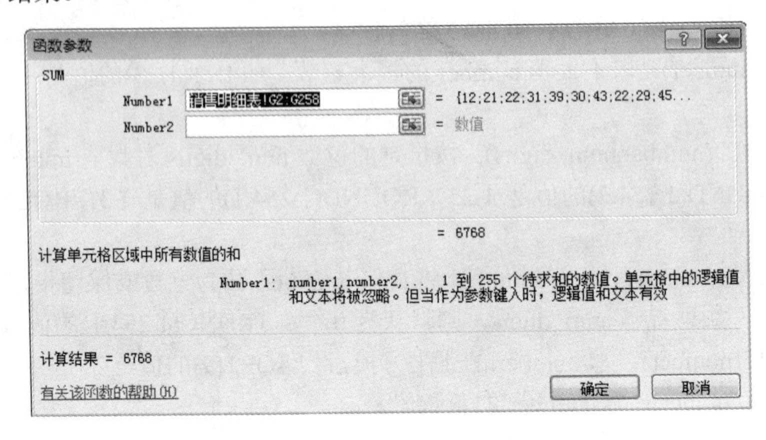

图 4-142　设置 SUM 函数参数

4）选中 B3 单元格，选择“公式”选项卡，单击“函数库”选项组中的“数学和三角函数”下拉按钮，在弹出的下拉列表中选择 SUMIF 函数，打开“函数参数”对话框，单击“Range”文本框右侧的拾取按钮，在“销售明细表”工作表中选择“分店名称”列的所有数据；在“Criteria”文本框中直接输入“桂林分店”；单击“Sum_range”文本框右侧的拾取按钮，在“销售明细表”工作表中选择“销量”列的所有数据，如图 4-143 所示，单击“确定”按钮，在单元格中显示计算结果。

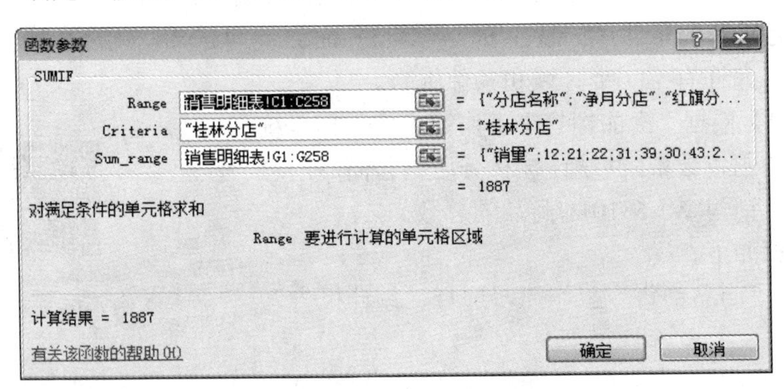

图 4-143　设置 SUMIF 函数参数

5）选中 B4 单元格，选择“公式”选项卡，单击“函数库”选项组中的“数学和三角函数”下拉按钮，在弹出的下拉列表中选择 SUMIFS 函数，打开“函数参数”对话框。

6）单击“Sum_range”文本框右侧的拾取按钮，在“销售明细表”工作表中选择“销量”列的所有数据；单击“Criteria_range1”文本框右侧的拾取按钮，在“销售明细表”工作表中选择“分店名称”列的所有数据；在“Criteria1”文本框中直接输入“净月分店”；单击“Criteria_range2”文本框右侧的拾取按钮，在“销售明细表”工作表中选择“商品编号”列的所有数据；在“Criteria2”文本框中直接输入“WJ-651011”，如图 4-144 所示，单击“确定”按钮，在单元格中显示结果。

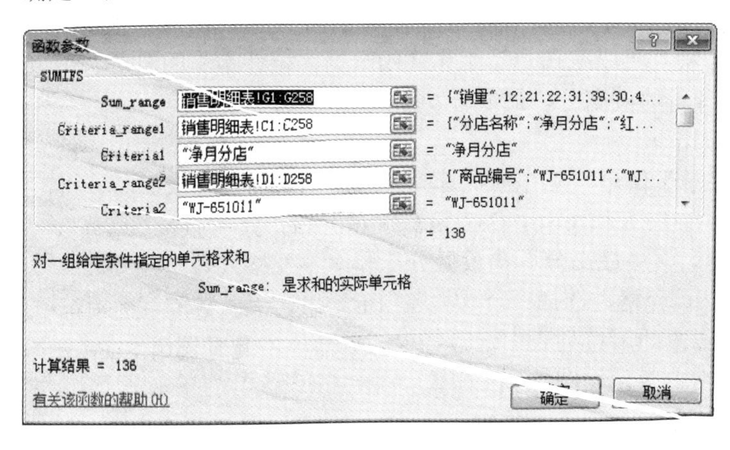

图 4-144　设置 SUMIFS 函数参数

（2）统计函数

1）AVERAGE(number1,[number2],…)：计算一组数值的算术平均值，如 AVERAGE (2,4)的值是 3。

2）AVERAGEIF(range,criteria,[average_range])：对满足条件的单元格求平均值。其中，range 是求平均值的单元格区域；criteria 是求平均值的条件；average_range 指求平均值的实际单元格区域，省略则使用 range 区域中的单元格。

3）AVERAGEIFS(average_range,criteria_range1,criteria1,[criteria_range2,criteria2],…)：对指定区域中满足多个条件的所有单元格中的数据求算术平均值。其中，average_range 是必需项，是计算平均值的实际单元格区域；criteria_range1 是必需项，在其中计算关联条件的第一个区域；criteria1 是必需项，是求平均值的条件；criteria_range2 和 criteria2 是可选项，是附加的求平均值区域和关联条件，最多允许有 127 个区域和条件组合。

4）COUNT(value1,[value2],…)：统计单元格区域中包含数字的单元格数目。

5）COUNTA(value1,[value2],…)：统计单元格区域中，非空单元格的个数。

6）COUNTIF(range,criteria)：统计某个区域中满足给定条件的单元格数目。

7）COUNTIFS(criteria_range1,criteria1,[criteria_range2,criteria2],…)：统计指定区域内符合多个给定条件的单元格的数量。其中，criteria_range1 是必需项，在其中计算关联条件的第一个区域；criteria1 是必需项，是计数的条件；criteria_range2 和 criteria2 是可选项，是附加的区域和关联条件，最多允许有 127 个区域和条件组合。

注意 每个附加区域与 criteria_range1 区域具有相同的行数和列数，这些区域可以不相邻。

8）MAX(number1,[number2],…)：求一组数值中的最大值。

9）MIN(number1,[number2],…)：求一组数值中的最小值。

10）RANK.EQ(number,ref,[order])：返回一个数字在数字列表中的排位，其大小与列表中的其他值相关。如果多个值具有相同的排位，则返回该组数值的最高排位。

【例 4-15】根据“学生信息”工作簿的数据，统计学生的总分、平均分、排名及各科的最高分、最低分、不及格人数。

例 4-15 视频讲解

操作步骤如下。

1）打开“学生信息”工作簿，选择“成绩汇总”工作表。

2）选中 I1、J1、K1、C36、C37 和 C38 单元格，分别输入“总分”、“平均分”、“排名”、“最高分”、“最低分”和“不及格人数”。

3）选中 I2 单元格，选择“公式”选项卡，单击“函数库”选项组中的“自动求和”下拉按钮，在弹出的下拉列表中选择“求和”命令，此时调用 SUM 函数并且在工作表中自动选择函数参数，如图 4-145 所示。

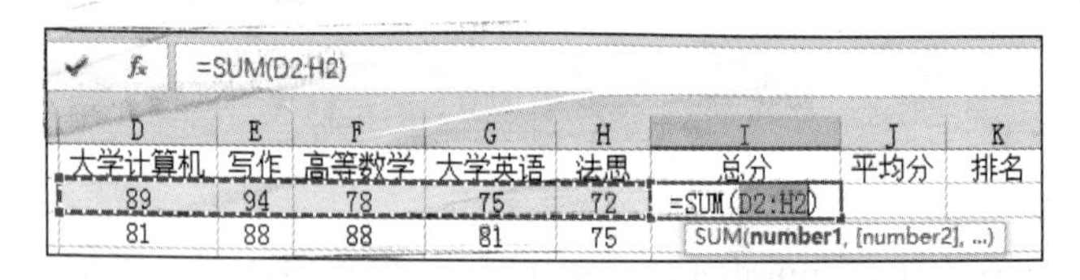

图 4-145　使用自动求和函数

4）查看虚线框内的参数，确定其正确无误后，直接按【Enter】键或单击 ✔ 按钮确认，在单元格中显示计算结果。选中 I2 单元格，向下拖动填充柄，复制函数得到其他学生的总分。

5）选中 J2 单元格，选择“公式”选项卡，单击“函数库”选项组中的“自动求和”下拉按钮，在弹出的下拉列表中选择“平均值”命令。默认情况下，会将函数所在单元格前方的所有数据作为参数使用，如图 4-146 所示。但在本例中，要计算平均值，一定要将总分去掉，故需重新选择参数，如图 4-147 所示。

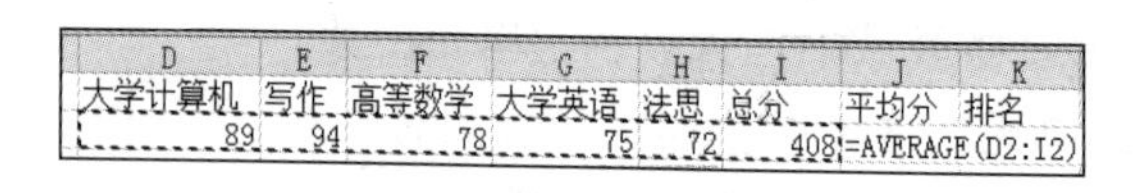

图 4-146　使用自动求平均值函数（默认参数）

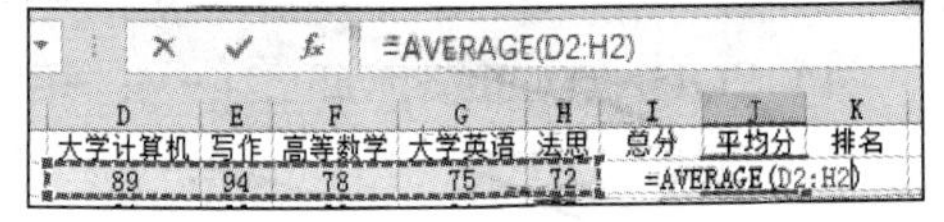

图 4-147　修改平均值函数参数

6）按【Enter】键或单击 ✔ 按钮确认，在单元格中显示计算结果。选中 J2 单元格，向下拖动填充柄，复制函数得到其他学生的平均分。

7）计算各科最高分（最大值函数）和最低分（最小值函数）的方法同上，这里不再赘述。

8）选中 D38 单元格，选择“公式”选项卡，单击“函数库”选项组中的“其他函数”下拉按钮，在弹出的下拉列表中选择“统计”→“COUNTIF”命令，打开“函数参数”对话框。单击“Range”文本框右侧的拾取按钮，选择“大学计算机”列的所有分数；在“Criteria”文本框中直接输入“<60”，如图 4-148 所示，单击“确定”按钮得到结果。向右拖动填充柄得到其他科目的不及格人数。

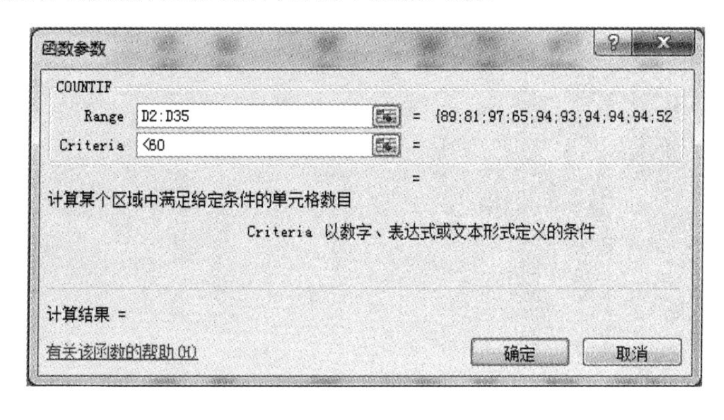

图 4-148　设置 COUNTIF 函数参数

9）选中 K2 单元格，选择“公式”选项卡，单击“函数库”选项组中的“其他函数”下拉按钮，在弹出的下拉列表中选择“统计”→“RANK.EQ”命令，打开“函数参数”对话框。单击“Number”文本框右侧的拾取按钮，选择 I2 单元格；单击“Ref”文本框右侧的拾取按钮，选择所有的总分，并将其改为绝对引用；在“Order”文本框中输入“0”，进行降序排列，如图 4-149 所示，单击“确定”按钮得到一个名次，向下拖动填充柄得到其他名次。各项统计结果如图 4-150 所示。

注意 使用 RANK.EQ 函数进行排名时，遇到相同的值参与排名会返回相同的名次值。例 4-15 中就有多个并列的名次，如第 4 名和第 8 名都出现多个。

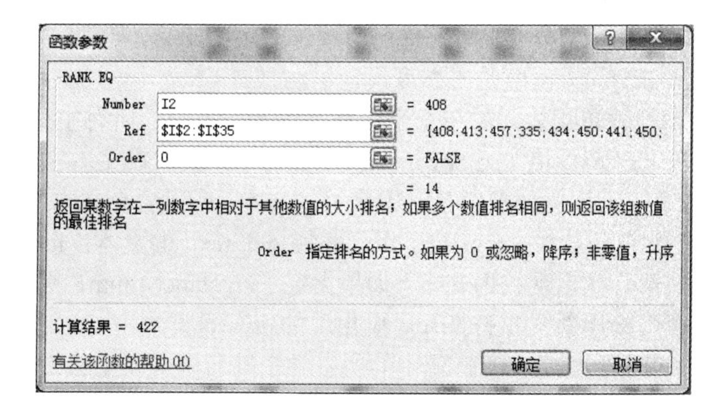

图 4-149　设置 RANK.EQ 函数参数

	A	B	C	D	E	F	G	H	I	J	K
1	序号	姓名	大学体育	大学计算机	写作	高等数学	大学英语	法思	总分	平均分	排名
2	1	江岳洋	良好	89	94	78	75	72	408	81.6	14
3	2	王丽萍	良好	81	88	88	81	75	413	82.6	13
4	3	高　岩	优秀	97	98	97	88	77	457	91.4	2
5	4	李　闯	中等	65	61	61	80	68	335	67	30
6	5	张晓丽	良好	94	91	91	85	73	434	86.8	10
7	6	黄明慧	良好	93	96	95	86	80	450	90	4
8	7	王昕婷	优秀	94	90	96	85	76	441	88.2	8
9	8	姚德龙	优秀	94	90	92	84	90	450	90	4
10	9	李　红	及格	94	98	97	87	73	449	89.8	6
11	10	施　毅	及格	52	42	26	65	67	252	50.4	33
12	11	杨　光	良好	92	81	94	83	81	431	86.2	11
13	12	刘　威	良好	78	60	78	67	78	361	72.2	25
14	13	刘忠岩	及格	62	74	76	73	67	352	70.4	27
15	14	于一	中等	76	83	82	80	62	383	76.6	23
16	15	苗玉玉	及格	61	60	60	29	60	270	54	32
17	16	张丽丽	及格	63	72	60	73	73	341	68.2	29
18	17	于红垚	优秀	62	60	44	62	83	311	62.2	31
19	18	刘征	良好	83	97	88	83	90	441	88.2	8
20	19	刘俊	良好	93	97	92	91	80	453	90.6	3
21	20	高侧	中等	77	72	62	84	78	373	74.6	24
22	21	夏远	良好	77	75	89	75	86	402	80.4	17
23	22	敦惠宇	良好	67	69	75	89	93	393	78.6	21
24	23	杨澄宇	中等	78	69	71	72	66	356	71.2	26
25	24	王　杨	优秀	76	81	82	82	83	404	80.8	15
26	25	王　新	良好	64	83	92	77	80	396	79.2	19
27	26	吕洋	良好	84	81	70	89	80	404	80.8	15
28	27	白　雪	良好	76	78	87	77	81	399	79.8	18
29	28	高　明	良好	73	80	81	86	75	395	79	20
30	29	徐丽颖	良好	89	92	91	85	90	447	89.4	7
31	30	刘丽红	及格	37	40	35	47	60	219	43.8	34
32	31	李　莹	优秀	97	95	98	89	80	459	91.8	1
33	32	孙　宇	良好	71	46	64	78	84	343	68.6	28
34	33	王晓连	良好	90	86	85	81	85	427	85.4	12
35	34	赵明铭	中等	75	76	76	80	83	390	78	22
36			最高分	97	98	98	91	93			
37			最低分	37	40	26	29	60			
38			不及格人数	2	3	3	2	0			

图 4-150　各项统计结果

（3）文本函数

1）LEN(text)：返回字符串中的字符个数。

2）LEFT(text, [num_chars])：返回最左边的几个字符。其中，text 是字符串常量或文本单元格；num_chars 是字符个数。例如，LEFT("孙悟空",1)的结果是“孙”。

3）RIGHT(text,[num_chars])：返回最右边的几个字符。

4）MID(text, start_num, num_chars)：返回字符串中从指定位置开始的指定数量的字符。例如，MID("222402198408030419",7,4)的结果是 1984。

5）CONCATENATE(text1, [text2],…)：可将最多 255 个文本字符串联成一个文本字符串。连接项可以是文本、数字、单元格引用或这些项的组合。例如，CONCATENATE ("态度","决定","一切!")的返回值是“态度决定一切！”。

6）TRIM(text)：除单词之间的单个空格外，移除文本中的所有空格。

7）SUBSTITUTE(text,old_text,new_text,[instance_num])：在文本字符串中使用新文本替换旧文本。其中，text 为需要替换其中字符的文本，或对含有文本的单元格的引用；old_text 为需要替换的旧文本；new_text 用于替换 old_text 的文本；instance_num 用来指定用新文本替换第几次出现的旧文本。如果指定了 instance_num，则只有满足要求的旧文本被替换；否则将用新文本替换 text 中出现的所有旧文本。

【例 4-16】将“学生信息”工作簿中的所有学生姓名中间的空格去掉。

操作步骤如下。

1）打开“学生信息”工作簿，选择“学生基本信息”工作表，在 B 列后插入一空列。

2）选中 C2 单元格，选择“公式”选项卡，单击“函数库”选项组中的“文本”下拉按钮，在弹出的下拉列表中选择 SUBSTITUTE 函数，打开“函数参数”对话框。单击“Text”文本框右侧的拾取按钮，选择 B2 单元格；在“Old_text”文本框中输入空格。由于本例要去掉姓名中间的空格，因此“New_text”和“Instance_num”无须指定参数，如图 4-151 所示。或直接在 C2 单元格中输入函数“=SUBSTITUTE(B2," ",)”。

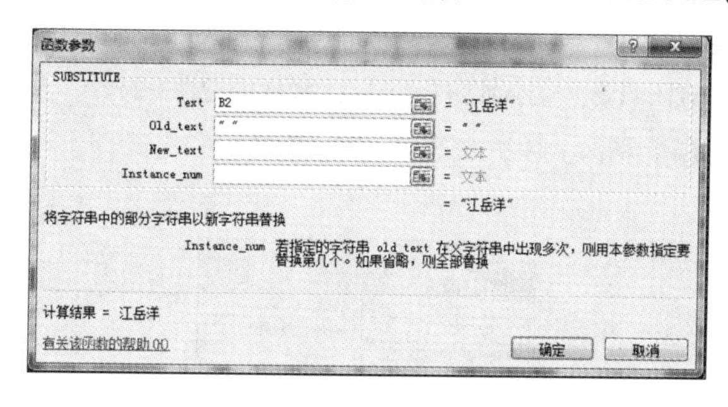

图 4-151　设置 SUBSTITUTE 函数参数

3）单击“确定”按钮，显示结果。向下拖动填充柄复制该函数。

4）复制 C2:C35 单元格区域，将其以粘贴值的方式粘贴到 B2:B35 单元格区域。删除 C 列。

【例 4-17】根据身份证号信息，在“学生基本信息”工作表添加“出生年月日”的值。

例 4-17 方法 1 视频讲解

例 4-17 方法 2 视频讲解

操作步骤如下。

1）打开“学生信息”工作簿，选择“学生基本信息”工作表。

2）在“身份证号”列之后插入新列，输入列标题“出生年月日”。

3）选择新列，设置数字格式为“常规”。选中 F2 单元格，选择“公式”选项卡，单击“函数库”选项组中的“文本”下拉按钮，在弹出的下拉列表中选择 MID 函数，设置 MID 函数参数，如图 4-152 所示。

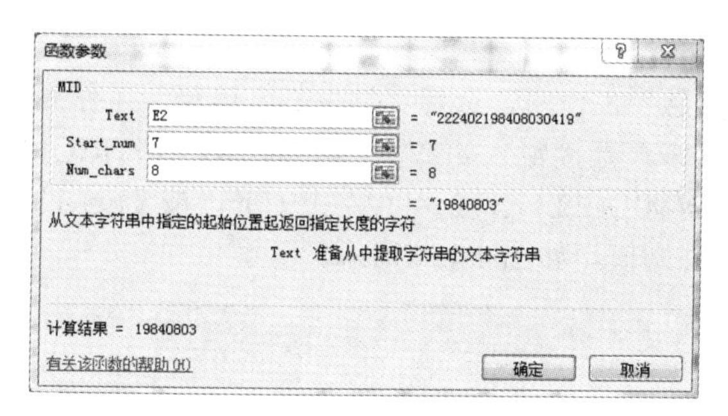

图 4-152　设置 MID 函数参数

4）单击“确定”按钮得到出生年月日，向下拖动填充柄，或者双击填充柄，填充其他学生的出生年月日。

提示

如果要将出生年月日显示为“××××年××月××日”的样式，则要在 F2 单元格中输入公式“=MID(E2,7,4)&"年"&MID(E2,11,2) &"月"&MID(E2,13,2)&"日"”，或输入函数“=DATE(MID(E2,7,4),MID(E2,11,2),MID(E2,13,2))”，然后设置该列数据的“单元格格式”为“长日期”，效果如图 4-153 所示。

E	F
身份证号	出生年月日
22240219840803××××	1984年08月03日
220102198311140212	1983年11月14日
220284198406224211	1984年06月22日
220181198406150019	1984年06月15日
220723198404123016	1984年04月12日
220203198512192120	1985年12月19日
220881198407100919	1984年07月10日

图 4-153　显示年月日效果（部分数据）

（4）日期和时间函数

1）NOW( )：无参函数，返回当前的系统日期和时间。

2）TODAY( )：无参函数，返回当前的系统日期。

3）DATE(year,month,day)：返回指定参数对应的日期或日期序列号。例如，在单元格中输入“=DATE(2017,12,6)”，按【Enter】键后单元格会显示“2017/12/6”。

（5）逻辑函数

IF(logical_test,[value_if_true],[value_if_false])：条件（logical_test）成立时，取 value_if_true 的值；否则，即条件不成立时，取 value_if_false 的值。

【例 4-18】根据“学生信息”工作簿中的身份证号信息，填写学生性别。

例 4-18 视频讲解

说明：身份证号的第 17 位用来表示性别，奇数为男性，偶数为女性。

操作步骤如下。

1）打开“学生信息”工作簿，选择“学生基本信息”工作表。

2）选中 C2 单元格，直接输入函数“=IF(MOD(LEFT(RIGHT(E2,2),1),2)=1,"男","女")”，或“=IF(MOD(MID(E2,17,1),2)=1,"男","女")”，按【Enter】键得到性别值，向下拖动填充柄得到其他性别值，如图 4-154 所示。

	A	B	C	D	E
1	学号	姓名	性别	民族	身份证号
2	1741021001	江岳洋	男	汉	22240219840803××××
3	1741021002	王丽萍	男	汉	220102198311140212
4	1741021003	高岩	男	汉	220284198406224211

图 4-154　使用 IF 函数确定性别值（部分数据）

（6）查找与引用函数

VLOOKUP(lookup_value,table_array,col_index_num,[range_lookup])：纵向查找函数。根据 lookup_value 的值，返回在 table_array 中所对应列（col_index_num）的值。其中，lookup_value 为数据表第一列中进行查找的数值，可以是数值、引用或字符串。table_array 是要查找数据所在的数据区域。当 col_index_num 值为 1 时，返回 table_array 第一列的值；当 col_index_num 值为 2 时，返回 table_array 第二列的值，以此类推。range_lookup 为逻辑值，指明函数查找时是精确匹配，还是近似匹配。

【例 4-19】使用 VLOOKUP 函数，根据“商品销售”工作簿中的“编号对照表”工作表数据，在“销售明细表”工作表中填充“商品名称”和“单价”列数据，并计算“小计”列的值。

例 4-19 视频讲解

操作步骤如下。

1）打开“商品销售”工作簿，选择“销售明细表”工作表。

2）选中 E2 单元格，选择“公式”选项卡，单击“函数库”选项组中的“查找与引用”下拉按钮，在弹出的下拉列表中选择 VLOOKUP 函数，打开“函数参数”对话框，设置函数参数，如图 4-155 所示，单击“确定”按钮，填充商品名称，向下拖动填充柄，填写所有的商品名称。填写“单价”的方法与之相同。

3）选中“单价”列和“小计”列，设置单元格的数字格式为“货币”。

4）选中 H2 单元格，输入公式“=F2*G2”，按【Enter】键得到小计值。向下拖动填充柄得到所有商品的小计值。商品销售数据表如图 4-156 所示。

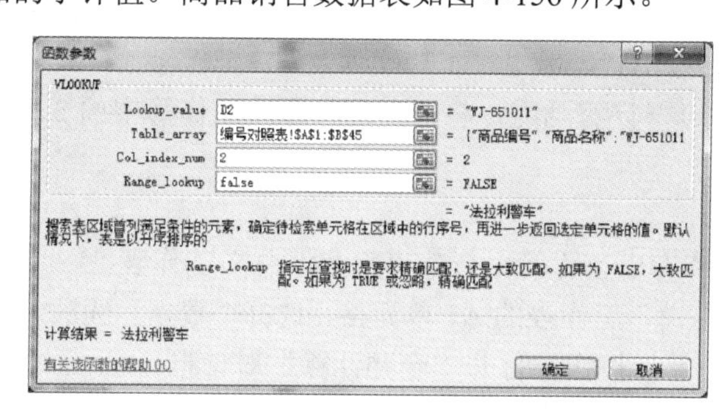

图 4-155　设置 VLOOKUP 函数参数

	A	B	C	D	E	F	G	H
1	订单编号	销售日期	分店名称	商品编号	商品名称	单价	销量	小计
2	XSH-17001	2017/1/2	净月分店	WJ-651011	法拉利警车	¥38.00	12	¥456.00
3	XSH-17002	2017/1/5	红旗分店	WJ-651045	粉羊吉宝	¥168.00	21	¥3,528.00
4	XSH-17003	2017/1/11	桂林分店	WJ-651015	跑车车模	¥68.00	22	¥1,496.00
5	XSH-17004	2017/1/11	净月分店	WJ-651023	奔驰SLS合金车模型	¥48.00	31	¥1,488.00
6	XSH-17005	2017/1/13	桂林分店	WJ-651030	温馨小屋	¥108.00	39	¥4,212.00
7	XSH-17006	2017/1/15	净月分店	WJ-651035	乐吉尔女孩过家家芭比娃娃梦幻衣柜玩具	¥10.00	30	¥300.00
8	XSH-17007	2017/1/16	净月分店	WJ-651040	卡通书包-幼儿园书包大头小身	¥98.00	43	¥4,214.00
9	XSH-17009	2017/1/22	红旗分店	WJ-651046	点点羊	¥158.00	22	¥3,476.00
10	XSH-17010	2017/1/26	净月分店	WJ-651015	跑车车模	¥68.00	29	¥1,972.00
11	XSH-17011	2017/1/29	净月分店	WJ-651023	奔驰SLS合金车模型	¥48.00	45	¥2,160.00
12	XSH-17012	2017/1/31	桂林分店	WJ-651030	温馨小屋	¥108.00	34	¥3,672.00

图 4-156　商品销售数据表（部分）

在使用公式或函数时，会出现一些错误信息，如#N/A、#VALUE!和#DIV/0!等。常见的错误提示及出错原因请参考 Office 帮助。

4.5 数据分析与处理

在 Excel 中，使用公式与函数可对工作表中的数据进行各种计算。此外，Excel 还提供了强大的数据分析与处理功能，包括数据的排序、筛选、分类汇总、合并计算等，以便从中获取更加丰富的信息。

4.5.1 合并计算

合并计算是将多张工作表中的数据合并到一张工作表中进行统计分析。合并后的工作表可以与主工作表位于同一个工作簿中，也可以位于不同工作簿中。

合并数据可以根据用户要执行的操作，按位置、分类和公式等方式进行。

1）按位置进行合并计算时，要确保每个数据区域中的数据以相同的顺序包含在工作表中。

2）按分类进行合并计算时，要确保在所有数据区域中以相同的拼写和大小写形式输入字段标题。

3）通过公式进行合并计算时，主要是在公式中引用其他工作簿或工作表中的数据，如“=Sheet1!A1+Sheet2!B1”。

【例 4-20】使用合并计算功能，将“商品库存”工作簿中的 3 个分店的商品库存汇总在一张新表中。

操作步骤如下。

1）打开“商品库存”工作簿，新建“库存汇总”工作表。

2）选中“库存汇总”工作表的 A1 单元格，选择“数据”选项卡，单击“数据工具”选项组中的“合并计算”按钮，打开“合并计算”对话框。

3）在“函数”下拉列表中选择“求和”函数；在“引用位置”下拉列表中选择“净月”工作表的 B1:C39 区域，单击“添加”按钮，将所选区域添加到“所有引用位置”列表框中。

4）使用步骤 3）的方法将另外两个分店的数据添加到“所有引用位置”列表框中。选中“标签位置”选项组中的“首行”和“最左列”复选框，如图 4-157 所示。

5）单击“确定”按钮，返回“库存汇总”工作表，合并计算库存汇总结果如图 4-158 所示。

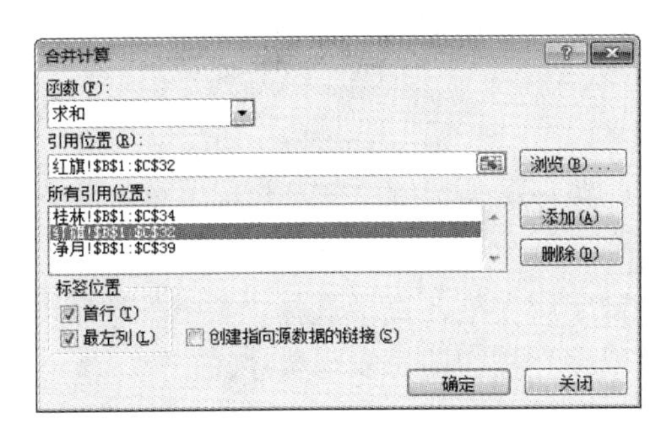

图 4-157　合并计算参数设置

	A	B
1		库存
2	法拉利警车	126
3	路虎车模	62
4	兰博基尼LP007	111
5	合金工程车	54
6	跑车车模	76
7	兰博基尼LP700	58
8	奔驰SLS	53
9	消防车玩具	120
10	保时捷敞篷跑车	33
11	雪佛兰跑车模型	87
12	悍马H2加长版	121
13	滑行合金747客机模型	57
14	奔驰SLS合金车模型	66
15	新款兰博基尼概念车	84
16	老爷车	56
17	军事模型战车组合	107
18	战斗机 F15战机模型	54
19	木质手工创意diy迷你小屋	47
20	diy小屋材料批发	81

图 4-158　合并计算库存汇总结果（部分数据）

4.5.2　排序

对数据进行排序有利于快速直观地组织并查找数据。在 Excel 中，除了能对工作表中的文本、数字及日期时间数据按照排序规则进行排序，还可以按照用户自定义的规则或格式进行排序。

1. 排序规则

数据类型不同，排序规则也不同。

1）数字类型、货币类型的数据，比较规则与数学一样。

2）日期、时间类型的数据，按时间顺序进行比较，较早的小，较晚的大，如 2013 年 8 月 15 日大于 2013 年 7 月 30 日。

3）文本类型的数据是由字母、汉字、非计算性数字和各种符号组成的字符串。两个字符串的比较规则是从左至右逐个字符比较，直到出现不等的字符或一个字符串结束。如果全部字符都相同，则两个字符串相等，否则，以出现的第一个不等字符的比较结果为准。

① 西文字符，包括字母、数字、各种符号，按 ASCII 码值进行比较。值小的字符小，值大的字符大。例如，“+”小于“=”，“A”小于“H”。默认情况下，字母大小写视为相同，如果设置了“区分大小写”，则小写字母较小，大写字母较大。

② 汉字默认按拼音字母顺序进行比较，前面的汉字小，后面的汉字大，如“赵”大于“李”。如果设置了“笔画排序”，则笔画少的汉字小，笔画多的汉字大。

③ 西文字符与汉字字符比较，西文字符小，汉字字符大。

4）逻辑值，FALSE 小于 TRUE。

5）空白单元格，无论升序或降序总是排在最后。

2. 排序分类

排序操作一般在数据清单中进行。数据清单是一个典型的二维表，位于工作表中，是包含标题行的矩形连续数据区域。

（1）简单排序

一般情况下，把参与排序的数据清单中的标题行称为关键字。对数据清单按一个关键字进行排序称为简单排序。

进行简单排序时，可以先将光标定位在关键字所在列，直接选择“数据”选项卡，单击“排序和筛选”选项组中的“升序”或“降序”按钮即可实现排序。

（2）多关键字排序

对数据清单按多个关键字进行排序，称为复杂排序。例如，总分相同时，可按课程成绩排列，以决定名次。

【例 4-21】将“学生信息”工作簿中的“成绩汇总”工作表按总分降序排列，如果总分相同，则依次按大学计算机、大学英语和高等数学的成绩降序排列。

操作步骤如下。

1）打开“学生信息”工作簿，选择“成绩汇总”工作表。

2）选中数据清单中的任意单元格，选择“数据”选项卡，单击“排序和筛选”选项组中的“排序”按钮，打开“排序”对话框。

3）在“主要关键字”下拉列表中选择“总分”命令，“排序依据”设为“数值”，“次序”设为“降序”；单击“添加条件”按钮，可以依次添加其他“次要关键字”，参数设置如图 4-159 所示。

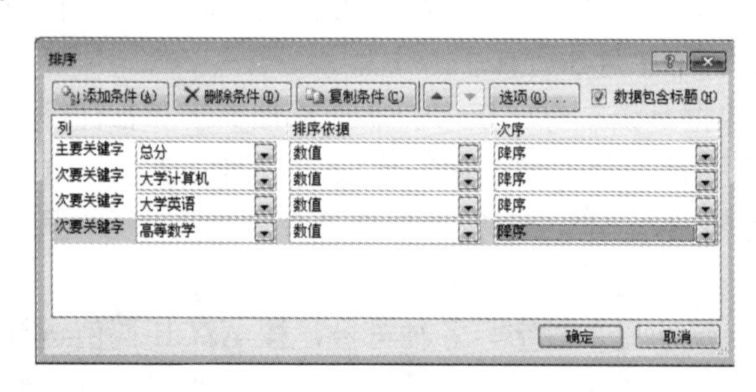

图 4-159　多关键字排序

4）单击“确定”按钮，数据清单重新排序（注意 6 号与 8 号的同学名次），结果如图 4-160 所示。

（3）自定义排序

用户对某些数据排序时，会发现排序结果不理想。例如，对大学体育成绩进行降序排序时，我们希望按照优秀、良好、中等、及格和不及格的顺序显示结果。这时就需要自定义排序了。

	A	B	C	D	E	F	G	H	I	J	K
1	序号	姓名	大学体育	大学计算机	写作	高等数学	大学英语	法思	总分	平均分	排名
2	31	李莹	优秀	97	95	98	89	80	459	91.8	1
3	3	高岩	优秀	97	98	97	88	77	457	91.4	2
4	19	刘俊	良好	93	97	92	91	80	453	90.6	3
5	8	姚德龙	优秀	94	90	92	84	90	450	90	4
6	6	黄明慧	良好	93	96	95	86	80	450	90	4
7	9	李红	及格	94	98	97	87	73	449	89.8	6
8	29	徐丽颖	良好	89	92	91	85	90	447	89.4	7
9	7	王昕婷	优秀	94	90	96	85	76	441	88.2	8
10	18	刘征	良好	83	97	88	83	90	441	88.2	8
11	5	张晓丽	良好	94	91	91	85	73	434	86.8	10
12	11	杨光	良好	92	81	94	83	81	431	86.2	11
13	33	王晓连	良好	90	86	85	81	85	427	85.4	12
14	2	王丽萍	良好	81	88	88	81	75	413	82.6	13
15	1	江岳洋	良好	89	94	78	75	72	408	81.6	14

图 4-160　多关键字排序结果

【例 4-22】将“学生信息”工作簿“成绩汇总”工作表中的“大学体育”成绩按照优秀、良好、中等、及格和不及格的顺序排列。

例 4-22 视频讲解

操作步骤如下。

1）打开“学生信息”工作簿，选择“成绩汇总”工作表。

2）选中数据清单中的任意单元格，选择“数据”选项卡，单击“排序和筛选”选项组中的“排序”按钮，打开“排序”对话框。

3）在“主要关键字”下拉列表中选择“大学体育”命令，在“次序”下拉列表中选择“自定义序列”命令，打开“自定义序列”对话框。

4）在“输入序列”列表框中依次输入“优秀”、“良好”、“中等”、“及格”和“不及格”，如图 4-161 所示。

5）单击“添加”按钮，将新序列添加到“自定义序列”列表框中，单击“确定”按钮，返回上一级对话框，如图 4-162 所示。

6）单击“确定”按钮，自定义排序结果如图 4-163 所示。

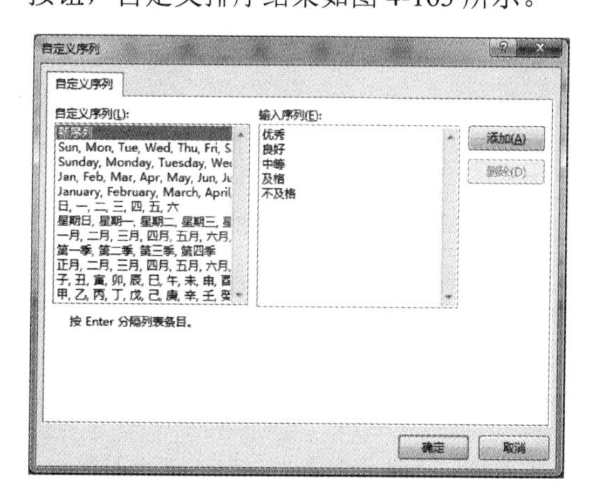

图 4-161　自定义新序列

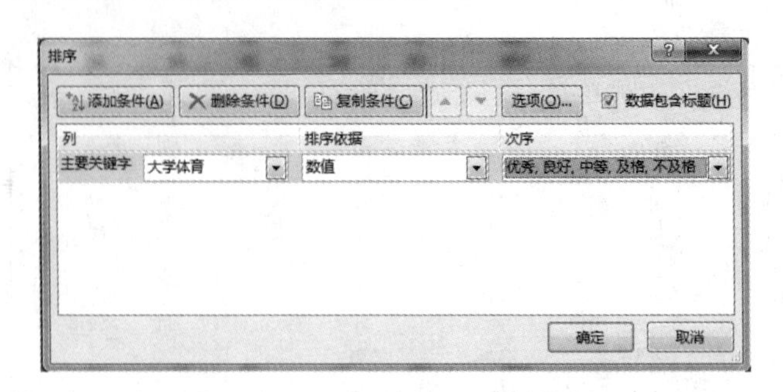

图 4-162　自定义排序设置

	B	C	D	E	F	G	H
1	姓名	大学体育	大学计算机	写作	高等数学	大学英语	法思
2	高　岩	优秀	97	98	97	88	77
3	王昕婷	优秀	94	90	96	85	76
4	姚德龙	优秀	94	90	92	84	90
5	于红垚	优秀	62	60	44	62	83
6	王　杨	优秀	76	81	82	82	83
7	李　莹	优秀	97	95	98	89	80
8	江岳洋	良好	89	94	78	75	72
9	王丽萍	良好	81	88	88	81	75

图 4-163　自定义排序结果（部分数据）

除对数据按内容排序外，还能够按照单元格的格式（单元格颜色、字体颜色和单元格图标）进行排序。例如，将“学生基本信息”工作表中的“入学成绩”列按字体颜色排序时，可以设置参数如图 4-164 所示，单击“确定”按钮，返回工作表查看排序结果，如图 4-165 所示。

图 4-164　按字体颜色排序

A	B	C	D	E	F	G	H	I	J
学号	姓名	性别	民族	身份证号	出生年月日	入学成绩	英语成绩	党员否	家庭住址
1741021001	江岳洋	男	汉	22240219840803××××	1984年08月03日	460	115	F	图们市解放路
1741021002	王丽萍	男	汉	220102198311140212	1983年11月14日	439	100	F	红旗街中医学院
1741021034	赵明铭	男	汉	220702198306210018	1983年06月21日	488	90	F	松原市宁江区
1741021003	高岩	男	汉	220284198406224211	1984年06月22日	423	105	F	磐石市三棚镇三棚村

图 4-165　按字体颜色排序结果（部分数据）

4.5.3　筛选

数据筛选是指显示数据清单中符合条件的数据。通过数据筛选可以从大量的数据中挑选符合条件的数据，隐藏不满足条件的数据，帮助用户直观地观察与分析数据。

1. 筛选分类

Excel 为用户提供了 3 种筛选方式：自动筛选、自定义筛选和高级筛选。

（1）自动筛选

自动筛选是按照选定内容进行的筛选，主要用于简单条件和指定数据的筛选。

例如，要显示“学生基本信息”工作表的男学生信息时，可以先选中数据清单中的任意单元格，再选择“数据”选项卡，单击“排序和筛选”选项组中的“筛选”按钮，此时数据清单的所有列标题上均出现筛选按钮。

单击“性别”列的筛选按钮，在性别筛选器列表中选中“男”复选框，如图 4-166 所示，单击“确定”按钮，返回工作表，查看筛选结果。

提示

自动筛选可以选择一个关键字，也可以依次选择多个关键字。筛选的结果按所选关键字的先后，依次进行排除，最后保留的是同时满足多个筛选条件的结果。

（2）自定义筛选

当用于筛选的条件比较复杂时，可以考虑利用自定义筛选功能。

【例 4-23】使用自定义筛选功能，将入学成绩在前 5 位的学生信息筛选出来。

操作步骤如下。

1）打开“学生信息”工作簿，选择“学生基本信息”工作表。

2）选中数据清单中的任意单元格，单击“数据”选项卡“排序和筛选”选项组中的“筛选”按钮，此时数据清单的所有列标题上均出现“筛选”按钮。

3）单击“入学成绩”列的筛选按钮，在入学成绩筛选器列表中选择“数字筛选”→“前 10 项”命令，如图 4-167 所示。

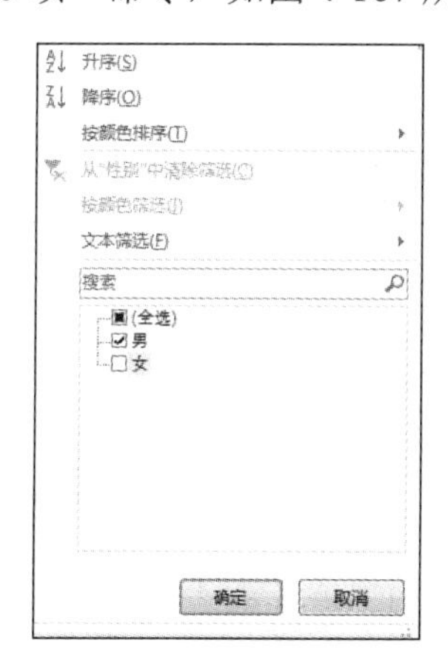

图 4-166　性别筛选器列表

图 4-167　入学成绩筛选器列表

4）在打开的“自动筛选前 10 个”对话框中设置显示为“最大”的“5”项，如图 4-168 所示。

5）单击“确定”按钮，返回工作表查看结果，如图 4-169 所示。

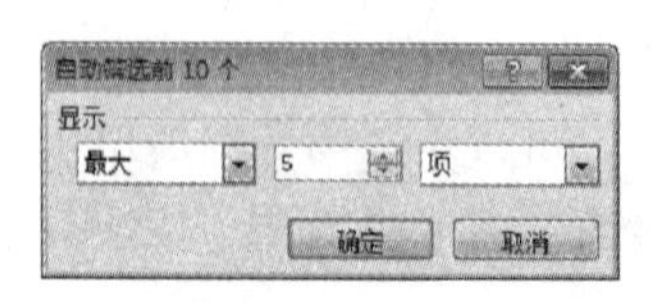

图 4-168　设置自定义筛选条件

学号	姓名	性	民	身份证号	出生年月日	入学成	英语成
1741021001	江岳洋	男	汉	2224021984080××××	1984年8月3日	460	115
1741021002	王丽萍	男	汉	220102198311140212	1983年11月14日	439	100
1741021003	高岩	男	汉	220284198406224211	1984年6月22日	423	105
1741021004	李阔	男	汉	220181198406150019	1984年6月15日	422	112
1741021005	张晓丽	男	满	220723198404123016	1984年4月12日	422	106
1741021006	黄明慧	女	汉	220203198512192120	1985年12月19日	422	111
1741021034	赵明铭	男	汉	220702198306210018	1983年6月21日	488	90

图 4-169　筛选入学成绩最高的前 5 个

注意　这里筛选出来的只是 5 个最大值，而不是 5 条记录。

（3）高级筛选

利用高级筛选功能可以同时筛选出满足多个条件的记录，实现复杂筛选，筛选完成后可以直接将筛选结果复制到其他区域，但需要用户自定义高级筛选的条件区域。

【例 4-24】根据“学生信息”工作簿中的“成绩汇总”工作表，筛选出大学计算机成绩优秀，同时大学英语成绩不优秀的学生信息。

例 4-24 视频讲解

操作步骤如下。

1）打开“学生信息”工作簿，选择“成绩汇总”工作表。

2）复制 D1 和 G1 单元格内容到 M7 和 N7 单元格，在其下方输入条件“>=90”和“<90”，如图 4-170 所示。

3）选中数据清单中的任意单元格，选择“数据”选项卡，单击“排序和筛选”选项组中的“高级”按钮，打开“高级筛选”对话框，高级筛选参数设置如图 4-171 所示。

大学计算机	大学英语
>=90	<90

图 4-170　定义多字段条件

图 4-171　高级筛选参数设置

4）单击“确定”按钮，从 A58 单元格开始显示筛选结果，如图 4-172 所示。

58	序号	姓名	大学体育	大学计算机	写作	高等数学	大学英语	法思	总分	平均分	排名
59	31	李莹	优秀	97	95	98	89	80	459	91.8	1
60	3	高岩	优秀	97	98	97	88	77	457	91.4	2
61	8	姚德龙	优秀	94	90	92	84	90	450	90	4
62	7	王昕婷	优秀	94	90	96	85	76	441	88.2	8
63	6	黄明慧	良好	93	96	95	86	80	450	90	4
64	5	张晓丽	良好	94	91	91	85	73	434	86.8	10
65	11	杨光	良好	92	81	94	83	81	431	86.2	11
66	33	王晓连	良好	90	86	85	81	85	427	85.4	12
67	9	李红	及格	94	98	97	87	73	449	89.8	6

图 4-172　高级筛选结果（多字段条件）

注意　如果多个条件同时满足（条件是与关系），要将条件值写在同一行，如图 4-170 所示；如果多个条件不同时满足（条件是或关系），则分行写。另外，如果高级筛选条件是文本内容，可以使用通配符来编辑条件值。

2. 清除筛选

（1）清除数据清单的所有筛选条件并显示原数据

选择“数据”选项卡，单击“排序和筛选”选项组中的“清除”按钮。

（2）清除某列的筛选条件

单击某列的筛选按钮，在弹出的下拉列表中选择“从‘××’中清除筛选”，如图 4-173 所示。

（3）清除自动筛选

选择“数据”选项卡，单击“排序和筛选”选项组中的“筛选”按钮，去掉所有列标题中的筛选按钮。

从“民族”中清除筛选(C)

图 4-173　清除“民族”列筛选

4.5.4　分类汇总

分类汇总是对数据清单进行分析的一种手段。分类汇总先对指定的字段进行分类，然后统计同类数据的相关信息，如统计同类数据的个数、求和、求平均值等。

提示

正确使用分类汇总功能的前提是按分类字段先进行排序操作，再进行分类汇总。

1. 创建普通分类汇总

【例 4-25】 使用“商品销售”工作簿中的“销售明细表”工作表数据，统计每个分店的销售金额。

操作步骤如下。

1）打开“商品销售”工作簿，选择“销售明细表”工作表。

2）选中“分店名称”列的任意单元格，选择“数据”选项卡，单击“排序和筛选”选项组中的“升序”或“降序”按钮，对分店名称进行排序。

3）选择“数据”选项卡，单击“分级显示”选项组中的“分类汇总”按钮，打开“分类汇总”对话框，分类汇总参数设置如图 4-174 所示，单击“确定”按钮，返回工作表。

4）在如图 4-175 所示的分级显示区单击“2”按钮，可以看到各分店的销售金额，如图 4-176 所示。

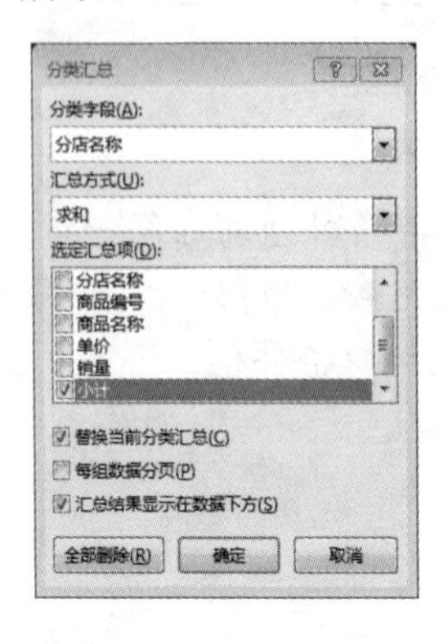

图 4-174　分类汇总参数设置

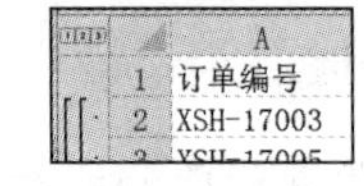

图 4-175　显示分级按钮

	A	B	C	D	E	F	G	H
1	订单编号	销售日期	分店名称	商品编号	商品名称	单价	销量	小计
70			桂林分店 汇总					¥152,703.00
151			红旗分店 汇总					¥195,207.00
261			净月分店 汇总					¥268,850.00
262			总计					¥616,760.00

图 4-176　分类汇总统计结果

提示

对数据分类汇总后，可以实现数据的分级显示。单击不同的数字能显示不同级别的数据内容。

2. 创建嵌套分类汇总

嵌套分类汇总即多级分类汇总。在执行分类汇总操作前，一定要按多个分类字段进行排序。

【例 4-26】 使用“商品销售”工作簿中的“销售明细表”工作表数据，统计每个分店每个类别商品的销售金额。

操作步骤如下。

1）打开“商品销售”工作簿，选择“销售明细表”工作表。

2）在“商品名称”列右侧插入空列，输入列标题“商品类别”。

3）使用 VLOOKUP 函数，根据“编号对照表”工作表填充每个商品的所属类别。

例 4-26 视频讲解

4）选择“数据”选项卡，单击“排序和筛选”选项组中的“排序”按钮，打开“排序”对话框，排序参数设置如图 4-177 所示，单击“确定”按钮，完成对数据的分类操作。

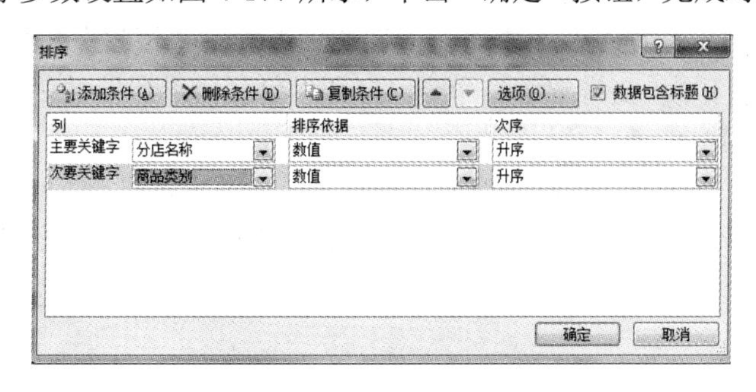

图 4-177　排序参数设置

5）选择“数据”选项卡，单击“分级显示”选项组中的“分类汇总”按钮，按“分店名称”的“小计”项进行求和，实现一级汇总。

6）选择“数据”选项卡，单击“分级显示”选项组中的“分类汇总”按钮，按“商品类别”的“小计”项进行求和，实现二级汇总。为了同时显示多级汇总数据，在后面的汇总参数设置时，必须取消选中“替换当前分类汇总”复选框。

7）在分级显示区单击“1”按钮，看到所有商品的总销售金额；单击“2”按钮，可以查看每个分店的销售金额；单击“3”按钮，可以查看不同分店每类商品的销售金额；单击“4”按钮，则查看所有数据。

如果在“分类汇总”对话框中选中“每组数据分页”复选框，可以在分类汇总的同时自动插入分页符，在打印时就可以将明细数据分类分页打印出来了。

当不需要分类汇总时，可以重新打开“分类汇总”对话框，单击“全部删除”按钮。

4.5.5　模拟分析

Excel 的模拟分析功能可以帮助用户测算数据。模拟分析是指通过更改单元格中的值来查看这些更改对工作表中引用单元格的公式结果的影响过程。Excel 提供了 3 种模拟分析工具：单变量求解、模拟运算表和方案管理器。

1. 单变量求解

单变量求解是指通过计算寻找公式中的特定解。使用单变量求解时，通过调整可变单元格中的数据，按照给定公式来获得满足目标单元格的目标值。其实质就是求解一元方程。

【例 4-27】求解一元一次方程 $3x+6=24$ 的解。

操作步骤如下。

1）新建工作簿，命名为“模拟分析”，选择“Sheet1”工作表，重命名为“单变量求解”。

例 4-27 视频讲解

2）建立求解模型。在“单变量求解”工作表中创建如图 4-178 所示的求解模型（提示：要先在 C2 单元格中输入公式“=3*A2+B2”）。

3）选择“数据”选项卡，单击“预测”选项组中的“模拟分析”下拉按钮，在弹出的下拉列表中选择“单变量求解”命令，打开“单变量求解”对话框，设置单变量求解参数如图 4-179 所示。

4）单击“确定”按钮，返回工作表，打开“单变量求解状态”对话框，查看 A2 单元格中得到的结果，如图 4-180 所示。单击“确定”按钮，返回工作表，完成单变量求解。

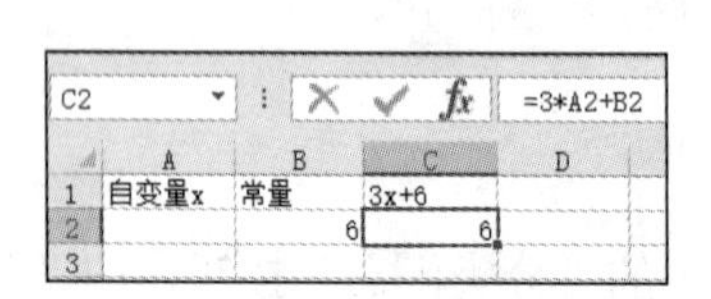

图 4-178　建立方程模型

图 4-179　设置单变量求解参数

图 4-180　求解结果

利用单变量求解功能可以求解一元方程，如果要求解多元方程，则需要借助于规划求解功能。加载规划求解功能的方法如下。

选择“文件”→“选项”命令，在打开的“Excel 选项”对话框中选择“加载项”选项卡，在“加载项”列表框中选择“规划求解加载项”选项，如图 4-181 所示；单击“转到”按钮，打开如图 4-182 所示的“加载宏”对话框，选中“规划求解加载项”复选框，单击“确定”按钮，将规划求解功能添加到“数据”选项卡的“分析”选项组中，如图 4-183 所示。

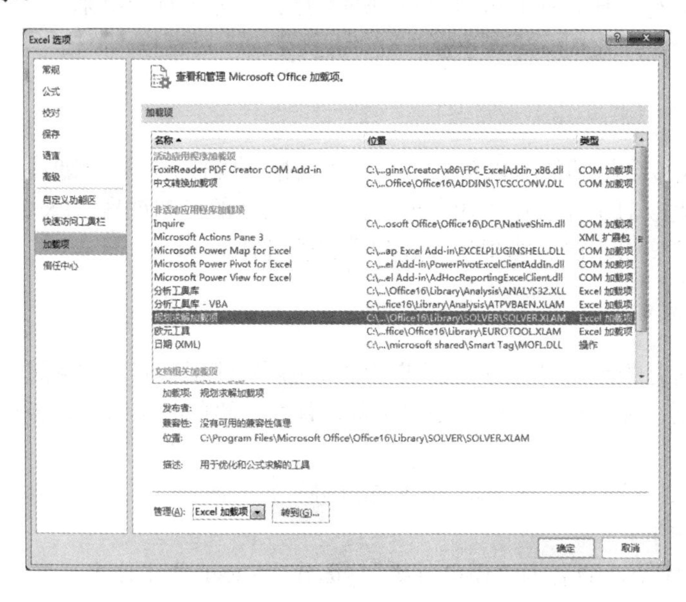

图 4-181　选择“规划求解加载项”选项

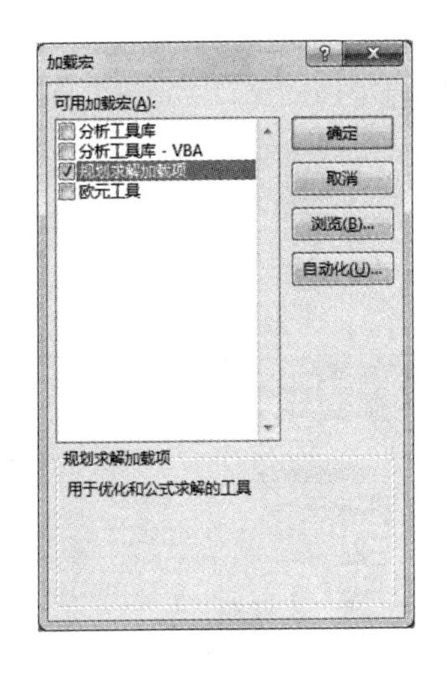

图 4-182　“加载宏”对话框

图 4-183　添加的规划求解功能

【例 4-28】使用规划求解功能，解决下列问题。

例 4-28 视频讲解

问题：学校举办乒乓球比赛，同时有 12 组共 34 人在比赛，请问单打和双打各有几组？

操作步骤如下。

1）打开“模拟分析”工作簿，新建工作表，将其重命名为“规划求解”。

2）建立数学模型，如图 4-184 所示。其中，D1 单元格输入的公式是“=B1+B2”，D2 单元格输入的公式是“=B1*2+B2*4”。

3）选择“数据”选项卡，单击“分析”选项组中的“规划求解”按钮，打开“规划求解参数”对话框。单击“设置目标”文本框右侧的拾取按钮，选择 D2 单元格，确定“目标值”为 34；单击“通过更改可变单元格”文本框右侧的拾取按钮，选择 B1:B2 单元格区域；单击“添加”按钮，在打开的“添加约束”对话框中设置参数，如图 4-185 所示；单击“确定”按钮返回上级对话框，规划求解参数设置如图 4-186 所示。

4）单击“求解”按钮，打开“规划求解结果”对话框，如图 4-187 所示。

	A	B	C	D
1	单打		总组数	=B1+B2
2	双打		总人数	=B1*2+B2*4

图 4-184　二变量求解模型

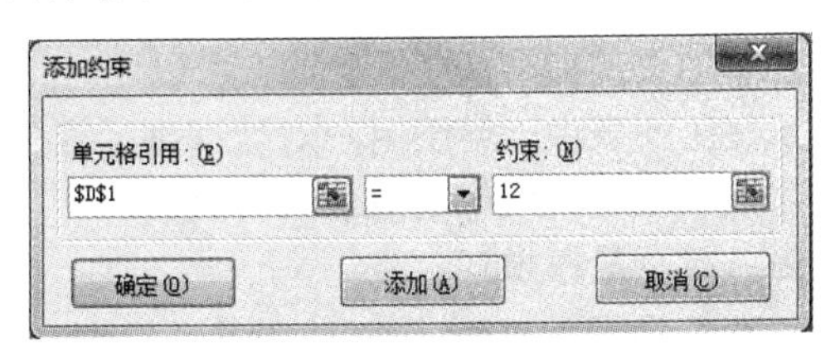

图 4-185　“添加约束”对话框

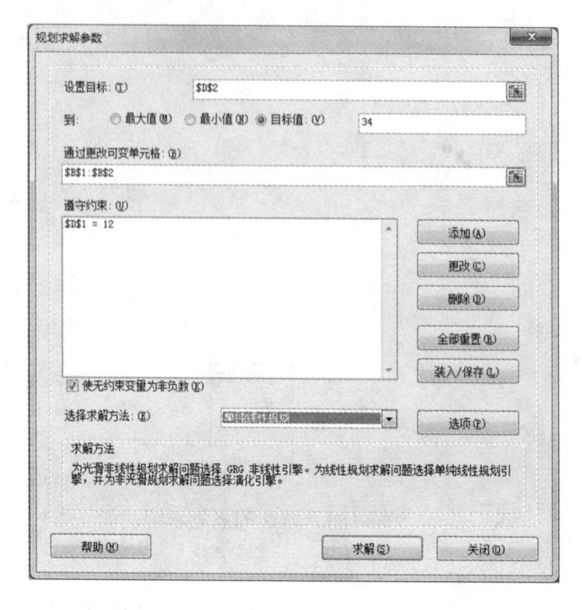

图 4-186　规划求解参数设置

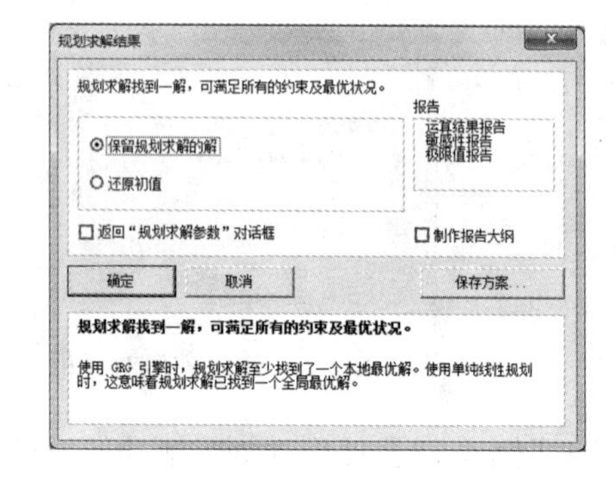

图 4-187　规划求解结果

5）单击"保存方案"按钮，可在打开的"保存方案"对话框中为当前求解方案命名，如图 4-188 所示，单击"确定"按钮返回"规划求解结果"对话框，再次单击"确定"按钮即可。用户也可以不保存方案，直接单击"确定"按钮完成求解。工作表中显示的求解结果如图 4-189 所示。

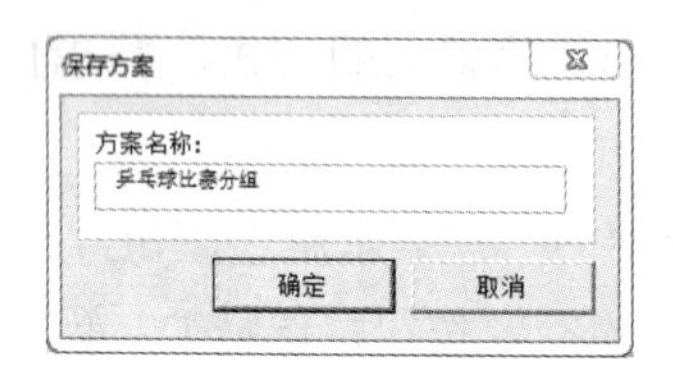

图 4-188　保存方案

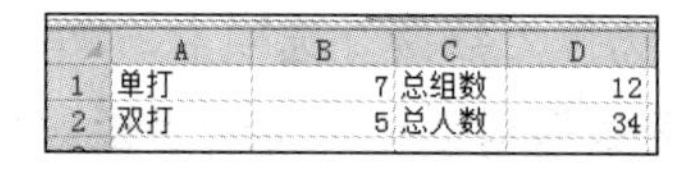

	A	B	C	D
1	单打	7	总组数	12
2	双打	5	总人数	34

图 4-189　工作表中显示的求解结果

2. 模拟运算表

模拟运算表实际上是工作表中的一个单元格区域，用来表示一个或两个变量值的变化对计算结果的影响。模拟运算表可以同时将求解过程中可能发生的数值变化和计算结果显示在工作表中，便于用户对数据进行查看、比较和分析。模拟运算表分为单变量模拟运算表和双变量模拟运算表两种类型。

（1）单变量模拟运算表

单变量模拟运算表主要用来测试公式中一个变量的不同取值对公式结果的影响。

例 4-29 视频讲解

【例 4-29】小王计划贷款 20 万购买房屋，预计 15 年还清贷款，请使用模拟运算表帮助小王了解不同利率下的月还款额。

操作步骤如下。

1）打开“模拟分析”工作簿，新建工作表，重命名为“贷款分析”。

2）建立数学模型，如图 4-190 所示。选中 B4 单元格，选择“公式”选项卡，单击“函数库”选项组中的“财务”下拉按钮，在弹出的下拉列表中选择 PMT 函数，打开“函数参数”对话框，其参数设置如图 4-191 所示，单击“确定”按钮返回工作表。

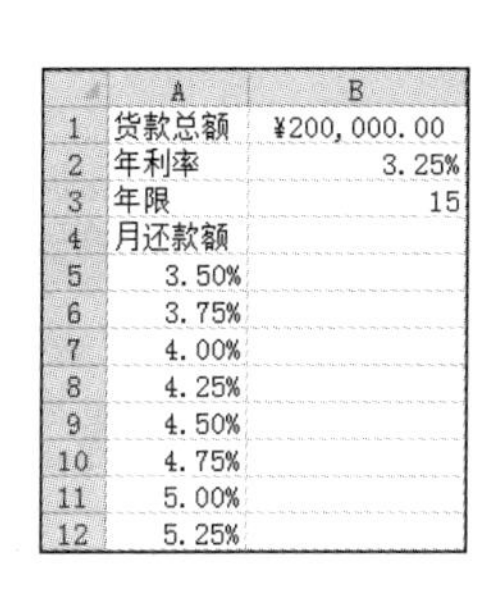

	A	B
1	贷款总额	¥200, 000. 00
2	年利率	3. 25%
3	年限	15
4	月还款额	
5	3. 50%	
6	3. 75%	
7	4. 00%	
8	4. 25%	
9	4. 50%	
10	4. 75%	
11	5. 00%	
12	5. 25%	

图 4-190　建立单变量月还款额模型

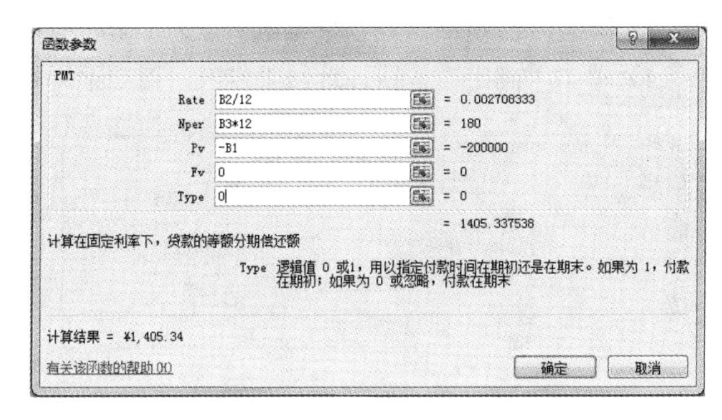

图 4-191　PMT 函数参数设置

3）选中模拟运算表 A4:B12 单元格区域，选择“数据”选项卡，单击“预测”选项组中的“模拟分析”下拉按钮，在弹出的下拉列表中选择“模拟运算表”命令，打开“模拟运算表”对话框，其参数设置如图 4-192 所示。

4）单击“确定”按钮，返回工作表，查看不同利率下的还款额，如图 4-193 所示。

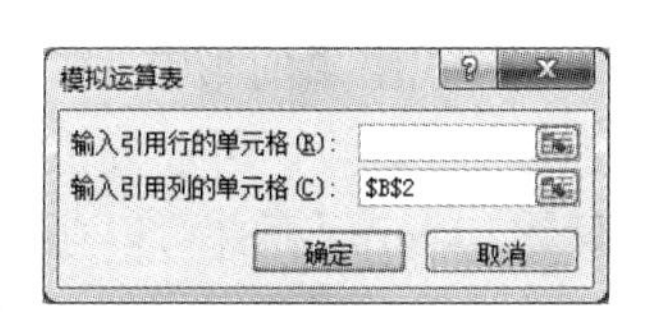

图 4-192　模拟运算表参数设置

	A	B
1	贷款总额	¥200, 000. 00
2	年利率	3. 25%
3	年限	15
4	月还款额	¥1, 405. 34
5	3. 50%	¥1, 429. 77
6	3. 75%	¥1, 454. 44
7	4. 00%	¥1, 479. 38
8	4. 25%	¥1, 504. 56
9	4. 50%	¥1, 529. 99
10	4. 75%	¥1, 555. 66
11	5. 00%	¥1, 581. 59
12	5. 25%	¥1, 607. 76

图 4-193　单变量模拟运算结果

（2）双变量模拟运算表

双变量模拟运算主要用来测试公式中两个变量的不同取值对公式结果的影响。

例 4-30 视频讲解

【例 4-30】小王计划贷款 20 万购买房屋，请使用模拟运算表帮助小王了解不同还款年限、不同利率下的月还款额。

操作步骤如下。

1）打开“模拟分析”工作簿，选择“贷款分析”工作表。

2）建立数学模型，如图 4-194 所示。选中 B18 单元格，选择“公式”选项卡，单击“函数库”选项组中的“财务”下拉按钮，在弹出的下拉列表中选择 PMT 函数，打开“函数参数”对话框，设置参数后单击“确定”按钮返回工作表。

3）选中模拟运算表 B18:G26 单元格区域，选择“数据”选项卡，单击“预测”选项组中的“模拟分析”下拉按钮，在弹出的下拉列表中选择“模拟运算表”命令，打开“模拟运算表”对话框，双变量模拟运算表参数设置如图 4-195 所示。

4）单击“确定”按钮，返回工作表，查看不同利率下的还款额，如图 4-196 所示。

15	贷款总额	¥200,000.00					
16	年利率	3.25%					
17	年限	15					
18	月还款额		10	15	20	25	30
19		3.50%					
20		3.75%					
21		4.00%					
22		4.25%					
23		4.50%					
24		4.75%					
25		5.00%					
26		5.25%					

图 4-194　建立双变量月还款模型

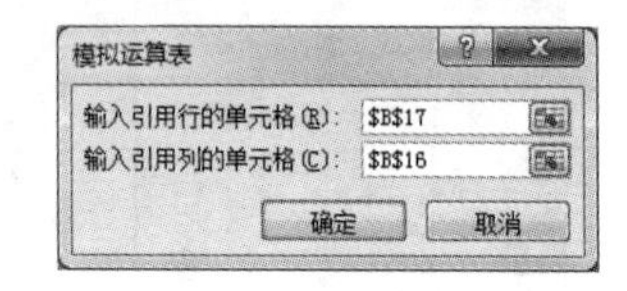

图 4-195　双变量模拟运算表参数设置

15	贷款总额	¥200,000.00					
16	年利率	3.25%					
17	年限	15					
18	月还款额	¥1,405.34	10	15	20	25	30
19		3.50%	¥1,977.72	¥1,429.77	¥1,159.92	¥1,001.25	¥898.09
20		3.75%	¥2,001.22	¥1,454.44	¥1,185.78	¥1,028.26	¥926.23
21		4.00%	¥2,024.90	¥1,479.38	¥1,211.96	¥1,055.67	¥954.83
22		4.25%	¥2,048.75	¥1,504.56	¥1,238.47	¥1,083.48	¥983.88
23		4.50%	¥2,072.77	¥1,529.99	¥1,265.30	¥1,111.66	¥1,013.37
24		4.75%	¥2,096.95	¥1,555.66	¥1,292.45	¥1,140.23	¥1,043.29
25		5.00%	¥2,121.31	¥1,581.59	¥1,319.91	¥1,169.18	¥1,073.64
26		5.25%	¥2,145.83	¥1,607.76	¥1,347.69	¥1,198.50	¥1,104.41

图 4-196　双变量模拟运算结果

3. 方案管理器

前面介绍的模拟分析工具只能分析一个或两个变量对公式结果的影响。如果遇到复杂情况，就要使用方案管理器了。它能够帮助用户方便地进行假设，可以分析多个变量输入值的不同组合对公式结果的影响。这里提到的方案是 Excel 保存并可以在工作表单元格中自动替换的一组值，用户可以先在工作表中创建和保存不同的组合值，然后切换到其中的一种方案来查看不同的结果。

【例 4-31】小王计划每月拿出收入的一部分进行小额投资，经过调查，她选择了几个投资项目，请使用方案管理器为小王推荐最佳方案。

操作步骤如下。

1）打开“模拟分析”工作簿，新建工作表，重命名为“方案管理”，并在其中填写几个投资项目数据，如图 4-197 所示。

2）复制 B1:D2 单元格区域内容到 B7:D8 单元格区域，并在 B10 单

例 4-31 视频讲解

元格中输入“投资收益”，如图 4-198 所示。

	A	B	C	D
1	投资项目	每期投资额（元）	投资时长（年）	七日年化收益率
2	余额宝	¥500.00	1	3.955%
3	理财通	¥600.00	1	4.537%
4	如意宝	¥800.00	1	4.360%

图 4-197　分析方案所需数据

每期投资额（元）	投资时长（年）	七日年化收益率
¥500.00	1	3.955%
投资收益		

图 4-198　复制单元格数据

3）选中“投资收益”右侧的单元格（C10），选择“公式”选项卡，单击“函数库”选项组中的“财务”下拉按钮，在弹出的下拉列表中选择 FV 函数，其参数设置如图 4-199 所示。

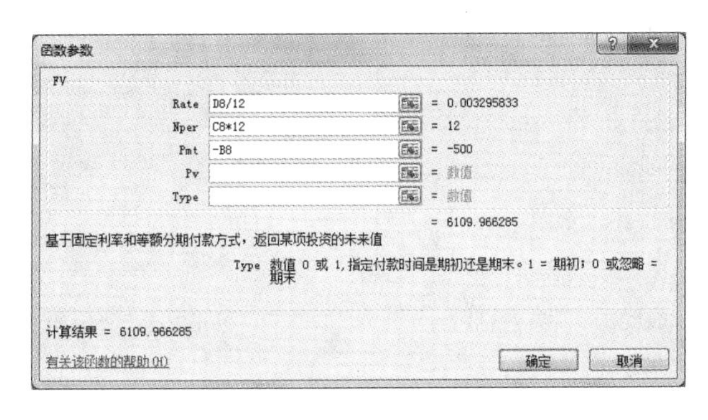

图 4-199　FV 函数参数设置

4）单击“确定”按钮，返回工作表查看计算结果，如图 4-200 所示。

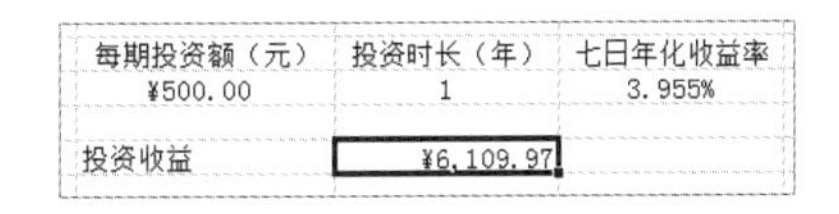

每期投资额（元）	投资时长（年）	七日年化收益率
¥500.00	1	3.955%
投资收益	¥6,109.97	

图 4-200　FV 函数计算结果

5）开始方案管理。为了引用数据直观，对几个主要参数进行名称定义。选中 B8 单元格，定义名称为“每期投资金额”；选中 C8 单元格，定义名称为“投资时间”；选中 D8 单元格，定义名称为“利率”；选中 C10 单元格，定义名称为“投资收益”；查看“名称管理器”对话框，如图 4-201 所示。

6）选择“数据”选项卡，单击“预测”选项组中的“模拟分析”下拉按钮，在弹出的下拉列表中选择“方案管理器”命令。在打开的“方案管理器”对话框中单击“添加”按钮，打开“编辑方案”对话框，在其中输入方案名并选择可变单元格，如图 4-202 所示。单击“确定”按钮，打开“方案变量值”对话框，输入“余额宝”项目的各参数值，如图 4-203 所示。

7）单击“添加”按钮，继续添加其他方案，如果所有方案添加完毕，可以单击“确定”按钮，返回上级对话框，如图 4-204 所示。

8）在“方案管理器”对话框中，选择某方案后，单击“显示”按钮，在“投资收益”单元格中显示该方案的收益，如图 4-205 所示。如果不单独查看某方案收益，也可直接单击“摘要”按钮，打开“方案摘要”对话框，使用默认报表类型“方案摘要”，并选择“结果单元格”（即名称为“投资收益”的单元格），单击“确定”按钮，创建新的“方案摘要”工作表，如图 4-206 所示。如果在“方案摘要”对话框中选择“方案数据透视表”报表类型，会创建新的“方案数据透视表”工作表，如图 4-207 所示。

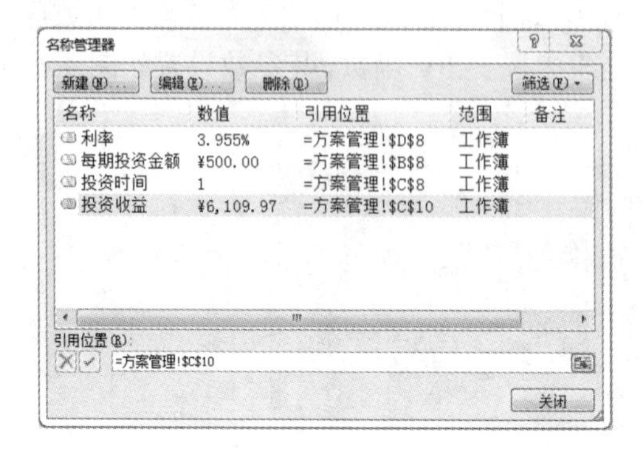

图 4-201 “名称管理器”对话框

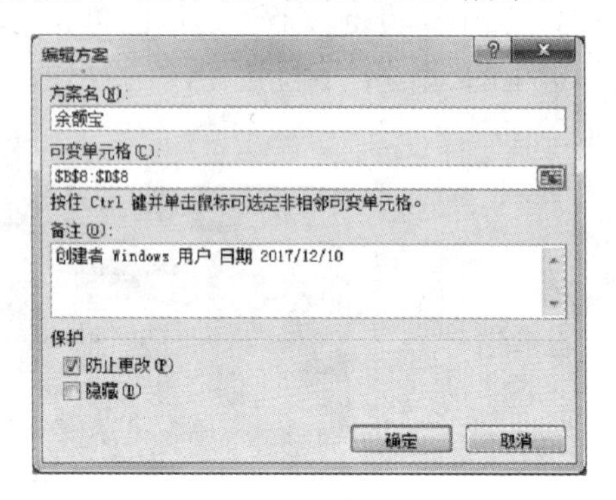

图 4-202 “编辑方案”对话框

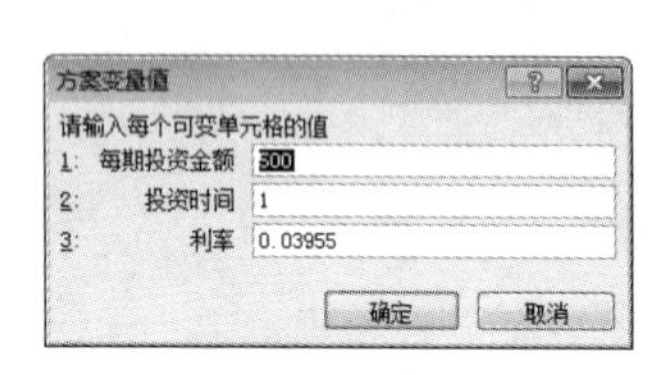

图 4-203 “方案变量值”对话框

图 4-204 添加所有方案完毕效果

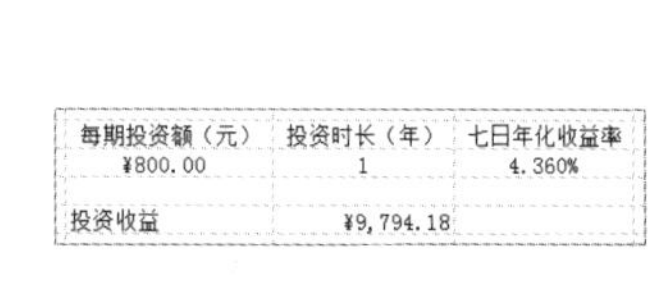

每期投资额（元）	投资时长（年）	七日年化收益率
¥800.00	1	4.360%
投资收益	¥9,794.18	

图 4-205 “如意宝”项目收益

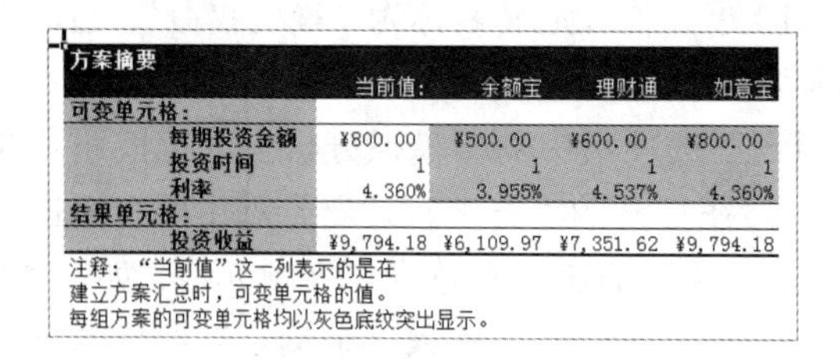

方案摘要					
		当前值:	余额宝	理财通	如意宝
可变单元格:					
	每期投资金额	¥800.00	¥500.00	¥600.00	¥800.00
	投资时间	1	1	1	1
	利率	4.360%	3.955%	4.537%	4.360%
结果单元格:					
	投资收益	¥9,794.18	¥6,109.97	¥7,351.62	¥9,794.18

注释：“当前值”这一列表示的是在
建立方案汇总时，可变单元格的值。
每组方案的可变单元格均以灰色底纹突出显示。

图 4-206 方案摘要内容

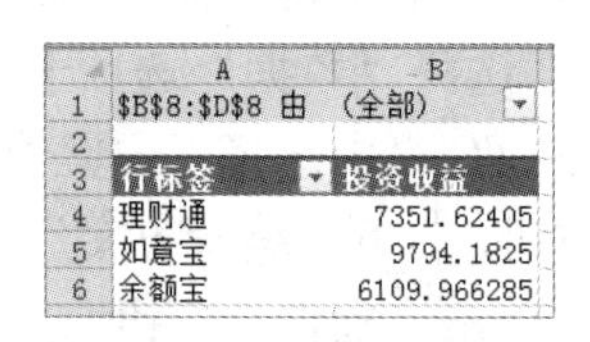

	A	B
1	$B$8:$D$8 由	(全部)
2		
3	行标签	投资收益
4	理财通	7351.62405
5	如意宝	9794.1825
6	余额宝	6109.966285

图 4-207 方案数据透视表内容

在“方案管理器”对话框中，对于已经创建的方案，可以在选中后单击“删除”按钮将其删除；单击“编辑”按钮，可以重新修改方案参数；单击“合并”按钮，则可以将其他工作表中的方案合并到本工作表中。

注意　摘要报告不会自动重新计算，如果更改了方案值，这些更改不会显示在现有摘要报告中，用户必须创建一个新的摘要报告，以显示修改后的方案值。

4.6　数据图表化

数据分析工具和函数用于实现对数据的统计、处理和分析，但是这些处理结果是抽象的。为了使数据处理的结果更加直观形象，Excel 为用户提供了丰富而强大的图表功能，主要包含图表、迷你图和数据透视表等。

4.6.1　图表

图表能将抽象的数据通过图形来表示，数值的大小、数据对比关系和变化趋势等一目了然。

1．图表的组成

图表由分类轴、数值轴、系列与图例等组成，如图 4-208 所示。

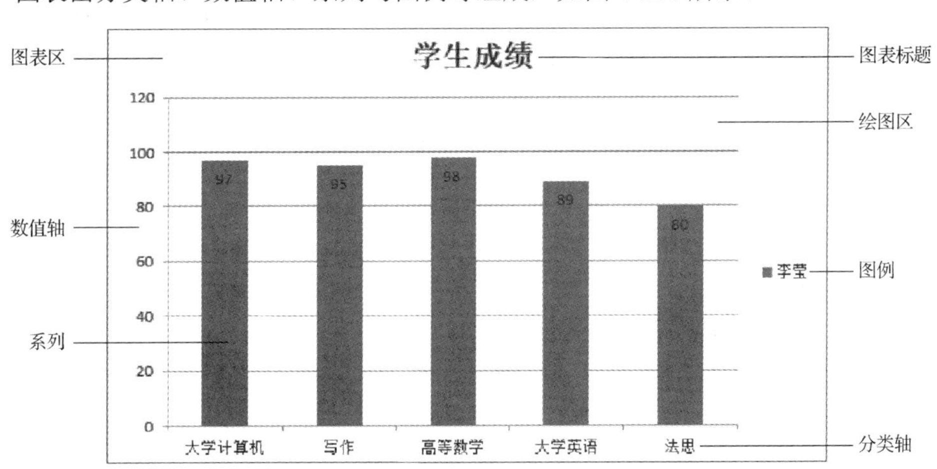

图 4-208　图表的组成

1）图表区：图表的背景区域，所有图表元素都在图表区中显示。

2）绘图区：主要由数据系列和网格线组成。

3）图表标题：用于指明图表的题目。

4）图例：用颜色表示不同数据系列或分类说明。

5）系列：一个数据系列由一组数据组成，对应图表中的一种图案或颜色。

6）分类轴：用于区分类别的数轴。

7）数值轴：用于显示数据的数轴。

2. 图表的类型

Excel 提供 15 类图表，分别是柱形图、折线图、饼图、条形图、面积图、XY（散点图）、股价图、曲面图、雷达图、树状图、旭日图、直方图、箱形图、瀑布图和组合，每类图表又包含多种子类型供用户选择。

3. 创建与修改图表

【例 4-32】创建如图 4-208 所示图表，并进行修饰。

操作步骤如下。

1）打开“学生信息”工作簿，选择“成绩汇总”工作表。

2）按住【Ctrl】键，选中 B1:B2、D1:H2 单元格区域，如图 4-209 所示。

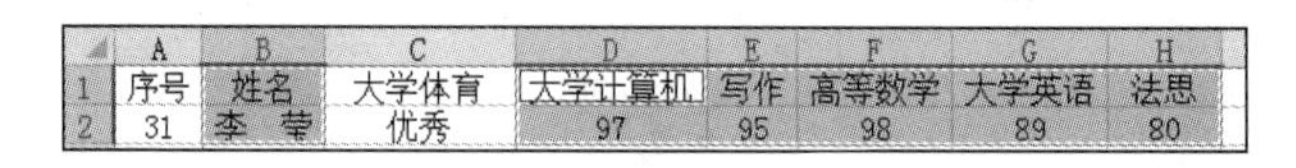

	A	B	C	D	E	F	G	H
1	序号	姓名	大学体育	大学计算机	写作	高等数学	大学英语	法思
2	31	李 莹	优秀	97	95	98	89	80

图 4-209　为图表选择数据源

3）选择“插入”选项卡，单击“图表”选项组中的“柱形图”下拉按钮，在弹出的下拉列表中选择“簇状柱形图”图表，此时，工作表中显示图表，如图 4-210 所示。

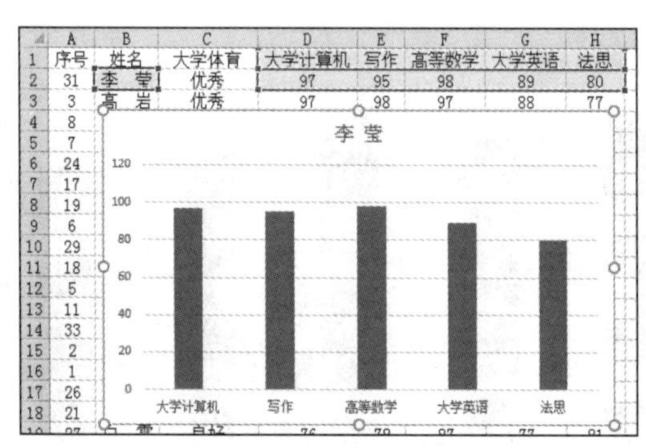

图 4-210　创建图表

新建图表的显示效果不一定满足用户要求，这时，可以根据需要对图表进行修改，主要包括图表布局、图表类型、位置、大小、图表的数据源和外观效果等。

（1）更改图表布局

图表布局用来确定是否显示图表的组成部分及显示位置。选中图表，功能区会出现

“图表工具-设计”选项卡，利用“图表布局”选项组中的命令进行修改。单击“添加图表元素”下拉按钮，在弹出的下拉列表中选择要添加的内容，如图 4-211 所示；或者，单击“快速布局”下拉按钮，在弹出的下拉列表中选择一种样式，如图 4-212 所示，此处选择布局 10。

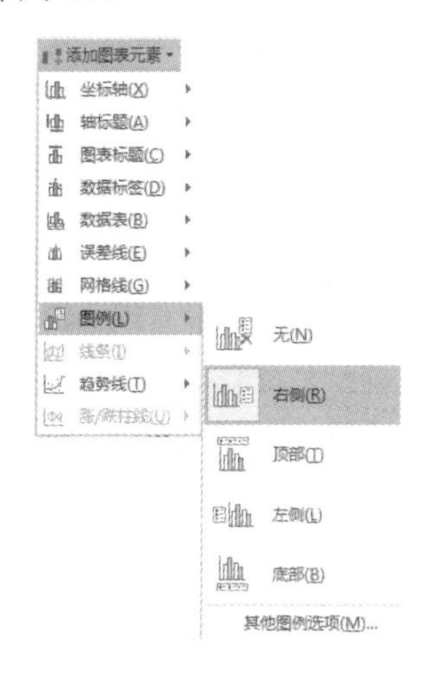

图 4-211　“添加图表元素”下拉列表

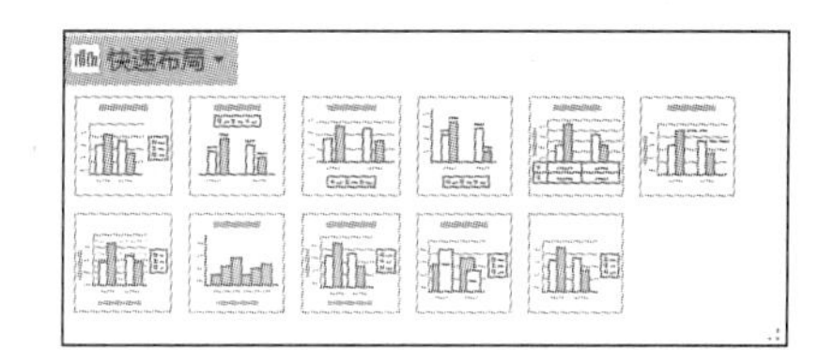

图 4-212　“快速布局”列表

（2）设置图表类型

图表类型直接影响图表的美观和内容的表达，用户可以根据需要随时调整图表类型。选中图表区，选择“图表工具-设计”选项卡，单击“类型”选项组中的“更改图表类型”按钮，打开如图 4-213 所示的“更改图表类型”对话框，在该对话框中选择所需类型，单击“确定”按钮即可。

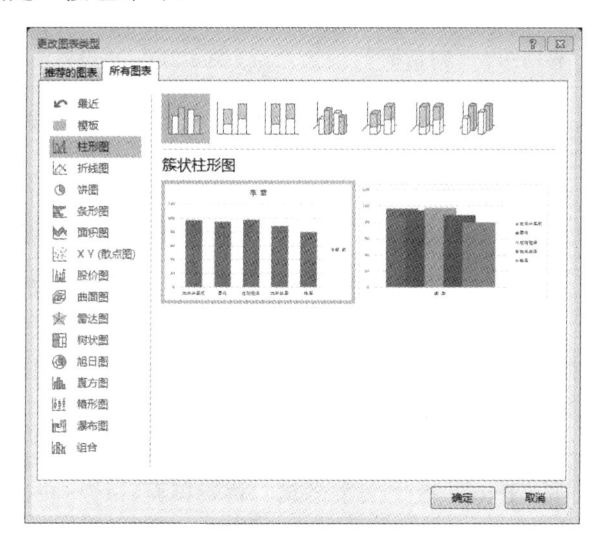

图 4-213　更改图表类型

（3）调整图表位置

在同一张工作表中移动图表，将鼠标指针指向图表区，当鼠标指针变为✣形状时，拖动图表即可。

跨工作表移动图表：选中图表，选择“图表工具-设计”选项卡，单击“位置”选项组中的“移动图表”按钮，打开“移动图表”对话框，如图 4-214 所示，输入新名称，或选中“对象位于”单选按钮，在下拉列表中选择其他工作表，单击“确定”按钮完成移动操作。

（4）调整图表大小

1）使用鼠标。选中图表区，将鼠标指针移到图表区边框的控制点上，当出现双向箭头形状时，拖动鼠标实现动态调整。

2）使用对话框，精确设置。选中图表区，选择“图表工具-格式”选项卡，直接在“大小”选项组中的“高度”和“宽度”微调框中输入具体尺寸。或单击“大小”选项组右下角的对话框启动器，在弹出的“设置图表区格式”任务窗格中进行精确的尺寸设置，如图 4-215 所示。

图 4-214　“移动图表”对话框

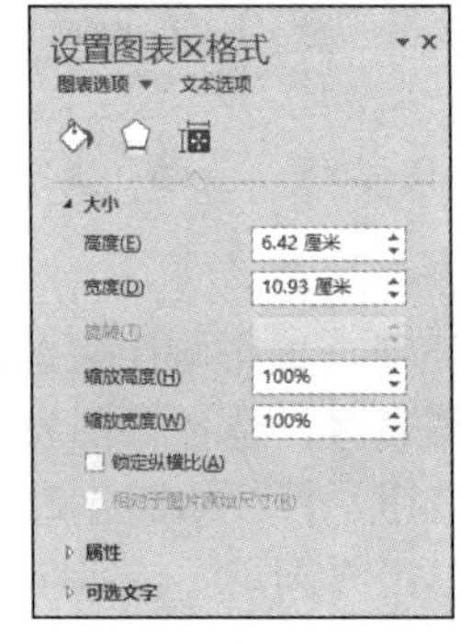

图 4-215　“设置图表区格式”任务窗格

使用窗格进行尺寸调整时，选中“锁定纵横比”复选框，只需要修改“高度”或“宽度”其中的一个值即可。

（5）修改图表数据源

创建图表后，仍然可以修改图表数据，以反映工作表中数据的变化。修改图表数据源，可以在选中图表后，选择“图表工具-设计”选项卡，单击“数据”选项组中的“选择数据”按钮，打开“选择数据源”对话框，如图 4-216 所示。在“图表数据区域”文本框中删除已有数据区域，重新选择数据。也可以在工作表中直接拖动带有颜色的矩形框来修改数据区域，如图 4-217 所示。

（6）设置图表外观

为了使图表更美观，Excel 提供文字格式、背景填充、边框样式和图表内部各元素的格式化等编辑功能。

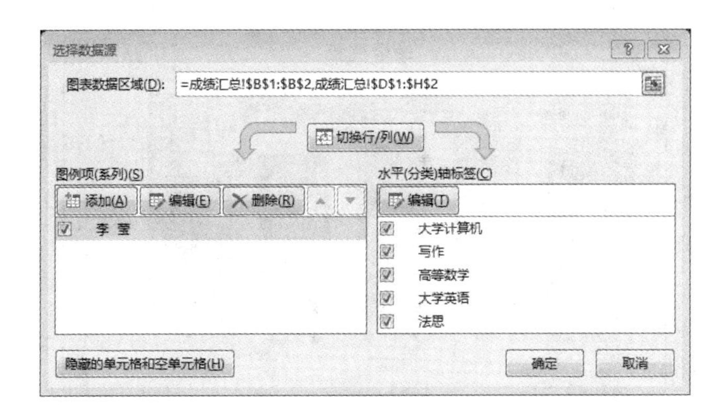

图 4-216 “选择数据源”对话框

	B	C	D	E	F	G	H
1	姓名	大学体育	大学计算机	写作	高等数学	大学英语	法思
2	李 莹	优秀	97	95	98	89	80
3	高 岩	优秀	97	98	97	88	77

图 4-217 拖动数据选择框控点添加数据

1）修饰背景。选择“图表工具-格式”选项卡，在“当前所选内容”选项组中先选择要修改的对象，此处选择“绘图区，如图 4-218 所示；然后单击“设置所选内容格式”按钮，弹出“设置绘图区格式”任务窗格，如图 4-219 所示。用户可以在“填充与线条”和“效果”选项卡中，进行详细的设计。

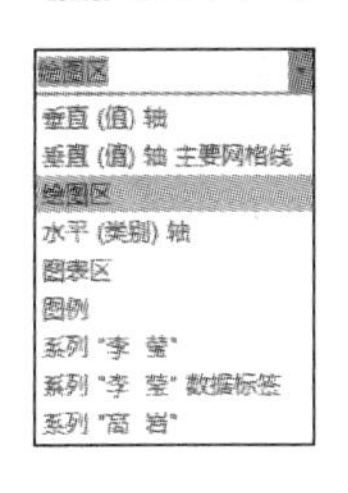

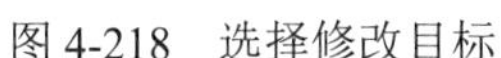

图 4-218 选择修改目标

图 4-219 “设置绘图区格式”任务窗格

2）添加标题。标题分为图表标题和坐标轴标题。选中图表，选择“图表工具-设计”选项卡，单击“图表布局”选项组中的“添加图表元素”下拉按钮，在弹出的下拉列表中选择“图表标题”→“图表上方”命令，此时在图表区出现“图表标题”占位符，选中原文字直接输入“学生成绩”即可。添加坐标轴标题的方法与之相似，这里不再赘述。

3）如果要修改图表中文字的格式，在图表区选中文字，使用“开始”选项卡中的“字体”选项组进行修改。

添加数据标签。为了使图表中的系列在显示数值时更直观，用户可以为系列图形添加数据标签。先选中某系列或图表，选择“图表工具-设计”选项卡，单击“添加图表元素”下拉按钮，在弹出的下拉列表中选择“数据标签”→“数据标签（内）”命令即可。修饰后的图表效果如图 4-220 所示。

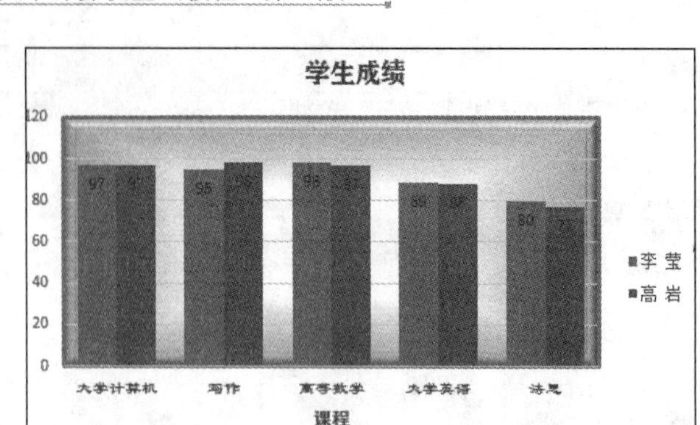

图 4-220　图表效果

4.6.2　迷你图

迷你图是一个位于单元格中的微型图表，可以显示一组数据的变化趋势，或突出显示数据值。

【例 4-33】 在“学生信息”工作簿中，为“成绩汇总”工作表添加“成绩分析”列，使用迷你图显示每个学生的各科分数。

操作步骤如下。

1）打开“学生信息”工作簿，选择“成绩汇总”工作表，在 L1 单元格中输入“成绩分析”。

2）选中 L2 单元格，选择“插入”选项卡，单击“迷你图”选项组中的“柱形图”按钮，打开“创建迷你图”对话框，迷你图参数设置如图 4-221 所示。

3）单击“确定”按钮，在 L2 单元格中显示迷你图，如图 4-222 所示。

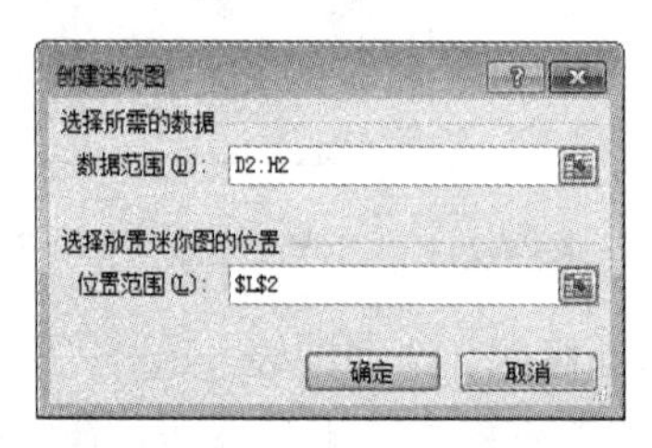

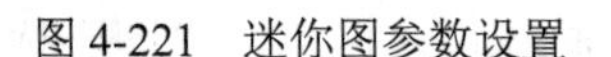
图 4-221　迷你图参数设置

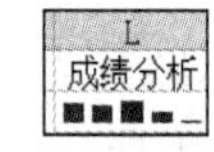

图 4-222　迷你图

4）选择 L2 单元格，向下拖动填充柄，向当前列的其他单元格中填充迷你图。

选中迷你图后，功能区中会出现“迷你图工具-设计”选项卡，用于迷你图编辑，包括改变迷你图的类型、在迷你图中突出显示特殊值（高点、低点、负点、首点、尾点等）；或使用“样式”选项组对迷你图进行修饰等。

当不需要迷你图时，可选择“迷你图工具-设计”选项卡，单击“清除”按钮删除一个迷你图。如果单击“清除”下拉按钮，在弹出的下拉列表中选择“清除所选的迷你图组”命令，清除全部迷你图。

4.6.3　数据透视表

数据透视表是一种交互式报表，可以快速汇总分析，比较大量数据。通过建立交叉列表，可实现复杂的比较和筛选，还可以根据需要显示明细数据。

1. 创建数据透视表

【例 4-34】使用数据透视表统计各分店的销售金额。

操作步骤如下。

1）打开“商品销售”工作簿，选择“销售明细表”工作表。

2）选中数据清单中的任意单元格，选择“插入”选项卡，单击“表格”选项组中的“数据透视表”按钮，打开“创建数据透视表”对话框，参数设置如图 4-223 所示。

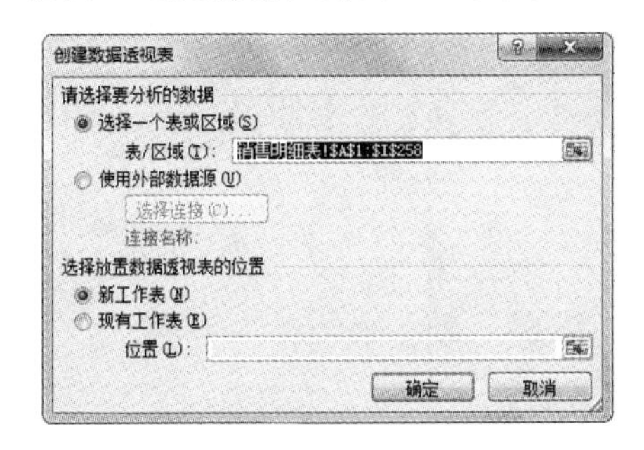

图 4-223　“创建数据透视表”对话框

3）单击“确定”按钮，创建新工作表，如图 4-224 所示。

4）在右侧的“数据透视表字段列表”任务窗格中选择要添加到透视表的字段，Excel 会自动根据字段的数据类型将其安排在不同区域（默认将分店名称放在行标签区），用户也可以直接将字段拖动至某区域。查看数据透视表效果如图 4-225 所示。

图 4-224　数据透视表编辑区

图 4-225　数据透视表效果

2. 编辑数据透视表

（1）修改汇总方式

默认情况下，数据透视表中的值字段是以计数或求和作为汇总方式的。如果要修改值字段的汇总方式，有以下几种方法。

1）直接修改。在数据透视表中右击“求和项：小计”，在弹出的快捷菜单中选择“值字段设置”命令，打开“值字段设置”对话框，选择汇总方式，如图 4-226 所示；或者选择“值汇总依据”命令，从下级菜单中选择一种汇总方式，如图 4-227 所示。

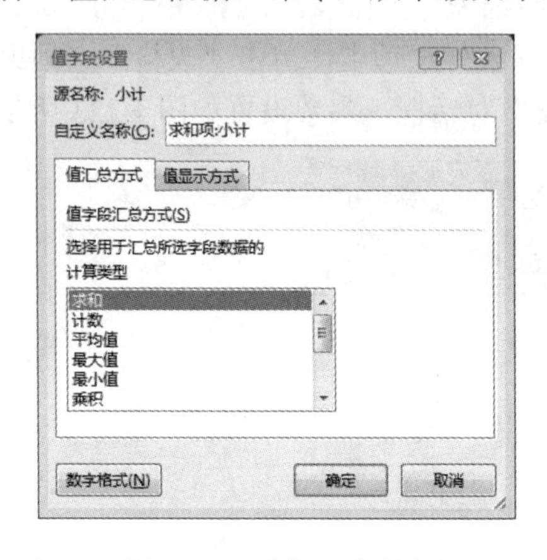

图 4-226　选择汇总方式

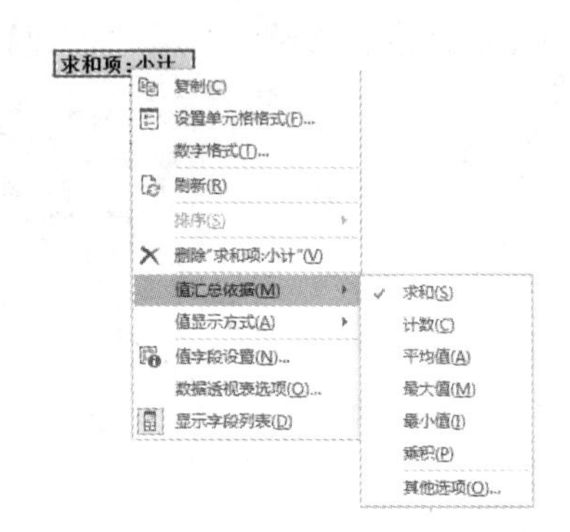

图 4-227　在快捷菜单中选择汇总方式

2）使用“字段设置”对话框。在数据透视表中选择“求和项：小计”，选择“数据透视表工具-分析”选项卡，单击“活动字段”选项组中的“字段设置”按钮，在打开的“值字段设置”对话框中修改汇总方式。

3）使用“数据透视表字段列表”任务窗格。在“Σ值”列表中，单击“求和项：小计”下拉按钮，在弹出的下拉列表中选择“值字段设置”命令，打开“值字段设置”对话框，重新选择汇总方式。

（2）修改数据透视表的布局和样式

为了美化数据透视表，可以对其应用样式。选中数据透视表，选择“数据透视表工具-设计”选项卡，单击“布局”选项组中的“报表布局”下拉按钮，在弹出的下拉列表中选择某种布局，如图 4-228 所示。

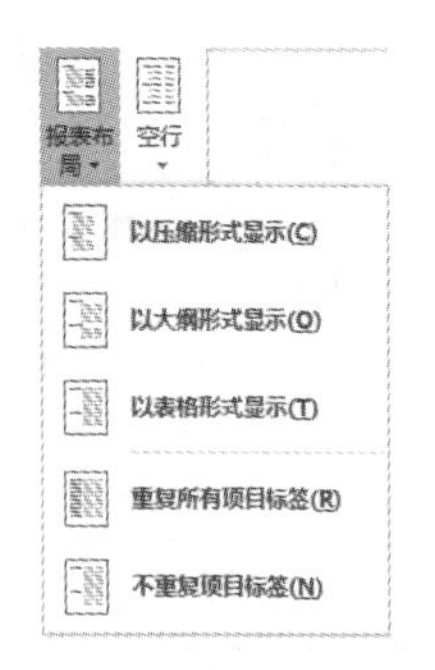

图 4-228　“报表布局”下拉列表

选择“数据透视表样式”选项组中的某种样式，快速进行格式化，如图 4-229 所示。

（3）修改数据源

创建数据透视表后，可以更改数据源，实现动态分析和汇总。操作方法是在“数据透视表字段列表”任务窗格中重新选择字段。

（4）筛选数据透视表数据

在数据透视表的行标签上有一个筛选按钮，用户可以在其下拉列表中选择要筛选的项目。例如，想看桂林分店的销售金额，可以单击行标签筛选按钮，在弹出的下拉列表中选择“桂林分店”命令，效果如图 4-230 所示。取消筛选时，可再次单击筛选按钮，在弹出的下拉列表中选择“全部”命令即可。

行标签	求和项:小计
桂林分店	152703
红旗分店	195207
净月分店	268850
总计	616760

图 4-229　应用样式效果

行标签	求和项:小计
桂林分店	152703
总计	152703

图 4-230　筛选数据透视表数据

（5）添加切片器

切片器其实是一个可视化的筛选工具，经常用于在数据透视表中筛选数据。切片器位于“数据透视图工具-分析”选项卡的“筛选”选项组中，单击“插入切片器”按钮，打开“插入切片器”对话框，从中选择要进行筛选的字段，如图 4-231 所示。如果想进一步了解某类商品的销售金额，可以在列表框中选中“商品类别”复选框，单击“确定”按钮后，工作表区弹出切片器，单击某项实现动态筛选，效果如图 4-232 所示。取消筛选可单击切片器右上角的“清除筛选器”按钮。

当不需要切片器时，可以选中切片器，直接按【Delete】键，或在切片器上右击，在弹出的快捷菜单中选择“删除‘商品类别’”命令。

图 4-231　“插入切片器”对话框

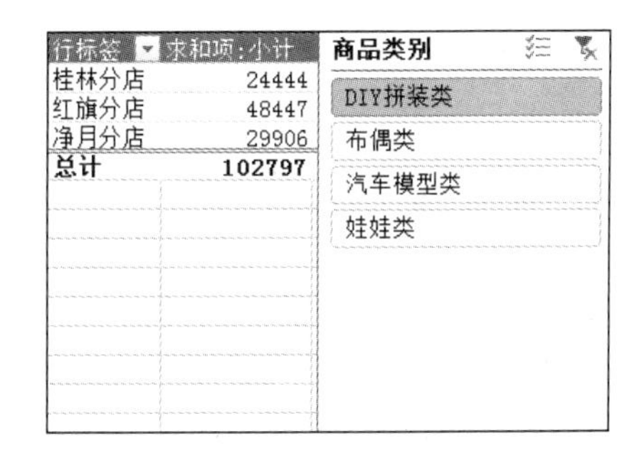

图 4-232　应用切片器

4.6.4　数据透视图

数据透视图以图表的形式呈现汇总数据，与普通图表一样，可以更加形象地对数据进行表达。数据透视图与数据透视表一样也是交互的，它相当于把数据透视表中的数据以图形方式显示。

【例 4-35】使用数据透视图显示各分店各类商品的销量。

操作步骤如下。

1）打开“商品销售”工作簿，选择“销售明细表”工作表。

2）选择“插入”选项卡，单击“图表”选项组中的“数据透视图”下拉按钮，在弹出的下拉列表中选择“数据透视图”命令，打开“创建数据透视图”对话框。

3）使用默认选项，单击“确定”按钮，进入编辑状态。

4）在右侧任务窗格选中“分店名称”、“商品类别”和“销量”复选框。默认情况下，多个分类字段都会放在轴字段区，但这种安排会使图表变复杂。因此，可以拖动“商品类别”到图例字段区，效果如图 4-233 所示。

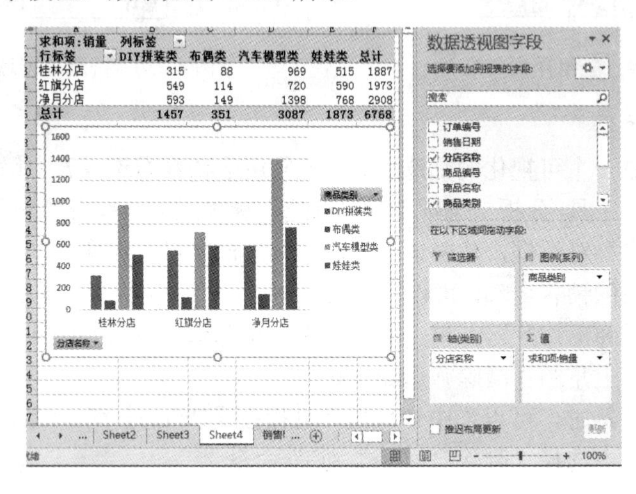

图 4-233　创建数据透视图效果

习题 4

1．Excel 是制作电子表格的软件，其主要功能是（　　）。

A．表格制作、文字处理、文件管理

B．表格制作、网络通信、图表处理

C．表格制作、数据管理、图表处理

D．表格制作、数据管理、网络通信

2．下列关于 Excel 的叙述中，错误的是（　　）。

A．一个工作簿是一个 Excel 文件

B．一个工作簿可以只有一张工作表

C．一个工作簿可以同时包含 250 张工作表

D．工作表不能重命名

3．在 Excel 中，下面说法不正确的是（　　）。

A．可同时打开多个工作簿文件

B．在同一工作簿中可以建立多张工作表

C．在同一工作表中可以为多个数据区域命名

D．Excel 新建工作簿的默认名称为“文档 1”

4．小金从网站上查到了最近一次全国人口普查的数据表格，他准备将这份表格中的数据引用到 Excel 中以便进一步分析，最佳的操作方法是（　　）。

A．对照网页上的表格，直接将数据输入 Excel 工作表中

B．通过 Excel 中的自网站获取外部数据功能，直接将网页上的表格导入 Excel 工作表中

C．通过复制、粘贴功能，将网页上的表格复制到 Excel 工作表中

D．先将包含表格的网页保存为.htm 或.mht 格式文件，然后在 Excel 中直接打开文件

5．可用（　　）表示 Sheet2 工作表的 B9 单元格。

A．Sheet2!B9　　B．Sheet2:B9　　C．Sheet2$B9　　D．Sheet2.B9

6．在 Excel 中，双击某工作表标签将（　　）。

A．选择该标签对工作表重新命名　　B．切换到该工作表

C．删除该工作表　　D．隐藏该工作表

7．在 Excel 中，对工作表的所有输入或编辑操作均是对（　　）进行的。

A．单元格　　B．表格　　C．单元格地址　　D．活动单元格

8．初二各班的成绩单分别保存在不同的工作簿中，为了管理方便，李老师需要将这些成绩单合并到一个工作簿中，可以选择的最佳方法是（　　）。

A．将各班成绩单中的数据通过复制、粘贴的方式整合到一个工作簿

B．通过移动或复制工作表功能，将各班成绩单整合到一个工作簿

C．打开一个成绩单，将其他班的成绩分别输入不同的工作表中

D．通过插入对象功能，将各班的成绩单整合到一个工作簿

9．在 Excel 中，关于“删除”和“清除”的正确叙述是（　　）。

A．删除和清除均不移动单元格本身，但删除操作将原单元格清空，而清除操作将原单元格中内容变为 0

B．删除指定区域是将该区域的数据连同单元格一起从工作表中删除；清除指定区域仅清除该区域中的数据，而单元格本身仍保留

C．删除内容不可以恢复，清除的内容可以恢复

D．【Delete】键的功能相当于删除命令

10．在 Excel 中，选中第 4、5、6 行并右击，在弹出的快捷菜单中选择“插入”命令后，插入了（　　）行。

A．3　　B．1　　C．4　　D．6

11．对学生成绩单中不及格的成绩用醒目的方式表示（如用红色），利用（　　）功能最方便。

A．条件格式　　B．查找　　C．数据筛选　　D．定位

12．在 Excel 中，输入数据前加单引号“'”，则单元格中数据类型是（　　）。

A．数值　　B．日期　　C．分数　　D．文本

13．要在单元格中显示分数“3/7”，应该输入（　　）。

A．3/7　　B．0 3/7　　C．3\7　　D．0.43

14．Excel 工作表 G8 单元格的值为 123456.78，执行某操作之后，在 G8 单元格中显示一串“#”，说明 G8 单元格的（　　）。

A．公式有错，无法计算

B．数据已经因操作失误而丢失

C．显示宽度不够，只要调整宽度即可

D．格式与类型不匹配，无法显示

15．在 Excel 中，运算符“&”表示（　　）。

A．逻辑值的与运算　　B．字符串的连接运算

C．字符串的比较运算　　D．数值型数据的相加

16．在 Excel 单元格内输入公式时，应在表达式前加一前缀字符（　　）。

A．(　　B．=　　C．$　　D．'

17．C1 单元格中包含公式“=A1+$B$1”，当复制公式到 D2 单元格时，公式内容是（　　）。

A．=A1+$B$1　　B．=B2+$B$1　　C．=A1+$B$2　　D．=A2+$B$2

18．Excel 中默认的单元格引用是（　　）。

A．相对引用　　B．绝对引用　　C．混合引用　　D．三维引用

19．单元格（　　）方式是公式中的单元格随公式位置的改变而变化。

A．相对引用　　B．绝对引用　　C．混合引用　　D．特殊引用

20．小胡使用 Excel 对销售人员的销售额进行统计，工作表中已包含每位销售人员对应的产品销量，销售单价为 308 元，计算每位销售人员销售额的最优方法是（　　）。

A．将单价 308 输入单元格中，然后在计算销售额的公式中相对引用该单元格

B．将单价 308 输入单元格中，然后在计算销售额的公式中绝对引用该单元格

C．将单价 308 定义名称为“单价”，然后在计算销售额的公式中引用该名称

D．直接通过公式“=销量×308”计算销售额

21．在 Excel 中，函数（　　）计算所选择单元格区域内数值的最小值。

A．MAX　　B．MIN　　C．SUM　　D．COUNT

22．下列函数计算结果为非数值的函数是（　　）。

A．LEFT　　B．SUM　　C．COUNT　　D．AVERAGE

23．某单元格内容为“=IF("教授">"助教",TRUE,FALSE)”，其计算结果为（　　）。

A．FALSE　　B．TRUE　　C．教授　　D．助教

24．在 Excel 中，关于选择性粘贴的叙述错误的是（　　）。

A．选择性粘贴可以实现转置　　B．选择性粘贴可以只粘贴格式

C．选择性粘贴只能粘贴数值型数据　　D．选择性粘贴可以只对公式进行粘贴

25．如果只复制单元格的格式，则选择“开始“选项卡，单击“剪贴板”选项组中的“粘贴”下拉按钮，在弹出的下拉列表中选择（　　）命令。

A．选择性粘贴　　B．粘贴为超链接

C．粘贴　　D．链接

26．单击数据清单中的任意单元格，单击“数据”选项组中的“排序”按钮，Excel 将（　　）。

A．排序范围限定于此单元格所在的行

B．排序范围限定于此单元格所在的列

C．排序范围限定于整个清单

D．不能排序

27．在 Excel 中，最多可以指定（　　）个关键字对数据清单进行排序。

A．3　　B．10　　C．64　　D．256

28．在升序排序中，序列中的空白单元格所在行（　　）。

A．放置在排序数据区域的最前面　　B．放置在排序数据区域的最后面

C．不参与排序　　D．应重新修改排序关键字

29．下列关于图表的说法中，不正确的是（　　）。

A．可以缩放和修改图表

B．数据源发生改变，图表的数据不能自动更新

C．单元格中的数据能以各种统计图表形式显示

D．建立图表时，首先要选择图表的数据源

30．在 Excel 中可以创建各种图表，为了显示数据系列中每一项占总数的比例，应该使用的图表类型为（　　）。

A．条形图　　B．折线图　　C．柱形图　　D．饼图

第5章

演示文稿制作软件 PowerPoint 2016

PowerPoint 2016 是 Microsoft Office 办公软件系列中的重要组件之一，能够制作出集文字、图形、图像、声音及视频剪辑等多媒体元素于一体的演示文稿，可以通过计算机屏幕或投影机播放。演示文稿将要表达的信息组织在一组图文并茂的画面中，可有效地帮助演讲、教学、产品演示等。

本章介绍 PowerPoint 2016 的基本操作、基本功能、母版和动画的设计方法，以及演示文稿的放映方式等。

5.1 PowerPoint 2016 简介

5.1.1 PowerPoint 2016 的工作界面

PowerPoint 2016 的工作界面由标题栏、功能区、幻灯片编辑窗格、备注窗格、状态栏等组成，如图 5-1 所示。

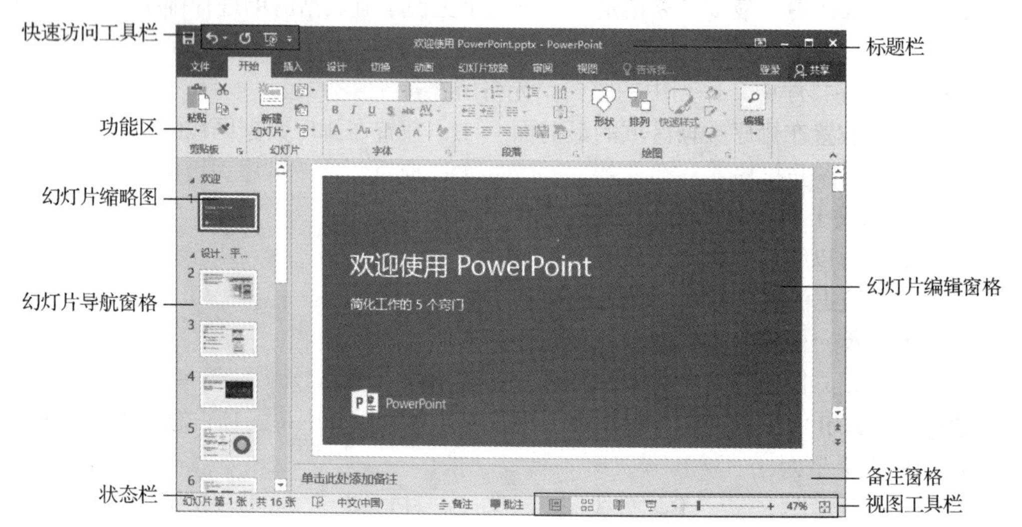

图 5-1　PowerPoint 2016 工作界面

1. 演示文稿编辑区

演示文稿编辑区位于功能区下方，用于显示和编辑演示文稿，包括左侧的幻灯片导航窗格、右侧的幻灯片编辑窗格和右下方的备注窗格。拖动窗格之间的分界线可以调整各窗格的大小。幻灯片编辑窗格显示当前幻灯片，用户可以在此编辑幻灯片的内容。备注窗格中可以添加与幻灯片有关的注释内容，可以将这些备注打印为备注页或在演示文稿保存为网页时显示。下面仅介绍幻灯片导航窗格。

幻灯片导航窗格用于显示演示文稿的幻灯片数量及位置，通过它可更加方便地组织演示文稿的结构。单击幻灯片缩略图，将在幻灯片编辑窗格中显示幻灯片内容。

2. 视图工具栏

视图工具栏包括视图切换按钮、缩放级别及显示比例 3 部分。单击视图切换按钮可以快速实现视图方式的切换。缩放级别显示当前视图的显示比例，拖动显示比例部分的缩放滑块可以快速改变显示比例。

5.1.2　演示文稿的基本操作

由 PowerPoint 制作出来的工作汇报、企业宣传、产品推介、教学课件等文件称为演示文稿，演示文稿中的每一页称为幻灯片。也就是说，一个演示文稿是由一张或多张幻灯片构成的，每张幻灯片都是演示文稿中既相互独立又相互联系的对象。

创建演示文稿的方法有以下几种。

1. 新建空白演示文稿

可以创建一个没有任何方案和示例文本的空白演示文稿，根据需要选择幻灯片版式来制作演示文稿。操作步骤如下。

1）选择“文件”→“新建”命令。

2）在展开的“新建”页面中选择“空白演示文稿”选项，单击“创建”按钮，或双击“空白演示文稿”选项，创建一个默认名称为“演示文稿 1”的空白演示文稿。

提示

打开 PowerPoint 2016，按【Ctrl+N】组合键来快速创建空白演示文稿。

2. 使用主题创建演示文稿

主题是事先设计好的一组演示文稿的样式框架，规定了演示文稿的外观样式，包括母版、配色、文字格式等，用户可以直接在系统提供的各种主题中选择一个合适的主题创建演示文稿。操作步骤如下。

1）选择“文件”→“新建”命令。

2）在展开的“新建”页面中显示已经安装的主题，如图 5-2 所示。

3）在列表中选择一个主题，如“丝状”主题，则弹出“丝状”主题列表，如图 5-3 所示，可以使用“更多图像”的导航按钮选择默认幻灯片的版式，也可以在“丝状”列表中选择其他主题变体，然后单击“创建”按钮即可。

4）将新建演示文稿保存到“D:\Myppt”文件夹中，命名为“PPT 主题文稿”。

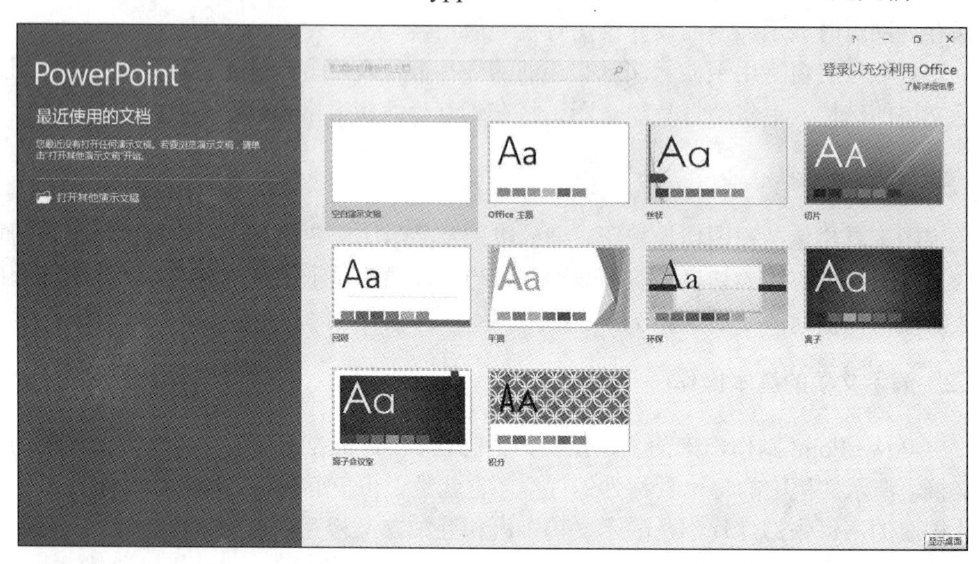

图 5-2　使用主题新建演示文稿

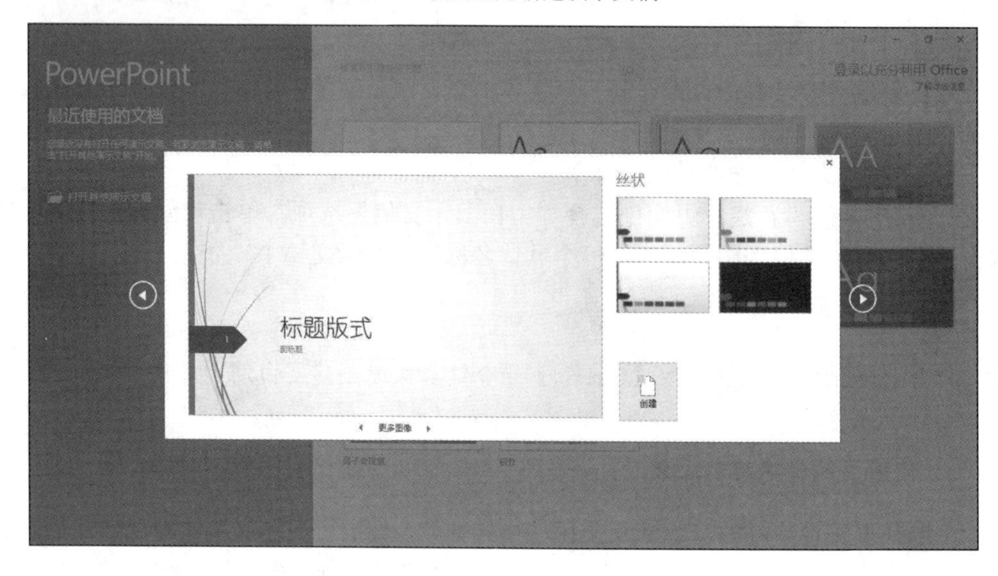

图 5-3　“丝状”主题列表

3. 保存演示文稿

选择“文件”→“保存”或“另存为”命令，打开“另存为”列表，单击“浏览”按钮，打开“另存为”对话框，可以重新命名演示文稿及选择保存位置，或单击快速访问工具栏中的“保存”按钮进行保存。例如，将新建的主题演示文稿保存到“D:\Myppt”文件夹中，命名为“PPT 主题文稿”。

5.1.3 演示文稿的视图方式

演示文稿视图包括普通视图、大纲视图、幻灯片浏览视图、备注页视图和阅读视图。选择“视图”选项卡，单击“演示文稿视图”选项组（图 5-4）中的任意一个按钮，即可切换视图。

除备注页视图外，单击视图工具栏中的视图切换（图 5-5）按钮，可快速切换到其他视图。

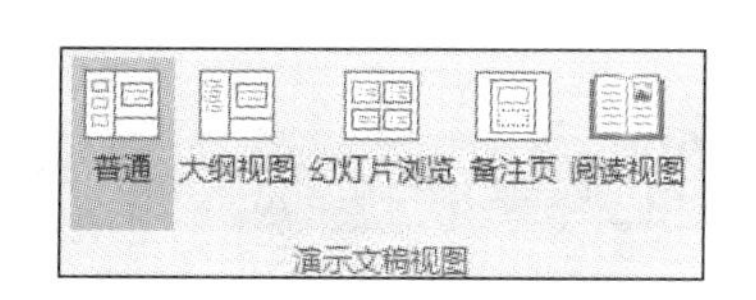

图 5-4　“演示文稿视图”选项组

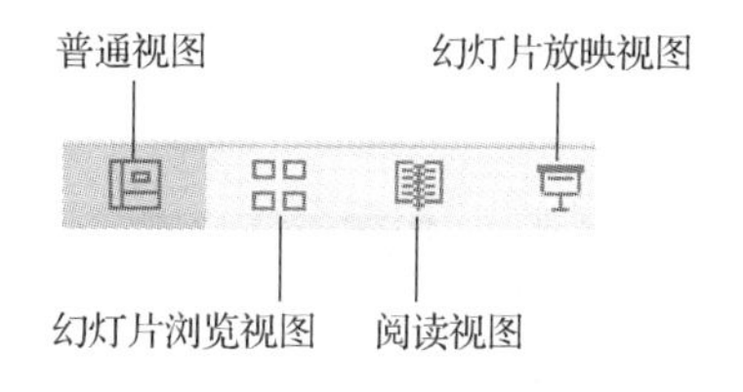

图 5-5　视图切换按钮

下面介绍普通视图、大纲视图、幻灯片浏览视图、备注页视图、阅读视图。幻灯片放映视图将在幻灯片放映部分讲述。

1. 普通视图

普通视图是演示文稿的默认视图，主要由幻灯片导航窗格、幻灯片编辑窗格和备注窗格组成，如图 5-1 所示。在这种视图下，用户可以调整演示文稿的整体结构，编辑单张幻灯片内容并观察效果，也可以添加备注内容。

2. 大纲视图

大纲视图是指用缩进文档标题的形式代表标题在文档结构中的级别，如图 5-6 所示。可以使用大纲视图处理各级文字的内容及文字在文档中的级别。

3. 幻灯片浏览视图

幻灯片浏览视图可以浏览整个演示文稿中每张幻灯片的整体效果，每张幻灯片以缩略图的形式显示，如图 5-7 所示。在这种视图下，用户可以移动、插入、复制和删除幻灯片，还可以改变幻灯片的版式、设计主题和配色方案等，但不能编辑幻灯片的具体内容。

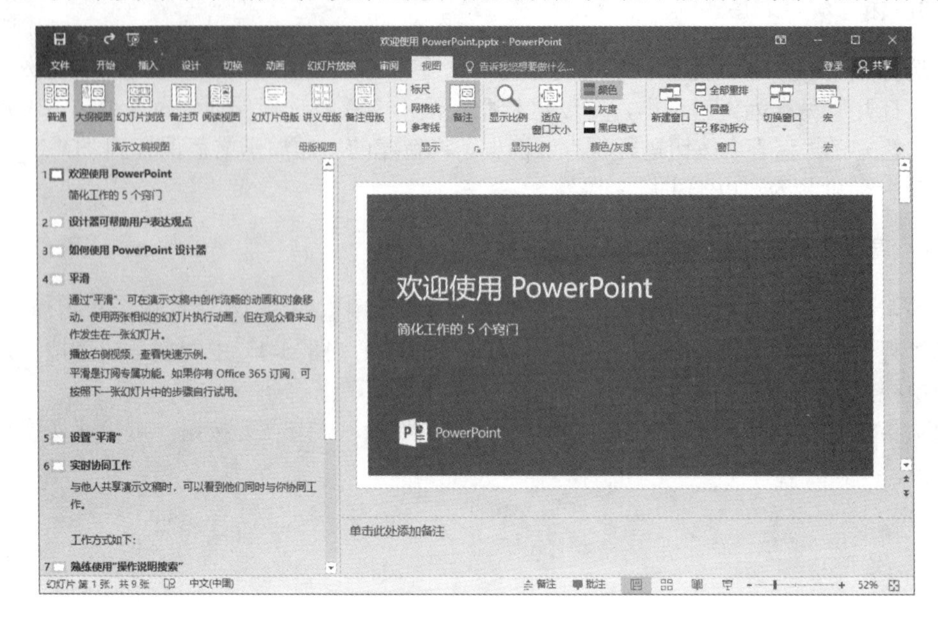

图 5-6 大纲视图

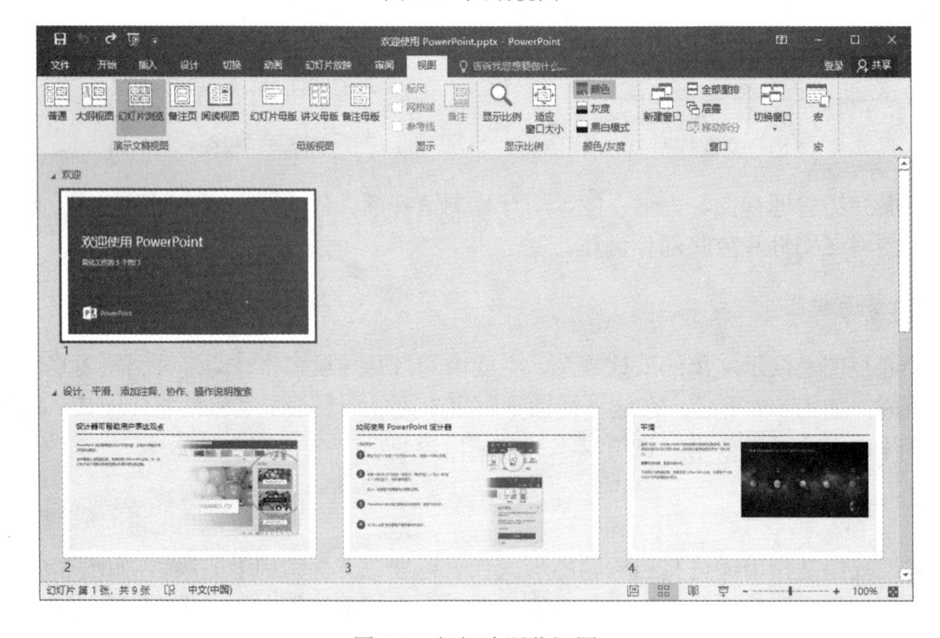

图 5-7 幻灯片浏览视图

4. 备注页视图

备注页视图是用来显示和编辑备注内容的。备注页视图分上下两部分，上部分显示幻灯片，下部分显示备注内容，如图 5-8 所示。

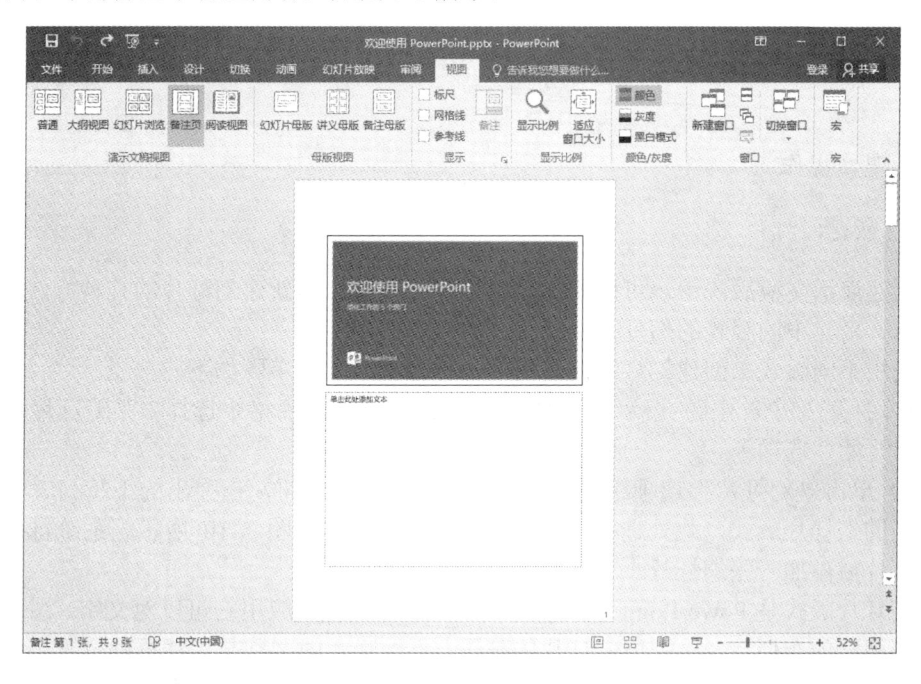

图 5-8　备注页视图

5. 阅读视图

阅读视图将演示文稿作为适应窗口大小的幻灯片放映查看。在此视图中，只保留幻灯片窗口、标题栏和状态栏，其他编辑功能被隐藏，用于演示文稿的简单放映浏览，包括文字内容、动画和放映效果，如图 5-9 所示。阅读过程中可单击幻灯片切换到下一张幻灯片，也可以按【Esc】键退出，或单击视图切换按钮，切换到其他视图。

图 5-9　阅读视图

5.2 编辑幻灯片

5.2.1 基本操作

1. 新建幻灯片

新建演示文稿后，用户可以添加新幻灯片。本节介绍新建幻灯片的几种方法。

（1）新建不同版式的幻灯片

使用不同版式来创建幻灯片是常用的一种方法，操作步骤如下。

1）打开“PPT 主题文稿”演示文稿，在幻灯片导航窗格中选择一张幻灯片，然后选择“开始”选项卡。

2）单击“幻灯片”选项组的“新建幻灯片”下拉按钮，在弹出的下拉列表中选择要应用的幻灯片版式，此处选择“标题与内容”版式，如图 5-10 所示。系统将在选择的幻灯片后添加一张幻灯片。

幻灯片版式是 PowerPoint 中的一种常规排版的格式，应用它可以对文字、图片等进行合理简洁的布局，轻松完成幻灯片的制作。不同版式的区别是虚线框的位置不同，添加的内容也不同。这些虚线框称为占位符，也称内容占位符，如图 5-11 所示。在 PowerPoint 幻灯片中可以插入 7 种类型的内容占位符，即文本、图片、图表、表格、图形、媒体（视频或声音）和联机图像。幻灯片版式就是由这些内容占位符组成的。

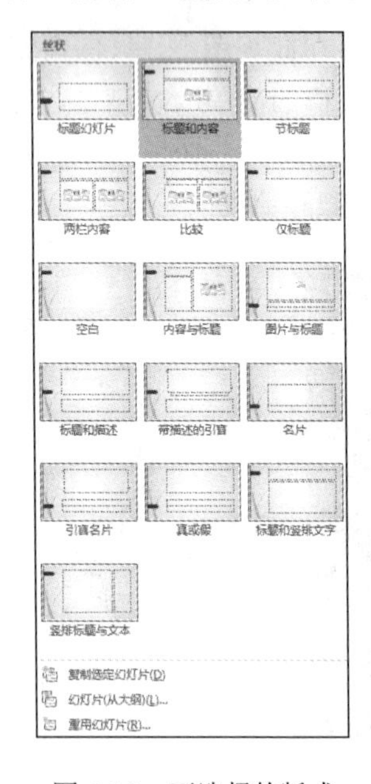

图 5-10　可选择的版式

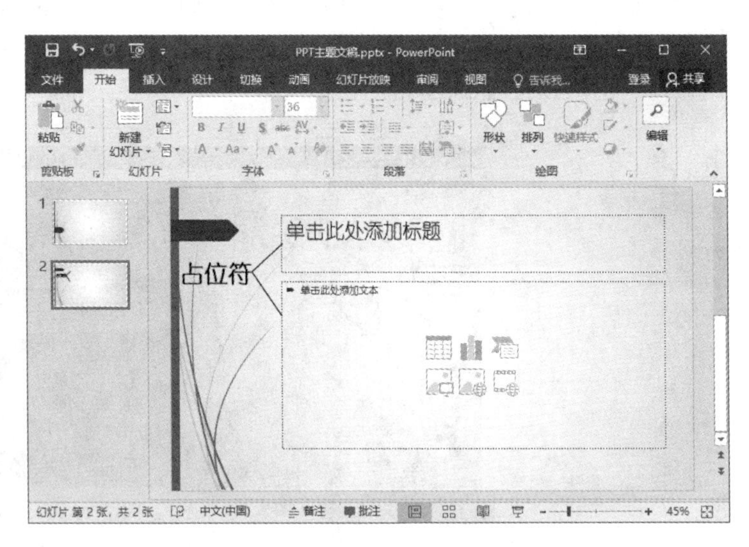

图 5-11　新建幻灯片应用的版式

（2）复制选定幻灯片

若新建幻灯片与已有幻灯片类似，则可以使用“复制选定幻灯片”命令来创建新幻灯片。操作步骤如下。

1）打开演示文稿，在幻灯片导航窗格中选择一张或多张幻灯片，然后选择“开始”选项卡。

2）单击“幻灯片”选项组的“新建幻灯片”下拉按钮，在弹出的下拉列表中选择“复制选定幻灯片”命令，系统将在选择的幻灯片后添加复制的所选幻灯片。

（3）从大纲新建幻灯片

如果已有 Word 大纲文档，用户可以将此文档直接作为新幻灯片插入演示文稿。

【例 5-1】将 Word 大纲文档“PowerPoint 大纲”作为新幻灯片插入“PPT 主题文稿”演示文稿中。

例 5-1 视频讲解

操作步骤如下。

1）打开“PPT 主题文稿”演示文稿，在幻灯片导航窗格单击要插入新幻灯片的位置，然后选择“开始”选项卡。

2）单击“幻灯片”选项组的“新建幻灯片”下拉按钮，在弹出的下拉列表中选择“幻灯片（从大纲）”命令，打开“插入大纲”对话框，选择要打开的 Word 大纲文档“PowerPoint 大纲”，如图 5-12 所示，单击“插入”按钮。

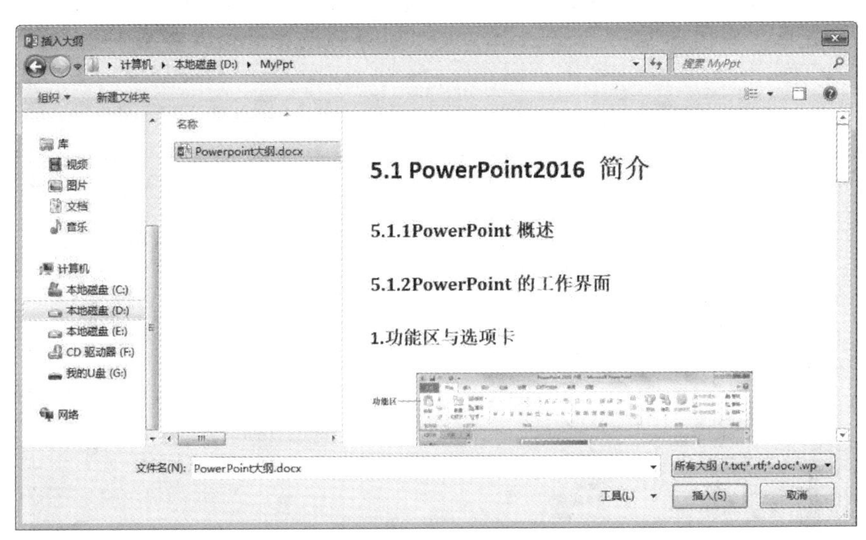

图 5-12　“插入大纲”对话框

此时，演示文稿中将插入多张幻灯片，每张幻灯片是按 Word 大纲文档中各级标题自动排列的。其中，一级标题是一张幻灯片的标题，而其他各级标题对应每张幻灯片中的各级文本，且按标题级别排列，如图 5-13 所示，插入所有幻灯片的版式都默认为“标题和内容”。

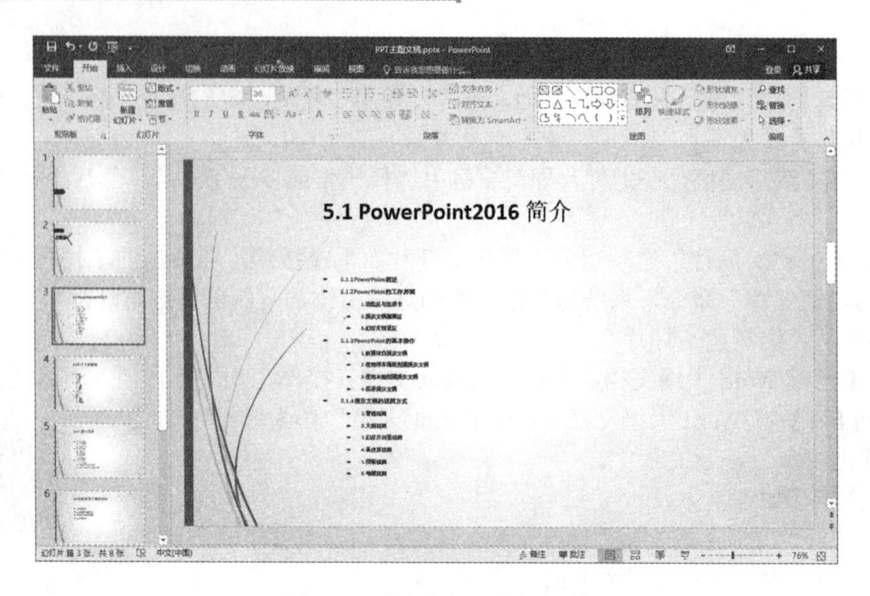

图 5-13　从大纲插入新幻灯片

提示

从大纲插入的幻灯片，占位符中文本有时会超出占位符，这时可以使用占位符的自动调整选项，如图 5-14 所示，选择将文本拆分到两张幻灯片，或将幻灯片更改为两列版式。

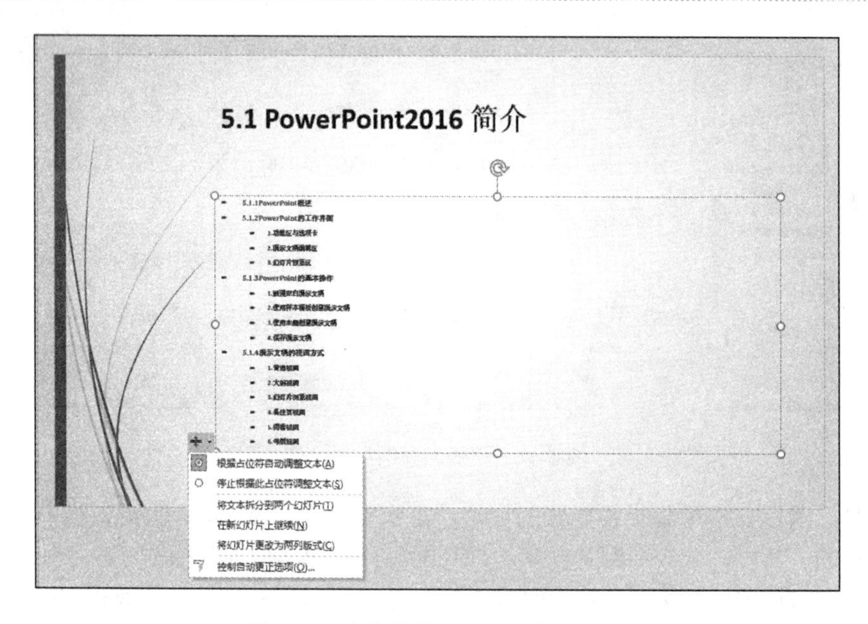

图 5-14　占位符的“自动调整选项”

2. 选中幻灯片

对幻灯片进行操作之前必须先选中，可以选中单张幻灯片，也可以选中多张连续或不连续的幻灯片。

（1）选中单张幻灯片

在幻灯片导航窗格中或在幻灯片浏览视图中，单击幻灯片缩略图，即可选中幻灯片。

（2）选中多张幻灯片

无论是在普通视图还是在幻灯片浏览视图中，都可以选择多张连续或不连续的幻灯片。

1）选中多张连续的幻灯片：单击第一张幻灯片，按住【Shift】键，再单击最后一张幻灯片。

2）选中多张不连续的幻灯片：单击选择某张幻灯片，按住【Ctrl】键，逐一单击其他幻灯片即可。

3. 应用幻灯片版式

若新建幻灯片的版式并不适合当前幻灯片内容，可以修改其版式。例如，“PPT 主题文稿”演示文稿中从大纲插入的幻灯片所用版式并不适合这些内容，就可以修改这些版式。操作步骤如下。

1）打开“PPT 主题文稿”演示文稿，选中要修改版式的幻灯片。

2）选择“开始”选项卡，单击“幻灯片”选项组中的“版式”下拉按钮，在弹出的下拉列表中选择“内容和标题”版式，如图 5-15 所示。修改后的幻灯片如图 5-16 所示。

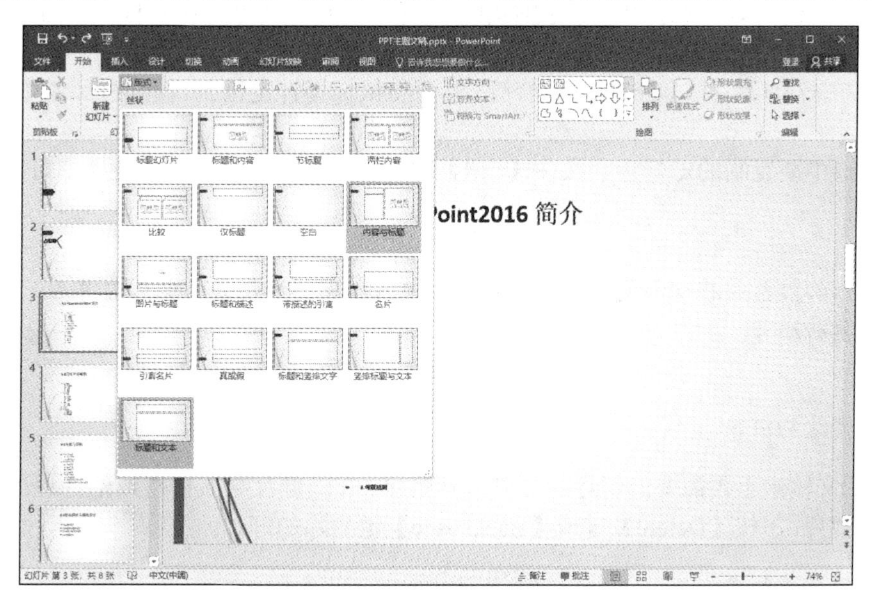

图 5-15　修改版式

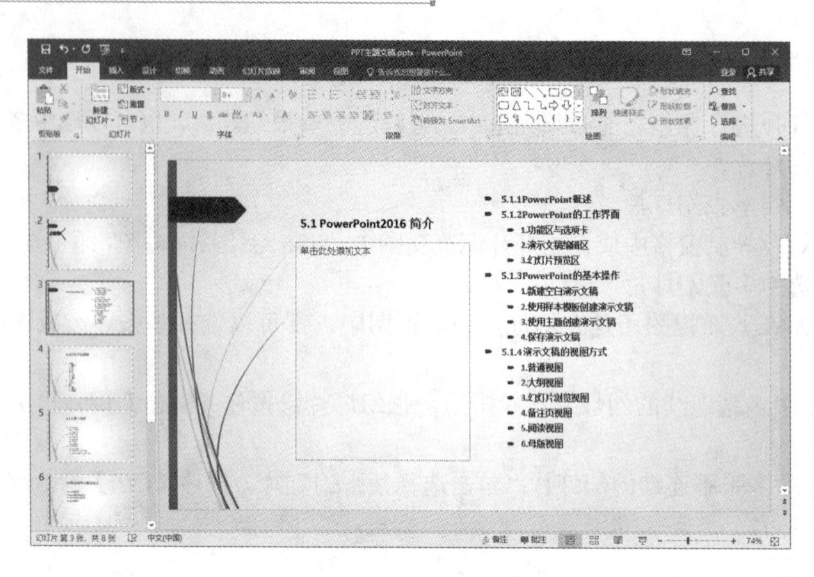

图 5-16　修改版式后的效果

4. 复制幻灯片

对于一些需要重复使用的幻灯片，可以将其复制来节省编辑时间。复制幻灯片既可以在幻灯片导航窗格中完成，也可以在幻灯片浏览视图中进行，主要有以下几种方法。

1）选中幻灯片，选择“开始”选项卡，单击“剪切板”选项组中的“复制”按钮，再将鼠标指针定位到目标位置，单击“粘贴”按钮。

2）右击幻灯片，在弹出的快捷菜单中选择“复制”命令，在目标位置右击，在弹出快捷菜单的“粘贴选项”中选择粘贴方式。

3）选中幻灯片，按【Ctrl+C】组合键，然后将鼠标指针定位到目标位置，按【Ctrl+V】组合键。

4）选中要复制的幻灯片，按住【Ctrl】键的同时将其拖动到目标位置即可。

提示

多张幻灯片的移动和复制方法与单张幻灯片相同。移动或复制幻灯片后，幻灯片会自动更新编号。

5. 删除幻灯片

演示文稿中不再需要的幻灯片可以将其删除。在幻灯片导航窗格或幻灯片浏览视图中选择幻灯片，按【Delete】键或【Backspace】键删除幻灯片。

6. 隐藏幻灯片

隐藏幻灯片与删除幻灯片不同，被隐藏的幻灯片变暗，并且不被播放。在普通视图或幻灯片浏览视图中，右击幻灯片，在弹出的快捷菜单中选择“隐藏幻灯片”命令，这时幻灯片的编号被标记，说明此幻灯片被隐藏。若要取消隐藏，则使用同样的方法，在弹出的快捷菜单中选择“隐藏幻灯片”命令即可。

5.2.2　输入与编辑文本

文本是幻灯片中不可缺少的部分，输入文本和编辑文本格式是本节的主要内容。

1. 输入文本

输入文本有多种方法，如在占位符中输入文本，使用大纲视图或在文本框中输入文本等。

（1）在占位符中输入文本

文本占位符是一个特殊的文本框，其中包含预设的格式和固定的位置。用户可以使用版式中提供的文本占位符输入文本，此处的文字具有固定格式，用户输入后可以选择文本内容进行更改。

【例 5-2】新建主题为“保护环境”的空白演示文稿，在第一张幻灯片的占位符中输入文本，命名为“保护环境”并保存演示文稿。

例 5-2 视频讲解

操作步骤如下。

1）新建空白演示文稿，选中第一张幻灯片，在编辑区域显示标题占位符和副标题占位符。

2）单击标题占位符区域，则标题占位符变成带有控制点的虚框。在标题占位符中输入文字“保护环境”。

3）单击副标题占位符区域，输入文字“人类共同的责任”，如图 5-17 所示。

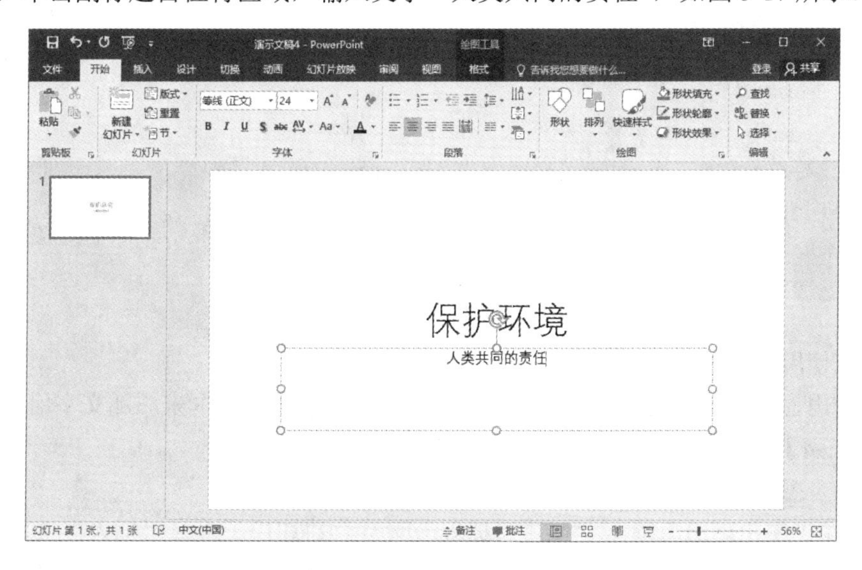

图 5-17　在占位符中输入文本

4）输入完成后单击占位符外的任意位置，退出文本编辑状态。将此演示文稿保存在“D:\Myppt”中，命名为“保护环境”。

（2）使用大纲视图输入文本

通过大纲视图可以清晰地看到文字的层次级别，用户可以直接在此编辑文字信息。

【例 5-3】 在“保护环境”演示文稿中插入两张幻灯片，并使用大纲视图输入文本。

操作步骤如下。

1）打开“保护环境”演示文稿，在大纲视图中插入一张标题和内容幻灯片，输入“保护环境人人有责”。按【Enter】键将插入一张新幻灯片，再按【Tab】键将新插入的幻灯片转换为上一张幻灯片的下级标题，输入文字“环境存在的问题”，按【Enter】键，可输入多个同级标题。按【Tab】键可输入下级标题“不要乱砍滥伐”，再按【Enter】键，输入“尽量选择公共交通工具”，如图 5-18 所示。

2）在上述编辑状态下，按【Ctrl+Enter】组合键插入一张新幻灯片，输入标题“环境存在的问题”。按【Enter】键，再按【Tab】键可输入下级标题“臭氧层的破坏”。按【Enter】键，可输入多个同级标题，如图 5-18 所示。

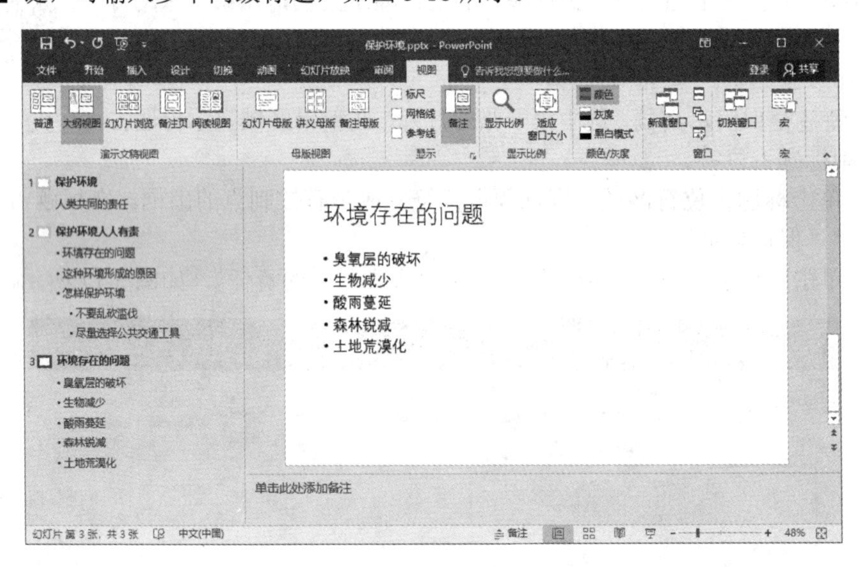

图 5-18　在大纲视图中输入文本

（3）使用文本框输入文本

除使用占位符外，用户可以在幻灯片的任意位置绘制文本框来添加文字信息。

【例 5-4】 使用文本框在幻灯片中输入文本。

操作步骤如下。

1）在“保护环境”演示文稿最后插入一张空白幻灯片。选择“插入”选项卡，单击“文本”选项组中的“文本框”下拉按钮，在弹出的下拉列表中选择“垂直文本框”

命令。在幻灯片中要添加文本的地方拖动，创建文本框，在光标处输入文本“臭氧层的破坏”。

2）选择“插入”选项卡，单击“文本”选项组中的“文本框”下拉按钮，在弹出的下拉列表中选择“横排文本框”命令后拖动鼠标，创建矩形区域，在光标处输入文本，如图 5-19 所示。

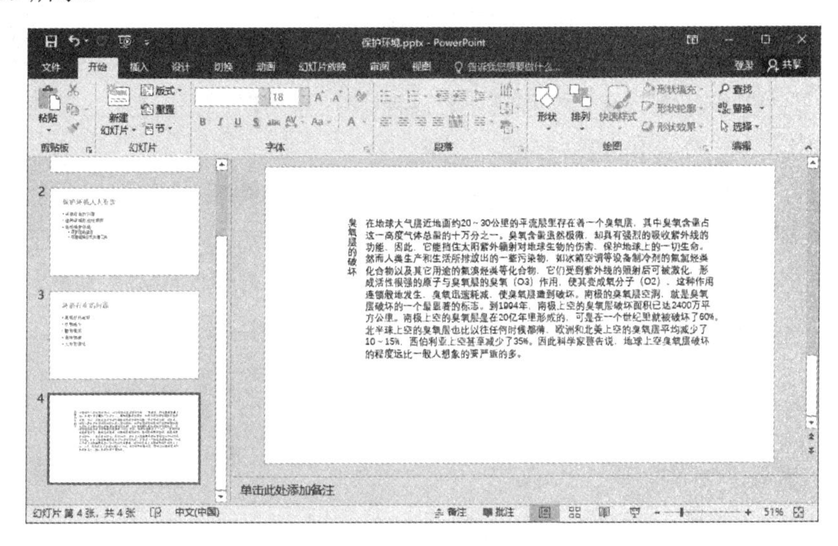

图 5-19　插入文本框

2. 编辑文本的级别

在 PowerPoint 占位符中输入文字后，按【Enter】键会自动分段，有时分段后会自动加上项目符号。默认情况下，具有相同项目符号的文本属于同一级别。为了使内容层次更清楚，可读性更强，可以在幻灯片中设置文字的级别。

将光标定位到某段文本，选择“开始”选项卡，单击“段落”选项组中的“提高列表级别”或“降低列表级别”按钮，可以改变文本级别。在大纲视图中，选中一段文本并右击，在弹出的快捷菜单中选择“升级”或“降级”命令进行快速调整。

在大纲视图中定位文本后右击，在弹出的快捷菜单中包含多种调整演示文稿结构的命令。除调整文本级别外，还有“上移”和“下移”命令，可将所选文本移动到上段文本之前或下段文本之后，“折叠”或“展开”命令可以将某张或全部幻灯片缩略图中的文本隐藏或显示。

3. 添加超链接

超链接可以是一张幻灯片与同一演示文稿或不同演示文稿中另一张幻灯片的链接，也可以是一张幻灯片与电子邮件地址、网页、应用程序或文件的链接。

在普通视图中，选中要插入超链接的文本，选择“插入”选项卡，单击“链接”选项组中的“超链接”按钮，打开“插入超链接”对话框。在该对话框左侧的“链接到”列表框中可以选择“现有文件或网页”、“本文档中的位置”、“新建文档”或“电子邮件地址”选项，即可将文本链接到现有文件、网页、同一演示文稿中的另一张幻灯片、新文档及电子邮件地址。

【例 5-5】为文本“环境存在的问题”添加超链接。

例 5-5 视频讲解

操作步骤如下。

1）打开“保护环境”演示文稿，在普通视图中选中第二张幻灯片。

2）选中文本“环境存在的问题”。

3）选择“插入”选项卡，单击“链接”选项组中的“超链接”按钮，打开“插入超链接”对话框。

4）在该对话框左侧的“链接到”列表框中选择“现有文件或网页”选项，在“当前文件夹”列表框中选择“环境问题多种多样.docx”文档，如图 5-20 所示。

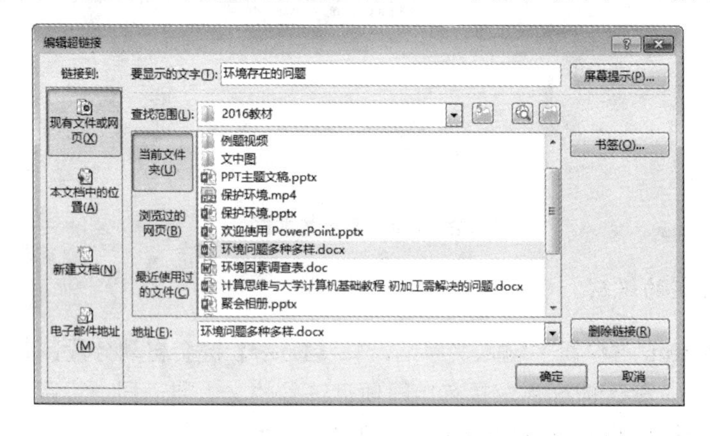

图 5-20 “插入超链接”对话框

5）单击“确定”按钮，返回幻灯片编辑环境，插入超链接后的文本会改变颜色，如图 5-21 所示。

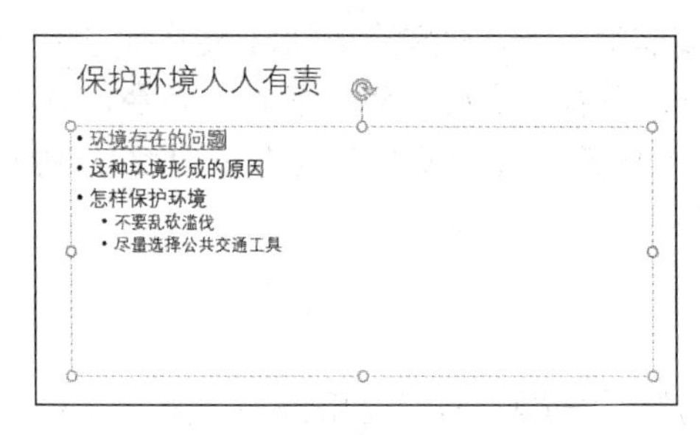

图 5-21 链接文字效果

若要删除超链接，可以直接在链接文字处右击，在弹出的快捷菜单中选择“取消超链接”命令即可。

5.2.3　插入屏幕截图

可以在幻灯片中插入任何未最小化到任务栏的窗口截图。

【例 5-6】 在“保护环境”演示文稿的幻灯片中插入屏幕截图。

操作步骤如下。

1）打开“保护环境”演示文稿，新建空白幻灯片。

2）选择“插入”选项卡，单击“图像”选项组中的“屏幕截图”下拉按钮，在弹出下拉列表中的“可用 视窗”列表中选择要截图的窗口，如图 5-22 所示，此窗口截图将自动插入幻灯片中。若选择“屏幕剪辑”命令，系统将自动切换到窗口中显示的内容，拖动鼠标可截取需要的屏幕范围。

3）选择“图片工具-格式”选项卡，单击“大小”选项组中的“裁剪”下拉按钮，在弹出的下拉列表中选择“裁剪为形状”命令，在其子菜单中选择形状，如云形，如图 5-23 所示。

图 5-22　“屏幕截图”下拉列表

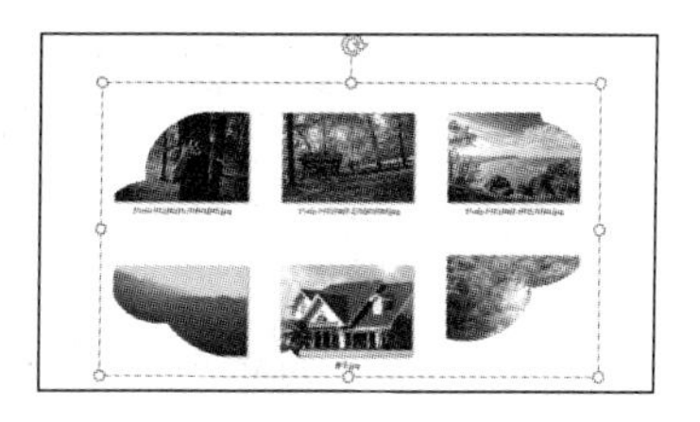

图 5-23　裁剪为云形

5.2.4　创建相册

演示文稿中如果只有文字会显得枯燥无味，图片可以更好地表现主题内容，增强感染力。本节通过例题介绍如何在演示文稿中创建相册。

【例 5-7】 创建风景相册。

操作步骤如下。

1）新建演示文稿，选中首张幻灯片。

例 5-7 视频讲解

2）选择“插入”选项卡，单击“图像”选项组中的“相册”下拉按钮，在弹出的下拉列表中选择“新建相册”命令，打开“相册”对话框，如图 5-24 所示。

3）单击“相册”对话框中的“文件/磁盘”按钮，打开“插入新图片”对话框，如图 5-25 所示，在此对话框中选择“D:\Myppt\素材\风景”中的所有图片，单击“插入”按钮。

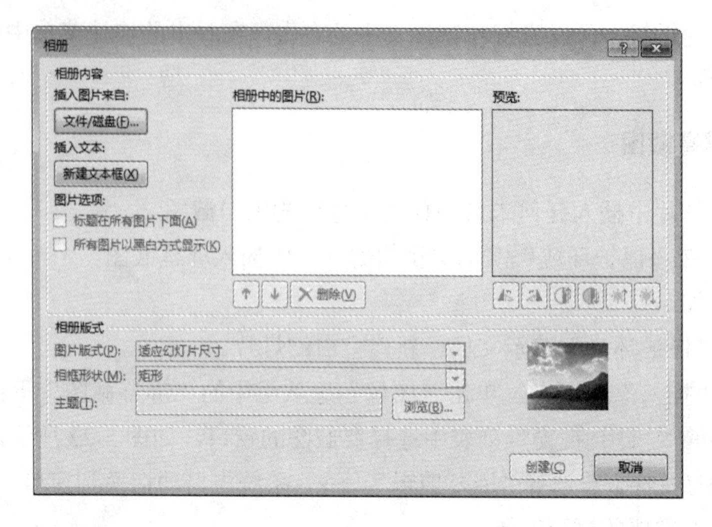

图 5-24　“相册”对话框 1

图 5-25　“插入新图片”对话框

4）选中“相册中的图片”列表框中的图片，单击↑或↓按钮来设置图片在相册中的顺序。还可以使用其他按钮来对相册中的图片进行设置。

5）在“相册版式”选项组的“图片版式”下拉列表中选择“4 张图片”命令。

6）在“相册版式”选项组的“相框形状”下拉列表中选择“居中矩形阴影”命令，如图 5-26 所示。

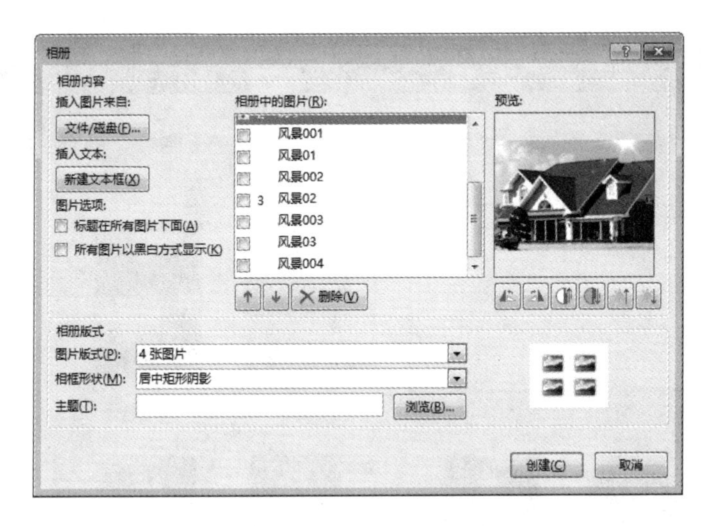

图 5-26 “相册”对话框 2

7）单击“相册版式”选项组“主题”文本框右侧的“浏览”按钮，在打开的“选择主题”对话框中选择“Wisp.thmx”主题，如图 5-27 所示，单击“选择”按钮。

8）返回“相册”对话框，单击“创建”按钮，即可创建一个插入相册图片的新演示文稿，将此演示文稿保存在“D:\Myppt”中，命名为“风景相册”，在幻灯片浏览视图状态下，风景相册的最终效果如图 5-28 所示。

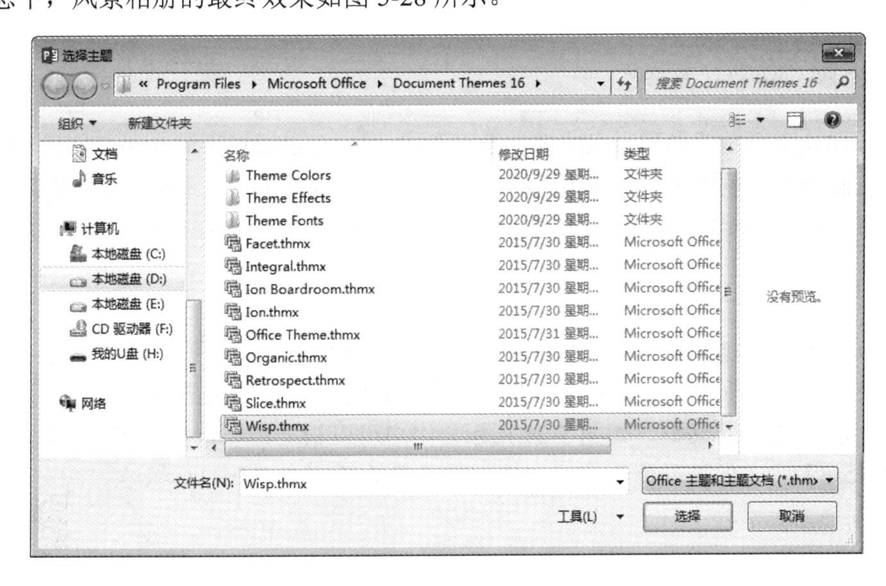

图 5-27 “选择主题”对话框

图 5-28　风景相册的最终效果

5.2.5　设置 SmartArt 图形

1. 了解 SmartArt 图形

SmartArt 图形是信息和观点的视觉表现形式。用户可以通过不同布局来创建 SmartArt 图形，从而快速、轻松并有效地传达信息。在 PowerPoint 演示文稿中可以将幻灯片内带有项目符号的文本转换为 SmartArt 图形。此外，还可以为 SmartArt 图形添加动画。

2. 创建 SmartArt 图形

SmartArt 图形包含多种结构，有列表、流程、循环、层次结构、关系、矩阵、棱锥图和图片。选择“插入”选项卡，单击“插图”选项组中的“SmartArt”按钮，打开“选择 SmartArt 图形”对话框，如图 5-29 所示。用户可以根据需要选择适当的组织结构图。

【例 5-8】为“保护环境”演示文稿创建“保护环境部门”的组织结构图。

例 5-8 视频讲解

操作步骤如下。

1）打开“保护环境”演示文稿，新建标题和内容幻灯片。

2）在标题占位符中输入“环保部门组织结构图”。

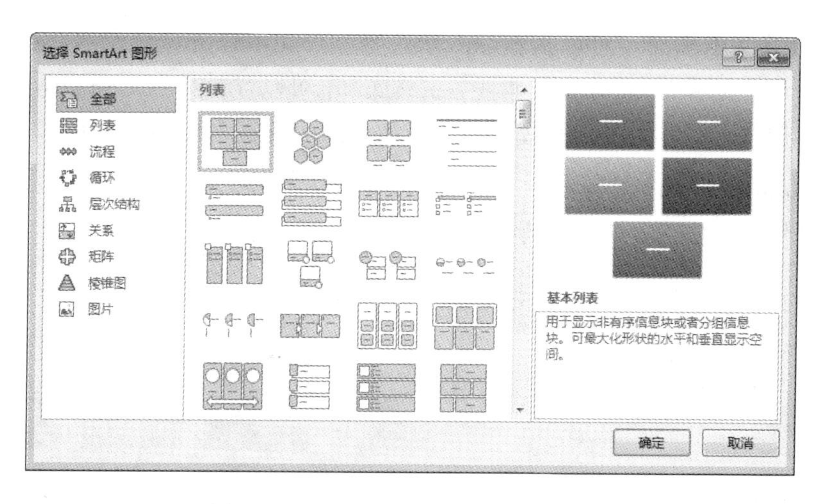

图 5-29　“选择 SmartArt 图形”对话框

3）在内容占位符中单击“插入 SmartArt 图形”图标，在打开的“选择 SmartArt 图形”对话框中选择“层次结构”选项卡，在层次结构列表中选择“组织结构图”图形，单击“确定”按钮，插入的 SmartArt 图形如图 5-30 所示。

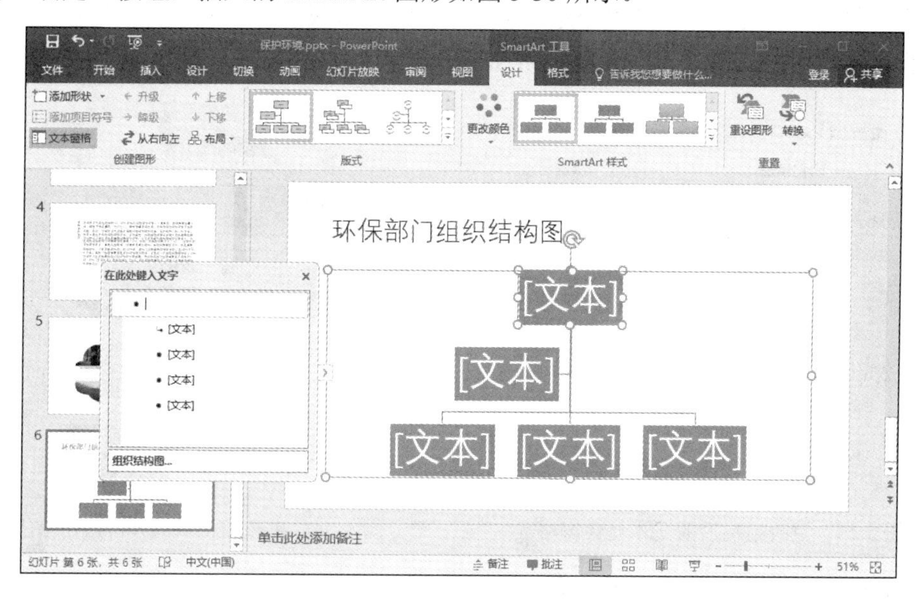

图 5-30　插入 SmartArt 图形

4）文本任务窗格显示在 SmartArt 图形左侧。可以通过文本任务窗格输入和编辑在 SmartArt 图形中显示的文字。在文本任务窗格中添加和编辑内容时，SmartArt 图形会自动更新，即根据需要添加或删除形状。创建 SmartArt 图形时，SmartArt 图形及文本任务窗格由占位符文本填充，可以重新输入新内容。在文本任务窗格顶部，可以编辑在SmartArt图形中显示的文字。在文本任务窗格底部，可以查看有关该SmartArt图形的其他信息。本例输入内容如图5-31所示。对应的SmartArt图形如图5-32所示。

图5-31　本例输入内容

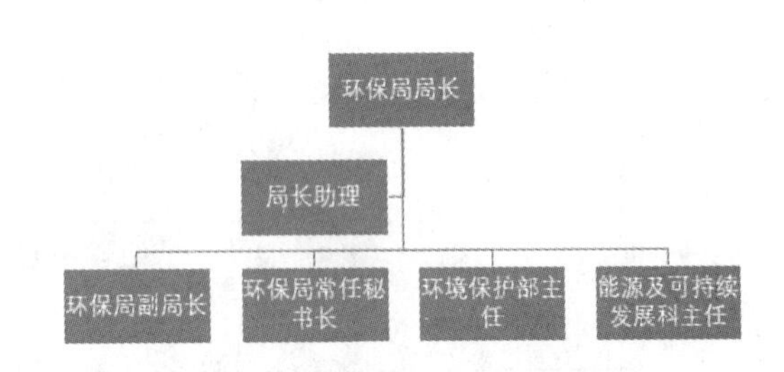

图5-32　对应的SmartArt图形

5）使用文本任务窗格更改形状结构。此处“环境保护部主任”和“能源及可持续发展科主任”是“环保局常任秘书长”的下层机构，所以需要更改这两段文本的层次级别。选中文本任务窗格中的“保护环境部主任”，选择“SmartArt工具-设计”选项卡，单击“创建图形”选项组中的“降级”按钮。对“能源及可持续发展科主任”执行同样的操作。更改结构后的文本任务窗格和SmartArt图形如图5-33和图5-34所示。

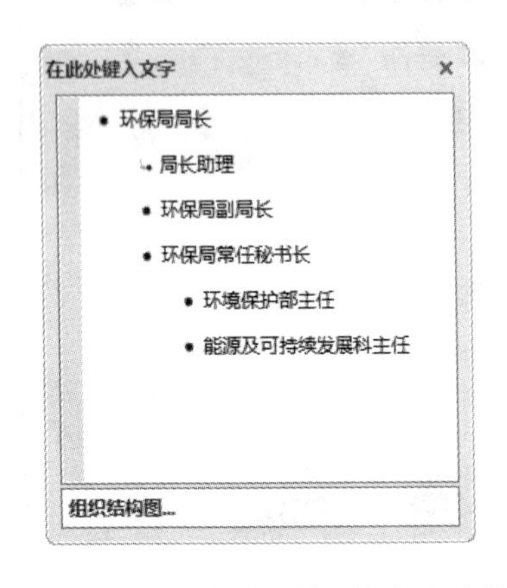

图5-33　更改结构后的文本任务窗格

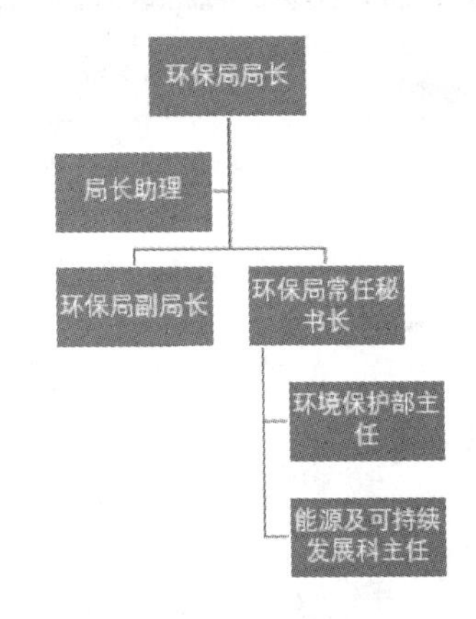

图5-34　更改结构后的SmartArt图形

6）更改形状布局。在文本任务窗格或SmartArt图形中选中“环保局常任秘书长”，选择“SmartArt工具-设计”选项卡，单击“创建图形”选项组中的“布局”下拉按钮，弹出“布局”下拉列表，如图5-35所示。此处选择“标准”命令，效果如图5-36所示。

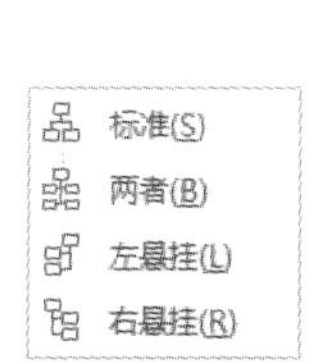

图 5-35　“布局”下拉列表

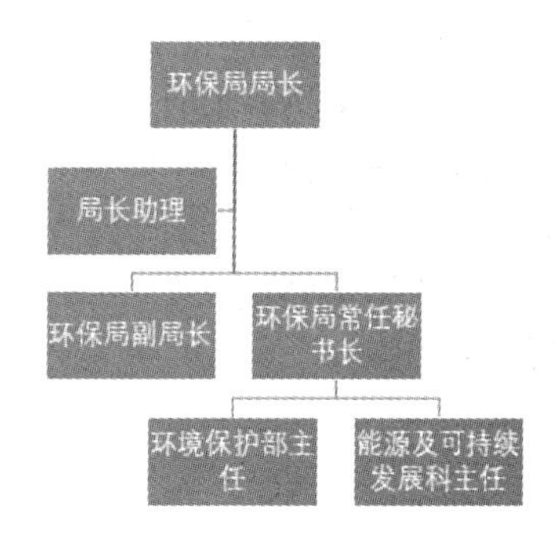

图 5-36　更改布局后的效果

7）添加助理。选中“环保局副局长”，选择“SmartArt 工具-设计”选项卡，单击“创建图形”选项组中的“添加形状”下拉按钮，弹出“添加形状”下拉列表，如图 5-37 所示。此处选择“添加助理”命令，并在文本任务窗格中输入“环保局局长政治助理”，效果如图 5-38 所示。

图 5-37　“添加形状”下拉列表

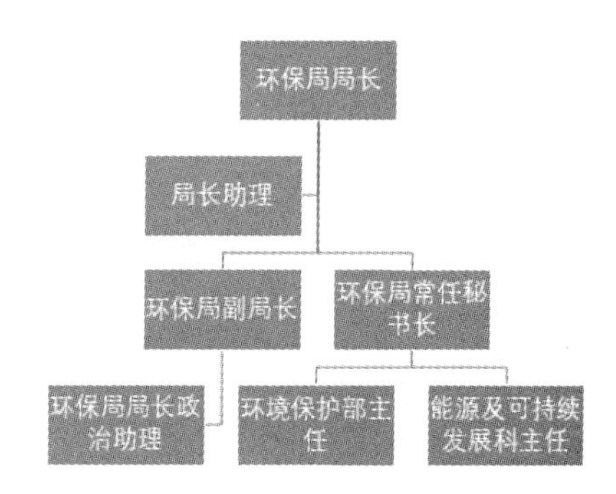

图 5-38　添加助理形状后的效果

提示

在形状图形中选择一个形状右击，在弹出的快捷菜单中选择“添加形状”命令，可以在此形状的不同位置添加形状。如果要删除形状，单击要删除的形状，然后按【Delete】键即可。若要删除整个 SmartArt 图形，单击 SmartArt 图形的边框，然后按【Delete】键即可。

3．设置 SmartArt 图形

（1）更改图形布局

下面以“保护环境”演示文稿为例，介绍更改图形布局的操作步骤。操作步骤如下。

1）打开“保护环境”演示文稿，选择例 5-8 中的“环保部门组织结构图”幻灯片，并选择其中的组织结构图。

2）选择“SmartArt 工具-设计”选项卡，单击“版式”选项组中的“其他”下拉按钮，弹出的下拉列表如图 5-39 所示。此处选择“姓名和职务组织结构图”图形，效果如图 5-40 所示。

3）右击“环保局局长”下方的文本框，在弹出的快捷菜单中选择“编辑文字”命令，如图 5-41 所示，输入“刘某”。按此方法输入所有姓名，效果如图 5-42 所示。

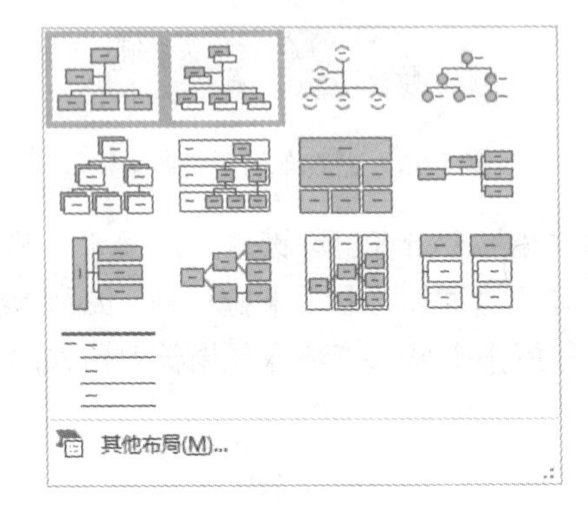

图 5-39　版式下拉列表

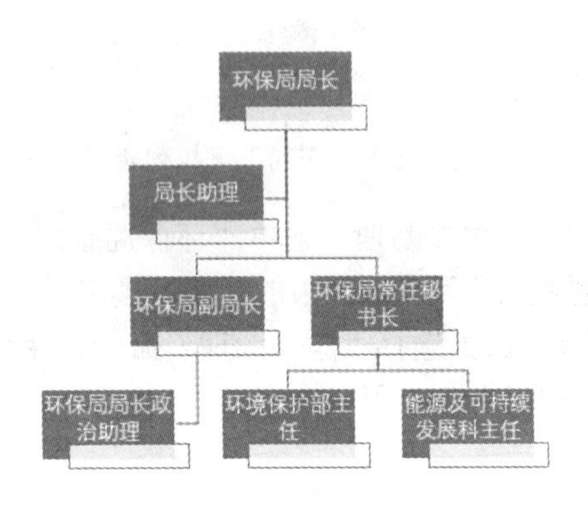

图 5- 40　姓名和职务组织结构图效果

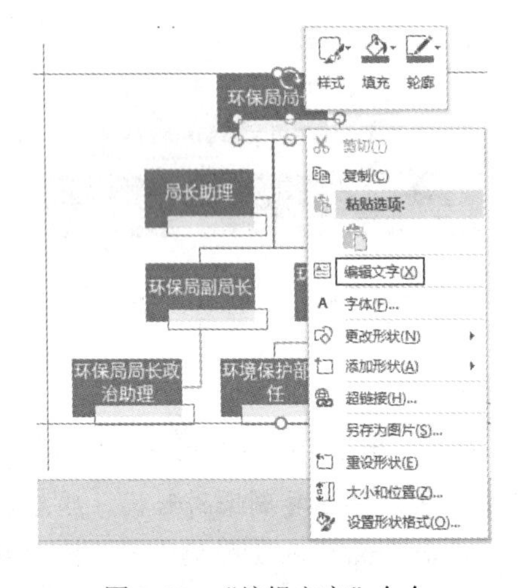

图 5-41　“编辑文字”命令

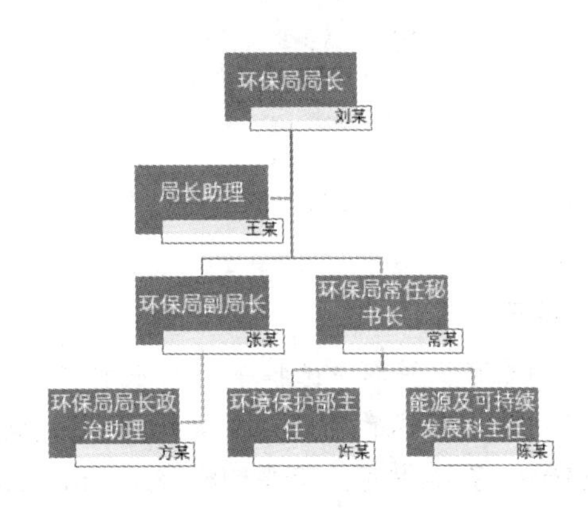

图 5-42　添加姓名文本

（2）更改图形样式

操作步骤如下。

1）选择“SmartArt 工具-设计”选项卡，单击“SmartArt 样式”选项组中的“更改颜色”下拉按钮，弹出“更改颜色”下拉列表，如图 5-43 所示。此处选择“彩色轮廓-个性色 6”命令，效果如图 5-44 所示。

2）单击“SmartArt 样式”选项组中的“其他”下拉按钮，弹出“样式”下拉列表，如图 5-45 所示。此处选择“三维-嵌入”命令，效果如图 5-46 所示。

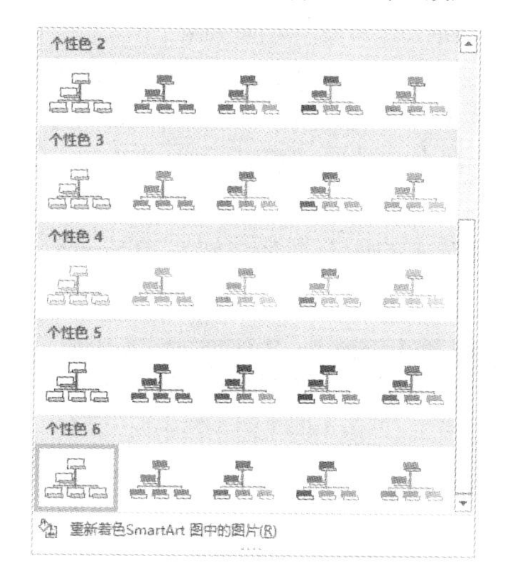

图 5-43　“更改颜色”下拉列表

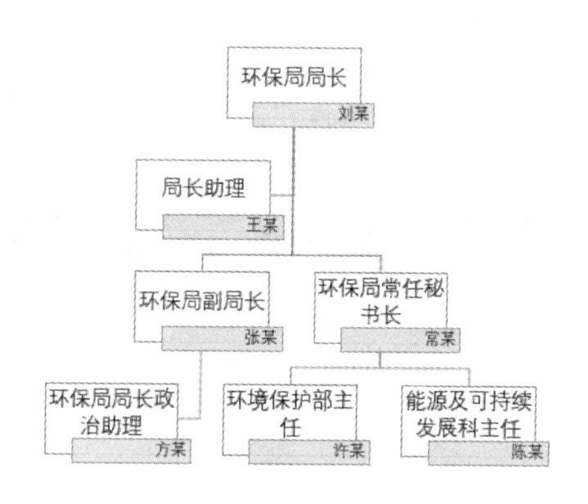

图 5-44　更改颜色效果

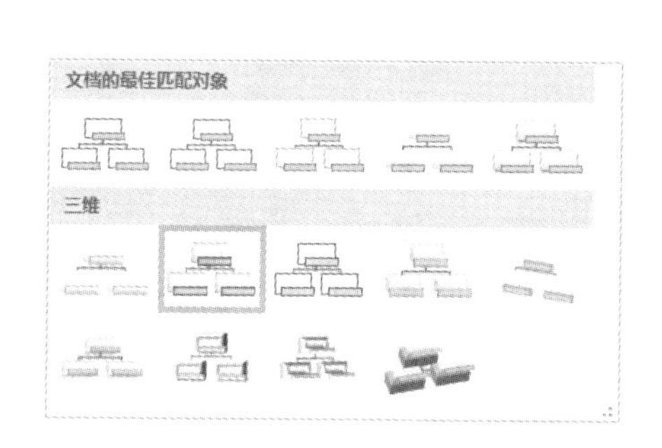

图 5-45　“样式”下拉列表

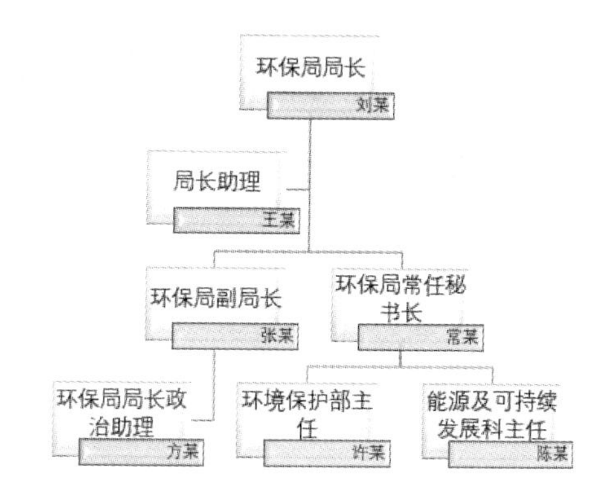

图 5-46　更改样式效果

提示

若要更改 SmartArt 图形的大小，可以拖动图形外框线的控制点整体改变大小。SmartArt 图形中的形状更改方式与其他形状的更改方式类似，这里不再赘述。

4. 将文本转换为 SmartArt 图形

为了使演示文稿更具吸引力，可以将幻灯片中的文字转换为 SmartArt 图形，这样演示文稿的整体效果会更好，表现力更丰富。下面通过例题具体说明。

【例 5-9】将“保护环境”演示文稿中“环境存在的问题”幻灯片中的文字转换为

SmartArt 图形。

1）打开“保护环境”演示文稿，选中“环境存在的问题”幻灯片。

2）在内容占位符中的文字处右击，在弹出的快捷菜单中选择“转换为 SmartArt”命令，在其子菜单中有部分 SmartArt 图形，如图 5-47 所示。若有需要的图形可以直接选择；若没有，可以选择“其他 SmartArt 图形”命令，此时将打开“选择 SmartArt 图形”对话框，如图 5-29 所示。

3）此处直接选择“目标图列表”图形，占位符中的所有文字将转换为 SmartArt 图形，如图 5-48 所示。

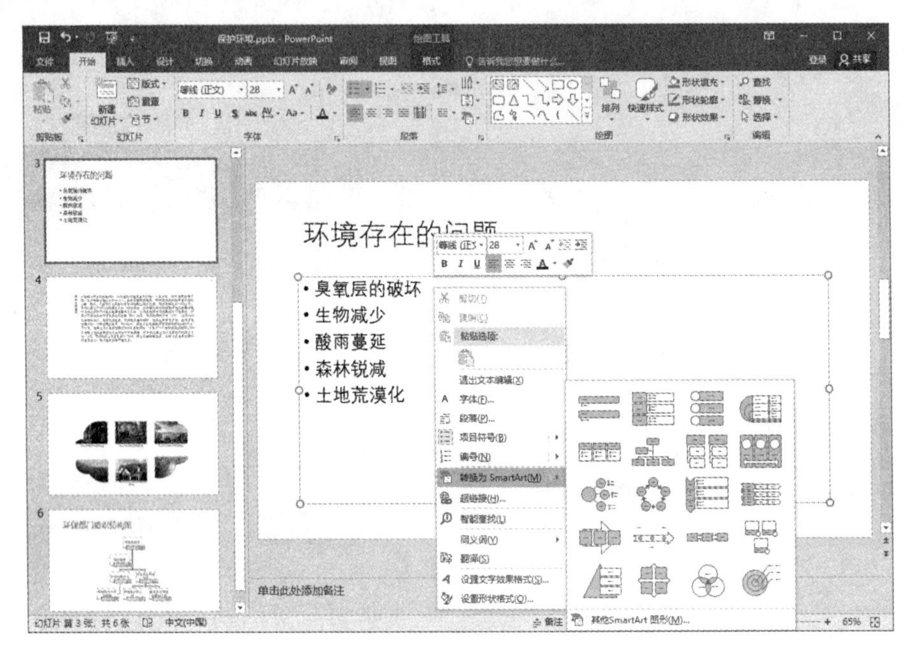

图 5-47　转换 SmartArt 图形

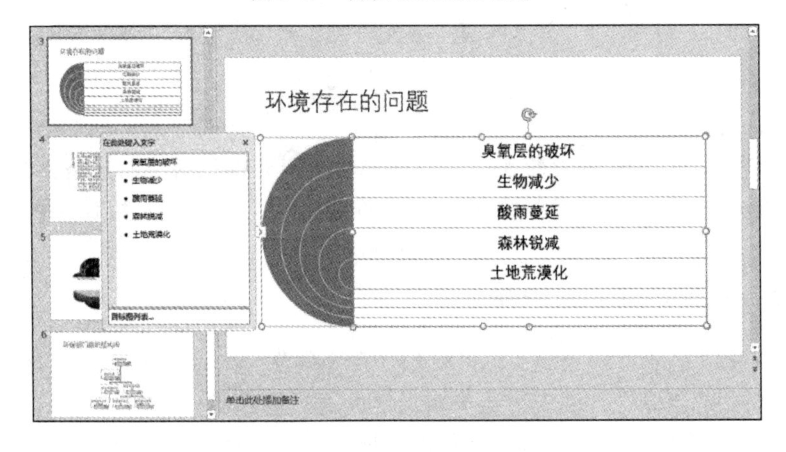

图 5-48　文字转换为 SmartArt 图形

提示

选择 SmartArt 图形，选择“SmartArt 工具-设计”选项卡，单击“重置”选项组中的“转换”下拉按钮，在弹出的下拉列表中选择“转换为文本”命令，可将 SmartArt 图形转换为文本内容。若选择“转换为形状”命令，则将 SmartArt 图形转换为可编辑的组合形状，编辑方式同形状，“SmartArt 工具”选项卡也将转换为“绘图工具”选项卡。

5.3　主题与母版

5.3.1　设置主题

主题是一组包括颜色设置、字体选择和对象效果设置的设计方案。使用这些主题，可以使幻灯片具有丰富的色彩和良好的视觉效果，并且可以快速地设计出具有专业水准的演示文稿。

1. 应用主题样式

（1）内部主题

打开演示文稿，选择“设计”选项卡，在“主题”选项组中显示了部分主题列表，单击即可选择。单击“主题”选项组中的“其他”下拉按钮，则显示全部内部主题，如图 5-49 所示。如果将鼠标指针停留在主题样式上，幻灯片编辑窗格中将出现主题样式的预览。单击则选择该主题样式，如“徽章”样式，应用效果如图 5-50 所示。

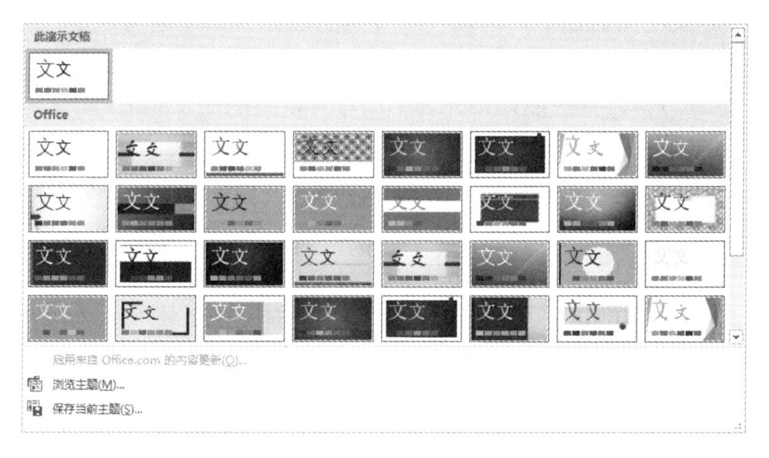

图 5-49　主题下拉列表

图 5-50　应用主题效果

（2）外部主题

如果内部主题不能满足设计需要，可选择外部主题。选择“设计”选项卡，单击“主题”选项组中的“其他”下拉按钮，在弹出的下拉列表中选择“浏览主题”命令，打开“选择主题和主题文档”对话框，可以使用外部主题。外部主题可以是从网络下载的主题模板，也可以是自定义的主题模板。

若只为部分幻灯片设置主题，则先选中幻灯片，然后在主题上右击，在弹出的快捷菜单中选择“应用于选定幻灯片”命令，可只为所选幻灯片应用新主题，其他幻灯片主题不变。若选择“应用于所有幻灯片”命令，则整个演示文稿所有幻灯片均设置为相同主题。

2. 变体主题

主题的变体是在主题基本风格确定后对其局部颜色、字体或效果进行的变化。一般情况下系统为用户提供 4 种预设主题变体，包括颜色、字体、效果等的不同搭配，如图 5-51 所示，选择其中一个可以进行变体。且变体中提供 4 种变体方式，分别为颜色、字体、效果和背景样式，如图 5-52 所示。

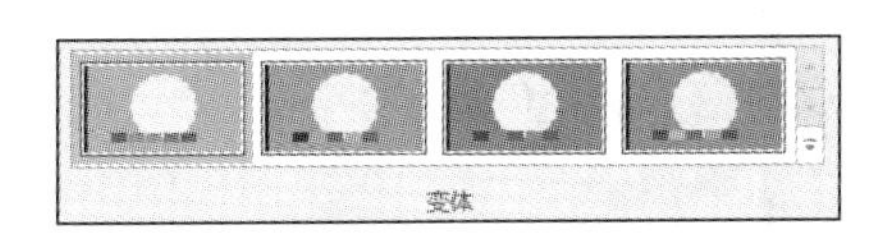

图 5-51　主题的变体

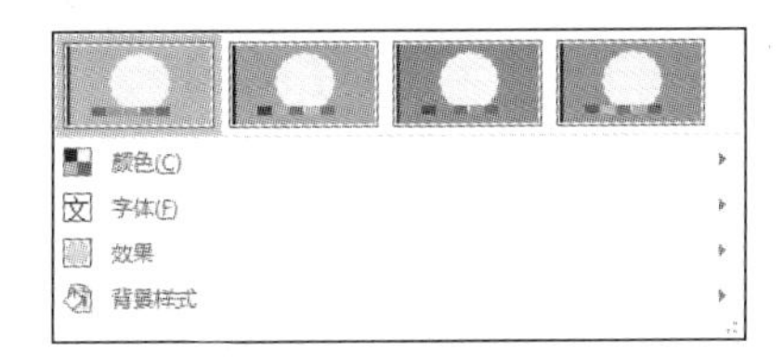

图 5-52　变体方式

（1）设置变体颜色

选择“设计”选项卡，单击“变体”选项组中的“其他”下拉按钮，将鼠标指针指向下拉列表中的“颜色”选项，即可弹出“颜色”子菜单，如图 5-53 所示。将鼠标指针指向一个颜色主题，可观察幻灯片的预览效果。选择所需的主题颜色，幻灯片的标题文字颜色、背景填充颜色、文字颜色都随之改变，如图 5-54 所示。

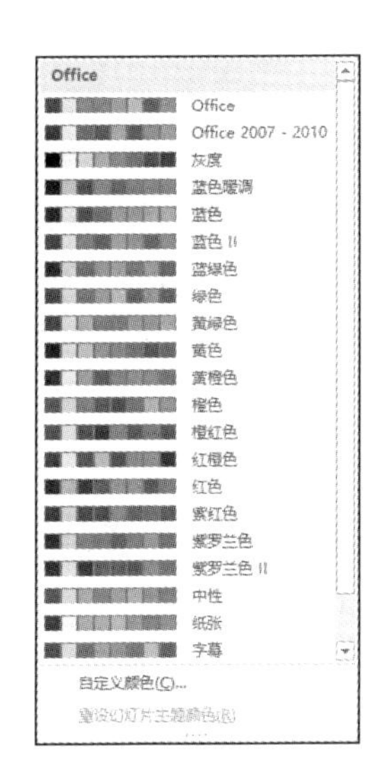

图 5-53　“颜色”子菜单

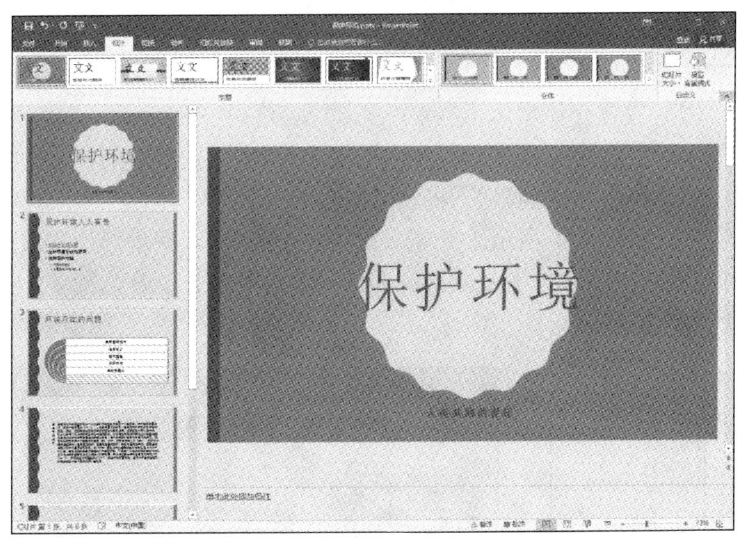

图 5-54　应用其他主题颜色

若所有的内置主题颜色都不满足需要，用户可以自定义主题颜色。选择“设计”选项卡，单击“变体”选项组的“其他”下拉按钮，将鼠标指针指向下拉列表中的“颜色”选项，即可弹出“颜色”子菜单，在弹出的“颜色”子菜单中选择“自定义颜色”命令，打开“新建主题颜色”对话框。在“主题颜色”列表框中单击某颜色右侧的下拉按钮，弹出相应的颜色下拉列表，从中选择某个颜色更改主题颜色。也可以选择“其他颜色”命令，在打开的“颜色”对话框中自定义颜色，在“名称”文本框中输入新定义主题颜色名称并保存，如图 5-55 所示。此颜色方案将生成一个新的主题，供重复使用。

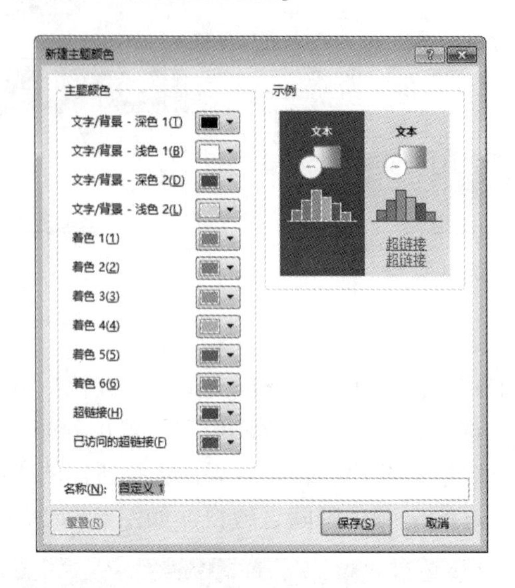

图 5-55　“新建主题颜色”对话框

（2）设置变体字体

主题字体用来定义幻灯片中的文字字体。选择“设计”选项卡，单击“变体”选项组中的“其他”下拉按钮，将鼠标指针指向下拉列表中的“字体”选项，即可弹出“字体”子菜单，如图 5-56 所示，指向一个字体主题，可观察幻灯片的预览效果。单击某字体将其应用到幻灯片，如“Franklin Gothic”，标题为隶书，正文为华文楷体，如图 5-57 所示。

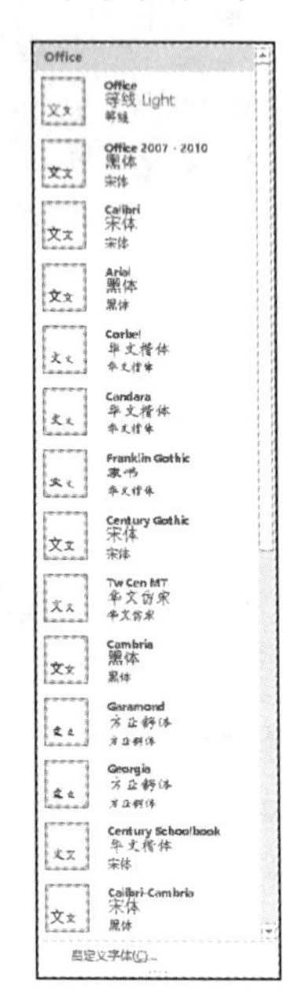

图 5-56　“字体”子菜单

图 5-57　应用字体主题

用户也可以使用“自定义字体”命令分别定义标题和正文的字体。在“字体”子菜单中选择“自定义字体”命令，打开“新建主题字体”对话框，如图 5-58 所示。在标题字体和正文字体中分别选择新字体，在“名称”文本框中输入字体方案的名称，单击“保存”按钮。演示文稿将应用主题字体，同时“字体”下拉列表的“自定义”列表中将出现新建主题字体名称，如图 5-59 所示。

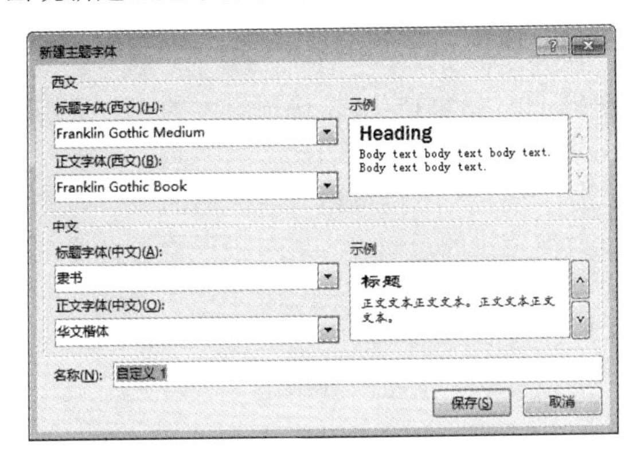

图 5-58 “新建主题字体”对话框

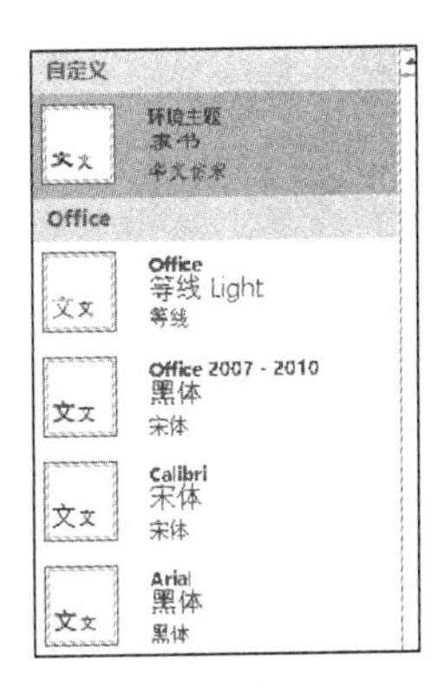

图 5-59 自定义主题字体

（3）设置背景样式

幻灯片的背景可以通过变体中的背景样式进行设置。选择“设计”选项卡，单击“变体”选项组中的“其他”下拉按钮，将鼠标指针指向下拉列表中的“背景样式”选项，即可弹出“背景样式”子菜单，菜单中将包括 12 种背景样式。选择“样式 7”样式，此背景样式被应用在演示文稿中，如图 5-60 所示。若想设置部分幻灯片背景样式，可先选中幻灯片，然后右击选择的背景样式，在弹出的快捷菜单中选择“应用于所选幻灯片”命令。

图 5-60 应用背景样式

5.3.2 设置背景格式

用户可以选择“自定义”选项组中的“设置背景格式”命令，分别设置背景的纯色填充、渐变填充、图片或纹理填充和图案填充。

1. 纯色填充

纯色填充是选择单一颜色填充背景，操作步骤如下。

1）选中幻灯片，选择“设计”选项卡，单击“自定义”选项组中的“背景格式”按钮，在右侧弹出“设置背景格式”任务窗格，如图 5-61 所示。

2）选中“纯色填充”单选按钮，单击“颜色”下拉按钮，在弹出的下拉列表中选择背景颜色。拖动“透明度”滑块，可以改变背景的透明度。所有设置将会直接在所选幻灯片中预览。

3）若要将上述设置应用到所有幻灯片，则单击“全部应用”按钮，否则将只应用到步骤 1）中所选中的幻灯片。若单击“重置背景”按钮，则撤销本次设置。

2. 渐变填充

渐变填充是将两种或多种颜色逐渐混合在一起进行填充。在“设置背景格式”任务窗格中选中“渐变填充”单选按钮，可以选择“预设渐变”的颜色填充，也可以自定义渐变颜色填充，如图 5-62 所示。

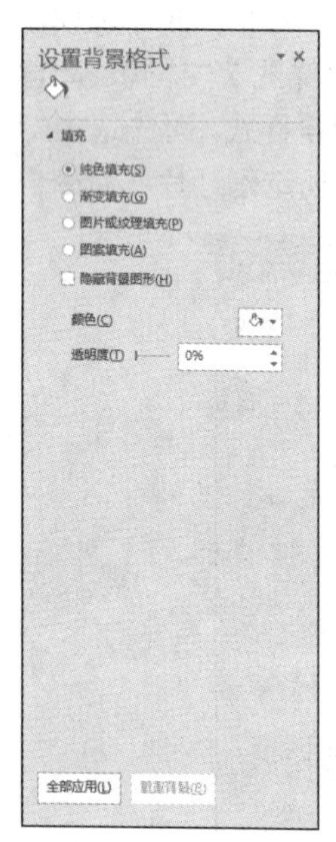

图 5-61 “设置背景格式”任务窗格

图 5-62 渐变填充的效果

3. 图片或纹理填充

图片或纹理填充的操作步骤如下。

1）选择幻灯片，打开“设置背景格式”任务窗格，选中“图片或纹理填充”单选按钮。

2）单击“插入图片来自”选项组中的“文件”按钮，打开“插入图片”对话框，从脱机图片中选择所需图片文件，单击“插入”按钮，则所选幻灯片应用此图片背景，如图 5-63 所示。单击“全部应用”按钮，将所选图片应用于所有幻灯片背景。

图 5-63　填充图片背景后的效果

3）选择幻灯片，单击“纹理”右侧的下拉按钮，在弹出的下拉列表中选择纹理，如“深色木质”，为此幻灯片背景填充纹理，如图 5-64 所示。

图 5-64　填充纹理背景后的效果

4. 图案填充

图案填充的方法：选择幻灯片，打开“设置背景格式”任务窗格，选中“图案填充”单选按钮，在出现的图案列表中选择所需图案，如“深色横线”。使用“前景”和“背景”下拉列表可以自定义图案的前景色和背景色，如图 5-65 所示。

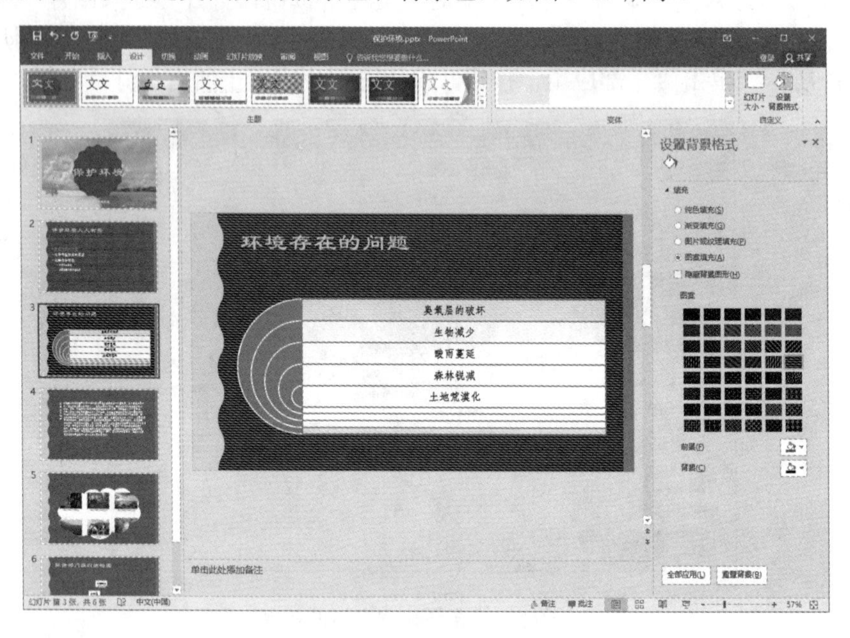

图 5-65　填充图案背景后的效果

背景图形是覆盖于背景之上的对象或图片，起到补充背景的作用。若已经设置主题，主题中的背景图形可能会影响幻灯片背景的显示，可以使用“设置背景格式”任务窗格中的“隐藏背景图形”复选框将主题中的背景图形隐藏起来，也可以根据需要取消选中此复选框，重新显示背景图形。

5.3.3　设计母版

母版是 PowerPoint 中一套格式和版式的规范，使用母版可以设计个性化、统一的演示文稿样式，如背景、标志性图标及版式等。PowerPoint 中有 3 种母版：幻灯片母版、讲义母版和备注母版。

1. 母版视图

选择“视图”选项卡，单击“母版视图”选项组中的“幻灯片母版”按钮，切换到幻灯片母版视图，如图 5-66 所示。使用幻灯片母版可为一组或全部幻灯片提供统一内容。类似地，讲义母版能够设置讲义所包含的幻灯片数量、页眉、页脚及打印选项等，如图 5-67 所示。备注母版能够更改备注文本的样式，如图 5-68 所示。

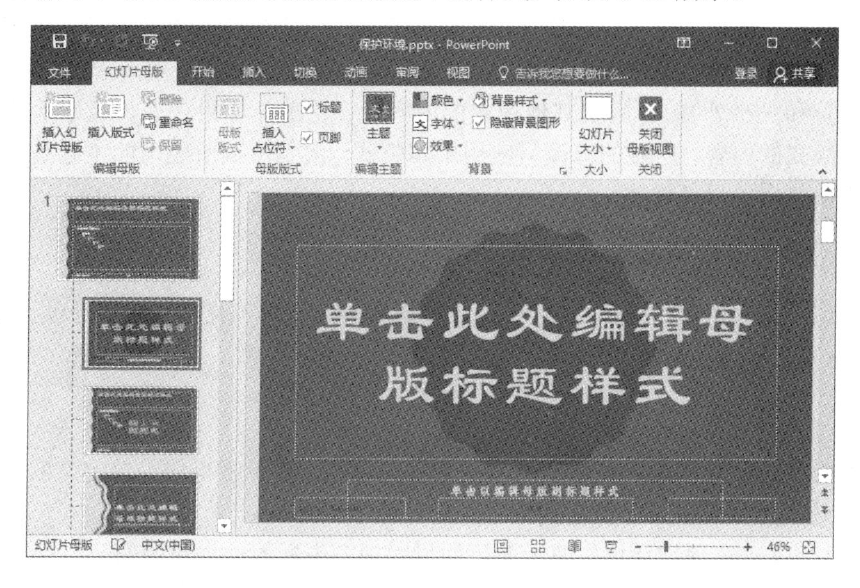

图 5-66　幻灯片母版视图

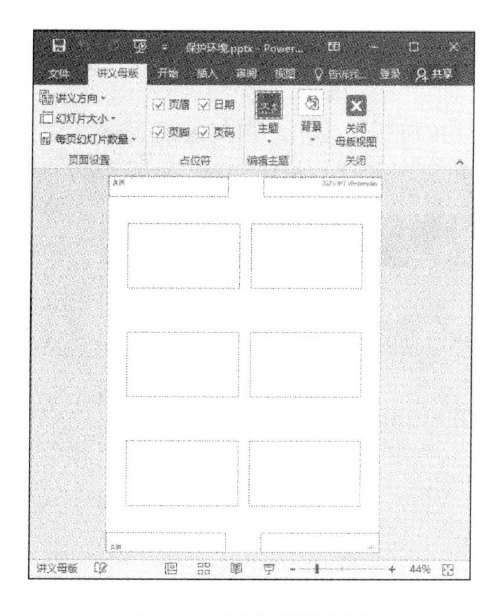

图 5-67　讲义母版视图

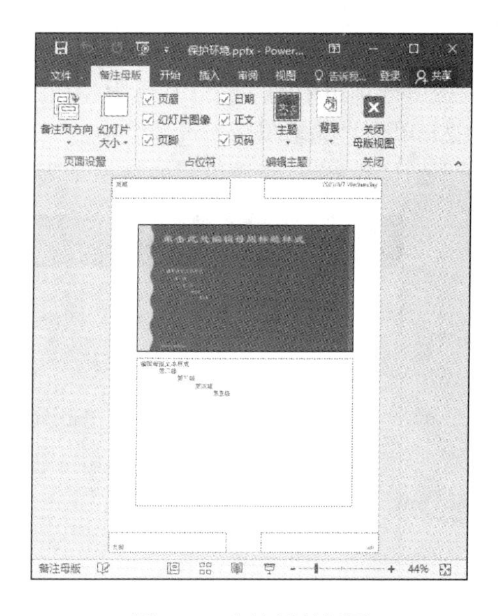

图 5-68　备注母版视图

2. 编辑幻灯片母版

在幻灯片母版视图中，可以编辑幻灯片版式、背景，以及设置日期时间、页脚、编号等。此处通过编辑“保护环境”演示文稿介绍幻灯片母版的编辑。

（1）幻灯片母版

在幻灯片母版视图中可以编辑多个幻灯片母版，每个幻灯片母版包括多个版式。版式缩略图窗格中是所有的母版版式缩略图，编辑每一个母版中第一个版式的内容（除占位符的位置和大小外），母版中其他版式的内容也会更改。如果改变母版中除第一张幻灯片其他版式的内容，所做的修改只应用于本版式。演示文稿所应用的主题是幻灯片母版视图中所包含的母版样式。

提示

将鼠标指针停留在母版版式缩略图上时，会有一个屏幕提示，显示母版主题名称和此母版应用于哪些幻灯片。

（2）插入幻灯片母版

在幻灯片母版视图中，可以插入新的幻灯片母版。新母版将作为自定义的主题方案保存在主题下拉列表中，可以将其应用到幻灯片中。

【例 5-10】 在“保护环境”演示文稿的母版视图中插入一个新的幻灯片母版。

例 5-10 视频讲解

操作步骤如下。

1）打开“保护环境”演示文稿，选择“视图”选项卡，单击“母版视图”选项组中的“幻灯片母版”按钮。

2）单击“编辑母版”选项组中的“插入幻灯片母版”按钮，则在版式缩略图窗格增加一个幻灯片母版。新增母版的第一个版式左上角显示幻灯片母版编号，如图 5-69 所示。

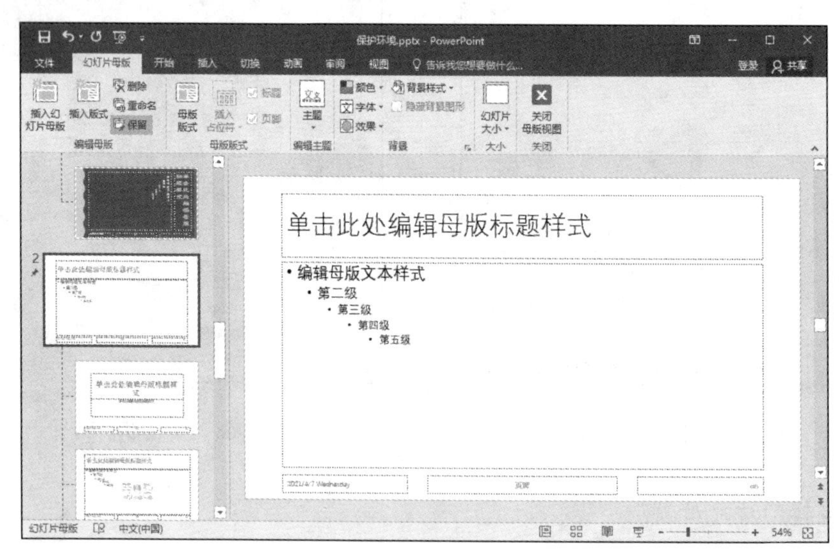

图 5-69　插入母版

3）在新增母版的第一个母版缩略图上右击，在弹出的快捷菜单中选择“重命名母版”命令，打开“重命名版式”对话框，在“版式名称”文本框中输入“保护环境母版”，单击“重命名”按钮。

（3）插入版式

每一个幻灯片母版都包括几个默认版式，若没有满足要求的版式，则可以自行插入版式，并且可以在版式中插入和编辑占位符。

【例 5-11】 在“保护环境”演示文稿的幻灯片母版视图中插入一个新版式并编辑。

例 5-11 视频讲解

操作步骤如下。

1）选择要插入版式的母版，单击“编辑母版”选项组中的“插入版式”按钮，在此母版最后一个缩略图后增加一个版式。

2）选中新插入的版式，选择“幻灯片母版”选项卡，单击“母版版式”选项组中的“插入占位符”下拉按钮，在弹出的下拉列表中选择需要添加的对象占位符，如图 5-70 所示。

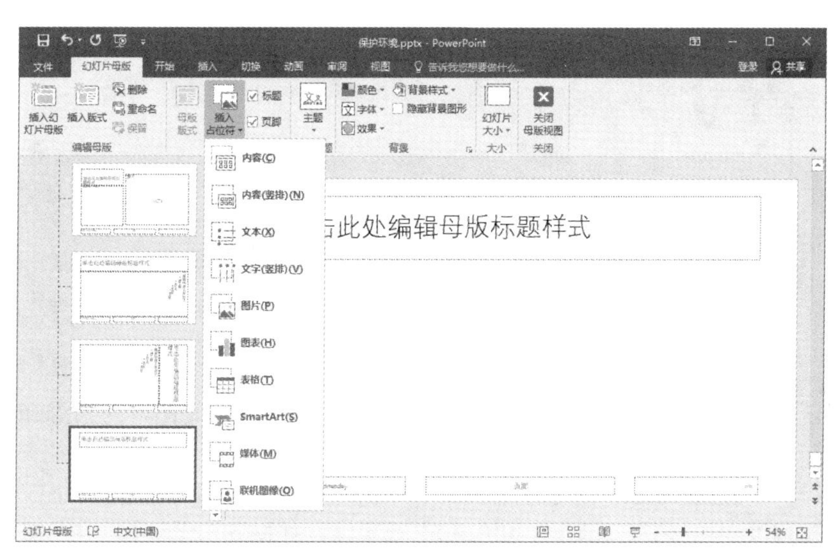

图 5-70　“插入占位符”下拉列表

3）选择占位符后，鼠标指针将变成十字形，在需要添加占位符的位置拖动，完成添加。

4）单击“编辑母版”选项组中的“重命名”按钮，打开“重命名版式”对话框，在“版式名称”文本框中输入名称“图片版式”，单击“重命名”按钮。

在版式缩略图窗格中右击，在弹出的快捷菜单中可以完成版式的插入、复制、删除等操作，操作方法与编辑幻灯片相同。

（4）设置母版样式

为了美化演示文稿，使演示文稿具有和内容相吻合的主题，在设置母版时可以为母版添加背景图形、图片、形状、修改文字格式等。

【例 5-12】为“保护环境”演示文稿的新建母版设置样式。

例 5-12 视频讲解

操作步骤如下。

1）打开“保护环境”演示文稿，切换到幻灯片母版视图，选择新建的母版。

2）单击第一个母版缩略图，选择“幻灯片母版”选项卡，单击“背景”选项组中的“背景样式”下拉按钮，为其设置背景图片，效果如图 5-71 所示。

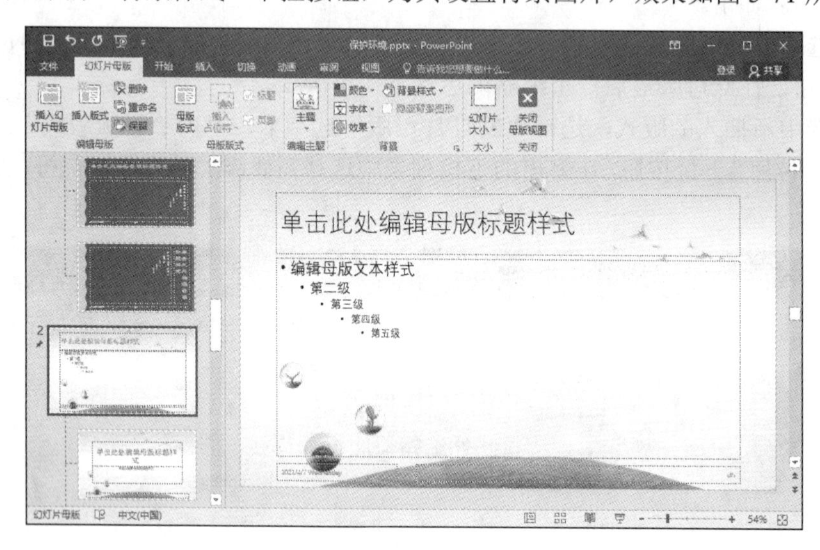

图 5-71　修改母版背景样式后的效果

3）选择第一个母版缩略图下面的“标题幻灯片 版式”缩略图，为其添加不同的背景图片，并修改标题和副标题的文字颜色和位置。

4）选择“幻灯片母版”选项卡，单击“背景”选项组中的“字体”下拉按钮，在弹出的下拉列表中选择“Franklin Cothic”主题字体，如图 5-72 所示。

提示

在幻灯片母版视图中编辑幻灯片母版的方法与在普通视图中编辑单张幻灯片的方法相同。母版编辑后的效果将出现在应用此母版的所有幻灯片中。

（5）设置日期、编号和页眉页脚

在幻灯片母版中，最下方的一般是日期、页脚和编号的占位符，这些占位符在幻灯片母版中是可以改变的，包括位置、大小、字体格式等。

【例 5-13】在“保护环境”演示文稿的母版中设置日期、编号和页眉页脚。

图 5-72　修改标题幻灯片版式

操作步骤如下。

1）打开“保护环境”演示文稿，切换到幻灯片母版视图，选择新建的母版。

2）选择“插入”选项卡，单击“文本”选项组中的“页眉和页脚”按钮，打开“页眉和页脚”对话框。

3）选中“日期和时间”复选框，并选中“自动更新”单选按钮，则该日期将与系统日期同步。

4）选中“幻灯片编号”与“页脚”复选框，在“页脚”复选框下的文本框中输入“保护环境人人有责!”，如图 5-73 所示，单击“全部应用”按钮。

图 5-73　“页眉和页脚”对话框

在“页眉和页脚”对话框中选中“标题幻灯片中不显示”复选框，则所有设置不会出现在标题幻灯片中。

在普通视图中，用户也可以使用上述方法添加页眉和页脚，但若想统一修改页眉和页脚的格式，则应在母版视图中进行。

3. 应用母版

下面通过例题说明应用母版的过程。

【例 5-14】为“保护环境”演示文稿应用自定义母版和版式。

操作步骤如下。

1）打开“保护环境”演示文稿，并切换到普通视图。

2）选择“设计”选项卡，在“主题”选项组中可以看到“保护环境母版”出现在主题下拉列表中，选择“保护环境母版”主题，可将其应用到所有幻灯片中，如图 5-74 所示。

图 5-74　应用保护环境母版主题

3）新建一张幻灯片，选择“开始”选项卡，单击“幻灯片”选项组中的“新建幻灯片”下拉按钮，在弹出的下拉列表中选择“图片版式”版式，则将自定义版式应用到新建幻灯片中，如图 5-75 所示。

这个实例说明在幻灯片母版中编辑的母版，就是一个主题。通过这种方式，用户可以自定义一个主题的样式，也可以修改已有主题的样式。主题中所包含的版式也可以通过幻灯片母版视图中的“插入版式”按钮进行添加。

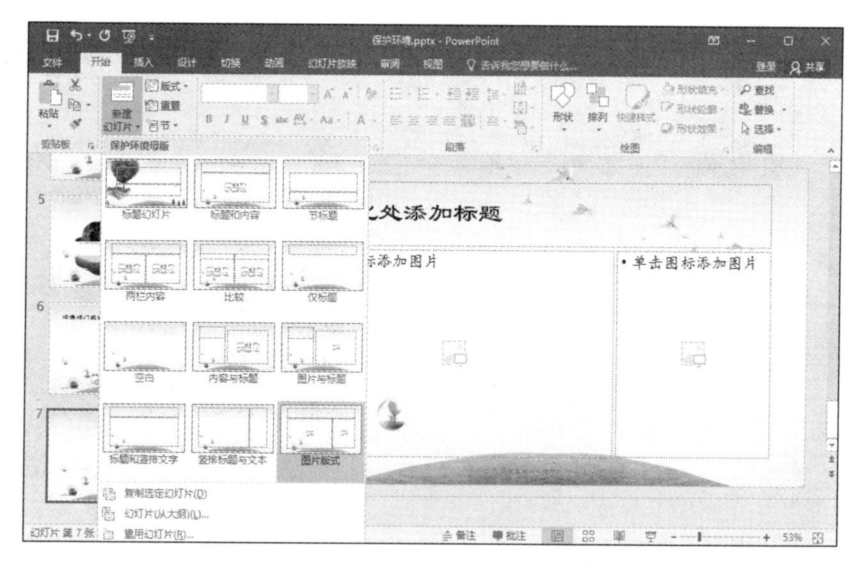

图 5-75　应用图片版式

5.4 动态演示文稿的设计

5.4.1 动画设计

设置动画效果可以改变幻灯片中对象进入、强调或退出的方式。为幻灯片中的对象设计动画效果可以使演示文稿的内容更清晰，形式更丰富，表述更灵活，特点更突出。

1. 添加动画

PowerPoint 提供了 4 类动画，包括进入、强调、退出和动作路径。

1）进入动画是设计对象在幻灯片中出现的方式，如飞入。

2）强调动画是将已经位于幻灯片中的对象按照某种方式进行变换，如缩小或放大。

3）退出动画是设置幻灯片中对象离开幻灯片的方式，如飞出或淡出。

4）动作路径动画用于设置幻灯片中对象的移动路径，如弧形或直线。

操作步骤如下。

1）选中对象，选择“动画”选项卡，单击“动画”选项组中的“其他”下拉按钮，弹出下拉列表，如图 5-76 所示。

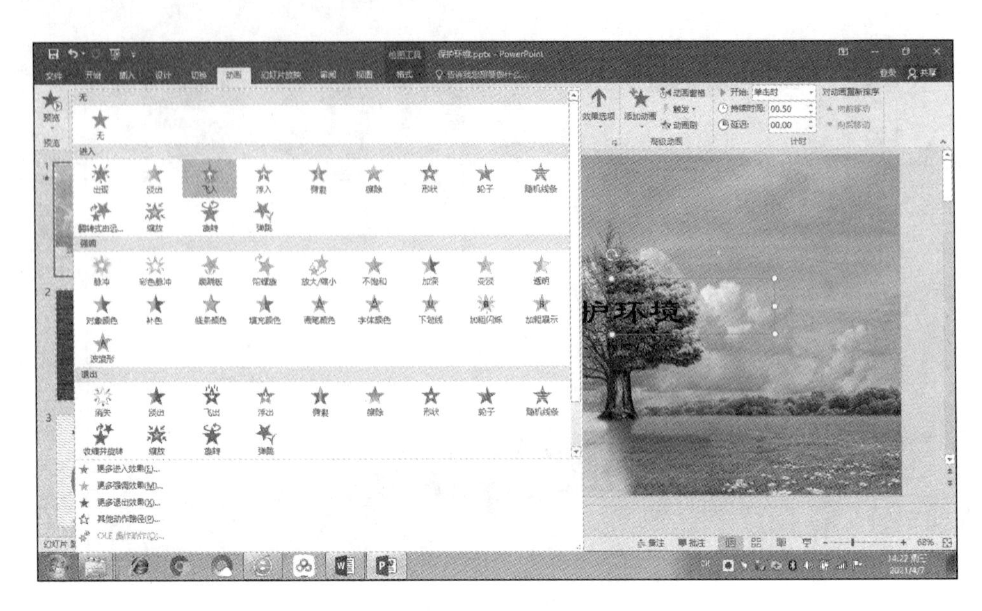

图 5-76　动画下拉列表

2）选择一个动画即为对象添加动画效果，在添加动画的对象左上角会出现一个动画顺序编号，如图 5-77 所示。

图 5-77　添加动画

3）若动画下拉列表中没有满意的动画，可以选择“更多进入效果”命令，打开“更改进入效果”对话框，如图 5-78 所示。选择“百叶窗”动画后，单击“确定”按钮即可。

选中对象后，选择“动画”选项卡，单击“高级动画”选项组中的“添加动画”下拉按钮，也可以打开动画下拉列表，为对象添加一个或多个动画。

2. 设置动画效果

(1) 效果选项

动画效果包括方向、开始播放时间、速度等。选中已设置动画的对象，选择“动画”选项卡，单击“动画”选项组中的“效果选项”下拉按钮，可以在弹出的下拉列表中设置可选的动画效果，不同动画的效果选项也不同。

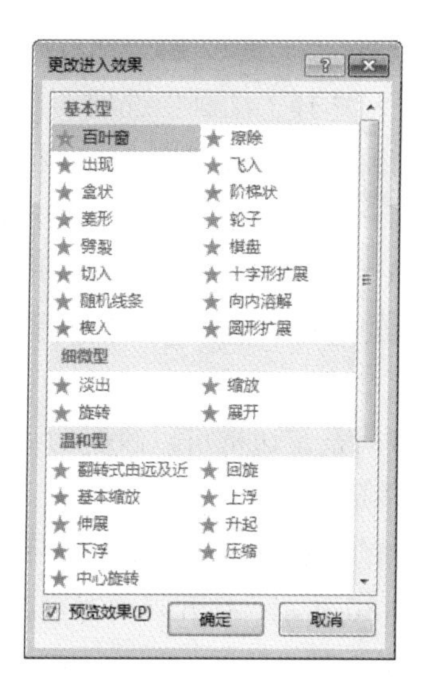

图 5-78　“更改进入效果”对话框

（2）计时设置

“动画”选项卡的“计时”选项组中包括动画的开始播放设置、持续时间、延迟时间及动画排序方式等设置。

1）“开始”下拉列表中包括“单击时”、“与上一动画同时”和“上一动画之后”3 个选项，用于设置动画的开始播放时间。

2）“持续时间”微调框可以设置动画放映的时间长度，持续时间越长，放映速度越慢。

3）“延迟”是相对于“开始”方式所进行的。如果将“开始”设置为了“单击时”，则“延迟”时间从单击时开始算起，动画将在这时间之后进行；如果设置为了“与上一动画同时”，则“延迟”从一开始算起。例如，将“延迟”时间设置为 5 秒，那么当前动画将在上一动画执行 5 秒后开始执行。如果设置为了“上一动画之后”，“延迟”就是从上一动画结束算起。例如，将“延迟”时间设置 5 秒，那么当前动画将在上一动画执行完成后 5 秒开始执行。

4）“对动画重新排序”分为“向前移动”和“向后移动”，用于为多个动画进行顺序排列。

3. 动画窗格的使用

当对多个对象设置动画后，要想从整体上编辑动画效果，需要用到动画窗格。在动画窗格中可以看到在幻灯片中添加的所有动画，可以在此处调整动画的播放顺序及播放时间等。动画窗格的使用方法如下。

1）选中已设置动画的对象，选择“动画”选项卡，单击“高级动画”选项组中的“动画窗格”按钮，弹出“动画窗格”任务窗格，该窗格中包括当前幻灯片中设置动画的对象名称及对应的动画顺序，当鼠标指针指向窗格中某个对象时会显示动画效果名称，单击“播放自”按钮会预览动画效果，如图 5-79 所示。

2）选择动画窗格中某对象的名称，单击“重新排序”按钮，或直接拖动对象名称，可以调整动画的播放顺序。

3）在动画窗格中，拖动时间条左边框可以改变动画开始时的延迟时间，拖动时间条右边框可以减少或延长动画播放时间。

4）选择动画窗格中某对象的名称，单击其右侧的下拉按钮，在弹出的下拉列表中选择“效果选项”命令，如图 5-80 所示。打开当前对象动画效果设置对话框，如图 5-81 所示，可以修改该动画的“效果”与“计时”选项。如果是对文本应用的动画，效果选项对话框中还会有“正文文本动画”选项卡。设置完成后，单击“确定”按钮，使设置生效。

图 5-79　动画窗格

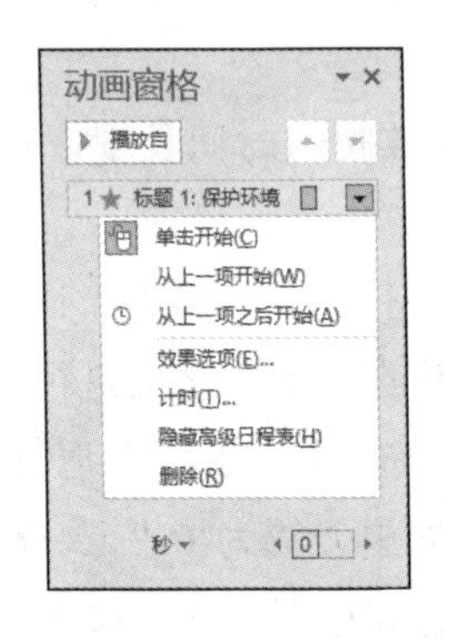

图 5-80　动画设置下拉列表

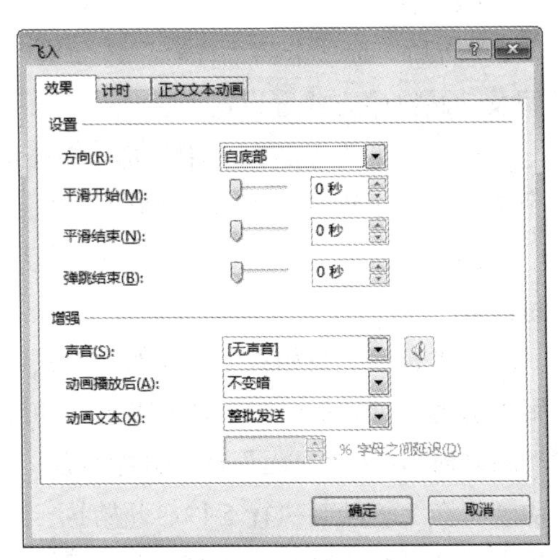

图 5-81　动画效果设置对话框

4. 复制动画

在设置动画时，难免会有些动画需要重复设置。这时可以使用“动画”选项卡“高级动画”选项组中的“动画刷”按钮来完成。选中某对象，单击“动画刷”按钮，再单击另一对象，则动画复制到了另一对象上。双击“动画刷”按钮，则可将同一动画复制到多个对象上。

5. 动画的高级编辑

前面介绍了设置动画的基本方法，下面以“保护环境”演示文稿为例进一步讲解常用动画的使用方法。

（1）文本动画

【例 5-15】设置“保护环境”演示文稿中的“保护环境人人有责”幻灯片的文字动画。

例 5-15 视频讲解

操作步骤如下。

1）打开“保护环境”演示文稿，选中“保护环境人人有责”幻灯片。

2）选择标题文字“保护环境人人有责”，选择“动画”选项卡，选择“飞入”动画效果。

3）选择内容占位符，选择“飞入”动画效果，效果如图 5-82 所示。单击动画窗格中的展开按钮，将会看到所有文本的动画列表，如图 5-83 所示。此时，动画按照 1、2、3、4 的顺序进行排列，实际上是单击依次显示动画，而第 4 个动画是包括 2 级标题在内的所有文字一起出现。此时的第 2、3、4 个动画属于全部选中状态。

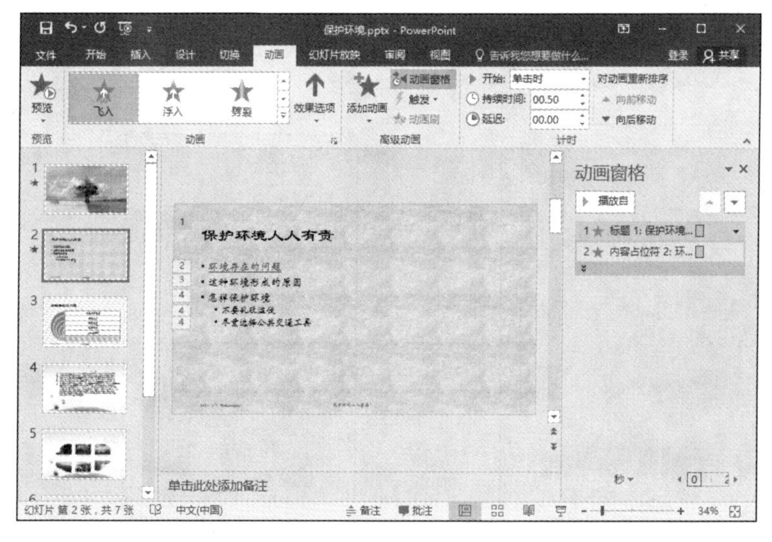

图 5-82　为文本添加动画效果

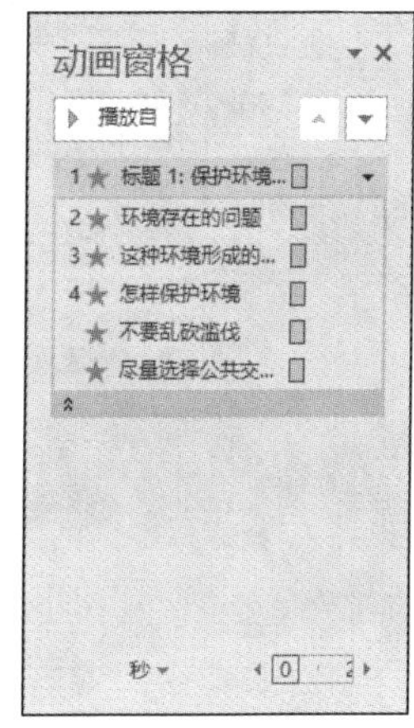

图 5-83　动画列表

4）单击第 2 个动画右侧的下拉按钮，在弹出的下拉列表中选择“效果选项”命令，打开飞入效果选项对话框，默认时“动画文本”为“整批发送”，即文本一起出现，单击右侧的下拉按钮，弹出的下拉列表如图 5-84 所示内容。若选择“按字/词”命令，则文本每个字和词之间按设置的延迟百分比依次出现，如图 5-85 所示。

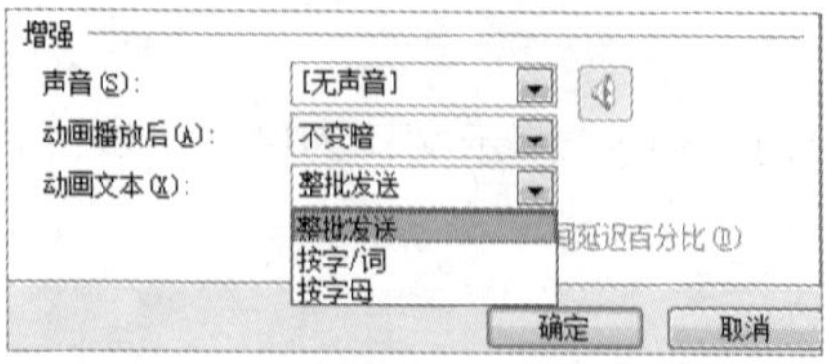

图 5-84 “动画文本”下拉列表

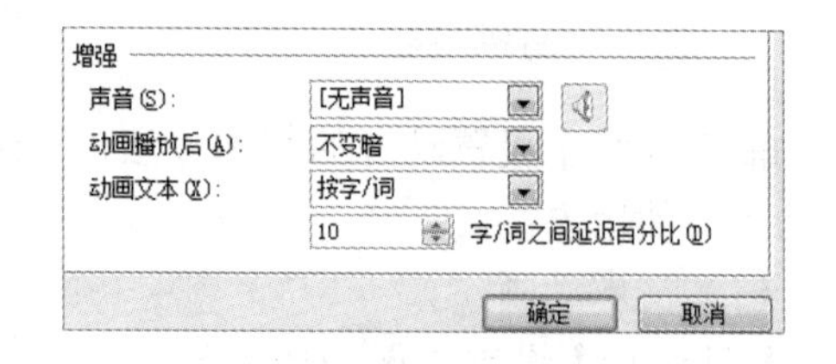

图 5-85 “按字/词”设置动画文本

5）选择“正文文本动画”选项卡，单击“组合文本”右侧的下拉按钮，弹出“组合文本”下拉列表，如图 5-86 所示。若选择“作为一个对象”命令，那么所有文本作为一个对象出现。若选择“所有段落同时”命令，那么这些文本仍然以段落作为一个对象，只是所有段落的动画同时出现。若选择“按一级段落”命令，那么从第一级段落以后的段落都视为一个对象；若选择“按二级段落”命令，则二级段落之前的段落分别视为独立的对象，每个段落顺次执行该动画，依次类推。例如，原来的第 4 个动画是一级文本和它的二级文本作为一个对象出现的（默认为“按一级段落”），此处将组合文本设置为“按二级段落”，则一级文本和二级本文都作为独立的对象分别出现，变成了第 4、5、6 个动画，如图 5-87 所示。

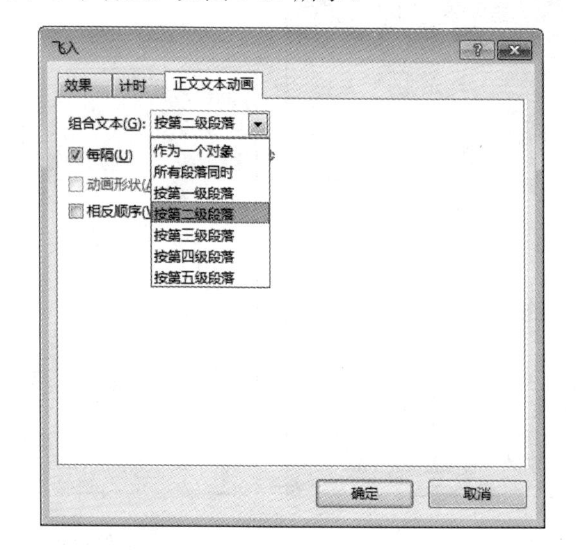

图 5-86 “组合文本”下拉列表

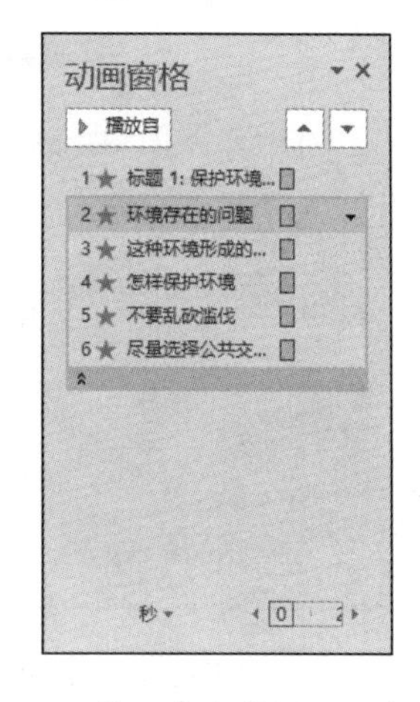

图 5-87 按二级段落设置文本动画

6）如果选中“每隔”复选框，设置时间 1 秒，那么这些对象就不需要在单击时出现，而是每隔 1 秒自动出现，动画的编号及每个动画的时间如图 5-88 所示。这张幻灯片只有一个需要单击出现的动画。

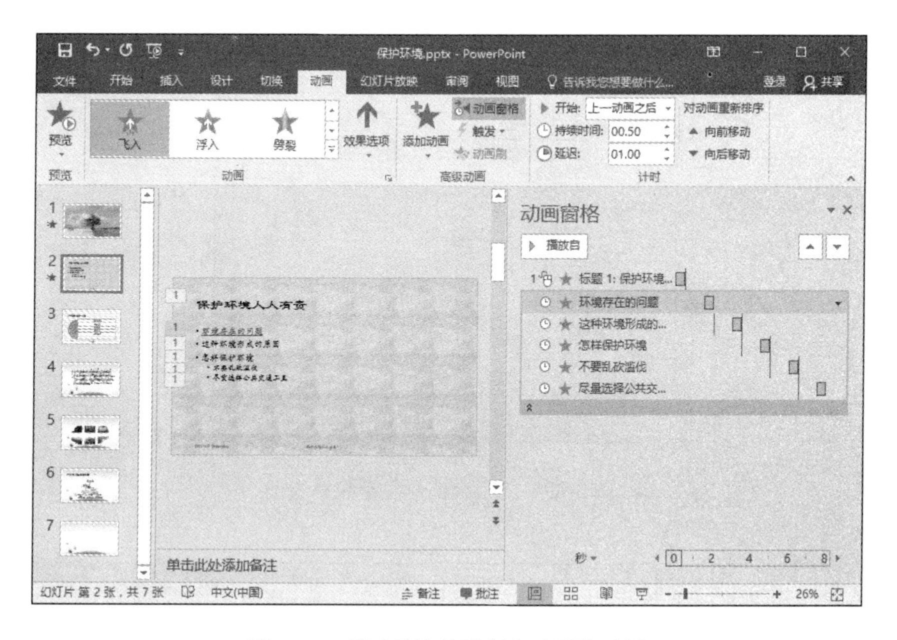

图 5-88　动画的编号及每个动画的时间

（2）SmartArt 动画

【例 5-16】为“保护环境”演示文稿中的“环保部门组织结构图”添加动画效果。

例 5-16 视频讲解

操作步骤如下。

1）打开“保护环境”演示文稿，选中“环保部门组织结构图”幻灯片。

2）选中 SmartArt 图形，选择“动画”选项卡，选择“动画”选项组中的“进入”动画组中的“随机线条”动画。

3）打开动画窗格，单击动画右侧的下拉按钮，在弹出的下拉列表中选择“效果选项”命令，打开“随机线条”对话框。选择“SmartArt 动画”选项卡，此时“组合图形”下拉列表中的内容为“作为一个对象”，说明 SmartArt 图形是按一个对象出现的。单击右侧的下拉按钮，弹出的下拉列表如图 5-89 所示。若选择“整批发送”命令，则其动画窗格如图 5-90 所示。若选择“逐个按分支”命令，则每个分支作为一个对象按某种动画形式出现，其动画窗格如图 5-91 所示。如果选择“一次按级别”命令，则每层作为一个对象按某种动画形式出现，其动画窗格如图 5-92 所示。若选择“逐个按级别”命令，则每个级别中的每个对象按某种动画形式出现，其动画窗格如图 5-93 所示。

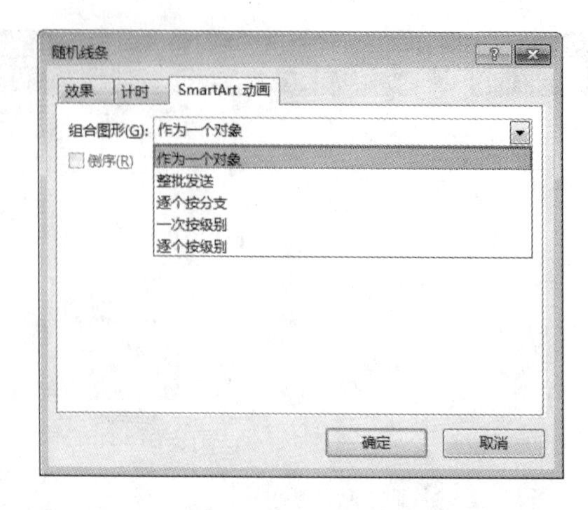

图 5-89　“组合图形”下拉列表

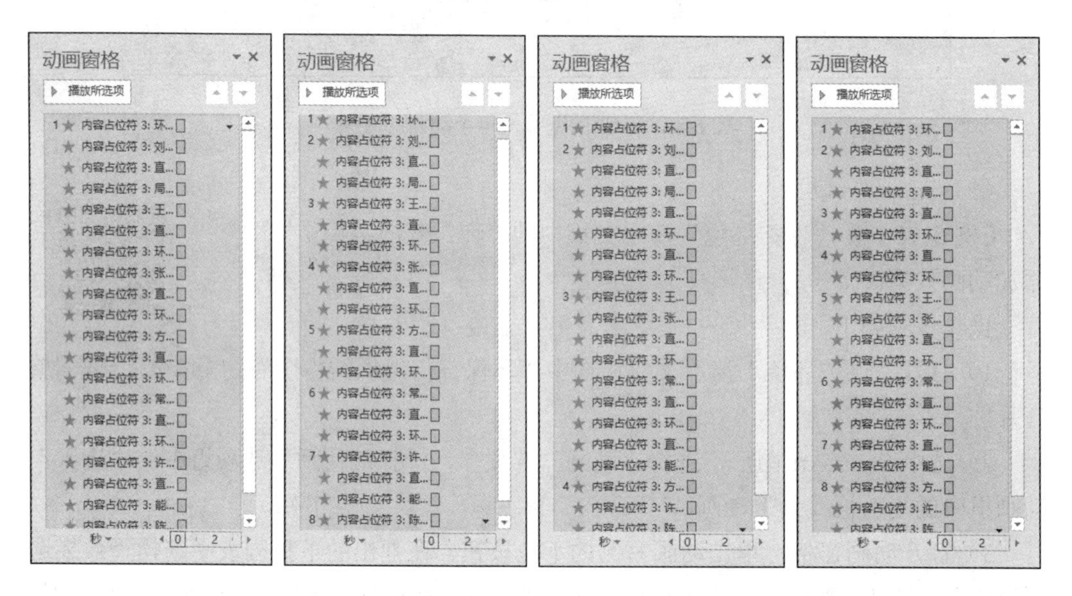

图 5-90　整批发送　　图 5-91　逐个按分支　　图 5-92　一次按级别　　图 5-93　逐个按级别

（3）自定义对象动画

【例 5-17】为“保护环境”演示文稿制作一张“倒计时”幻灯片。

操作步骤如下。

例 5-17 视频讲解

1）打开“保护环境”演示文稿，在第一张幻灯片之前新建一张空白幻灯片，插入艺术字“5”，设置其为“渐变填充-金色，着色 4，轮廓-着色 4”，字体大小为 140，如图 5-94 所示。

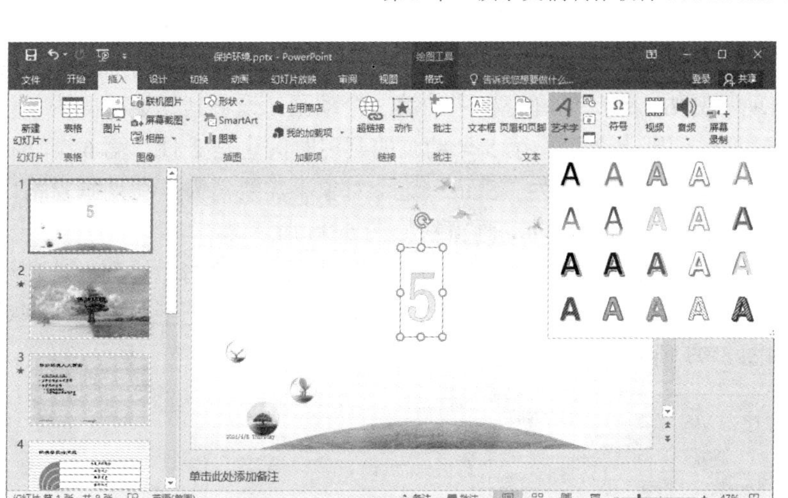

图 5-94　插入艺术字对象

2）选中对象“5”，选择“动画”选项卡，单击“动画”选项组中的“其他”下拉按钮，在弹出的下拉列表中选择“进入”中的“缩放”动画。在“效果选项”下拉列表中选择“对象中心”命令。设置“计时”选项组中的“持续时间”为 1 秒，设置“开始”为“与上一动画同时”。

3）选中对象“5”，选择“动画”选项卡，单击“高级动画”选项组中的“添加动画”下拉按钮，在弹出的下拉列表的“退出”中选择“消失”动画，将“开始”设置为“上一动画同时”，将“延迟”设置为 1 秒。

4）复制对象“5”并粘贴，将粘贴的对象内容改为“4”，重复执行粘贴操作，并分别将内容改为“3”“2”“1”“Start”，如图 5-95 所示。

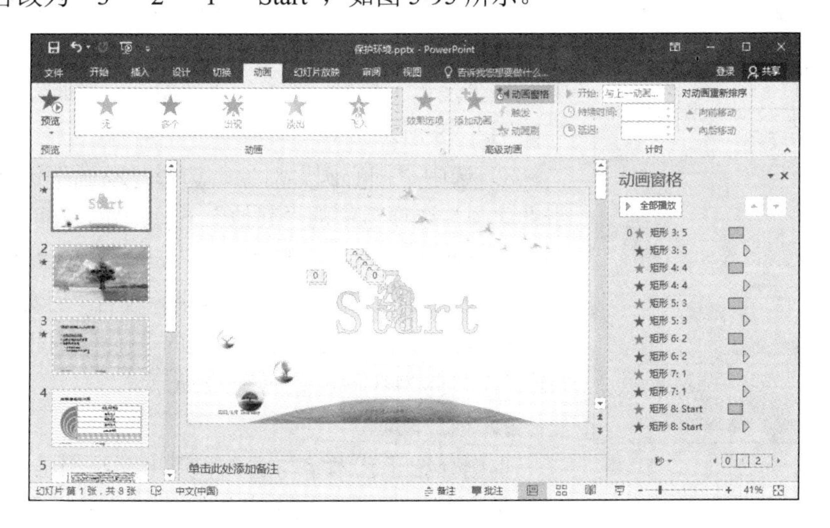

图 5-95　插入对象及其动画

5）此时，所有对象同时出现，同时消失。因此，需要设置每个动画的延迟时间，使其依次出现。例如，选择动画窗格中的第 3 个动画，设置其延迟时间为 1 秒，那么第 4 个动画的延迟时间则为 2 秒，第 5 个动画的延迟时间也是 2 秒，第 6 个动画的延迟时间为 3 秒，依次进行设置，因为“Start”这个对象不需要消失，在动画窗格中选择最后一个动画将其删除，设置之后的动画窗格如图 5-96 所示。

6）选中所有对象，选择“绘图工具-格式”选项卡，单击“排列”选项组中的“对齐”下拉按钮，在弹出的下拉列表中选择“左右居中”和“上下居中”命令对齐所有对象，效果如图 5-97 所示。

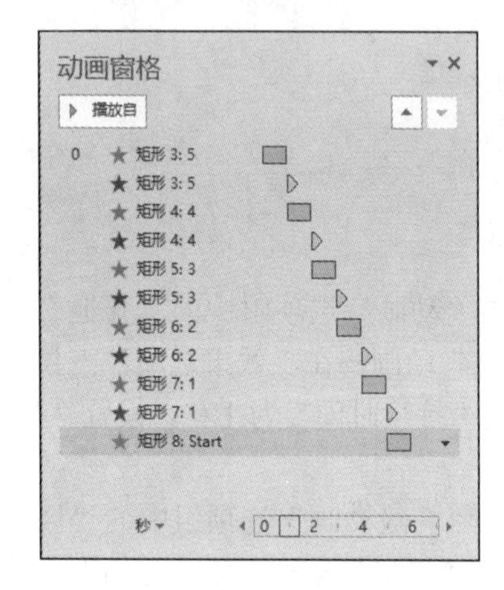

图 5-96　设置之后的动画窗格

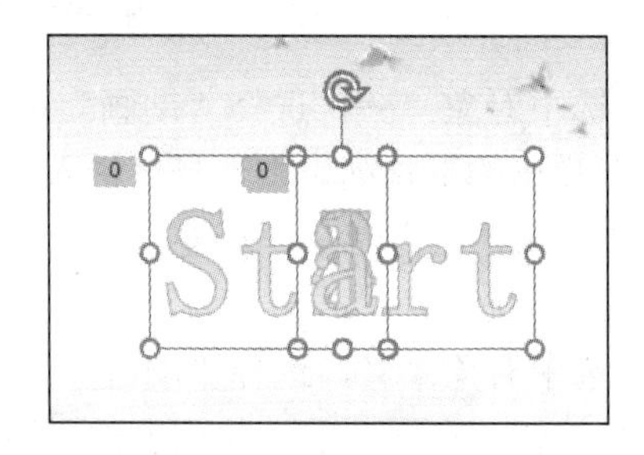

图 5-97　对齐对象

7）选择“插入”选项卡，单击“插图”选项组中的“形状”下拉按钮，在弹出的下拉列表中选择“同心圆”形状，按住【Shift】键插入一个正圆环。可以使用圆环内的黄色控制点改变圆环直径。选择“绘图工具-格式”选项卡，在“形状样式”下拉列表中选择“浅色 1 轮廓，彩色填充-金色，强调颜色 4”，结果如图 5-98 所示。

图 5-98　插入椭圆同心圆形状

8）选中“同心圆”对象，选择“动画”选项卡，单击“动画”选项组中的“其他”下拉按钮，在弹出的下拉列表中选择“进入”中的“轮子”动画。在“效果选项”下拉列表中选择“轮幅图案”效果。设置“开始”为“与上一动画同时”，设置“计时”中的“持续时间”为 6 秒、“延迟”时间为 0 秒，如图 5-99 所示。

9）播放动画。

本例介绍了艺术字与进入和退出动画相结合的效果，主要是在相同位置添加内容相似的对象并设置相同动画的方法，设置“开始”与“持续时间”是本例的关键。

图 5-99　最终效果

（4）墨迹书写动画

【例 5-18】使用墨迹书写工具为“保护环境”演示文稿添加“向上箭头”的动画效果。

操作步骤如下。

1）打开“保护环境”演示文稿，新建一张空白幻灯片，单击“幻灯片放映”按钮，将幻灯片切换到幻灯片放映状态。

2）在任意位置右击，在弹出的快捷菜单中选择“指针选项”→“笔”命令，如图 5-100 所示，在空白幻灯片中画一个箭头。

3）按【Esc】键退出幻灯片放映视图，将会弹出如图 5-101 所示的提示对话框，单击“保留”按钮，切换到普通视图。

4）选中这个墨迹对象，将激活“墨迹书写工具-笔”选项卡。可以使用“笔”选项组中的命令对该墨迹进行设置，也可以重新选择笔头样式，此处将“粗细”设置为 6 磅。

图 5-100　指针选项

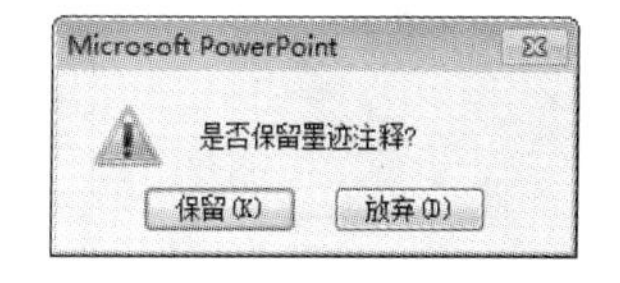

图 5-101　“是否保留墨迹注释”提示对话框

5）选中墨迹对象，选择“动画”选项卡，单击“动画”选项组中的“其他”下拉按钮，在弹出的下拉列表中选择“进入”中的“擦除”动画。设置“效果选项”为“自左侧”，设置“开始”为“与上一动画同时”，设置“持续时间”为2秒。最终设置效果如图5-102所示。

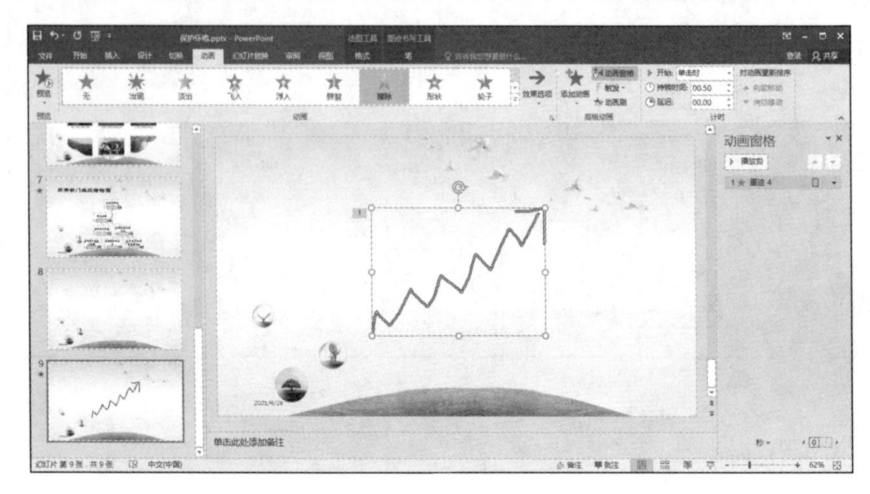

图5-102　最终设置效果

6）播放动画。

“墨迹书写工具”是PowerPoint的一项功能，可以在幻灯片中随意涂鸦。它与“擦除”动画结合，更能制作出随心所欲的效果。

5.4.2　设置音频

在幻灯片中插入旁白、音乐或其他声音可以对演示文稿的内容起到解释或衬托的作用，从而增强演示文稿的演示效果。在演示文稿中可以插入文件夹中的声音及录制的声音。

选中要插入音频的幻灯片，选择“插入”选项卡，单击“媒体”选项组中的“音频”下拉按钮，可以插入PC上的音频和录制音频，外部的声音文件可以是MP3格式、WAV格式、WMA格式。在幻灯片中插入声音后，幻灯片中会出现声音图标，并显示浮动声音控制栏，如图5-103所示。单击控制栏上的“播放”按钮，可以试听声音效果。单击插入的声音图标，功能区中将激活“音频工具”选项卡，包括“格式”和“播放”选项卡。“音频工具-格式”选项卡中的命令主要用于设置声音图标的格式，“音频工具-播放”选项卡用于设置播放声音的形式，如图5-104所示。

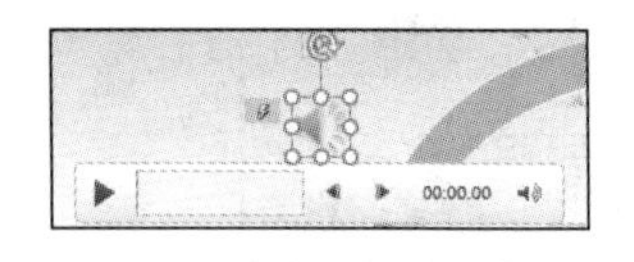

图5-103　声音图标及浮动声音控制栏

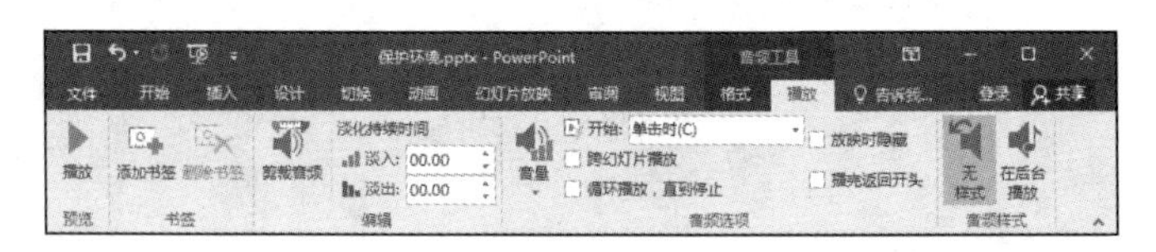

图5-104　“音频工具-播放”选项卡

1）播放：用于试听声音的播放效果。

2）剪裁音频：用于对声音文件进行剪裁，获取用户需要的声音部分。

3）淡化持续时间：淡入时间是声音开始时由小变大的过程时间，淡出时间是声音结束时由大变小的过程时间。

4）音量：分为低、中、高和静音 4 种状态。

5）开始：包括“自动”和“单击时”。“自动”表示声音在幻灯片播放时自动播放声音，“单击时”表示需要单击“播放”按钮声音才能播放。

6）放映时隐藏：声音图标在声音播放时不显示。

7）循环播放，直到停止：一个声音文件若在幻灯片放映结束前就结束了，那么声音将从头开始继续播放，直到幻灯片放映结束，声音停止。

8）“跨幻灯片播放”表示同一个声音文件可以在幻灯片切换时连续播放。

【例 5-19】 在“保护环境”演示文稿中插入来自 PC 上的音频，将其设置为背景音乐。

背景音乐的特点是跨页和重复播放，操作步骤如下。

1）选中第一张幻灯片，选择“插入”选项卡，单击“媒体”选项组中的“音频”下拉按钮，在弹出的下拉列表中选择“PC 上的音频”命令，在打开的“插入音频”对话框中选择声音文件“media1”，单击“插入”按钮。

2）设置连续播放声音。单击已插入的声音图标，选择“音频工具-播放”选项卡，在“音频选项”选项组中选中“循环播放，直到停止”复选框。

3）设置跨多张幻灯片播放声音。在“音频选项”选项组的“开始”中选中“跨幻灯片播放”选项。由于当前幻灯片在插入音乐之前插入了动画，因此这个音乐将在前面所有动画播放完后才开始播放。可以观察一下“动画窗格”任务窗格中最后一个动画是“media1”，如图 5-105 所示。

4）为了在演示文稿放映开始时播放音乐，这里需要将“media1”动画拖动到动画窗格的首位，如图 5-106 所示。

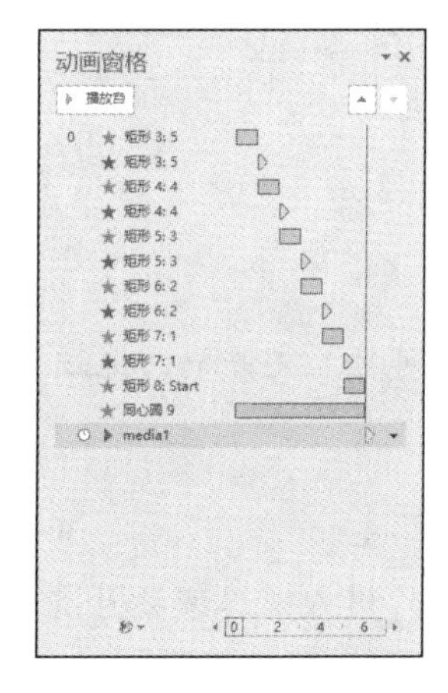

图 5-105　插入声音文件后的动画窗格

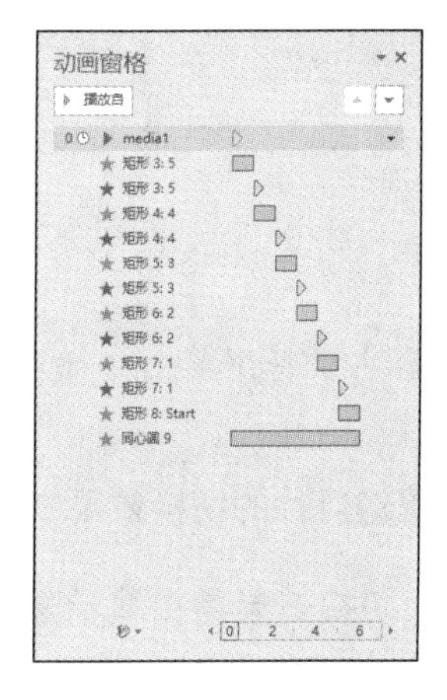

图 5-106　调整声音播放顺序

5.4.3 设置视频

视频可以直接展示演示文稿的主题，使演示文稿的内容更容易理解。在幻灯片中可以插入 PC 上的视频及联机视频，演示文稿支持 AVI、WMV、MP4 等格式的视频。

【例 5-20】在“保护环境”演示文稿中插入 PC 上的视频。

操作步骤如下。

1）新建一个空白幻灯片，选择“插入”选项卡。

2）单击“媒体”选项组中的“视频”下拉按钮，在弹出的下拉列表中选择“PC 上的视频”命令。

3）在打开的“插入视频文件”对话框中选择视频，此处插入 Sea.mp4 视频文件。选择视频文件，将弹出“视频工具-播放”选项卡，如图 5-107 所示。

图 5-107 插入视频

提示

在内容占位符中单击“插入视频文件”按钮，也可插入文件中的视频。

5.4.4 设置幻灯片的切换效果

幻灯片切换效果是指演示文稿在放映时各张幻灯片进入屏幕或离开屏幕时显示的一种动画效果，PowerPoint 还支持切换动画配置声音和编辑切换速度等。

1. 应用切换效果

下面以“保护环境”演示文稿为例介绍切换效果的应用。

【例 5-21】 为“保护环境”演示文稿添加切换效果。

操作步骤如下。

1）打开“保护环境”演示文稿，选择幻灯片。

2）选择“切换”选项卡，单击“切换到此幻灯片”选项组中的“其他”下拉按钮，在弹出的下拉列表中显示“细微型”、“华丽型”和“动态内容”切换效果列表，如图 5-108 所示。

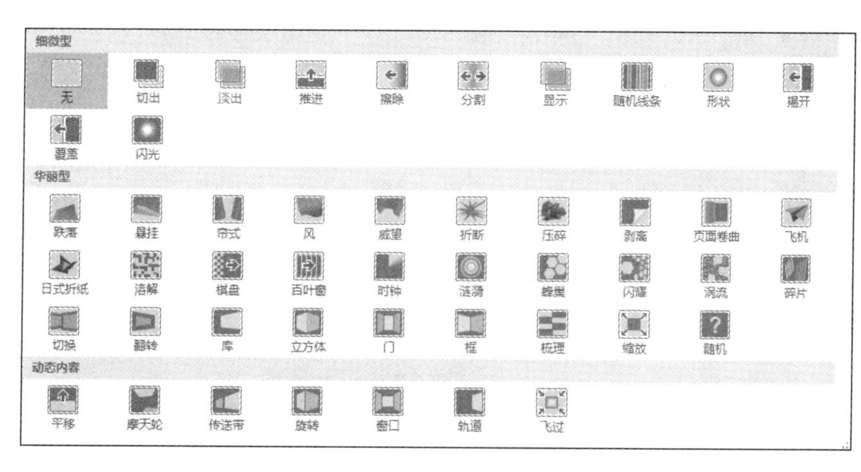

图 5-108　切换效果列表

3）在切换效果列表中选择切换效果，将其应用于所选幻灯片。如果全部幻灯片均使用该切换效果，则可单击“计时”选项组中的“全部应用”按钮。

2. 设置切换效果

幻灯片切换时可以设置效果选项、声音、速度和应用范围等，操作方法如下。

选择“切换”选项卡，单击“切换到此幻灯片”选项组中的“效果选项”下拉按钮，在弹出的下拉列表中可以设置切换方案的效果。例如，“随机线条”的默认效果为“垂直”，可以改为“水平”等。而在“计时”选项组中可以设置换片方式、声音、持续时间和应用范围等。“切换”选项卡如图 5-109 所示。

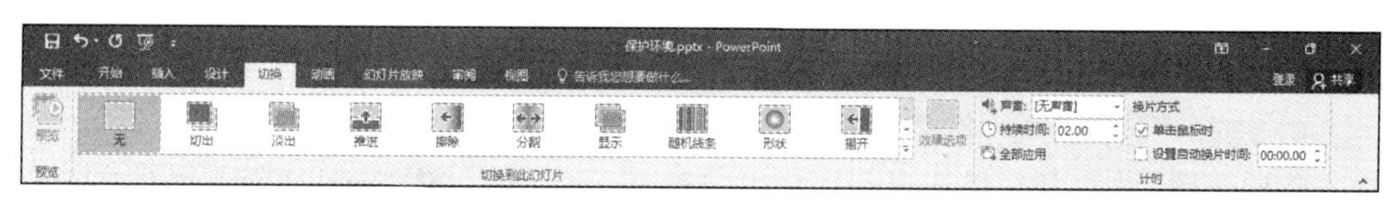

图 5-109　“切换”选项卡

在放映幻灯片时，系统默认切换幻灯片的方式为单击，可将其设置为自动切换，此时对象的单击播放动画将失效。在“计时”选项组中选中“设置自动换片时间”复选框，在其后的微调框中输入时间，则到规定的时间系统将自动播放下一张幻灯片。同时选中“换片方式”选项组中的两个复选框，表示满足两者任意一个条件，都将切换到下一张幻灯片。

5.4.5 创建动作

PowerPoint 提供了许多动作按钮，根据需要可在幻灯片中添加合适的动作按钮，以增强演示文稿的放映效果。下面以“保护环境”演示文稿为例进行介绍。

【例 5-22】 在“保护环境”演示文稿的幻灯片中添加动作按钮。

操作步骤如下。

1）打开“保护环境”演示文稿，选中第一张幻灯片。

2）选择“插入”选项卡，单击“插入”选项组中的“形状”下拉按钮，在弹出的下拉列表中的“动作按钮”中选择一个动作按钮，如图 5-110 所示。

3）将鼠标指针移到幻灯片的合适位置并拖动创建动作按钮，同时打开“操作设置”对话框，如图 5-111 所示。选中“超链接到”单选按钮，在其下拉列表中选择一项后，单击“确定”按钮。

图 5-110 “动作按钮”列表

图 5-111 “动作设置”对话框

4）选择“绘图工具-格式”选项卡，为动作按钮设置格式。

除动作按钮外，还可以选择幻灯片中的对象，如形状、图片或文本等，选择“插入”选项卡，单击“链接”选项组中的“动作”按钮，在打开的“动作设置”对话框中选中

“超链接到”单选按钮所示，并在其下拉列表中选择链接方式，单击“确定”按钮，同样可以创建动作。

5.5 演示文稿的放映

5.5.1 设置幻灯片放映方式

演示文稿制作完成后，有的由演讲者播放，有的让观众自行浏览，这需要设置幻灯片放映方式来进行控制。操作步骤如下。

1）选择“幻灯片放映”选项卡，单击“设置”选项组中的“设置幻灯片放映”按钮，打开“设置放映方式”对话框，如图 5-112 所示。

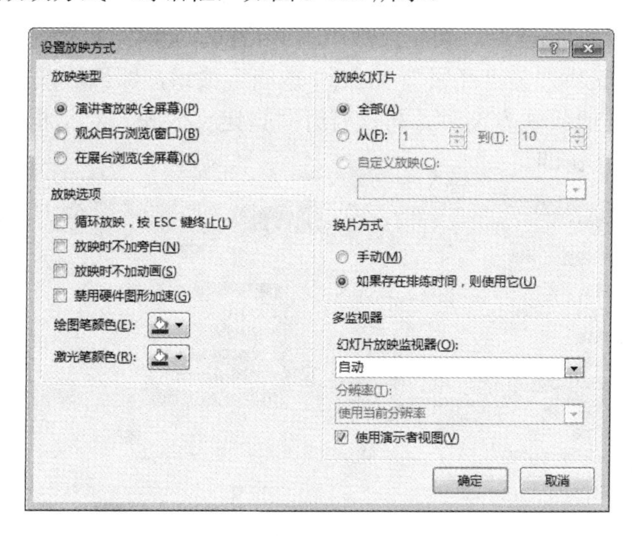

图 5-112　“设置放映方式”对话框

2）选择一种放映类型（如“观众自行浏览”），确定放映幻灯片范围，设置放映选项。

3）根据需要设置好其他选项，然后单击“确定”按钮即可。

5.5.2 自定义放映

一份演示文稿在不同的情况下有不同的放映需求，可以通过自定义放映方式来达到目的。操作步骤如下。

1）选择“幻灯片放映”选项卡，单击“开始放映幻灯片”选项组中的“自定义幻灯片放映”下拉按钮，在弹出的下拉列表中选择“自定义放映”命令，打开“自定义放映”对话框，如图 5-113 示。

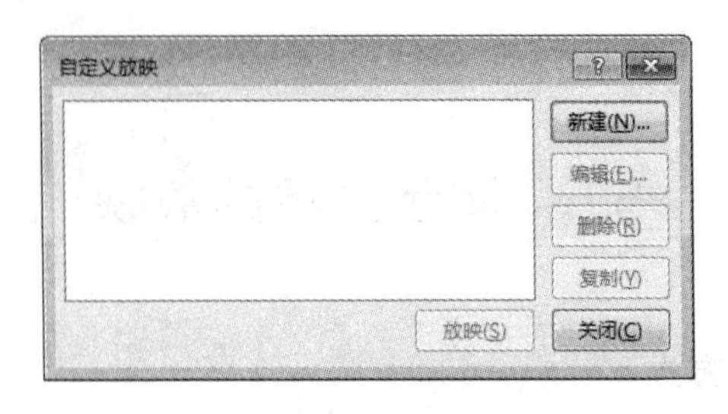

图 5-113　“自定义放映”对话框

2）单击“新建”按钮，打开“定义自定义放映”对话框。

3）在“幻灯片放映名称”文本框中输入“高级”，选择需要放映的幻灯片，单击“添加”按钮，将准备放映的幻灯片添加到“在自定义放映中的幻灯片”列表框中，如图 5-114 所示。单击“确定”按钮返回“自定义放映”对话框，此时“自定义放映”列表框中将出现之前所定义的放映方案“高级”。单击“放映”按钮，即可放映此方案。

4）以后需要其他放映方案时，再次打开“自定义放映”对话框，选择一种放映方案，单击“放映”按钮即可。

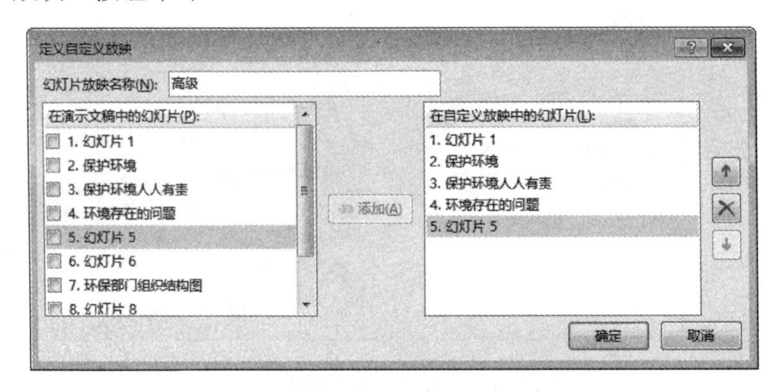

图 5-114　“定义自定义放映”对话框

5.5.3　排练计时

一台晚会需要彩排，演示文稿也可以彩排，从而确保在规定的时间内放映幻灯片。

（1）设置排练计时

操作步骤如下。

1）选择“幻灯片放映”选项卡，单击“设置”选项组中的“排练计时”按钮，打开“录制”工具栏。这时，“幻灯片放映时间”开始计时。

2）单击“下一项”按钮，可以进入下一个对象或动画播放。单击“暂停录制”按钮，暂停录制，如果要继续录制，则单击“继续录制”按钮。单击“重复”按钮，可以重新开始记录当前幻灯片的播放时间。

3）设置完最后一张幻灯片的时间后，将弹出一个提示对话框，显示演示文稿的放映总时间，并提示是否保存排练计时。

（2）查看排练计时

打开幻灯片浏览视图，每张幻灯片上显示播放时间。使用排练计时，需要在“设置放映方式”对话框中的“换片方式”选项组中选中“如果存在排练时间，则使用它”复选框。

5.6 演示文稿的其他操作

5.6.1 在演示文稿中编辑节

当演示文稿包含大量的幻灯片时，可以使用 PowerPoint 的节功能组织幻灯片，就像使用文件夹组织文件一样，用来管理演示文稿。

1. 插入节

在幻灯片导航窗格中的两个幻灯片缩略图中间单击，确定插入节的位置。选择“开始”选项卡，单击“幻灯片”选项组中的“节”下拉按钮，在弹出的下拉列表中选择“新增节”命令，或在插入节的位置右击，在弹出的快捷菜单中选择“新增节”命令，如图 5-115 所示，则在幻灯片导航窗格中新增加一个节，默认节标题为“无标题节”。除此之外，第一张幻灯片缩略图的上方会有一个默认节，如图 5-116 所示。

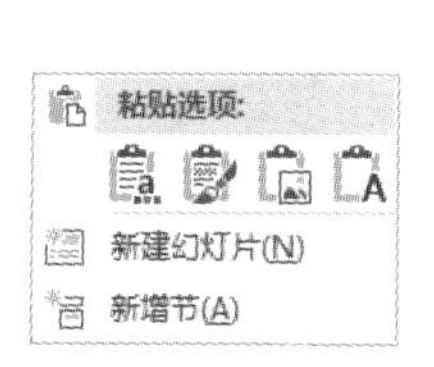

图 5-115　快捷菜单

图 5-116　添加节

2. 重命名节

若想合理地组织和利用节，可以对节进行重命名。选中节标题，选择“开始”选项卡，单击“幻灯片”选项组中的“节”下拉按钮，在弹出的下拉列表中选择“重命名节”命令，或右击节标题，在弹出的快捷菜单中选择“重命名节”命令，打开“重命名节”对话框，如图 5-117 所示，在“节名称”文本框中输入节名称，然后单击“重命名”按钮即可。

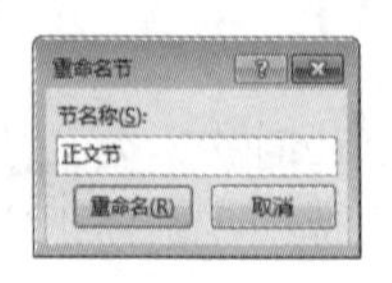

图 5-117 “重命名节”对话框

3. 删除节

选中节标题，选择“开始”选项卡，单击“幻灯片”选项组中的“节”下拉按钮，在弹出的下拉列表中选择“删除节”命令，或右击节标题，在弹出的快捷菜单中选择“删除节”命令，则删除所选节（第一个节中无此命令）。若选择“删除节和所有幻灯片”命令，则删除当前节和节中所有幻灯片。若选择“删除所有节”命令，则删除演示文稿中所有的节，保留幻灯片。

选中节标题，即选中该节中的所有幻灯片。双击节标题，则将该节中的所有幻灯片的缩略图全部折叠，再次双击则全部展开。也可以右击节标题，在弹出的快捷菜单中选择“全部折叠”或“全部展开”命令实现折叠和展开幻灯片。

5.6.2 演示文稿的打印

编辑完演示文稿后，可以进行打印输出。选择“文件”→“打印”命令，即可打开“打印”界面，如图 5-118 所示，包括打印幻灯片的范围（图 5-119）、打印幻灯片的版式（图 5-120）、打印的顺序和颜色等。右侧显示打印预览，单击“打印”按钮，即可打印演示文稿。

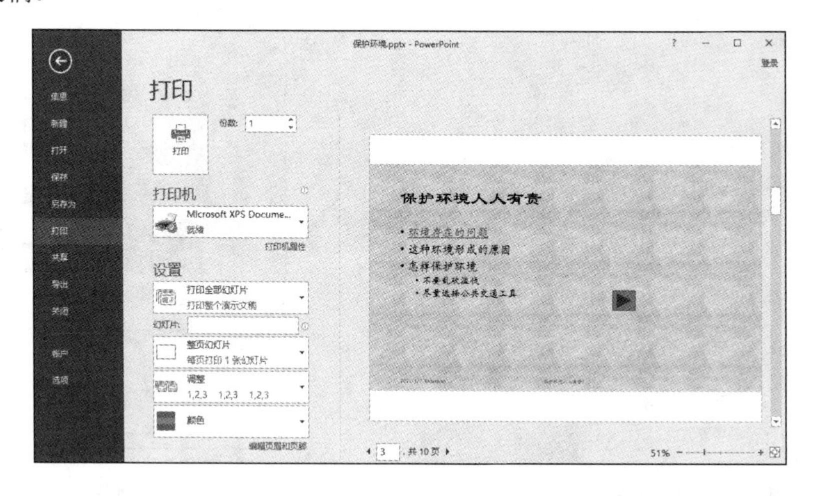

图 5-118 “打印”界面

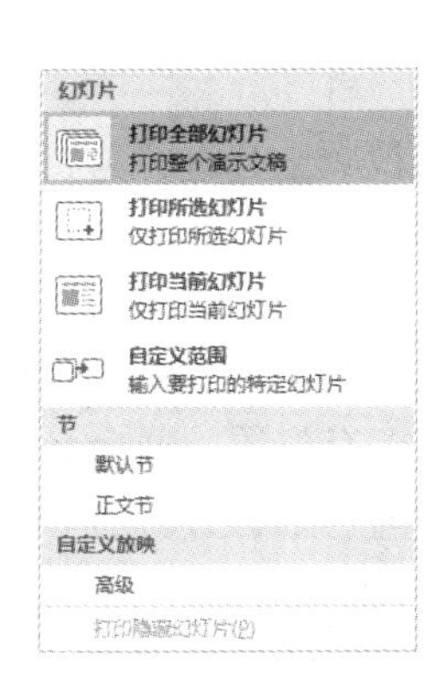

图 5-119　打印幻灯片的范围

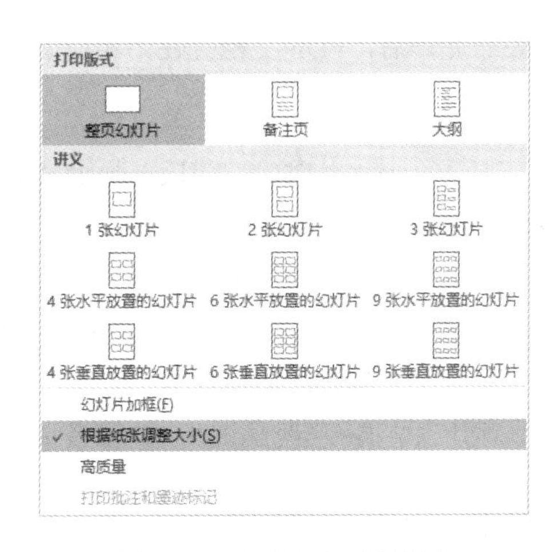

图 5-120　打印幻灯片的版式

5.6.3　演示文稿的导出

制作完成演示文稿后，可以将演示文稿导出。选择“文件”→“导出”命令，即可打开“导出”界面，如图 5-121 所示。

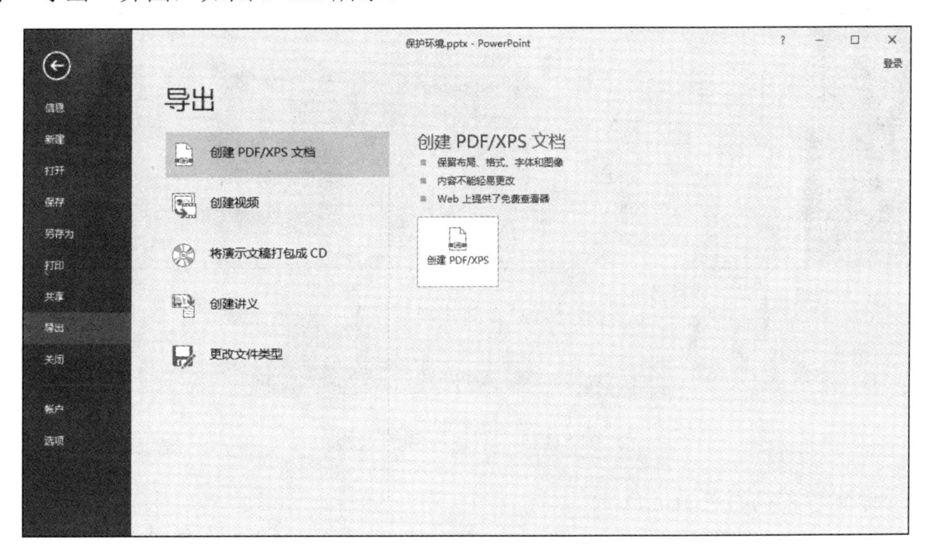

图 5-121　“导出”界面

1. 创建 PDF/XPS 文档

打开演示文稿，选择“文件”→“导出”命令，打开“导出”界面，选择“创建 PDF/XPS 文档”命令，单击“创建 PDF/XPS”按钮。在打开的“发布为 PDF/XPS”对话框中选择存放路径，并命名文件，然后单击“发布”按钮，此时屏幕上会出现发布进度条，发布完毕后，PDF 文档会使用相应的软件自动打开。

2. 创建视频

动态演示文稿可以存储为视频文件直接播放，或与其他视频一起进行剪辑，制作更丰富的媒体播放效果。操作方法如下。

打开演示文稿，选择“文件”→“导出”命令，打开“导出”界面，选择“创建视频”命令，如图 5-122 所示，在这里可以设置视频质量和是否使用录制的计时和旁白，单击“创建视频”按钮，在打开的“另存为”对话框中选择保存位置，并命名文件，然后单击“保存”按钮，这时在演示文稿的状态栏中会出现制作视频的进度条，如图 5-123 所示。若想中途退出，则单击右侧的“取消”按钮取消制作即可。

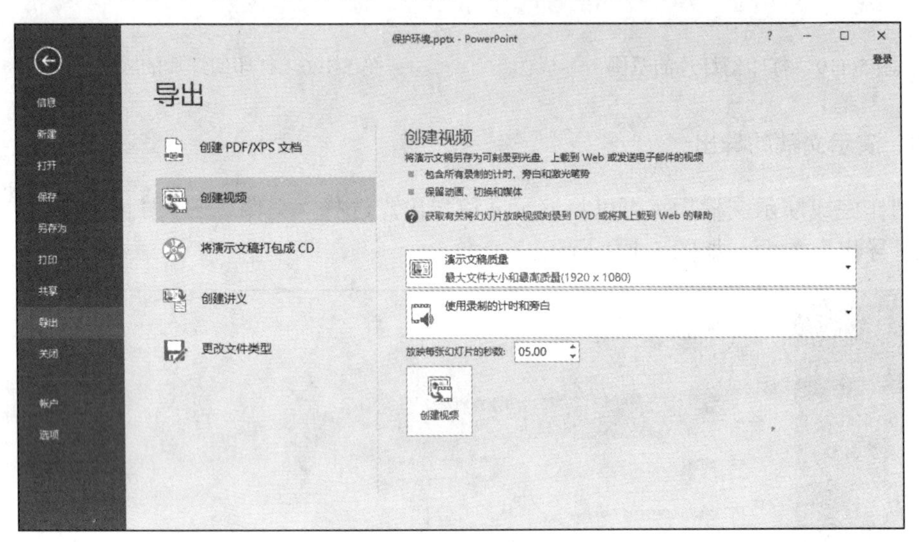

图 5-122　创建视频设置

图 5-123　创建视频的过程

3. 将演示文稿打包成 CD

（1）打包成 CD

在使用演示文稿时，用户可能都遇到过这样的情况，做好的演示文稿要在其他计算机上播放时，只因所用计算机未安装 PowerPoint 软件，或缺少幻灯片中使用的字体等一些原因，而无法放映幻灯片或放映效果不佳。这时，只要把制作完成的演示文稿打包，利用 PowerPoint 播放器来播放就可以了。操作步骤如下。

1）打开演示文稿，选择“文件”→“导出”命令，打开“导出”界面，选择“将演示文稿打包成 CD”命令，单击“打包成 CD”按钮，打开“打包成 CD”对话框，如图 5-124 所示。

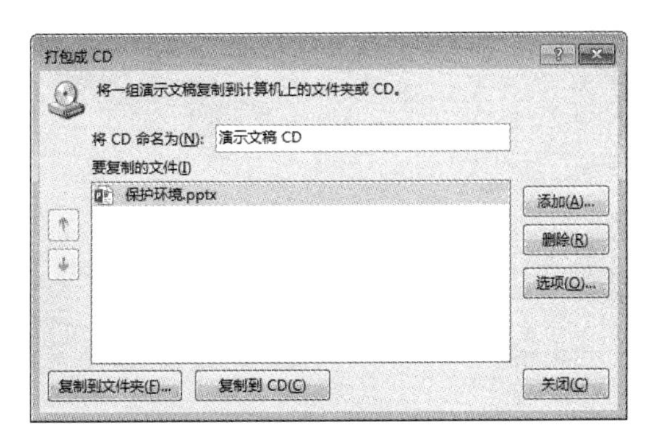

图 5-124　“打包成 CD”对话框

2）在“将 CD 命名为”文本框中输入 CD 的名称，单击“添加”按钮，将演示文稿添加进来，可以一次打包多个演示文稿。

3）单击“选项”按钮，打开“选项”对话框，可以设置与演示文稿相关的“链接的文件”和“嵌入的 TrueType 字体”等。

4）单击“复制到 CD”按钮，可以将演示文稿保存在 CD 中。若单击“复制到文件夹”按钮，则将演示文稿保存到文件夹中。

（2）运行打包的演示文稿

打包的演示文稿在没有安装 PowerPoint 应用程序的环境下播放时，打开包含打包文件的文件夹，双击网页文件，在网页上单击“Download Viewer”按钮，下载 PowerPoint 播放器 PowerPointViewer.exe 并安装。启动 PowerPoint 播放器，打开“Microsoft PowerPoint Viewer”对话框，定位到打包文件夹，选择某个演示文稿文件，然后单击“打开”按钮，即可放映。

4. 创建讲义

打开需要转换的演示文稿，选择“文件”→“导出”命令，打开“导出”界面，选择“创建讲义”命令，单击“创建讲义”按钮，打开“发送到 Microsoft Word”对话框，如图 5-125 所示。

创建讲义可以选中“Microsoft Word 使用的版式”选项组中的前 4 个单选按钮中的任意一个，只是备注的位置不一样。例如，选中“备注在幻灯片旁”单选按钮，单击“确定”按钮，则系统自动启动 Word，创建的讲义如图 5-126 所示。如果选中“只使用大纲”单选按钮，单击“确定”按钮，则将演示文稿中的字符转换到 Word 文档文件中，可以对其进行编辑。

图 5-125　“发送到 Microsoft Word”对话框

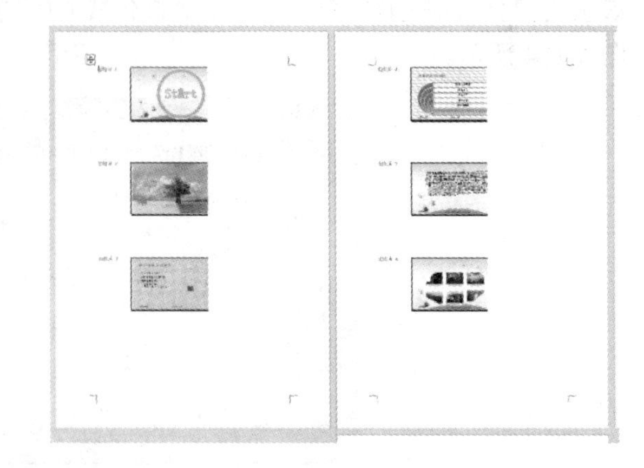

图 5-126　Word 讲义

5. 更改文件类型

（1）将演示文稿转换为直接放映格式

将演示文稿转换为直接放映格式后，用户可以在没有安装 PowerPoint 应用程序的环境下播放演示文稿。

打开演示文稿，选择“文件”→“导出”命令，打开“导出”界面，选择“更改文件类型”命令，如图 5-127 所示。在“演示文稿文件类型”选项组中选择“PowerPoint 放映(*.ppsx)”命令，单击“另存为”按钮，或双击“PowerPoint 放映(*.ppsx)”命令，打开“另存为”对话框。使用默认的保存类型“PowerPoint 放映(*.ppsx)”，选择保存位置，输入文件名称，然后单击“保存”按钮即可。

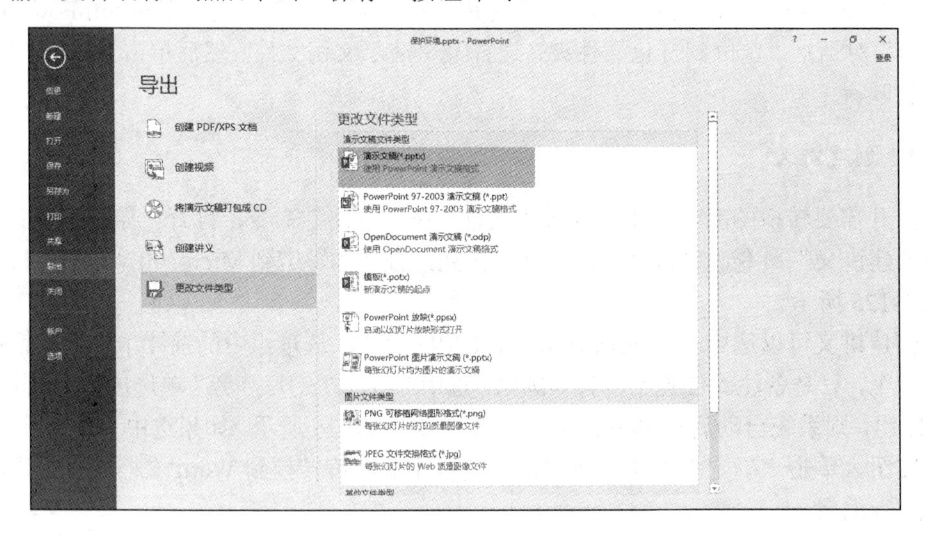

图 5-127　选择“更改文件类型”命令

（2）将演示文稿保存为图片

如果用户想把演示文稿中相应的幻灯片转换为图片，则可以选择“图片文件类型”选项组中的图片格式，如选择“PNG 可移植网络图形格式(*.png)”，然后单击“另存为”按钮，打开“另存为”对话框，选择保存位置，单击“保存”按钮，弹出提示对话框，如图 5-128 所示。单击“所有幻灯片”按钮，保存后的图片全部存储在以演示文稿名称命名的文件夹中，如图 5-129 所示。

图 5-128　导出幻灯片提示对话框

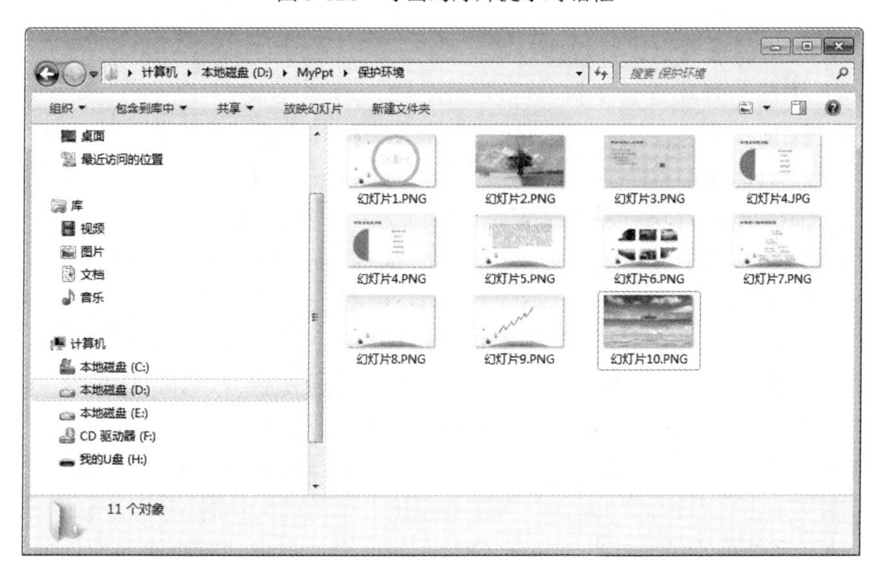

图 5-129　保存图片文件夹

习题 5

1．PowerPoint 2016 演示文稿文件的扩展名是（　　）。

A．.pptx　　B．.txt　　C．.xsl　　D．.docx

2．PowerPoint 演示文稿在（　　）视图下，可以使用拖动方法改变幻灯片的顺序。

A．幻灯片母版　　B．备注页　　C．幻灯片浏览　　D．幻灯片放映

3．在 PowerPoint 的幻灯片浏览视图下，不能完成的操作是（　　）。

A．调整幻灯片位置　　B．删除幻灯片
C．编辑幻灯片内容　　D．复制幻灯片

4．在 PowerPoint 中，不能对幻灯片内容进行修改的视图方式是（　　）。
A．阅读视图　　B．幻灯片浏览视图
C．幻灯片放映视图　　D．以上 3 项均不能

5．要创建新的演示文稿，可以通过（　　）创建。
A．选择“文件”→“新建”命令　　B．按【Ctrl+X】组合键
C．按【Ctrl+O】组合键　　D．以上 3 种都可以

6．同时选中多张不连续的幻灯片的操作是（　　）。
A．选中第一张幻灯片，按住【Shift】键，依次选中其余的幻灯片
B．选中第一张幻灯片，按住【Ctrl】键，依次选中其余的幻灯片
C．运用 Windows 操作方法中的框选法同时选中多张幻灯片
D．运用鼠标右键进行选择

7．将选中的幻灯片进行复制，可以使用（　　）组合键。
A．【Ctrl+C】　　B．【Ctrl+Z】
C．【Ctrl+V】　　D．【Ctrl+X】

8．将选中的幻灯片进行粘贴，可以使用（　　）组合键。
A．【Ctrl+C】　　B．【Ctrl+Z】
C．【Ctrl+V】　　D．【Ctrl+X】

9．在 PowerPoint 中，（　　）不能控制幻灯片的外观一致。
A．母版　　B．模板　　C．普通视图　　D．背景

10．幻灯片母版中文本和对象的位置与大小由（　　）控制。
A．字体　　B．段落　　C．幻灯片主题　　D．占位符

11．在文本占位符内添加文本，当文本超出占位符的大小时，（　　）。
A．系统将不能再接收文本的输入　　B．系统会自动缩小输入文本的字号
C．系统会自动翻页继续添加文本　　D．继续接收文本，但显示自动调整选项

12．在 PowerPoint 的幻灯片母版中，插入的对象只能在（　　）中修改。
A．普通视图　　B．幻灯片母版视图
C．讲义母版视图　　D．备注视图

13．幻灯片的备注内容，可在（　　）编辑。
A．大纲视图　　B．幻灯片内直接
C．备注页视图下　　D．母版中

14．在 PowerPoint 中，下列关于插入图片的说法中正确的是（　　）。
A．任何版式的幻灯片中都可以插入图片
B．在标题和内容版式中，不可以插入图片

C．图片只能插入空白版式中

D．图片只能插入有图片占位符的版式中

15．幻灯片内文本的输入主要包含在（　　）。

A．占位符、文本框内　　　　B．备注页、批注内

C．占位符、批注内　　　　D．备注页、文本框内

16．超链接对象包括（　　）。

A．其他演示文稿　　　　B．电子邮件

C．网站上的网页　　　　D．以上 3 种都是

17．在设置动画后，对象左上角的数字代表（　　）。

A．动画播放时间　　　　B．动画的数量

C．动画的顺序　　　　D．动画的级别

18．在幻灯片内选中多个对象的方法是（　　）。

A．选中一个对象，按住【Ctrl】键选择其他对象

B．拖动选中的所有对象

C．按【Ctrl+A】组合键选中幻灯片内所有的对象

D．3 种方法都可以

19．要在未安装 PowerPoint 的计算机上放映演示文稿，可以（　　）。

A．发布幻灯片　　　　B．幻灯片放映

C．复制　　　　D．将演示文稿打包成 CD

20．在 PowerPoint 中，要打印幻灯片，可以使用（　　）组合键。

A．【Ctrl+P】　　　　B．【Shift+P】

C．【Shift+L】　　　　D．【Alt+P】

第 6 章

计算机网络及其应用

21 世纪是以计算机网络为核心的信息时代，计算机网络在社会和经济发展中起着非常重要的作用。计算机网络是计算机技术和通信技术紧密结合的产物，随着计算机技术和网络技术的飞速发展，以 Internet 为代表的计算机网络已经渗透到人们生活的各个领域。计算机网络已经成为社会生活和社会经济发展的重要基础设施。

本章主要介绍计算机网络的基本概念、功能、分类、体系结构、Internet 基本知识和应用，以及计算机网络安全等知识。

6.1 计算机网络概述

从功能上看，计算机网络是由资源子网和通信子网两部分组成的。多台计算机（包括终端）组成了计算机资源子网，传输数据的通信线缆和转发数据的各种通信设备组成了通信子网。所以说，计算机网络是计算机技术与通信技术紧密结合的产物。

6.1.1 计算机网络的发展

计算机网络的发展经历了一个从简单到复杂的过程，虽然时间不长，但是发展速度很快，其演变过程大致可分为以下 5 个阶段。

1. 面向终端的计算机网络

从 20 世纪 50 年代末期开始，人们将多台终端通过通信线路连接到一台中心计算机上，以供多个用户通过多个终端共享单台计算机资源。随着终端数目的不断增加，主机的负荷加重，既要进行数据处理，又要承担通信控制任务，于是出现了专门负责通信控制的前端处理器（front end processor，FEP）。同时，为了满足远程用户的需求，出现了集线器和调制解调器（modem），如图 6-1 所示。这样，大大减轻了主机的负担，显著地提高了主机进行数据处理的效率。这一阶段的计算机网络只有主机具有独立处理数据的能力，系统中的终端均无独立处理数据的能力，网络功能以数据通信为主。其典型代表是 20 世纪 60 年代美国航空公司的飞机票预订系统。

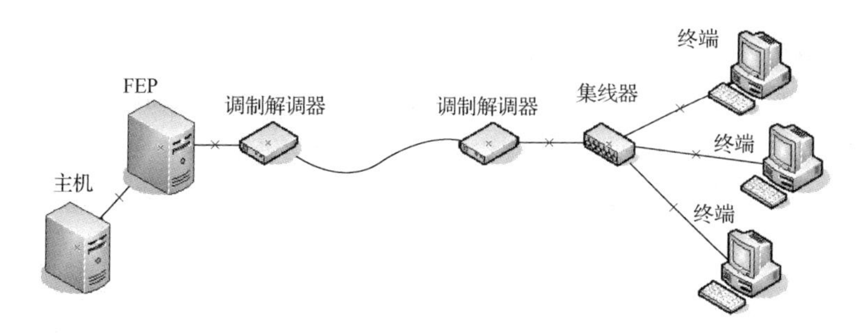

图 6-1　面向终端的计算机网络

2. 面向通信的计算机网络

从 20 世纪 60 年代末期开始，计算机用户已经不满足从单个主机上获取资源，而是希望使用其他更多计算机系统的资源，于是出现了以实现资源共享为目的的多主机之间的通信，如图 6-2 所示。这一阶段的计算机网络，通信的双方均具有自主处理能力，网络功能以资源共享为主。其典型代表是 1969 年由美国国防部高级研究计划局建成的阿帕网（Advanced Research Projects Agency network，ARPAnet），它为计算机网络技术的发展奠定了基础。

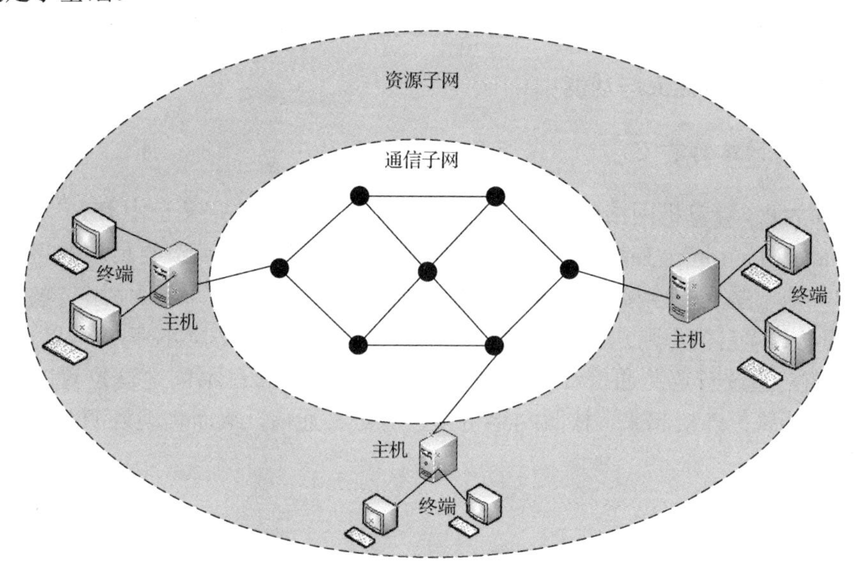

图 6-2　面向通信的计算机网络

3. 开放的国际标准化计算机网络

从 20 世纪 70 年代末期开始，针对各公司网络互不兼容的情况，国际标准化组织（International Standards Organization，ISO）于 1985 年颁布了开放系统互联参考模型（open system interconnection reference model，OSI/RM）及各种网络协议，使计算机网络体系结构和计算机网络互联标准问题得以解决，促进了网络技术的发展。目前，存在两种国际认可的体系结构：一种是ISO提出的OSI/RM；另一种是Internet所使用的事实上的国际标准传输控制协议/网际协议（transmission control protocol/Internet protocol，TCP/IP）参考模型。

4. 高速互联网络

20世纪90年代以来，计算机网络进入了Internet时代。随着互联网的飞速发展，计算机网络向全面互联、智能和高速化方向发展。以Internet为代表的信息基础设施的建立和发展，使网络在经济、科技、教育及社会生活的各个方面都得到了广泛应用，它标志着人类已经进入信息时代。

5. 融合的全球网络

网络融合是计算机网络的发展趋势。互联网、电信网和广播电视网是目前三大运营网络，随着电信技术的发展及数字广播电视的推广，三网融合在技术层面上已经不存在问题。三网融合是指电信网、广播电视网和互联网在向宽带通信网、数字电视网、下一代互联网演进过程中，通过技术改造，技术、功能趋于一致，业务范围趋于相同，网络互联互通，资源共享，能为用户提供语音、数据和广播电视等多种服务。

6.1.2 计算机网络的定义与功能

1. 计算机网络的定义

到目前为止，计算机网络的精确定义尚未统一。较权威的定义是由IEEE（Institute of Electrical and Electronics Engineers，电气和电子工程师学会）高级委员会的坦尼鲍姆博士给出的，即一些互相连接的、自治的计算机的集合。“互连”是指使用传输介质将计算机连接起来，“自治”则是指每台计算机都有自主权，不受别人控制。可以这样理解：计算机网络是通过一定的通信线路和网络互联设备将分布在不同地理位置的具有独立功能的多台计算机连接起来，按照网络协议进行数据通信，从而实现资源共享和信息传递的计算机系统。

2. 计算机网络的功能

（1）数据通信

数据通信是指计算机与计算机之间的数据传输，是计算机网络的基本功能，也是实现其他功能的基础，如电子邮件、即时通信等。随着网络应用的多元化发展，综合业务服务已经成为人们日常工作和生活的一部分，如视频会议、网上购物、在线视频等。

（2）资源共享

资源共享包括硬件资源、软件资源和数据资源的共享。资源共享是计算机网络最重要的目的，也是计算机网络最突出的优点。

硬件资源共享是指对网络中的处理机、存储器、打印机等硬件设备的共享。软件资源共享主要是指用户可以通过网络登录到远程计算机或服务器上，以便使用一些功能完善的软件资源，或从网络上下载程序到本地计算机上使用。

数据资源共享是指通过网络可以检索许多联机数据库和远程访问各种信息资源。

（3）实现分布式处理

分布式处理是将综合数据处理等大型复杂问题通过网络分解到多台计算机，采用分工合作、并行处理的方式，完成复杂问题的求解。这样可以由网络来协调多台计算机的工作，充分利用计算机资源，构成高性能的计算机体系，达到协同工作的目的。

6.1.3　计算机网络的分类

计算机网络根据不同的分类标准，可以分为不同的类型。比较常用的分类标准有按网络的覆盖范围分类、按网络服务性质分类和按网络拓扑结构分类。

1. 按网络的覆盖范围分类

（1）局域网

局域网（local area network，LAN）是最常见、应用最广泛的一种网络。它的规模相对较小，覆盖地理范围在几十米至几千米，是由一个局部区域内的各种计算机网络设备互联组成的网络。局域网通常安装在一个（或一群）建筑物或一个单位内。例如，企业、学校内部的网络多为局域网。

（2）城域网

城域网（metropolitan area network，MAN）又称都市网，是一个城市范围内建立的计算机网络。其覆盖地理范围为 10～100km。例如，某城市所有医院的计算机主机互联起来构成的网络，可以称为医疗城域网。

（3）广域网

广域网（wide area network，WAN）又称远程网，是指远距离的计算机互联组成的网络。其覆盖地理范围一般为 100km 以上，覆盖范围可以跨越城市、国家甚至几个国家。例如，大家所熟悉的 Internet 就是典型的广域网。

上述 3 种网络的比较如表 6-1 所示。

表 6-1　局域网、城域网和广域网的比较

网络类型	网络名缩写	覆盖范围	地理位置
局域网	LAN	10km 以内	房间、楼宇、校园、企业
城域网	MAN	10～100km	城市
广域网	WAN	100km 以上	国家或地区

2. 按网络服务性质分类

（1）公用计算机网络

公用计算机网络是指为公众提供商业性和公益性通信和信息服务的通用计算机网络，如 Internet。

（2）专用计算机网络

专用计算机网络是指为政府、企业、行业和社会发展等部门提供具有本系统特点的、面向特定应用服务的计算机网络，如教育、铁路、政府、军队等的专用网。

3. 按网络拓扑结构分类

拓扑就是把实体抽象成与其大小、形状无关的点，而把连接实体的线路抽象成线，进而以图的形式来表示点与线之间关系的方法。网络拓扑结构就是网络形状，是指计算机网络设备中各个设备相互连接的形式，它反映网络中各实体间的结构关系。网络拓扑结构的类型主要有总线型、星形、环形、树形和网状等，如图 6-3 所示。

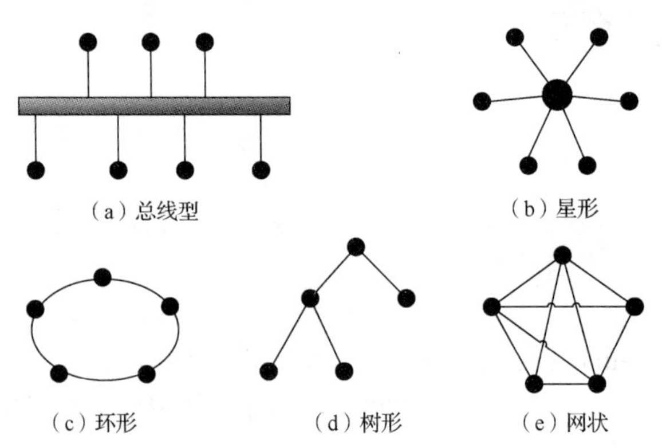

图 6-3　网络拓扑结构

（1）总线型拓扑结构

总线型拓扑结构使用一根线缆把所有结点连接起来。这种结构中的所有结点共享一条数据通道，在同一时刻只能允许一个结点发送数据，一个结点发出的信息可以被网络上的多个结点接收。

优点：结构简单灵活，便于扩充，结点增删及位置更改非常方便。

缺点：总线长度受限，总线本身的故障会影响整个系统。

（2）星形拓扑结构

星形拓扑结构有一个中心结点，网络中的每个结点都通过独立的线缆连接到中心结点。中心结点对各结点的通信和信息交换进行集中控制。

优点：当某个结点发生故障时，不会影响整个网络的运行，网络易于扩展和维护。

缺点：可靠性低，中心结点出现故障将导致整个网络瘫痪。

（3）环形拓扑结构

环形拓扑结构网络是网络中各个结点通过点到点的链路，首尾相连形成一个闭合的环。数据沿着环传输，在每个结点处都会停留。

优点：结构简单，容易实现。

缺点：可靠性低，由于环路的封闭性，任何一个结点出现故障都会引起全网的故障，检测故障困难。

（4）树形拓扑结构

树形拓扑结构像一棵倒置的树，顶端是树根，树根以下有分支，每个分支还可以再有子分支，信息交换主要在上、下结点之间进行。

优点：易于扩展，故障隔离较容易。

缺点：各个结点对根的依赖性太大，如果根结点发生故障，则全网不能工作。

（5）网状拓扑结构

网状拓扑结构各结点之间的连接是任意的、无规律的。每个结点至少有一条链路与其他结点相连，两结点间的通信线路不止一条，必须采用路由选择和流量控制方法选择通信线路。

优点：系统采用路由选择算法与流量控制算法，可靠性极高。

缺点：结构复杂、管理难度大，全网状拓扑实现起来费用较高。

由此不难看出，每一种拓扑结构都有自己的优点和缺点。随着网络技术的不断发展和新技术的日益成熟，在实际应用中已不再采用单一的网络拓扑结构，而是根据实际需要，将几种结构混合使用，进行综合设计。

6.2 计算机网络体系结构

计算机网络体系结构是指计算机网络层次结构模型和各层协议的集合，其目的是为网络硬件、软件、协议、存取控制和拓扑提供标准。目前有两类重要的网络互联标准：ISO 的 OSI/RM 和 Internet 使用的 TCP/IP 体系结构。

6.2.1 OSI/RM 体系结构

ISO 于 1977 年成立了专门机构研究不同体系结构的计算机网络都能互联的问题。ISO 提出的 OSI/RM 中开放的含义是只要是遵守 OSI/RM 标准，一个系统就可以与位于世界上任何地方，并且同样遵循 OSI/RM 标准的其他任何系统进行通信。

在 OSI/RM 中，按通信功能自下而上划分为 7 个层次，如图 6-4 所示。数据传输实际上是在同一计算机的相邻层之间进行的，每一层都按照相应的协议来实现某些功能，每一层的目的都是为高层提供服务。

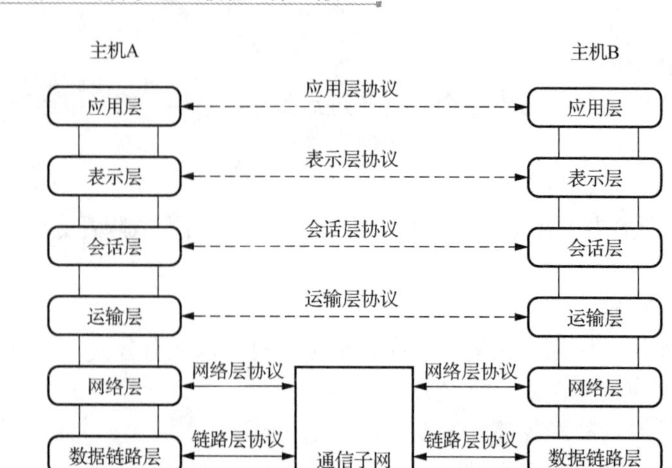

图 6-4　OSI/RM 体系结构

OSI/RM 体系结构 7 个层次的主要功能如下。

1）物理层：在 OSI/RM 中处于最底层。物理层的主要功能是利用物理传输介质为数据链路层提供物理连接，传输和接收原始信息的比特流。

2）数据链路层：传输以“数据帧”为单位的数据包，向网络层提供正确信息包的发送和接收服务。

3）网络层：通过寻址、路由选择，建立两个结点之间的连接。它提供两台主机之间的连接和路径选择。

4）运输层：利用低 3 层所提供的服务向高层提供可靠的计算机与计算机之间的数据传输，向用户提供可靠的端到端的服务，处理数据报文错误等问题。

5）会话层：向表示层提供建立和使用连接的方法。会话层建立、管理和终止两个通信主机之间的会话。

6）表示层：处理的是用户信息的表示问题，能使两台内部数据结构不同的计算机实现通信，彼此能够理解对方数据的含义。表示层比较重要的任务是加密与解密。

7）应用层：它是 OSI/RM 的最高层，为用户或应用程序提供网络服务，是应用进程访问网络服务的窗口。应用层提供的服务有网络信息浏览服务、电子邮件服务等。

6.2.2　TCP/IP 体系结构

计算机网络经过多年的发展，TCP/IP 体系结构已经成为当前公认的最流行的国际标准，也是 Internet 基本的协议和互联网络的基础。

TCP/IP 体系结构分为 4 个层次，自下而上分别是网络接口层、网络层、传输层和应用层，如图 6-5 所示。其中，IP 负责将数据单元从一个结点（主机、路由器等）传到另一个结点，TCP 负责将数据从发送方正确地传送到接收方。TCP 与 IP 协调工作，保证数据使用的可靠性。

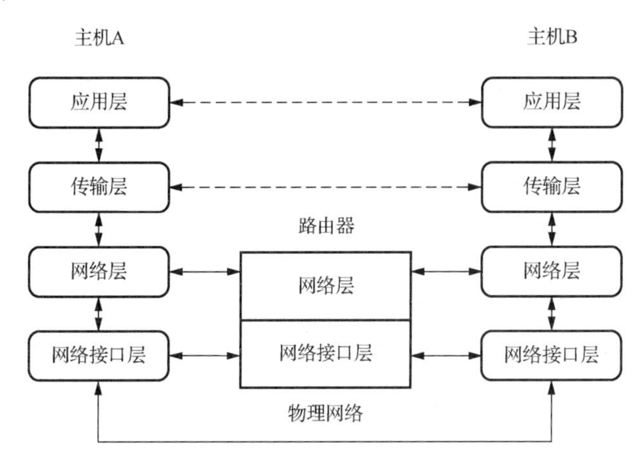

图 6-5　TCP/IP 体系结构

TCP/IP 体系结构 4 个层次的主要功能如下。

1）网络接口层：TCP/IP 参考模型的最底层，负责通过网络发送和接收 IP 数据报。

2）网络层：负责相同或不同网络中计算机之间的通信，主要处理数据报和路由。

3）传输层：负责提供应用程序间的通信，提供可靠的传输。

4）应用层：向用户提供一些常用的网络服务，如远程登录、简单邮件传输等。

6.2.3　两种体系结构的比较

OSI/RM 和 TCP/IP 体系结构对网络体系的形成和发展都起到了非常重要的作用。OSI/RM 的提出对推进网络协议标准化起到了重要的作用；TCP/IP 体系结构随着 Internet 的广泛使用，经受了市场和用户的检验，已经成为事实上的国际标准。

OSI/RM 的体系结构概念清晰，理论比较完整，但是复杂不实用。TCP/IP 体系结构简单，并得到了非常广泛的应用。OSI/RM 和 TCP/IP 体系结构的比较如表 6-2 所示。

表 6-2　OSI/RM 和 TCP/IP 体系结构的比较

OSI/RM 体系结构	TCP/IP 体系结构	协议簇
应用层	应用层	HTTP、DNS、SMTP、FTP、Telnet 等
表示层		
会话层		
传输层	传输层	TCP、UDP
网络层	网络层	IP、ICMP、ARP、RARP
数据链路层	网络接口层	各种通信网络接口
物理层		

6.3 计算机网络系统的组成

计算机网络系统由网络硬件和网络软件两部分组成。网络硬件包括计算机系统、通信设备和通信线路；网络软件负责控制数据通信和各种网络应用，包括网络协议和网络应用软件等。

6.3.1 计算机网络硬件

计算机网络硬件主要包括网络服务器、工作站、网卡、传输介质和网络互联设备等。网络中的计算机分为服务器和工作站，服务器是向工作站提供服务和数据的计算机，工作站是向服务器发出服务请求的计算机。

1. 传输介质

传输介质是网络中发送方和接收方之间的物理通路。计算机网络中采用的传输介质可分为有线和无线两大类。有线传输介质包括双绞线、同轴电缆和光缆等，无线传输介质包括无线电波、卫星通信、微波和红外通信等。

（1）双绞线

双绞线由4对8芯铜线按照一定的规则纽绞而成，每对芯线的颜色各不相同。双绞线有非屏蔽双绞线（unshielded twisted pair，UTP）和屏蔽双绞线（shielded twisted pair，STP）两种，如图6-6和图6-7所示。目前，常用的是超5类UTP和6类UTP，超5类线的传输速率为1000Mb/s，6类线传输速率可达1Gb/s。在上述3种有线传输介质中，双绞线的覆盖地理范围最小，抗干扰能力最低，价格最便宜。

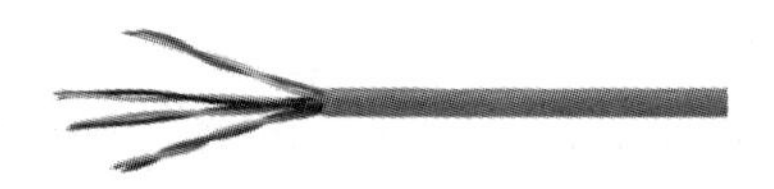

图6-6　非屏蔽双绞线

图6-7　屏蔽双绞线

用于连接双绞线与网卡RJ45接口间的接头，称为RJ45水晶头。在制作双绞线时，水晶头质量的好坏会直接影响整个网络的稳定性。在实际的网络工程中，常用的直通线多采用两端均为568B的标准，即橙白、橙、绿白、蓝、蓝白、绿、棕白、棕的线序。

（2）同轴电缆

同轴电缆由内导体铜质芯线、绝缘层、网状编织的外导体屏蔽层及保护塑料外层组成，如图6-8所示。与双绞线相比，同轴电缆价格高，但带宽大，传输距离长，抗干扰能力强。同轴电缆是与同轴电缆连接器相连接配套使用的。

（3）光缆

光缆又称光导纤维电缆，由一捆光纤组成。光纤即光导纤维，由能够传导光波的石英玻璃纤维作为纤芯，外面由包层、防护保护层等构成，如图 6-9 所示。光纤可以分为多模光纤和单模光纤。多模光纤一般用于距离相对较近的区域内的网络连接，单模光纤传递数据的质量更高，传输距离更长，通常用来连接办公楼与办公楼之间或地理分散更广的网络。光缆与同轴电缆相比，带宽更大，抗干扰能力强，安全性好，但是价格比较昂贵。

图 6-8　同轴电缆　　　　图 6-9　光缆

（4）无线电波

无线电波是指在空气中传播的射频频段的电磁波，网络通信的使用无线电波频率为 2.4～2.483GHz。无线电波是目前应用较多的一种无线传输介质，它具有覆盖范围较广、抗干扰和抗衰减能力强的特点。现在应用非常广的 WiFi 就是一种以无线电波作为传输介质的无线网络互联技术。

WiFi 是一种可以将个人计算机、手持设备（如 PDA、智能手机）等终端以无线方式互相连接的技术。由于 WiFi 产品的标准遵循 IEEE 所制定的 802.11x 系列标准，因此有人把使用 IEEE 802.11 系列协议的局域网称为无线局域网（wireless area networks，WLAN）。WiFi 上网可以简单地理解为无线上网，大部分智能手机、平板计算机和笔记本计算机支持 WiFi 上网。其是当今使用最广的一种无线网络传输技术。

（5）卫星通信

卫星通信就是地面上无线电通信站之间利用同步地球卫星作为中继器的一种微波接力通信，如图 6-10 所示。其优点是通信距离远，通信的频带宽，通信容量大，信号受到的干扰较小，可靠性高；缺点是具有较大的传播时延。

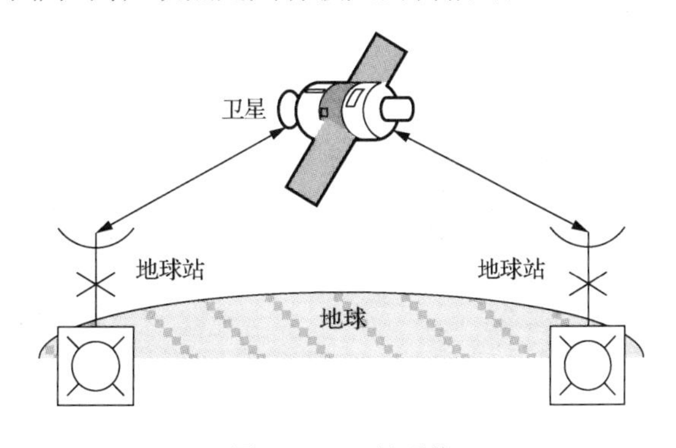

图 6-10　卫星通信

2. 网络设备

常用的网络设备有网络适配器、集线器、交换机、路由器等。

（1）网络适配器

网络适配器又称网络接口卡（network interface card，NIC），简称网卡，如图 6-11 所示。它是网络中计算机与传输介质之间的接口，计算机与外部网络设备之间的通信都是通过网卡进行的。目前，常用的网卡有百兆（100Mb/s）网卡及千兆（1000Mb/s）网卡等。

（2）集线器

集线器实际是一种多端口的中继器，如图 6-12 所示。它在网络中处于一种“中心”的位置，因此集线器也称 Hub。其主要功能是提供信号放大和中转，它把一个端口接收的信号向所有端口分发出去，以扩大传输距离。在计算机网络系统中，集线器是采用共享工作模式的代表，其缺点是所有端口同属一个冲突域，在网络中容易产生广播风暴。集线器一般有 8 个、24 个、32 个等数量的 RJ45 接口。

图 6-11　网卡

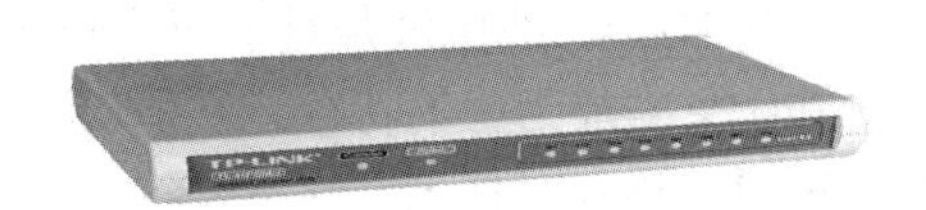

图 6-12　集线器

（3）交换机

交换机（switch）也称交换式集线器。交换机是针对共享工作模式的弱点而推出的，能有效地避免网络的广播风暴，每个端口是一个独立的冲突域。它具备自动寻址能力和信息交换功能，如图 6-13 所示。

（4）路由器

路由器（router）是一种用于连接多个不同网络或多段网络的设备，是进行网间连接的关键设备，如图 6-14 所示。它的主要功能是路由选择和转发分组，即为经过路由器的每个数据包寻找一条最佳传输路径。

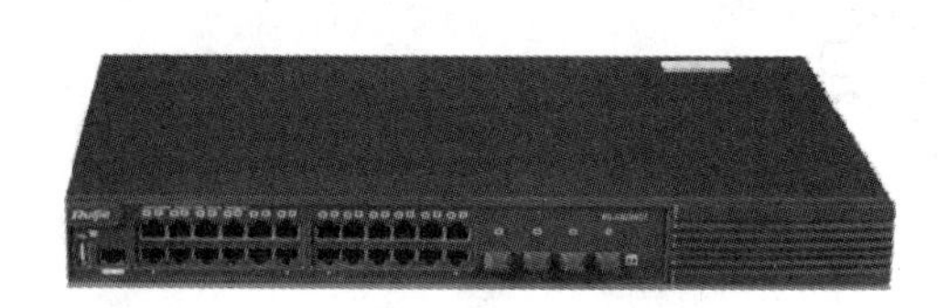

图 6-13　交换机

图 6-14　路由器

（5）无线接入点

无线接入点（wireless access point，WAP）也称无线访问点，它提供有线网络和无线终端的相互访问，在 WAP 覆盖范围内的无线终端可以相互通信。实际上，WAP 是无线网络和有线网络之间沟通的桥梁。WAP 相当于一个无线交换机，与有线交换机或路由器进行连接，为与它相连的无线终端获取动态主机配置协议（dynamic host configuration protocol，DHCP）分配的 IP 地址。

WAP 的类型有多种，有的只提供简单的接入功能，有的是无线接入、路由功能和交换机的集合体。一般来说，WAP 主要用于小范围区域，可覆盖 30～100m，所以无线客户端与 WAP 的直线距离最好不要超过 30m。根据面积和开放程度可配置多个 WAP，实现无线信号的覆盖。

6.3.2　计算机网络软件

计算机网络软件主要包括网络操作系统、网络协议、网络通信软件、网络管理软件和网络应用软件，用来实现结点之间的通信、资源共享、文件管理、访问控制等。

1. 网络操作系统

网络操作系统（network operating system，NOS）使网络中的计算机能方便有效地共享网络资源，向网络用户提供各种服务。常用的网络操作系统有 Linux、UNIX、Windows Server 等。网络操作系统的主要功能如下。

1）提供高效、可靠的网络通信能力。

2）提供多种网络服务功能，如文件传输服务、电子邮件服务、远程打印服务等。

3）提供对网络用户的管理，如用户账号在授权范围内访问网络资源等。

2. 网络协议

为了实现计算机网络的各种服务功能，要在安装不同操作系统的主机之间进行通信和对话，使通信双方能够正确理解、接受和执行对方请求。为此，通信双方就必须遵守相同的规则和协议。

（1）协议的定义

为实现网络中数据交换而建立的规则、标准和约定称为网络协议，简称协议。

（2）协议的三要素

网络协议三要素包括语法、语义和同步。语法，即数据与控制信息的结构或格式；语义，即需要发出何种控制信息，完成何种动作及做出何种响应；同步，即事件实现顺序的详细说明，解决何时进行通信的问题。

（3）协议分层的优点

为了便于对协议描述、设计和实现，计算机网络都采用分层的体系结构。协议分层的优点：各层之间相互独立，通过相邻层之间的接口使用低层提供的服务，使复杂问题简单化；灵活性好，只要接口不变就不会因某层的变化而变化；有利于促进标准化。

（4）常用的网络协议

1）DNS（domain name service，域名服务）协议是提供域名到 IP 地址的转换服务的协议。DNS 协议采用字符型层次式主机命名机制。

2）FTP（file transfer protocol，文件传输协议）是进行文件传输来实现文件共享的协议。FTP 的目的是提高文件的共享性和可靠高效地传送数据。

3）Telnet 协议，是支持本地用户登录到远程系统的协议。

4）POP3（post office protocol version 3，邮局协议第 3 版），是规定个人计算机如何连接到互联网上邮件服务器收发邮件的协议。POP3 允许用户从服务器上把邮件存储到本地主机上，同时根据客户端的操作删除或保存在邮件服务器上的邮件。

5）TCP/IP 规范了网络上所有通信设备之间的数据往来格式及传送方式。

3. 网络通信软件

网络通信软件是用于实现网络中各种设备之间通信的软件。

4. 网络管理软件

网络管理软件负责对网络的运行进行监视和维护，使网络能够安全、可靠地运行，如浏览器、传输软件、远程登录软件、电子邮件收发软件等。

6.3.3 计算机网络的主要性能指标

影响计算机网络性能的因素有很多，如传输距离、使用线路、传输技术等。衡量计算机网络性能的主要指标有带宽和延迟。

1. 带宽

带宽分为模拟带宽和数字带宽，模拟带宽是指某个模拟信号具有的频带宽度，即通信线路允许通过的信号频带范围，单位是 Hz（或 kHz、MHz、GHz 等）。当通信线路传输数字信号时，就用数字带宽来表示网络的通信线路所能传输数据的能力。

计算机发送的信号都是数字形式的，比特（bit）是计算机中最小的数据单位。数字信道传输数字信号的速率称为比特率，即在通信线路中每秒能传输的二进制位（比特）数，单位为 b/s（bit per second）。

在局域网中，经常使用带宽来描述它们的传输容量。例如，我们日常说的 100M 局域网是指速率为 100Mb/s 的局域网，理论上的下载速度是 12.5Mb/s，实际网速约为 10Mb/s。

2. 延迟

网络延迟又称时延，即数据通过传输介质从一个网络结点传输到另一个网络结点所需要的时间，单位是毫秒（ms）。产生网络延迟的因素很多，如网络设备、传输介质及网络软件等。由于物理设备的限制，网络延迟不可能完全消除。网络延迟越小，说明网络越顺畅。

6.4 Internet 基础

Internet 是全球规模最大、信息资源最丰富、开放式的计算机网络。通过 Internet 可以浏览信息、收发邮件、网上购物、下载资料等。

6.4.1 Internet 的产生与发展

1. Internet 的产生

Internet 起源于美国，其前身是 1969 年美国国防部高级研究计划局（Advanced Research Projects Agency，ARPA）建立的 ARPAnet。到 1980 年，ARPAnet 成为 Internet 最早的主干。

从 1985 年起，美国国家科学基金会开始投资组建国家科学基金网（NSFnet），它覆盖了全美国主要的大学和研究所，成为 Internet 的主要组成部分。1990 年，美国高级网络服务公司 ANS 建立了覆盖全美的 ANSnet，这种网络的商业应用使 Internet 有了飞速的发展。

20 世纪 80 年代，由于全世界其他国家和地区也先后建立了自己的骨干网，美国的 Internet 网开始接受其他国家和地区的接入。从 20 世纪 70 年代 Internet 建成发展至今已有 40 多年的历史，联网主机已从 1971 年 ARPAnet 的 23 台发展到现在的几千万台以上。

2. Internet 在我国的发展

Internet 在我国的发展大致分为以下两个阶段。

第一阶段是 1987～1993 年，我国科研部门通过与 Internet 连网，进行学术交流与科技合作，以及使用 Internet 电子邮件的收发业务。

第二阶段是从 1994 年至今，我国实现了与 Internet 的 TCP/IP 连接，开通了 Internet 的全功能服务。我国被国际上正式承认为接入 Internet 的国家。

目前，我国已建成的骨干公用计算机网络如下。

1）中国电信互联网（CHINANET）（原中国公用计算机互联网）。

2）中国联通互联网（UNINET）。

3）中国移动互联网（CMNET）。

4）中国教育和科研计算机网（CERNET）。

5）中国科学技术网（CSTNET）。

这五大网络分别在经济、文化和科学领域扮演着重要的角色。

中国第一个真正意义上的互联网连接源自 1994 年。经过多年的发展，中国在互联网技术的应用与创新上取得了长足的进展。我国网民规模持续平稳增长，互联网模式不

断创新，线上线下服务融合加速，公共服务线上化步伐加快，成为网民规模增长的推动力。根据中国互联网络信息中心发布的第 47 次《中国互联网络发展状况统计报告》，截至 2020 年 12 月，我国网民规模达 9.89 亿，互联网普及率达 70.4%。

6.4.2 Internet 的地址和域名

1. IP 地址

（1）定义

Internet 是由许多网络和计算机组成的，为了确保用户在访问时能找到所需要的计算机，所有连入 Internet 的计算机必须拥有唯一表示该计算机的标志，称为 IP 地址。为了保证 IP 地址的唯一性，Internet 的 IP 地址由国际互联网络信息中心统一管理和分配。

（2）组成

目前，IP 地址使用的是 IPv4（internet protocol version 4，第 4 版互联网协议），IPv4 地址由 32 位二进制数组成。IP 地址用于唯一标志网络中的一台主机，它由两部分构成：网络地址（网络号）和主机地址（主机号）。网络地址用于识别主机所在的网络，主机地址用于识别网络中的主机。网络地址就像固定电话号码中的区号，主机地址就像家里的电话号码。

为了表示方便，国际通行一种“点分十进制表示法”，即将 32 位地址按字节分为 4 段，每段 8 位即 1 字节，每字节用十进制数表示出来，并且各字节之间用“.”隔开，如图 6-15 所示。可见，每个十进制数的取值范围是 0～255。

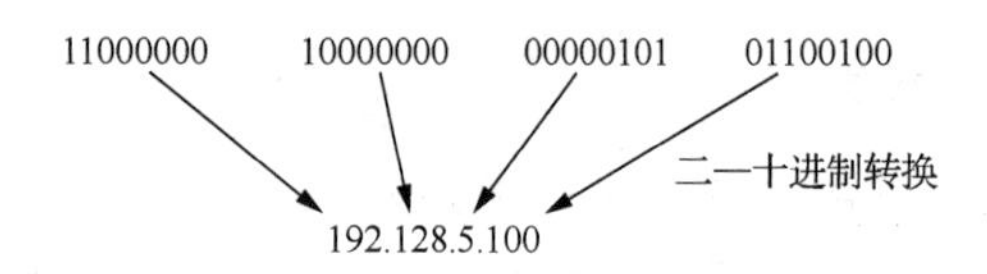

图 6-15　IP 地址的点分十进制表示法

（3）分类

IP 地址根据网络地址的不同分为 A、B、C、D、E 五类。A 类地址的网络号取值范围为 1～126（127 留作他用）。B 类地址的网络号取值范围为 128～191。C 类地址的网络号取值范围为 192～223。D 类地址的网络号取值范围为 224～239，目前这一类地址被用在多点广播中。E 类 IP 地址为将来使用保留，同时也可以用于实验。全 0 和全 1 的两个地址用作特殊用途，不作为普通主机地址。

需要指出的是，各类 IP 地址的网络地址与主机地址所占位数是不尽相同的。例如，C 类 IP 地址的网络地址占 24 位，主机地址占 8 位，如图 6-16 所示。这样，IP 地址 192.128.5.100 属于 C 类地址，其网络地址为 192.128.5，主机地址为 100。用二进制表示 IP 地址为 11000000.10000000.00000101.01100100，其网络地址为 11000000.10000000.00000101，其主机地址为 01100100。

图 6-16　C 类 IP 地址的组成

（4）子网掩码

随着互联网的发展，网络的需求也越来越多，有的网络主机很少，有的却很多，这样就造成了 IP 地址的浪费。在实际应用中，通常将一个大的网络分成几个部分，每个部分称为一个子网。这些子网的网络地址都相同，只是将主机地址部分进行逻辑细分，划分成子网号和主机号两部分，并通过子网掩码进行识别，子网掩码又称为网络掩码。子网掩码与 IP 地址的表示方法相同，常用的 C 类地址默认的子网掩码是 255.255.255.0。

（5）IPv6 地址

IPv4 设计者没有预测到 Internet 网络和主机数量增长速度如此迅猛，致使 IPv4 地址资源陷入枯竭的困境。针对 IPv4 的缺陷，IPv6 采用 128 位（16 字节）的地址空间来扩充 Internet 的地址容量，不仅解决了 IP 地址空间的问题，还推动了业务创新，使 Internet 能承担更多的任务，为以 IP 为基础的网络融合奠定了坚实的基础。

2. 域名

对于一般用户而言，IP 地址太抽象了，而且用数字表示也不便于记忆，用户更愿意使用好读、易记的名称给主机命名。因此，Internet 为方便人们记忆而设计了一种字符型的计算机命名机制，即域名。域名与 IP 地址存在映射关系，在访问 Internet 上的计算机时，既可以使用 IP 地址，也可以使用域名。

域名采用层次结构，域下面按领域又分子域，子域下面又有子域，直到最后的主机。在表示域名时，级别从右到左越来越小，并用“.”分隔。其通用格式如下：

主机名…二级域名.顶级域名

例如，ggjsj.ccrw.edu.cn。其中，顶级域名 cn 表示中国，二级域名 edu 表示教育机构，三级域名 ccrw 表示长春人文学院，主机名 ggjsj 表示公共计算机教研部。

顶级域名一般分为两大类，即地域性域名和机构性域名。常用地域性域名和机构性域名的标准代码，如表 6-3 和表 6-4 所示。

表 6-3　常用地域性域名

域名	国家	域名	国家	域名	国家
ca	加拿大	in	印度	nz	新西兰
cn	中国	it	意大利	sg	新加坡
de	德国	jp	日本	us	美国
fr	法国	kr	韩国		
gb	英国	ru	俄罗斯		

表 6-4　常用机构性域名

机构域名	机构名称	机构域名	机构名称	机构域名	机构名称
com	商业组织	edu	教育机构	org	非商业组织
mil	军事部门	net	网络机构	gov	政府机构

域名不区分大小写，Internet 域名的管理方式也是层次式的，某一层的域名需向上一层的域名服务器注册，而该层以下的域名则由该层自行管理。这种层次型域名只要保证同层内名称不重复，就可以在 Internet 中保证主机名的唯一性。

当用户在浏览器输入某个网站域名的时候，这个信息首先到达提供此域名解析的服务器上，然后将此域名解析为相应网站的 IP 地址，完成这一任务的过程称为域名解析。

6.4.3　Internet 的接入方式

Internet 是一个信息资源的海洋，要使用这些资源就必须将计算机同 Internet 连接起来。专门提供 Internet 接入服务的公司或机构称为网络服务提供商（internet server provider，ISP）。Internet 的接入方式有很多，传统的接入网技术主要有综合业务数字网（integrated services digital network，ISDN）接入、数字数据网（digital data network，DDN）接入、非对称数字用户线（asymmetric digital subscriber line，ADSL）接入等。目前比较流行的有电缆调制解调器接入（广电宽带）、无线接入、光纤接入、电力线接入等。

电子信号分两种，一种是模拟信号，一种是数字信号。我们使用的电话线路传输的是模拟信号，个人计算机之间传输的是数字信号。把数字信号转换成模拟信号的过程称为调制；把模拟信号转换成数字信号的过程称为解调。同时具备两种功能的设备称为调制解调器，俗称猫。

1. ADSL 接入方式

ADSL 是指通过电话线、网卡和 ADSL 专用的调制解调器与 ISP 连接，进而连接到 Internet。ADSL 是非对称数字用户线的缩写，非对称是指下行方向和上行方向的数据速率不同，一般下载速率最高可达 8Mb/s，上传速率最高可达 2Mb/s。这种传输方法的优点是使用电话线中的高频率区传输数据，不但传输速度快，而且可以同时实现上网和打电话。

（1）单用户 ADSL 接入

单用户 ADSL 接入方式一般为家庭用户使用，如图 6-17 所示。

（2）多台计算机共享 ADSL

多台计算机共享 ADSL 上网，需要准备一台宽带路由器，可以在不增加上网费用的情况下，实现共享上网，如图 6-18 所示。

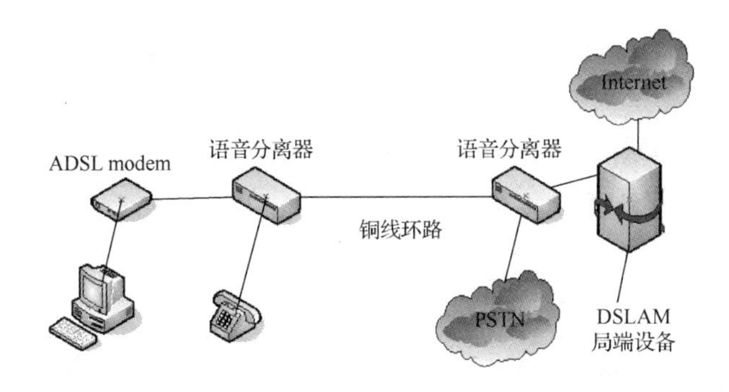

图 6-17　单用户 ADSL 接入方式

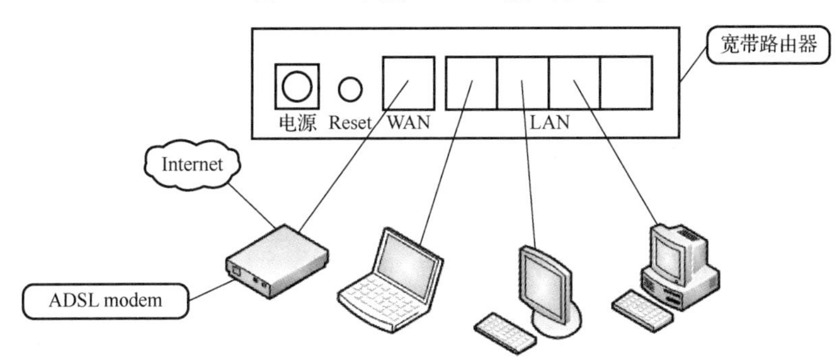

图 6-18　使用宽带路由器组网

2. 局域网方式

（1）有线局域网

有线局域网方式是指计算机通过电缆、网卡与 ISP 的服务器相连，利用以太网技术实现与 Internet 的互联，如图 6-19 所示。

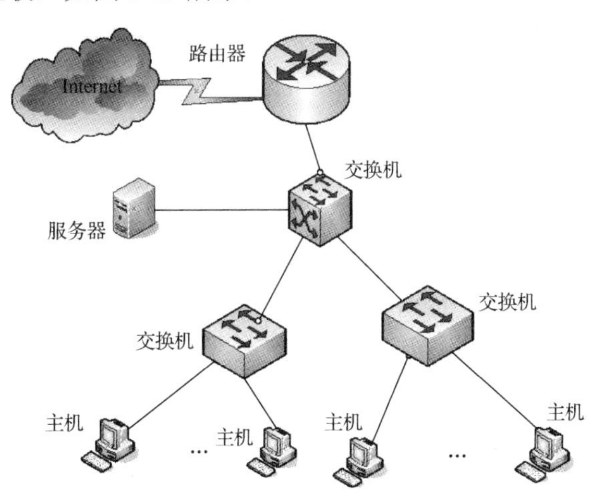

图 6-19　有线局域网接入方式

如果局域网与 Internet 连接上，那么局域网内的每台计算机都可以直接访问 Internet。例如，校园网就是这样连入 Internet 的。

以 Windows 7 操作系统为例，设置局域网 IP 地址的操作步骤如下。

1）右击任务栏网络图标，在弹出的快捷菜单中选择“打开网络和共享中心”命令，打开“网络和共享中心”窗口，如图 6-20 所示，单击“本地连接”链接，打开“本地连接 状态”对话框，如图 6-21 所示。

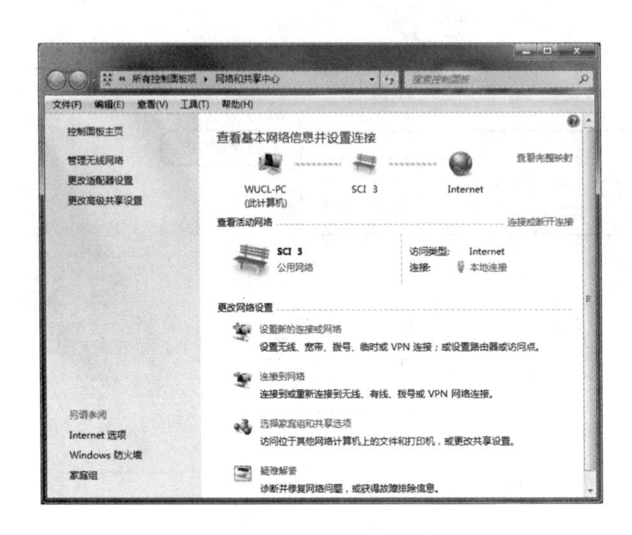

图 6-20 “网络和共享中心”窗口

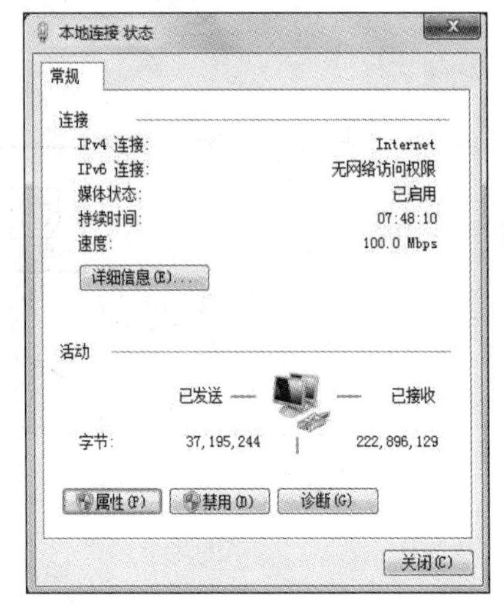

图 6-21 “本地连接 状态”对话框

2）在“本地连接 状态”对话框中，单击“属性”按钮，打开“本地连接 属性”对话框，如图 6-22 所示。

3）双击“Internet 协议版本 4（TCP/IPv4）”，在打开的“Internet 协议版本 4（TCP/IPv4）属性”对话框中，根据所在局域网的实际情况，填写正确的 IP 地址和 DNS 服务器地址，在局域网中常设置为自动获得 IP 地址和自动获得 DNS 服务器地址，如图 6-23 所示。

（2）无线局域网

无线通信技术与计算机网络的结合，诞生了无线局域网这一新兴技术，它是利用无线通信技术将普通个人计算机、无线设备等相互连接，组成能够全面实现网络资源共享和通信的网络架构。目前，常用的无线网络拓扑主要有点对点模式、基础结构集中式和蜂窝式等结构。

在无线局域网络中，常用的设备有无线网卡、WAP、无线网桥、无线网关/路由器、无线控制器、天线等。目前，常用的无线网络协议标准主要有 Blue-Tooth、HomeRF、WiFi（IEEE 802.11 系列）、WPAN（IEEE 802.15）等。其中，WiFi 是当今使用最广泛的一种无线网络传输技术。

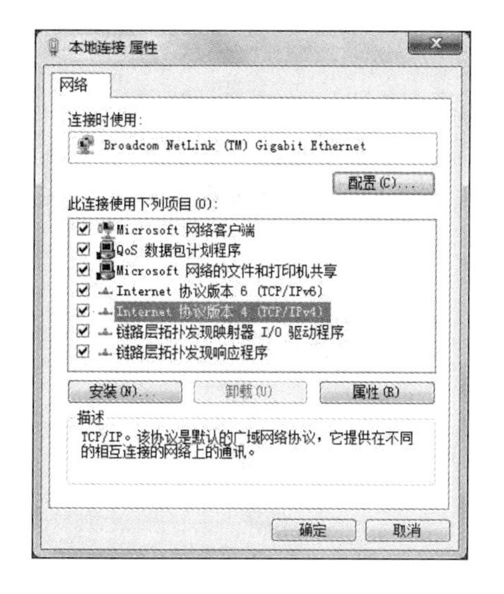

图 6-22　“本地连接 属性”对话框

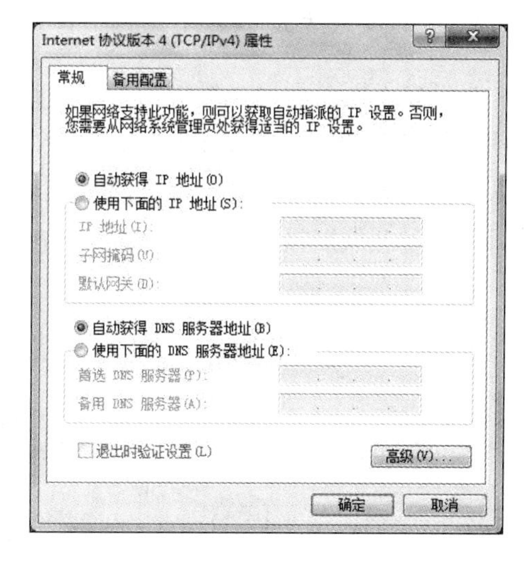

图 6-23　设置 IP 地址

按照高校信息化建设的发展要求，校园网络要能为学校内的师生提供更加方便快捷的网络接入方式，以便适应他们随时随地通过网络进行教学、科研和学习的需求。所以，许多高校都在校园有线网络的基础上，利用无线网局域网技术构建无线校园网。例如，某大学要实现无线校园网的全覆盖，就需要从覆盖区域（教学楼、办公楼、体育场、报告厅、宿舍楼等）、覆盖面积、人员密集度等方面考虑 WAP 的部署，并根据实际情况进行室内 WAP 或室外 WAP，以及不同功率型号 WAP 的选取。无线局域网的接入方式如图 6-24 所示。

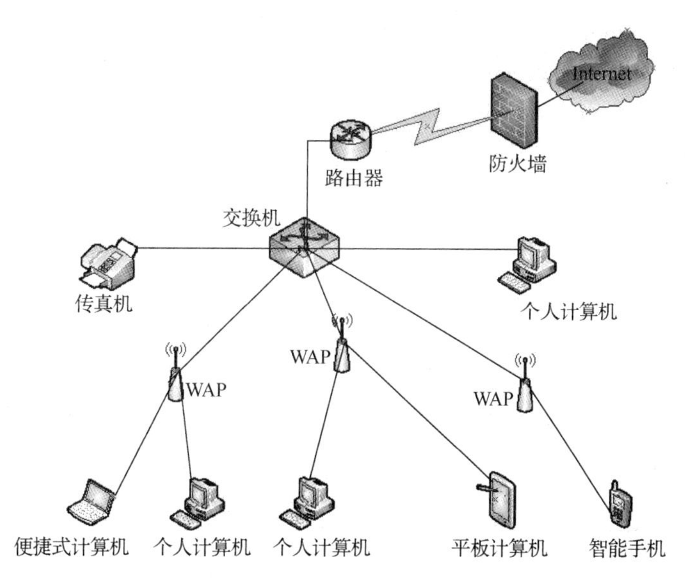

图 6-24　无线局域网的接入方式

3．光纤接入方式

光纤接入网是指用光纤作为主要的传输介质，实现接入网的信息传送功能。光纤入户的显著优点是能实现 Internet 宽带接入、有线电视广播接入和 IP 电话三网合一。光纤接入方式克服了铜线传输带宽窄、损耗大、维护费用高等不足，是在世界范围内被普遍看好的一种互联网接入方式。光纤接入方式如图 6-25 所示。

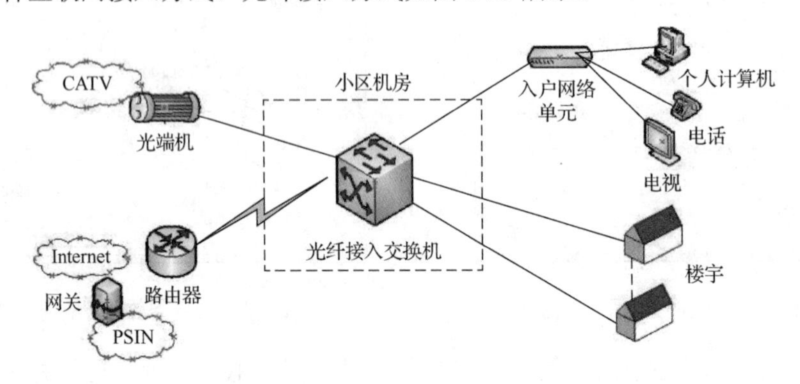

图 6-25　光纤接入方式

6.5 Internet 应用

Internet 是一个能把分布于世界各地不同结构的计算机网络用各种传输介质互相连接起来的网络，其中的资源非常丰富。随着信息技术的发展，Internet 越来越显示出其重要性和优越性。为了充分而方便地使用这些丰富的信息资源，Internet 提供了种类繁多的服务，主要有万维网、电子邮件、文件传输等。

6.5.1 基本概念

1．万维网

万维网（world wide web，WWW）简称 WWW、3W 或 Web。Web 是当前 Internet 上最受欢迎、最为流行的信息检索服务系统。其显著特点是传输超文本（hypertext），并遵循超文本传输协议（hyper text transfer protocol，HTTP）。它把 Internet 上现有的资源统统连接起来，使用户用链接的方法非常方便地从 Internet 上的一个站点访问另一个站点。

2．超文本、超媒体和超链接

超文本是用超链接的方法，将各种不同空间的文字信息组织在一起的网状文本。超媒体（hypermedia）是在超文本中加入了图形、动画、音频和视频等多媒体信息，在本质上和超文本是一样的，实际上是超文本的扩充。超链接（hyperlink）是在超文本文件中使用的链接，帮助用户从一个网页跳转到另一个网页，或在相同页面看到相关的详细内容。

3. 超文本标记语言

超文本标记语言（hypertext markup language，HTML）是一种制作网页的标准语言。HTML 使用标记标签来描述网页，包括标题、图形定位、表格和文本格式等，浏览器根据 HTML 来显示网页中的文字和其他信息，以及如何进行链接等。超级文本标记语言消除了不同计算机之间信息交流的障碍，它是 Web 编程的基础。

4. 网站和网页

网站（Web 站点）指在 Internet 上向全球发布信息的地方。网站主要由 IP 地址和内容组成，存放于 Web 服务器上。网站中包含很多网页（Web 页），网页就是用超文本标记语言编写的一种超文本文件，其中包含指向其他网页或文件的超链接。网站的第一页称为主页（首页），它主要体现这个网站的特点，并为用户提供访问本网站或其他网站的信息。网站把各种形式的超文本文件链接在一起，形成一个内容丰富的立体链接网。

5. 统一资源定位器

统一资源定位器（uniform resource locator，URL）用来表示 Internet 上各种资源的位置和访问方法，它使每一种资源在整个 Internet 中具有唯一的标志。实际上，URL 就是 Internet 上资源的地址，通常称为网址。URL 的标准格式如下：

<协议类型>://<主机名>:[端口]/<路径><文件名>

例如，http://www.weather.com.cn/weather/101060101.shtml 能提供以下信息：http 表示 Web 服务器使用 HTTP，www.weather.com.cn 表示要访问的 Web 服务器域名是中国天气，weather 表示路径，101060101.shtml 表示与长春天气相关的网页文件。

URL 是一种较为通用的网络资源定位方法，除指定 HTTP 访问 Web 服务器外，还可以通过指定其他协议类型访问其他类型服务器。例如，通过指定 FTP 访问 FTP 文件服务器，通过 Telnet 进行远程登录等。

6. HTTP

HTTP 规定了浏览器在运行超文本文件时所遵循的规则和操作协议，它是 Web 的基本协议。

用户通过 URL 可以定位自己想要查看的信息资源，而这些资源存储在世界各地的 Web 服务器中。如果用户想通过浏览器去浏览这些信息资源，就要使用 HTTP 将超文本等信息从服务器传输到用户的客户机上。

6.5.2 浏览器的使用

浏览器是可以浏览网页的应用软件，既可以浏览文本信息，也可以浏览图形、音频和视频等信息，是用户与这些文件交互的一种软件。它实际上是客户端/服务器（client/service）工作模式，简称C/S结构。使用浏览器的过程：客户通过浏览器向服务器发出请求，服务器送回客户所需要的网页并在浏览器窗口显示。

随着 Web 的迅速发展，浏览器的种类也越来越多，目前国际上流行的有 Internet Explorer 系列、火狐（Firefox）、谷歌（Chrome）等。我国开发的浏览器有UC、搜狗、360等。大多数用户习惯使用Windows操作系统预装的浏览器Internet Explorer。下面以Internet Explorer 11为例介绍它的基本设置和使用方法。

1. 设置常规选项

选择“开始”→“Internet Explorer”命令，启动浏览器，进入Internet Explorer窗口，如图6-26所示。

图6-26 Internet Explorer窗口

（1）设置Internet Explorer的主页

用户可以将经常访问的网站设为主页，每次启动 Internet Explorer 时将自动打开该网页。例如，将www.chsnenu.edu.cn设置为主页的操作步骤如下。

1）在 Internet Explorer 窗口中，单击“工具”按钮，在弹出的下拉列表中选择“Internet选项”命令，打开“Internet选项”对话框。

2）选择“常规”选项卡，在“主页”列表框中输入网址，如图 6-27 所示。

3）单击“应用”按钮后，再单击“确定”按钮。

除手工输入网址外，用户还可以单击“使用当前页”按钮、“使用默认值”按钮、“使用新选项卡”按钮来设置主页。

（2）设置临时文件夹的大小和位置

用户访问过的网页所使用的文件（如 HTML 文档、图片等）称为 Internet 临时文件，一般存储在默认文件夹中，再次访问该页时会加快浏览速度。设置临时文件夹的大小和位置的操作步骤如下。

1）在“Internet 选项”对话框中选择“常规”选项卡，单击“设置”按钮，打开“网站数据设置”对话框。

2）修改磁盘空间大小并设置新位置，如图 6-28 所示。

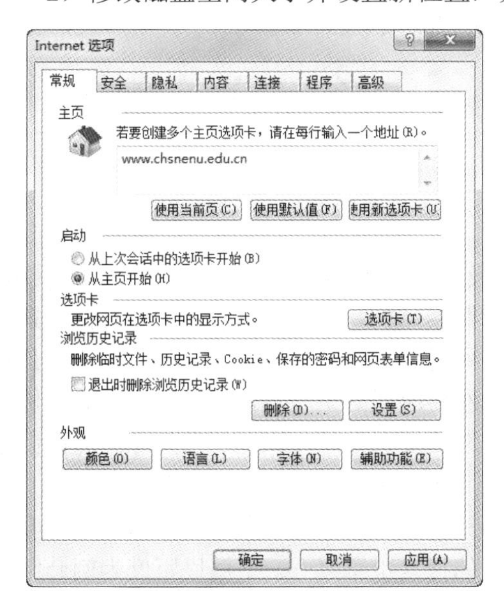

图 6-27　“Internet 选项”对话框

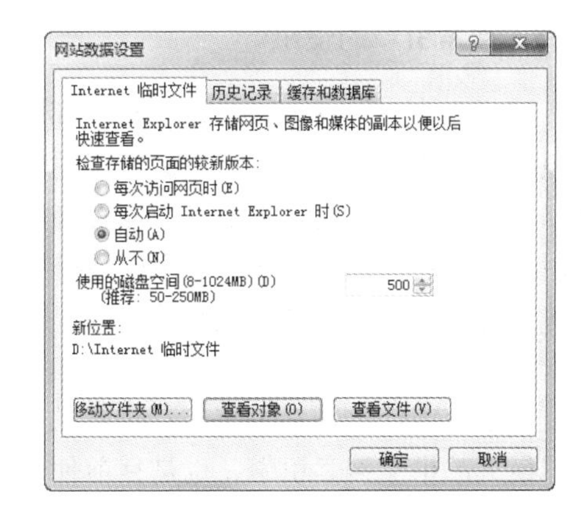

图 6-28　“网站数据设置”对话框

2. 使用收藏夹

用户对喜欢的网站，可以通过收藏功能将其网址存储下来。这样可以从列表中进行选择，从而方便快捷地打开该网页。当收藏夹中的网页地址过多时，可以将这些网页地址排列到文件夹中，并进行整理。用户在访问网页时，Internet Explorer 会自动将已访问网页的链接地址保存在 History 文件夹中，可以对历史记录进行保存天数、清除等设置。

（1）将 Web 页添加到收藏夹

1）进入 Internet Explorer，打开要添加到收藏夹的网页。

2）单击“收藏夹”按钮，在弹出的下拉列表中选择“添加到收藏夹”命令，打开“添加收藏”对话框，如图 6-29 所示。

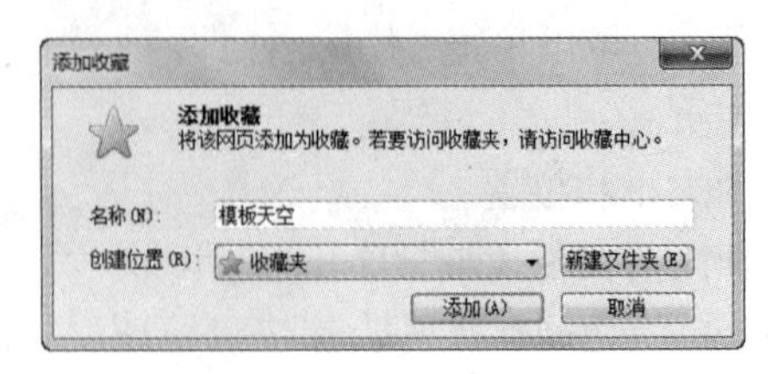

图 6-29　添加网页到收藏夹

3）在“名称”文本框中输入网页的名称，在“创建位置”下拉列表中选择存放网页的文件夹。

4）单击“添加”按钮，即可将网页添加到收藏夹中。

（2）整理收藏夹

通过整理收藏夹，可以对收藏的网址进行分类管理，操作方法类似于 Windows 下的文件管理，这里不再赘述。

6.5.3　搜索引擎的使用

Internet 的迅速发展使其成为当今世界上最大的信息库。Internet 是一个开放的网络，资源的分布比较分散，并且没有统一的管理和数据结构，导致搜索困难。要想在纷繁复杂、千变万化的信息海洋中迅速而准确地获取所需要的信息，不借助专门的搜索工具是很困难的。根据调查，搜索引擎已经排在各种网络应用的第一位，互联网门户的地位也由传统的新闻门户网站转向搜索引擎。搜索引擎其实也是一个网站，它是专门提供信息检索服务的网站。目前我国常用的搜索引擎有百度、网易、新浪、搜狗等。

无论使用什么搜索引擎进行信息的搜索，都需要掌握一定的信息检索技巧。百度是全球最大的中文搜索引擎，也是目前使用广泛的搜索引擎之一。下面以百度为例介绍搜索引擎的使用。

1. 简单搜索

在百度首页的搜索框中输入关键词，然后单击“百度一下”按钮，即可显示搜索结果。要注意搜索的结果并不一定十分准确，可能包含许多无用的信息。

2. 精确搜索

将要搜索的关键词加上西文双引号，此时搜索的结果是精确匹配的，且其顺序与输入的顺序一致。例如，在百度首页的搜索框中输入“"计算机网络应用"”，在返回网页中会显示有“计算机网络应用”的所有网址，而不会返回含有如“计算机基础”“Word 应用”之类的网页。

3. 两个关键词的搜索

在关键词与关键词之间用空格分隔。例如，输入“四川　美食”将获得比较准确的四川美食相关信息。这种对两个关键词进行搜索的方法可以推广到多个关键词的搜索。

4. 使用减号

在搜索中输入减号的作用是去除无关的搜索结果。例如，输入“计算机二级教程-视频”，表示最后的搜索结果中不包含“视频”的教程。

数字信息资源是许多人获取信息和知识的重要来源，除使用搜索引擎进行信息检索外，数字图书馆也是人们经常使用的检索工具。数字图书馆是传统图书馆在互联网时代发展的产物，用户可以通过数字图书馆和文献信息数据库系统进行信息资源检索。常用的数字图书馆有超星数字图书馆和中国知网等。

6.5.4　收发电子邮件

电子邮件（E-mail）服务是使用广泛的 Internet 服务之一。电子邮件基本代替了传统的电报和信件，它是一种简单、快捷、廉价的信息传递方式，深受广大用户青睐。

1. 电子邮件的工作原理

电子邮件系统一般由 3 部分组成，即邮件应用程序、邮件服务器和邮件传输协议。邮件传输协议定义了两种协议共同控制邮件的发送和接收，即简单邮件传输协议（simple mail transfer protocol，SMTP）和 POP3。SMTP 负责电子邮件的发送，实现从发送方向接收邮件服务器的发送，POP3 负责将电子邮件从邮件服务器读取到用户计算机上。Internet 电子邮件系统采用客户端/服务器工作模式，如图 6-30 所示。

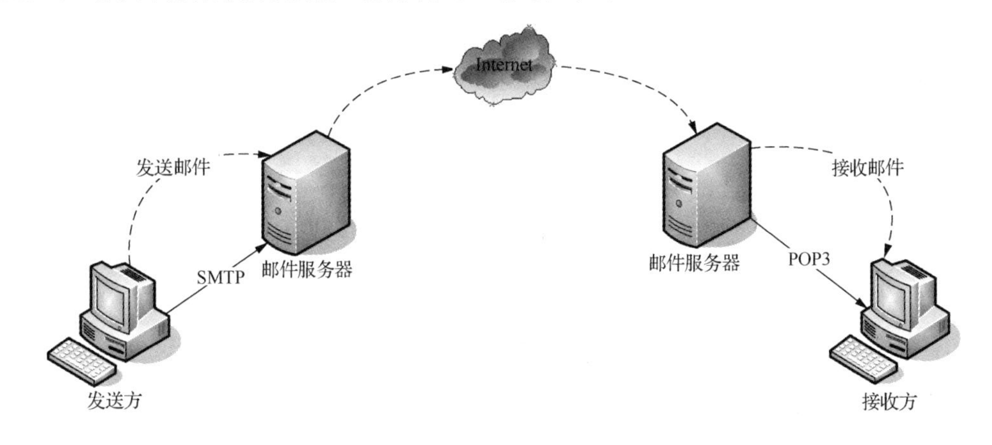

图 6-30　电子邮件的工作原理

2. 电子邮件地址

电子邮件地址的格式如下：用户名@主机域名。其中，用户名是指用户在某个邮件服务器上注册的用户标志；@读作 at，是分隔符；主机域名是指邮箱所在的邮件服务器的域名，用户名可以是字母和数字的任意组合，不区分大小写。例如，computer2018v@sina.com 表示在新浪邮件服务器上用户名为 computer2018v 的电子邮箱。

3. 申请免费电子邮箱

要想收发电子邮件，首先要申请一个电子邮箱。电子邮箱分为收费电子邮箱和免费电子邮箱两种。收费电子邮箱一般提供比免费电子邮箱更多的服务、更好的稳定性及更可靠的安全性。目前，国内外有许多网站提供免费的电子邮箱服务，用户可以在这些网站申请免费电子邮箱。提供免费电子邮箱的部分网站如表 6-5 所示。

表 6-5　提供免费电子邮箱的部分网站

网站名称	网址
网易免费电子邮箱	https://mail.163.com
新浪免费电子邮箱	http://mail.sina.com.cn
搜狐免费电子邮箱	https://mail.sohu.com
QQ 免费电子邮箱	https://mail.qq.com

下面以申请新浪免费电子邮箱为例，介绍免费电子邮箱的申请步骤。申请新浪免费电子邮箱的操作步骤如下。

1）在浏览器的地址栏输入“http://mail.sina.com.cn”，按【Enter】键进入“新浪邮箱”首页，如图 6-31 所示。

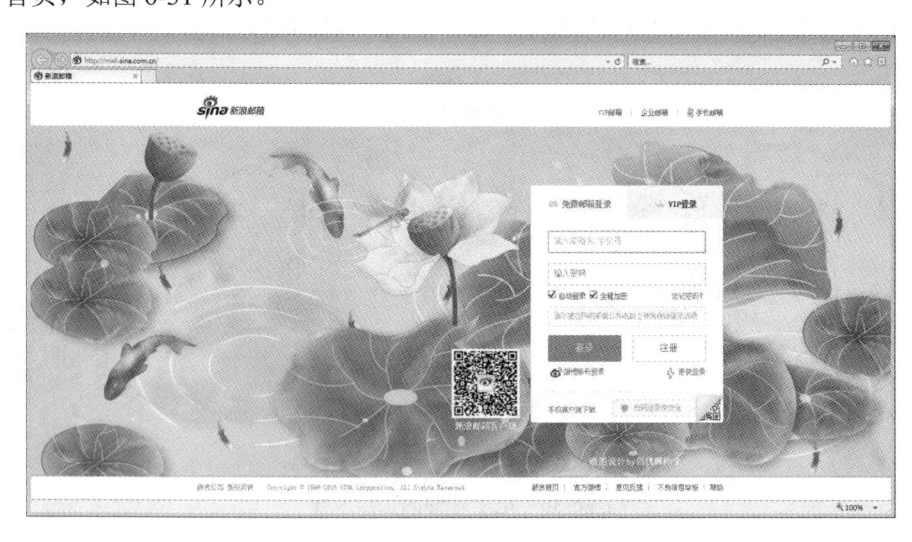

图 6-31　申请新浪免费电子邮箱界面

2）选择“免费邮箱登录”选项卡，单击“注册”按钮，进入注册邮箱界面。

3）设置用户相关信息，填写验证码进行确认，选中“我已经阅读并同意”单选按钮，最后单击“提交”按钮。

4）申请完成后，进入注册成功的邮箱界面。

4. 发送电子邮件

发送电子邮件的操作步骤如下（以新浪免费电子邮箱为例）。

1）登录新浪邮箱首页，输入电子邮箱的用户名和密码，单击“登录”按钮，进入新浪邮箱界面。

2）单击界面左侧的“写信”按钮，在界面右侧区域输入收件人的邮箱地址、主题、邮件内容。

3）如果需要为邮件添加附件（图片、声音、文本等），则单击“添加附件”链接，打开“选择要加载的文件”对话框，选择完成后单击“上传附件”按钮即可，如图 6-32 所示。

4）完成邮件的撰写后，单击“发送”按钮，系统通知用户邮件是否发送成功。

图 6-32　撰写邮件

5. 接收电子邮件

以新浪免费电子邮箱为例介绍电子邮件的接收。登录邮箱后，单击界面左侧的“收信”按钮，进入收件箱，即可查看收到的邮件。单击邮件发件人或邮件主题，将呈现邮件的内容。如果需要回复，则单击“回复”按钮，编辑邮件回复给发件人。

6.5.5 FTP 文件传输

FTP 的主要作用是在不同计算机系统间传输文件，而不受主机类型和文件种类的限制。用户可以从授权的异地计算机上获取所需文件，也可以把本地文件传输到其他计算机上实现资源共享。

1. FTP 工作原理

FTP 是基于客户端/服务器方式来提供文件传输服务的，FTP 向用户提供上传和下载两种服务。使用 FTP 时必须先登录，在远程主机上获得相应的权限以后，方可下载或上传文件。它的工作原理是将各种类型的文件存储在 FTP 服务器中，通过 FTP 客户端程序和服务器端程序在 Internet 上实现远程文件传输，即通过网络将文件从一台计算机传输到另一台计算机，就像在本机磁盘之间进行复制一样。

2. 通过 FTP 客户端软件访问 FTP 服务器

FileZilla 是一款免费、常用的 FTP 客户端软件，功能是连接用户主机与 FTP 服务器，使用户登录到远程 FTP 服务器后能够与服务器互传文件，并能对文件和目录进行管理。该软件安装到用户主机后，通过“开始”菜单找到“Filezilla FTP Client”文件夹，选择“FileZilla”软件，即可打开“FileZilla”窗口，如图 6-33 所示。

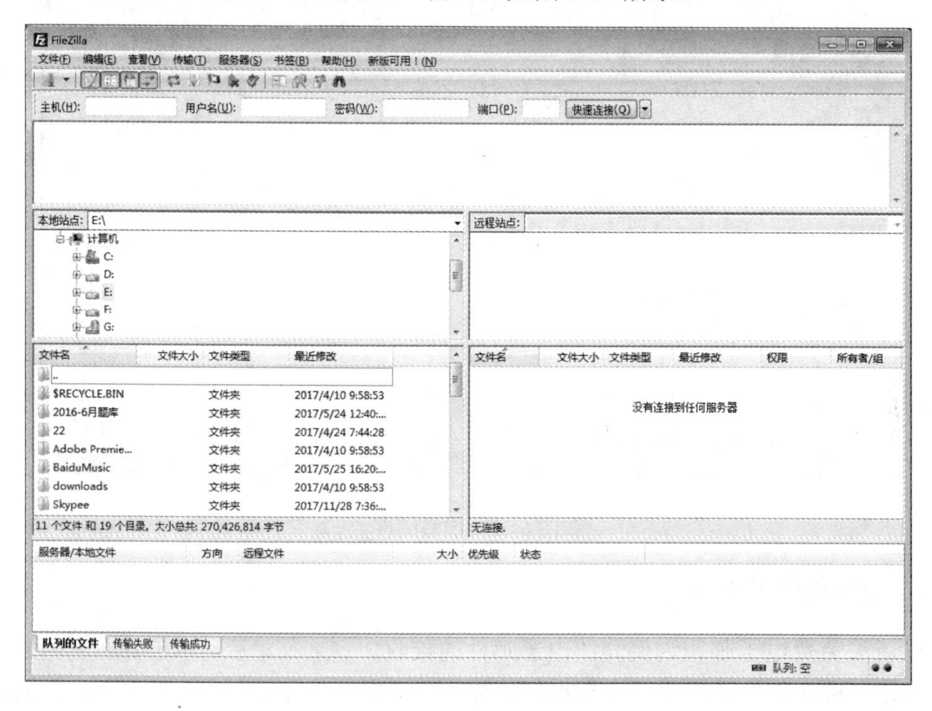

图 6-33 “FileZilla”窗口

3. 通过浏览器访问 FTP 服务器

浏览器不仅可以浏览 Web 页，还可以访问 FTP 服务器。在浏览器的地址栏输入 FTP 服务器的地址，按【Enter】键，在打开的“登录”对话框中输入正确的用户名和密码，即可登录远程 FTP 服务器。使用 Internet Explorer 登录 FTP 服务器，如图 6-34 所示。

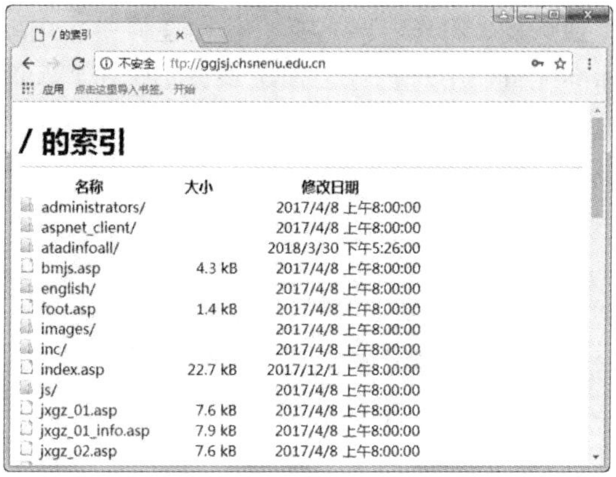

图 6-34　使用 Internet Explorer 登录 FTP 服务器

6.5.6　Internet 的其他应用

1. 即时通信

即时通信（instant messaging，IM）是一种使人们能在网上识别在线用户并与他们实时交换消息的技术，成为继电话、电子邮件之后的第三种现代通信方式，也是目前应用最广的在线通信方式。

IM 工作过程：用户输入用户名和密码，IM 服务器验证用户身份，用户登录成功后的状态为在线。某人在任何时候登录上线并试图通过用户的计算机联系其他用户时，IM 系统会发一个消息提醒该用户，此人便能与该用户建立一个聊天会话通道，通过输入文字或语音等方式进行信息交流。

IM 不仅仅是一个单纯的聊天工具，它已经发展成集语音、视频、文件共享、短信发送、资讯、娱乐等高级信息交换功能于一体的综合化信息平台。目前流行的 IM 软件有腾讯 QQ、阿里旺旺、微信等。

2. 微博

微博即微型博客，是一个基于用户关系的信息分享、传播及获取的平台。微博中每篇文字一般不超过 140 字，用户可以通过手机、网络等方式来即时更新自己的个人信息，并实现即时分享。微博作为全新的广播式社交网络平台越来越受到网民的欢迎。现在我国有很多网站提供微博服务，如新浪微博、搜狐微博、网易微博等。注册微博后，用户就可以在自己主页上发表微博，通过“粉丝”转发来增加阅读数，同时，还可以关注自己喜欢的微博账号，通过@对方或私信对其微博进行评论。

3. 微信

微信是腾讯公司推出的一个为智能终端提供即时通信服务的免费应用程序。它既是即时通信软件，又是一款展现生活的社交软件。虽然微信是基于点对点的通信工具，但它的功能除社交外还包括购物、打车、游戏等。目前在许多应用软件中，微信快捷登录已经成为登录体系的标准配置，用户已经习惯于不去记忆密码，而是单击跳转到微信按钮，再单击授权进入应用程序中。

4. 电子商务

（1）电子商务的定义

电子商务的定义可以从广义和狭义两个方面来理解。广义的电子商务包括两层含义，一层是指应用各类电子工具，如电话、电报、传真等从事的商务活动；另一层是指企业利用互联网从事包括产品广告、设计、研发、采购、生产、营销、推销、结算等各种经济事务活动的总称。狭义的电子商务主要是指利用 Internet 从事以商品交换为中心的商务活动。电子商务作为一个新兴事物将成为 21 世纪经济增长的引擎。

（2）常见的电子商务模式

1）B2B 模式（business to business），即企业对企业，如阿里巴巴、生意宝（网盛科技）、慧聪网等。

2）B2C 模式（business to customer），即企业对个人。这种模式以互联网为载体，为企业和消费者提供网上交易平台，即网上商店，如京东、亚马逊、当当网等。

3）C2C 模式（customer to customer），即个人对个人，如淘宝网、拍拍网、易趣网等。

（3）网上购物流程

电子商务网站可提供网上交易和管理等全过程的服务，网上购物流程如图 6-35 所示。

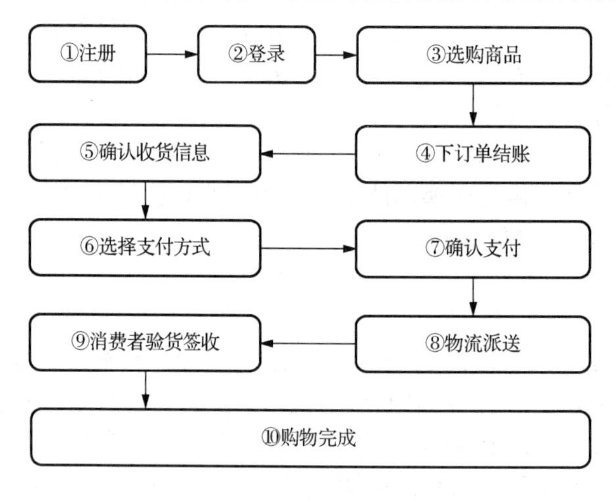

图 6-35　网上购物流程

6.6 计算机网络安全

随着计算机网络技术的快速发展，Internet 已经深入千家万户，人们依赖计算机网络的一些日常活动日益增强，如网上购物、网络银行、网上交友等。越来越多的重要信息和数据出现在网络中，同时还受到计算机病毒、黑客、系统漏洞等所带来的网络安全威胁，网络安全已经成为人们关心的一个重要问题。

6.6.1　网络安全的基本概念

计算机网络安全是指通过采取各种技术和管理措施，确保网络数据的可用性、完整性和保密性，其目的是确保经过网络传输和交换的数据不会发生增加、修改、丢失和泄漏等问题。计算机网络安全主要包括网络实体安全和网络信息安全。网络实体安全主要指计算机的网络硬件设备和通信线路的安全。网络信息安全主要指软件安全和数据安全。

6.6.2　防火墙技术

1. 防火墙的定义

防火墙是指设置在不同网络（如可信任的企业内部网和不可信的公共网）或网络安全域之间的一系列部件的组合。实际上，防火墙是将内部网络与公众访问网（如 Internet），或与其他外部网络分开，限制网络互访，以保护内部网络的一种隔离技术。设置防火墙目的是在内部网与外部网之间设立唯一的通道，简化网络的安全管理。防火墙的功能可以通过硬件来实现，也可以通过软件来实现。

2. 防火墙的主要功能

防火墙可以根据安全计划和安全策略中的定义来保护其内部网络，具体包括以下 3 个方面功能。

1）过滤不安全服务和非法用户。

2）控制对特殊站点的访问。

3）提供监视 Internet 安全和预警的方便端点。

3. 个人防火墙的使用

对于一般用户来讲，使用防火墙软件即可。常用的有 360 防火墙、瑞星个人防火墙、Windows 7 自带的防火墙等。下面以 Windows 7 中的防火墙为例，介绍防火墙的基本设置。

设置防火墙

（1）打开和关闭 Windows 防火墙

操作步骤如下。

1）选择“开始”→“控制面板”命令，打开“控制面板”窗口，选择图标查看方式，单击“Windows 防火墙”链接，打开“Windows 防火墙”窗口，其中有两种网络类型，即家庭或工作（专用）网络和公用网络，如图 6-36 所示。也就是说，Windows 7 支持对不同网络类型进行独立配置，且互不影响。

2）单击“打开或关闭 Windows 防火墙”链接，打开“自定义设置”窗口，选中“启用 Windows 防火墙”单选按钮，建议选中“Windows 防火墙阻止新程序时通知我”复选框（图 6-37），以便用户随时根据需要做出判断响应，单击“确定”按钮完成设置。

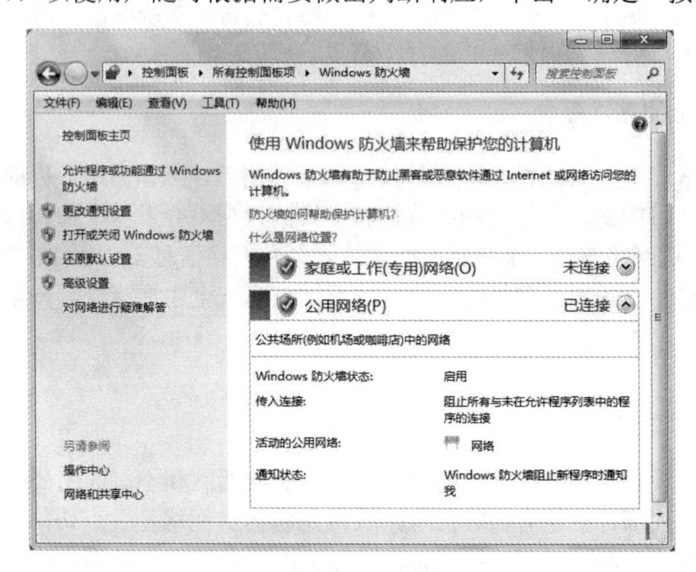

图 6-36　“Windows 防火墙”窗口

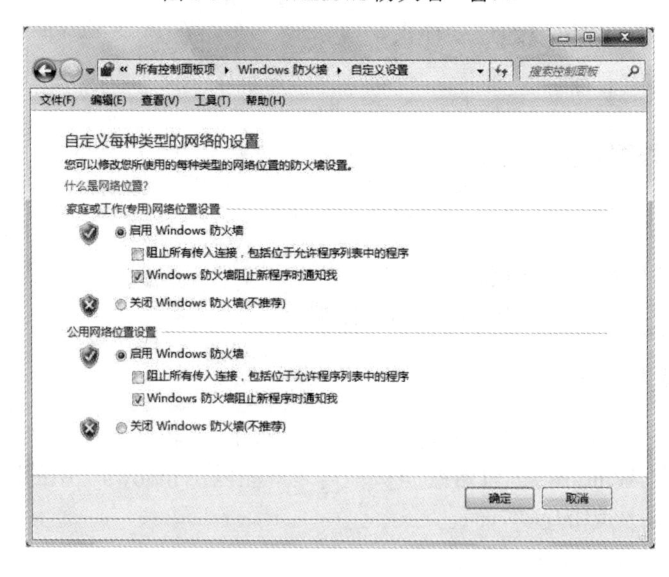

图 6-37　“自定义设置”窗口

（2）防范勒索病毒端口设置方法

勒索病毒是通过远程攻击 Windows 的 445 端口，植入勒索病毒的恶意程序，导致一些文件被加密，无法打开。下面以如何设置防火墙和防范勒索病毒为例，说明阻止端口连接的操作过程。

1）打开“Windows 防火墙”窗口，单击“高级设置”链接，打开“高级安全 Windows 防火墙”窗口，如图 6-38 所示。

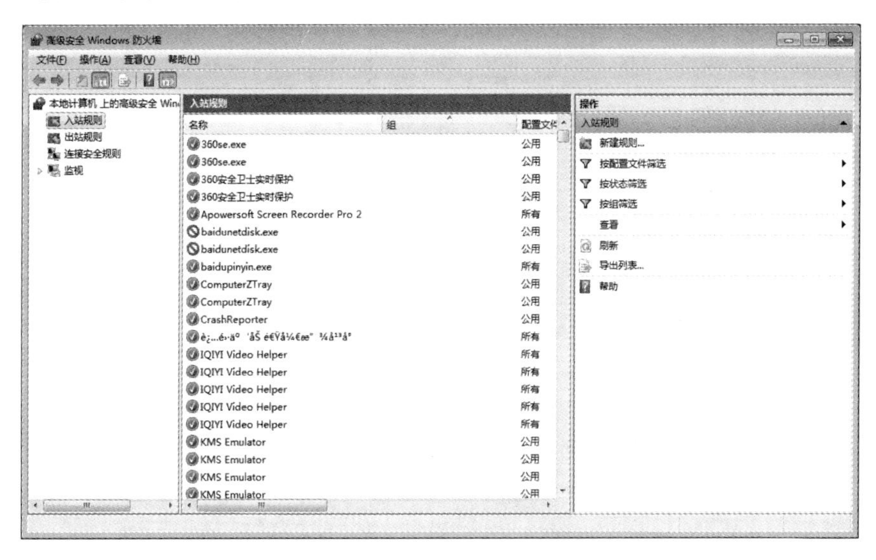

图 6-38　“高级安全 Windows 防火墙”窗口

2）选择“入站规则”选项，在“操作”窗格中单击“新建规则”链接，打开“新建入站规则向导”对话框，选中“端口”单选按钮，如图 6-39 所示。

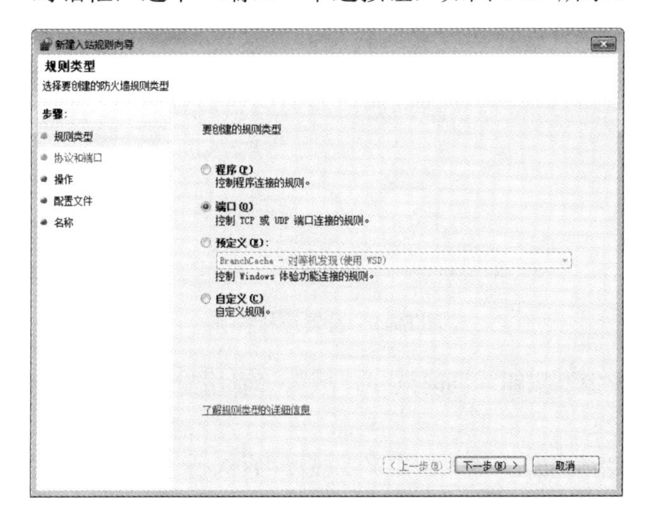

图 6-39　“新建入站规则向导”对话框

3）单击“下一步”按钮，选中“特定本地端口”单选按钮，在其右侧文本框中输入端口号445，如图6-40所示。

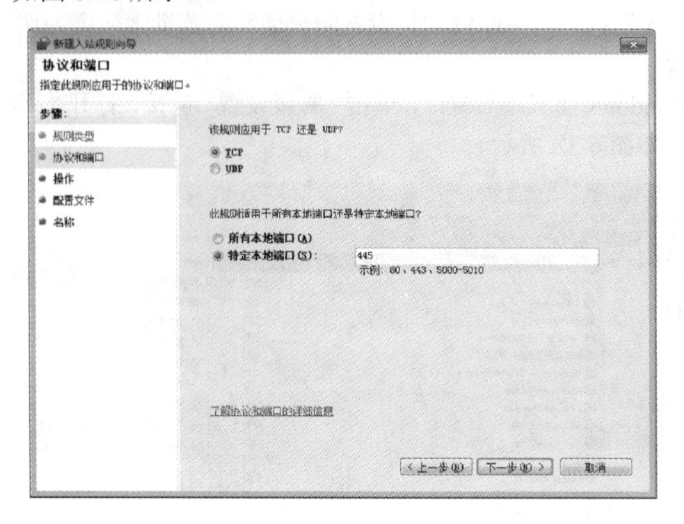

图6-40　设置端口号

4）单击“下一步”按钮，选中“阻止连接”单选按钮，如图6-41所示。

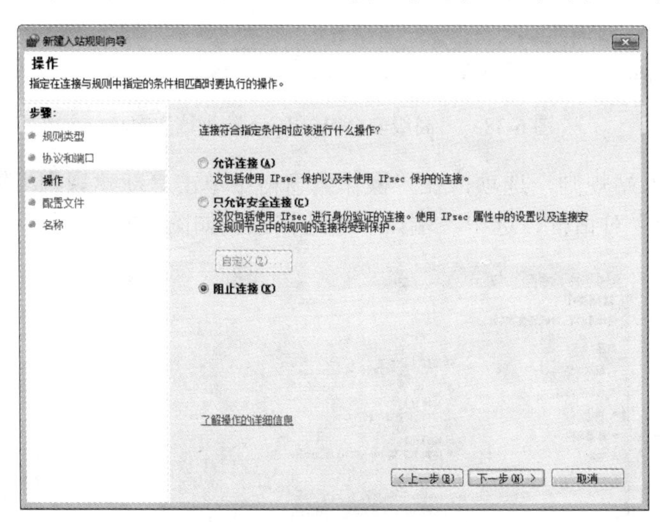

图6-41　设置连接操作

5）单击“下一步”按钮，同时选中“域”、“专用”和“公用”复选框，如图6-42所示。

6）单击“下一步”按钮，输入自定义的规则名称，最后单击“完成”按钮，如图6-43所示。

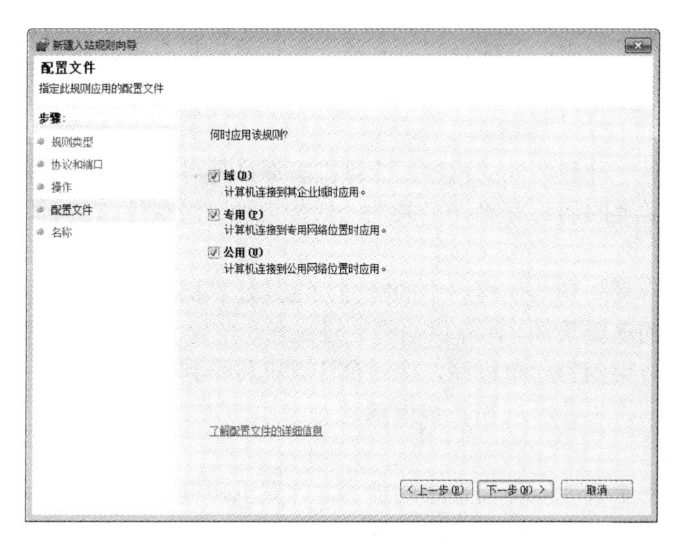

图 6-42　设置规则

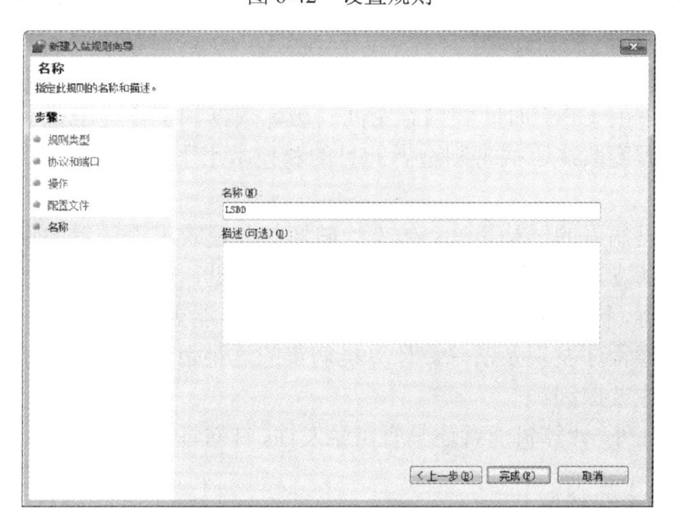

图 6-43　定义规则名称

总之，要想有一个安全的网络环境，首先要提高网络安全意识，不要轻易打开来历不明的文件、网站及电子邮件等；其次及时为计算机系统打上漏洞补丁，安装可靠的防毒软件，定期升级病毒库，使用防火墙，并做好相应的设置。

6.6.3　计算机病毒

1. 计算机病毒的定义

《中华人民共和国计算机信息系统安全保护条例》第二十八条对计算机病毒的明确定义如下：“计算机病毒，是指编制或者在计算机程序中插入的破坏计算机功能或者毁坏数据，影响计算机使用，并能自我复制的一组计算机指令或者程序代码。”

2. 计算机病毒的特性

计算机病毒是一种破坏性的程序，计算机病毒只是对生物学病毒的一种借用，主要是由于它与生物学上的病毒有着许多共性，如传染性、潜伏性、破坏性、衍生性等。

（1）传染性

病毒具有自身复制到其他程序中的能力，这是计算机病毒最基本的特征，也是判断病毒与正常程序的重要条件。计算机病毒通过磁盘、光盘、计算机网络等途径进行传染，可以从一个程序传染到另一个程序，从一台计算机传染到另一台计算机，被传染的程序和计算机又成为病毒生存环境和新传染源。

（2）潜伏性

病毒具有依附于其他媒体而寄生的能力。计算机病毒会长时间潜伏在计算机中，一旦满足触发条件就会发作。触发条件可以是系统时钟提供的时间、自带的计数器或计算机内执行的某些特定操作。一般病毒的潜伏性越好，传染范围越广，危害性也就越大。

（3）破坏性

计算机系统被计算机病毒感染后，一旦发作条件满足，就在计算机上显现一定的症状。其表现包括占用 CPU 时间和内存空间、破坏数据和文件、干扰系统的正常运行。病毒破坏的严重程度取决于病毒制造者的目的和技术水平。

（4）衍生性

从分析计算机病毒的结构可知，传染的破坏部分反映了设计者的设计思想和设计目的。但是，这可以被其他人以其个人目的进行任意改动，从而衍生出一种不同于原版本的新的计算机病毒，称为变种病毒。有变种能力的病毒能更好地在传播过程中隐蔽自己，使之不易被反病毒程序发现及清除。计算机病毒的这种衍生性是计算机病毒种类、数量不断增加的一个主要原因。

除以上的特征外，计算机病毒还具有可触发性、针对性、不可预见性和欺骗性等特点。

3. 计算机病毒的分类

目前，全球计算机病毒有几万种。按传染方式，计算机病毒可分为以下 5 类。

（1）引导型病毒

引导型病毒是指寄生在磁盘引导区或主引导区的计算机病毒。引导型病毒主要通过 U 盘和各种移动存储介质在操作系统中传播。

（2）文件型病毒

文件型病毒是指能够寄生在文件中的计算机病毒。这类病毒程序运行在计算机存储器中，通常感染扩展名为.com、.exe 和.sys 等类型的文件。

（3）混合型病毒

混合型病毒是指具有引导型病毒和文件型病毒两种寄生方式的计算机病毒。这种病毒扩大了病毒程序的传染途径，它既感染磁盘的引导记录，又感染可执行文件。

（4）宏病毒

宏病毒是一种寄生在文档或模板的宏中的计算机病毒。一旦打开这样的文档，其中的宏就会被执行，宏病毒就会被激活，转移到计算机上，并驻留在 Normal 模板上。以后，所有自动保存的文档都会感染上这种宏病毒，而且如果其他用户打开了感染病毒的文档，宏病毒又会转移到他的计算机上。

（5）网络病毒

早期，大多数计算机病毒主要通过软盘等存储介质进行传播。随着计算机和 Internet 的日益普及，网络又成为病毒传播的新途径。网络病毒是指通过计算机网络进行传播的病毒，病毒在网络中的传播速度更快，范围更广，危害更大。常见的网络病毒有蠕虫病毒和木马。

1）蠕虫病毒：是一套程序，它能进行自身功能的复制。它传染的目标是互联网的所有计算机，进而造成网络服务遭到拒绝并发生死锁。它的传染途径是网络和电子邮件。

2）木马：又称特洛伊木马，是一种基于远程控制的黑客工具，具有隐蔽性和非授权性。它可以对计算机系统进行远程控制、窃取密码、控制系统和文件操作等。木马主要通过软件下载、浏览器、电子邮件等方式传播。

6.6.4　计算机网络病毒的防护

随着网络应用的不断扩展，人们越来越关注计算机网络病毒的防护。目前，常用的病毒防护方法主要是使用杀毒软件。

1. 杀毒软件

（1）国外杀毒软件简介

1）卡巴斯基杀毒软件。它是一款来自俄罗斯的杀毒软件，由卡巴斯基公司发行。该软件能够保护家庭用户、工作站、邮件系统、文件服务器及网关。卡巴斯基公司的病毒数据库是世界较大的病毒数据库之一，拥有超过 200000 个病毒样本。卡巴斯基病毒软件启用后，平均每小时自动更新一次反病毒数据库，在独立的、安全的区域启动程序，监控并分析系统进程以防止恶意行为，以三重保护来对抗来自互联网的威胁。

2）NAV（Norton AntiVirus）软件。NAV 软件是 Symantec 公司的产品。NAV 是集防毒、查毒、杀毒功能于一体的综合性病毒防治软件，它利用 Novi 专利技术可对 4000 多种病毒进行识别和杀除，同时可对未知病毒进行预防。在美国，NAV 是市场占有率第一的杀毒软件。NAV 软件可支持网络、SUN 工作站、Windows 等多种环境。

（2）国内杀毒软件简介

国内杀毒软件在处理“国产病毒”或国外病毒的“国产变种”方面具有明显的优势。随着 Internet 的发展，解决病毒国际化的问题迫在眉睫，所以选择杀毒软件应综合考虑。具有世界领先水平的国产杀毒软件有瑞星杀毒、金山杀毒、江民杀毒和 360 杀毒等。

2. 使用金山杀毒软件

（1）使用“金山毒霸”扫描和查杀病毒

1）双击桌面上的“金山毒霸”快捷方式图标，启动“金山毒霸”软件，进入“金山杀毒”主界面，如图 6-44 所示。

图 6-44 “金山毒霸”主界面

2）单击“闪电查杀”按钮，在弹出的菜单中选择“全盘查杀”命令，如图 6-45 所示，可快速查杀病毒。若选择“自定义查杀”命令，可以在选择查杀路径后，单击“确定”按钮，对指定的范围进行查杀，并在查杀结束后显示杀毒结果。

图 6-45 闪电杀毒

（2）“金山毒霸”常用工具

常用工具为用户分类汇总了“金山毒霸”所有功能，有许多实用性较强的辅助工具，如图 6-46 所示。例如，垃圾清理工具可以快速清除计算机中的临时文件，节省磁盘空间，让系统运行更快。选择“系统辅助”选项卡，在“系统辅助”面板中选择“网络测速”工具，如图 6-47 所示，可以查看用户当前使用的网络带宽情况。

图 6-46 “金山毒霸”常用工具

图 6-47 “金山毒霸”系统辅助工具

6.6.5 局域网常见故障检测

网络故障主要是线路故障、路由器故障和主机故障。线路故障通常指线路不通，造成故障的原因是多方面的，如线路损坏、接口松动、网络互联设备出现问题。解决路由器故障，常采用对路由器进行升级、扩大内存等方法，或重新规划网络拓扑结构。主机故障是主机配置不当造成的，如主机的 IP 地址与其他主机冲突，或 IP 地址根本不在子网范围内，导致主机无法连通。

网络故障的定位和排除，需要长期知识和经验的积累，并配合一些常用的网络测试命令。使用这些命令，可以方便地对网络情况及网络性能进行测试。下面介绍两个常用的网络测试命令。

1. ipconfig 命令

ipconfig 命令用于显示当前所有 TCP/IP 网络配置，如 IP 地址、子网掩码、默认网关和 DNS 等。实际上，这是进行测试和故障分析的必要操作。使用 ipconfig 命令可以查看用户获得的网络配置信息，具体操作步骤如下。

1）单击“开始”按钮，弹出“开始”菜单，在搜索框中输入“cmd”，按【Enter】键。

2）在命令提示符窗口中，输入“ipconfig/all”，按【Enter】键，结果如图 6-48 所示。

图 6-48　执行 ipconfig 命令结果

2. ping 命令

ping 命令主要用于测试网络的连通性，确定本地主机是否能与另外一台主机进行通信。ping 命令就是通过向对方计算机发送 Internet 控制信息协议（Internet control message protocol，ICMP）数据包，然后接收从目的端返回的应答，来校验与远程计算机的连接情况，默认情况发送 4 个 ICMP 数据包，每个 32B，正常情况下应该得到 4 个回送应答。

常用格式如下：

ping <IP 地址>或 ping <域名>[参数]

使用 ping 命令测试本地计算机到百度网站服务器的连通性，具体操作步骤如下。

1）单击“开始”按钮，弹出“开始”菜单，在搜索框中输入“cmd”，按【Enter】键。

2）在命令提示符窗口中，输入“ping www.baidu.com”，按【Enter】键，出现“已发送=4，已接收=4，丢失=0（0%丢失）”，表示连接正常，如图 6-49 所示。出现“请求失败”表示与对方不连通。

图 6-49　网络连通显示

6.6.6　计算机网络道德规范

网络作为一项影响深远的技术革命，拓宽了人们的视野，增加了人们的知识，也影响着人们的思维方式、价值观念和政治倾向，同时一个涉及网络的道德问题也相伴而生。

面对互联网形形色色、良莠不齐的信息，人们要有良好的网络信息甄别能力、文明的网络道德、高度的法律安全意识。为了维护信息安全，网上活动的参与者及组织者、使用信息者都要加强网络道德和素养，自觉遵守网络道德规范，要切实做到以下几点。

1）未经允许，不进入他人计算机信息网络或使用他人计算机网络信息资源。

2）未经允许，不对计算机信息网络功能进行删除、修改或增加。

3）未经允许，不对计算机信息网络中存储、处理或传输的数据和应用程序进行删除、修改或增加。

4）不故意制作、传播计算机病毒等破坏性程序。

5）不做危害计算机信息网络安全的事。

6）不破译别人的密码，不在别人的计算机或公共计算机上设置密码。

7）不制作、查阅、复制或传播妨碍社会治安的信息及淫秽色情等不健康的信息。

8）尊重作品版权，未经软件制作人或生产商的同意，不非法复制其软件作品。

6.7 计算机网络新技术

6.7.1 移动互联网

移动互联网是指通过移动终端，采用宽带移动无线通信协议接入互联网，并从互联网获取信息和服务的新兴业务。随着宽带无线接入技术的发展，以及移动智能终端的普及，人们获取信息的方式已经逐渐转向了移动互联网。移动互联网相比于传统互联网的优势在于用户可以随时随地获得互联网服务。

移动互联网包括 3 个要素：移动终端、移动网络和应用服务，应用服务是移动互联网的核心。移动互联网产生了大量新型的应用（如美团、滴滴出行等），这些应用已经影响着人们的日常学习和生活方式，并且这种改变将会向更深更广的方向发展。

6.7.2 云计算

云计算是基于互联网的超级计算模式，标志着新一轮信息技术浪潮的到来。可以这样理解“云”：它通常是一些大型服务器集群，包括计算服务器、存储服务器和宽带资源等。作为用户，可以把所有任务都交给“云”，即“云服务器”去完成，而不必关心存储或计算发生在哪个“云”上。云计算处理、分析之后，再将结果回传给用户。

云计算有几个鲜明的特点：①虚拟化。用户获取服务请求的资源来自“云”，而不是固定的实体，应用程序在“云”中某处运行。②可靠性高。数据存储在“云”中，用户不用担心数据丢失、病毒入侵等问题。③通用性强。一个“云”可以支持不同的应用程序同时运行，为人们使用网络提供了无限多的可能。④成本低。用户端的设备要求比较低，使用起来也非常方便。

如果说个人计算机和互联网是 IT 产业的前两次变革，那么云计算即将是 IT 产业的第三次变革。随着互联网和电子商务的迅猛发展，使用云计算资源将如同使用水、电一样，随时随地按需服务。

6.7.3 云盘存储

网络云盘（以下简称云盘），是一种专业的网络存储工具。它是互联网云技术的产物，通过互联网为用户提供信息存储、下载、读取、分享等服务，具有安全稳定、海量存储的特点。云盘是将文件保存到远端网络存储空间的技术，它是一种在线的存储服务。

云盘具有存储方便、容量大、安全保密及好友共享等特点。比较常用的云盘服务商有 360 云盘、百度云盘、金山快盘等。

6.7.4　大数据

大数据是指在一定时间内无法用常规软件工具对其内容进行抓取、管理和处理的数据集合。人们通常用 4 个 V，即 Volume、Variety、Value、Velocity 来概括大数据的特征，分别表示数据量大、数据类型多样、数据价值高和数据处理速度快。21 世纪已经进入数据爆炸的时代，互联网、物联网、社交网络、数字家庭、电子商务等每天产生的数据量正在飞速增长。可以说，大数据不仅是海量数据，而且是类型复杂的数据。

对大数据的处理分析已经成为新一代信息技术融合应用的结点，只有通过分析才能获取更多的、深入的、有价值的信息。通过对互联网、物联网、社交网络、数字家庭、电子商务等不同来源数据的管理、处理、分析与优化，将结果反馈到上述应用中，将创造出巨大的经济效益和社会价值。

6.7.5　物联网

物联网就是物物相连的互联网。具体来说，所有物品通过射频识别等信息传感设备与互联网连接起来，实现智能化识别和管理。

目前的联网设备主要还是计算机、手机等电子设备，物联网时代的联网终端将扩展到所有可能的物品。也就是说，物联网的发展要求将新一代信息化技术充分运用在各行各业之中，如把感应器、无线射频识别标签等信息化设备嵌入和装备到电网、铁路、桥梁、公路、建筑、供水系统、商品等各种物理对象和基础设施中，将它们普遍互联，并与互联网整合起来，形成“物联”。

总之，物联网是一个基于互联网的信息载体，让所有能够被独立寻址的物理对象实现互联互通的网络。物联网是现有互联网的拓展，互联网为物联网提供应用平台。

习题 6

1．计算机网络最突出的优点是（　　）。

A．资源共享　　B．运算速度快　　C．分布式处理　　D．数据通信

2．计算机网络是计算机与（　　）结合的产物。

A．电话　　B．通信技术　　C．各种协议　　D．电话

3．局域网的英文缩写是（　　）。

A．OSI　　B．IP　　C．WAN　　D．LAN

4．一座大楼内的计算机网络系统，属于（　　）。

A．CAN　　B．MAN　　C．LAN　　D．WAN

5．在常用的传输介质中，带宽最大、信号传输衰减最小、抗干扰能力最强的传输介质是（　　）。

A．电话线　　B．同轴电缆　　C．双绞线　　D．光缆

6．光纤传输是运用（　　）特点。

A．光的反射　　B．光的折射　　C．光的衍射　　D．光的磁辐射

7．将模拟信号转换成数字信号的过程称为（　　）。

A．调制　　B．带宽　　C．解调　　D．数字信道传输

8．网络的数据传输单位是（　　）。

A．延迟　　B．字长　　C．赫兹　　D．比特率

9．数据传输的可靠性指标是（　　）。

A．误码率　　B．速率

C．带宽　　D．传输失败的二进制信号个数

10．下列（　　）不是网络操作系统。

A．Windows XP　　B．UNIX

C．NetWare　　D．Linux

11．在局域网中，各个结点计算机之间的通信线路是通过（　　）接入计算机的。

A．串行输入口　　B．第一并行输入口

C．网络适配器（网卡）　　D．USB 口

12．（　　）是 TCP/IP 参考模型的最高层。

A．表示层　　B．网络层　　C．应用层　　D．传输层

13．Internet 的前身可追溯到美国的（　　）。

A．Ethernet　　B．Intranet　　C．ARPAnet　　D．NSFnet

14．Internet 采用的标准网络协议是（　　）。

A．TCP/IP　　B．SMTP　　C．DNS　　D．HTTP

15．IP 地址是（　　）。

A．接入 Internet 的计算机地址编号

B．Internet 网络资源的地理位置

C．Internet 的子网地址

D．接入 Internet 的局域网编号

16．下列 IP 地址正确的是（　　）。

A．192.168.5.260　　B．192.168.1

C．192.168.5.100　　D．292.168.5.100

17．Internet 上主机使用的域名是采用（　　）结构来管理的。

A．网状　　B．上下　　C．线性　　D．层次

18．在 Internet 中实现主机域名和 IP 地址之间转换的服务是（　　）。

A．DNS　　B．FTP　　C．WWW　　D．ADSL

19．在宽带上网过程中，“连接到”对话框出现时，输入的用户名和密码应该是（　　）。

A．ISP 提供的账号和密码　　B．进入 Windows 时的用户名和密码

C．管理员的账号和密码　　D．邮箱的用户名和密码

20．Internet Explorer 浏览器收藏夹的作用是（　　）。

A．收集感兴趣的页面地址　　B．记忆感兴趣的页面内容

C．收集感兴趣的文件内容　　D．收集感兴趣的文件名

21．下列选项中，合法的电子邮件地址是（　　）。

A．Zhangli.com.cn　　B．http://www.sina.com.cn

C．sina.com.cn @Zhangli　　D．Zhangli@sina.com.cn

22．某人想要在电子邮件中传送一张图片，他可以借助（　　）。

A．BBS　　B．Telnet　　C．WWW　　D．附件功能

23．以下关于 WWW 的说法，不正确的是（　　）。

A．WWW 是 Internet 上的一种电子邮件系统

B．WWW 是 world wide web 的英文缩写

C．WWW 的中文名是万维网

D．WWW 是 Internet 提供的一种服务

24．用户在浏览网页时，随时可以通过单击以醒目方式显示的单词、短语或图形，以跳转到其他位置，这种文本组织方式称为（　　）。

A．超文本方式　　B．超链接

C．HTML　　D．文件传输

25．打开一个 Web 站点，首先显示的界面通常称为（　　）。

A．顶页　　B．主页　　C．目录　　D．网站

26．（　　）是一种使人们能在网上识别在线用户，并与他们实时交换消息的技术，成为继电话、电子邮件之后的第三种现代通信方式。

A．Telnet　　B．即时通信　　C．微博　　D．E-mail

27．计算机病毒是指（　　）。

A．编制有错误的计算机程序　　B．被破坏的计算机程序

C．具有破坏性的特制计算机程序　　D．被损坏的计算机硬件

28．（　　）命令用于显示当前的 TCP/IP 网络配置的值，刷新动态主机配置协议和域名系统的设置情况。

A．telnet　　B．ipconfig　　C．ping　　D．netstat

29．大数据的特征不包括（　　）。

A．结构化　　B．大量化　　C．多样化　　D．快速化

30．不属于防火墙主要作用的是（　　）。

A．限制网络服务　　B．抵抗外部攻击

C．保护内部网络　　D．防止恶意访问

附录 A

ASCII 标准字符集

值	字符	值	字符	值	字符	值	字符
0(null)	NUL	32	(space)	64	@	96	、
1	SOH	33	!	65	A	97	a
2	STX	34	”	66	B	98	b
3	ETX	35	#	67	C	99	c
4	EOT	36	$	68	D	100	d
5	END	37	%	69	E	101	e
6	ACK	38	&	70	F	102	f
7(beep)	BEL	39	’	71	G	103	g
8	BS	40	(	72	H	104	h
9(tab)	HT	41	)	73	I	105	i
10(line feed)	LF	42	*	74	J	106	j
11	VT	43	+	75	K	107	k
12	FF	44	,	76	L	108	l
13(carriage return)	CR	45	−	77	M	109	m
14	SO	46	.	78	N	110	n
15	SI	47	/	79	O	111	o
16	DLE	48	0	80	P	112	p
17	DC1	49	1	81	Q	113	q
18	DC2	50	2	82	R	114	r
19	DC3	51	3	83	S	115	s
20	DC4	52	4	84	T	116	t
21	NAK	53	5	85	U	117	u
22	SYN	54	6	86	V	118	v
23	ETB	55	7	87	W	119	w
24	CAN	56	8	88	X	120	x
25	EM	57	9	89	Y	121	y
26	SUB	58	:	90	Z	122	z
27	ESC	59	;	91	[	123	{
28	FS	60	<	92	\	124	|
29	GS	61	=	93	]	125	}
30	RS	62	>	94	^	126	~
31	US	63	?	95	_	127	DEL

附录B

全国计算机等级考试二级 MS Office 高级应用与设计考试大纲[①]（2021 年版）

一、基本要求

1）正确采集信息并能在文字处理软件 Word、电子表格软件 Excel、演示文稿制作软件 PowerPoint 中熟练应用。

2）掌握 Word 的操作技能，并熟练应用编制文档。

3）掌握 Excel 的操作技能，并熟练应用进行数据计算及分析。

4）掌握 PowerPoint 的操作技能，并熟练应用制作演示文稿。

二、考试内容

1. Microsoft Office 应用基础

1）Office 应用界面使用和功能设置。

2）Office 各模块之间的信息共享。

2. Word 的功能和使用

1）Word 的基本功能，文档的创建、编辑、保存、打印和保护等基本操作。

2）设置字体和段落格式、应用文档样式和主题、调整页面布局等排版操作。

3）文档中表格的制作与编辑。

4）文档中图形、图像（片）对象的编辑和处理，文本框和文档部件的使用，符号与数学公式的输入与编辑。

5）文档的分栏、分页和分节操作，文档页眉、页脚的设置，文档内容引用操作。

6）文档的审阅和修订。

7）利用邮件合并功能批量制作和处理文档。

8）多窗口和多文档的编辑，文档视图的使用。

9）控件和宏功能的简单应用。

10）分析图文素材，并根据需求提取相关信息引用 Word 文档中。

---

① 公共基础知识部分内容详见高等教育出版社出版的《全国计算机等级考试二级教程——公共基础知识（2021 年版）》。

3. Excel的功能和使用

1）Excel的基本功能，工作簿和工作表的基本操作，工作视图的控制。
2）工作表数据的输入、编辑和修改。
3）单元格格式化操作，数据格式的设置。
4）工作簿和工作表的保护，版本比较和分析。
5）单元格的引用，公式、函数和数组的使用。
6）多个工作表的联动操作。
7）迷你图和图表的创建、编辑与修饰。
8）数据的排序、筛选、分类汇总、分组显示和合并计算。
9）数据透视表和数据透视图的使用。
10）数据的模拟分析、运算与预测。
11）控件和宏功能的简单应用。
12）导入外部数据并进行分析，获取和转换数据并进行处理。
13）使用PowerPoint管理数据模型的基本操作。
14）分析数据素材，并根据需求提取相关信息引用到Excel文档中。

4. PowerPoint的功能和使用

1）PowerPoint的基本功能和基本操作，幻灯片的组织和管理，演示文稿的视图模式和使用。
2）演示文稿中幻灯片的主题应用、背景设置、母版制作和使用。
3）幻灯片中文本、图形、SmartArt、图像（片）、图表、音频、视频、艺术字等对象的编辑和应用。
4）幻灯片中对象动画、幻灯片切换效果、链接操作等交互设置。
5）幻灯片放映设置，演示文稿的打包和输出。
6）演示文稿的审阅和比较。
7）分析图文素材，并根据需求提取相关信息引用到PowerPoint文档中。

三、考试方式

上机考试，考试时长120分钟，满分100分。

1. 题型及分值

单项选择题20分（含公共基础知识部分10分）。
Word操作30分。
Excel操作30分。

PowerPoint 操作 20 分。

2. 考试环境

操作系统：中文版 Windows 7。
考试环境：Microsoft Office 2016。

参 考 文 献

创客诚品，2017．Word/Excel/PPT 2016 高效商务办公从新手到高手[M]．北京：北京希望电子出版社．
董荣胜，2009．计算思维与计算机导论[J]．计算机科学，36（4）：50-52．
董荣胜，古天龙，蔡国永，等，2002．计算机科学与技术方法论[J]．计算机科学，29（1）：1-4．
黄崇福，1992．信息扩散原理与计算思维及其在地震工程中的应用[D]．北京：北京师范大学．
教育部高等学校文科计算机基础教学指导委员会，2012．大学计算机教学要求[M]．6 版．北京：高等教育出版社．
李斌，黄绍斌，2010．Excel 2010 应用大全[M]．北京：机械工业出版社．
李暾，2016．计算思维导论：一种跨学科的方法[M]．北京：清华大学出版社．
吕英华，2014．大学计算机基础教程：Windows 7+Office 2010[M]．北京：人民邮电出版社．
吕英华，2018．计算思维与大学计算机基础教程[M]．北京：科学出版社．
钱学森，1983．关于思维科学[J]．自然杂志（8）：5-9，14，82．
任思颖，王明进，彭高丰，2018．Office 2016 办公案例教程[M]．北京：航空工业出版社．
薛涛，加云岗，赵旭，2015．计算机网络基础[M]．北京：电子工业出版社．
杨云江，陈笑筑，罗淑英，等，2007．计算机网络基础[M]．2 版．北京：清华大学出版社．
朱亚宗，2009．论计算思维：计算思维的科学定位、基本原理及创新路径[J]．计算机科学，36（4）：53-55．
Excel Home，2019．Excel 2016 高效办公：生产管理[M]．北京：人民邮电出版社．